清华大学信息科学技术学院教材——微电子光电子系列

光纤传感技术与应用

Optical Fiber Sensing Techniques and Applications

廖延彪　黎敏　张敏　匡武　编著

Liao Yanbiao　Li Min　Zhang Min　Kuang Wu

清華大學出版社

北　京

内 容 简 介

本书在全面介绍各类光纤传感器的基础上，分析和讨论了在设计和应用光纤传感器时要注意的一些基本问题和关键技术，并给出了光纤传感器的典型应用实例。其中包括光纤和光纤器件的选用、连接和封装，光纤传感网，相位调制型光纤传感器的信号解调，以及光纤传感器在电力、石油化工、生医生化、航空航天、环保、国防等领域的典型应用。

本书选材广泛，既反映了光纤传感技术的最新发展，又有一定深度。本书可作为高校物理电子和光电子、光学、光学仪器等专业的本科生和研究生的教材或参考书，也可供相关专业技术人员选用和设计光纤传感器时参考。

图书在版编目(CIP)数据

光纤传感技术与应用/廖延彪等编著. —北京：清华大学出版社，2009.1 (2024.7 重印)
(清华大学信息科学技术学院教材——微电子光电子系列)
ISBN 978-7-302-17866-8

Ⅰ. 光…　Ⅱ. 廖…　Ⅲ. 光纤器件－光电传感器－高等学校－教材　Ⅳ. TP212.14

中国版本图书馆 CIP 数据核字(2008)第 087905 号

责任编辑：陈国新
责任校对：梁　毅
责任印制：刘海龙

出版发行：清华大学出版社
网　　址：https://www.tup.com.cn，https://www.wqxuetang.com
地　　址：北京清华大学学研大厦 A 座　　**邮　　编**：100084
社 总 机：010-83470000　　**邮　　购**：010-62786544
投稿与读者服务：010-62776969，c-service@tup.tsinghua.edu.cn
质 量 反 馈：010-62772015，zhiliang@tup.tsinghua.edu.cn
印 装 者：三河市龙大印装有限公司
经　　销：全国新华书店
开　　本：185mm×230mm　　**印　　张**：22.25　　**字　　数**：471 千字
版　　次：2009 年 1 月第 1 版　　**印　　次**：2024 年 7 月第11次印刷
定　　价：49.00 元

产品编号：026820-03

《清华大学信息科学技术学院教材》

出版说明

本套教材是针对清华大学信息科学技术学院所属电子工程系、计算机科学与技术系、自动化系、微电子研究所、软件学院的现行本科培养方案和研究生培养计划的课程设置而组织编写的。这些培养方案和培养计划是基于清华大学对研究型大学的定位和对研究型教学的强调，吸纳多年来在教学改革与实践中所取得的成果和形成的共识，历经多届学生试用和不断修订而形成的。贯穿于其中的"本科教育的通识性、培养模式的宽口径、教学方式的研究型、专业课程的前沿性"的相关思想是我们组编本套教材所力求体现的基本指导原则。

本套教材以本科教材为主并适量包括研究生教材。定位上，属于信息学科大类中各个基本方向的基本理论和前沿技术的一套高等院校教材。层次上，覆盖学院公共基础课程、专业技术基础课程、专业课程、研究生课程。领域上，涉及 6 个系列 14 个领域，即学院公共基础课程系列，信息与通信工程系列(含通信、信息处理等领域)，微电子光电子系列(含微电子、光电子等领域)，计算机科学与技术系列(含计算机科学、计算机网络与安全、计算机应用、软件工程、网格计算等领域)，自动化系列(含控制理论与控制工程、模式识别与智能控制、检测与电子技术、系统工程、现代集成制造等领域)，实验实践系列。类型上，以文字教材为主并适量包括多媒体教材，以主教材为主并适量包括习题集、教师手册等辅助教材，以基本理论和工程技术教材为主并适量包括实验和实践课程教材。列入这套教材中的著作，大多是清华大学信息科学技术学院所属系所院开设的课程中经过较长教学实践而形成的，既有多年教学经验和教学改革基础上新编著的教材，也有部分已出版教材的更新和修订版本。教材在总体上突出求新与求实的风格，力求反映所属领域的基本理论和新进展，力求做到学科先进性和教学适用性的统一。

本套教材的主要读者对象为电子科学与技术、信息与通信工程、计算机科学与技术、控制科学与工程、系统科学、电气工程、机械工程、化学与技术工程、核能工程等相关理工专业的大学生和研究生，以及相应领域和部门的科学工作者和工程技术人员。我们希望，这套教材既能为在校大学生和研究生的学习提供内容先进、论述系统和适于教学的教材或参考书，也能为广大科学工作者与工程技术人员的知识更新与继续学习提供适合的、有价值的进修或自学读物。我们同时要感谢使用本系列教材的广大教师、学生和科技工作者的热情支持，并热忱欢迎提出批评和意见。

《清华大学信息科学技术学院教材》编委会

2003 年 10 月

前言

Preface

信息的提取——传感技术是信息化时代的重要内容之一。光纤传感则是21世纪传感技术的一个重要领域，其发展直接影响到许多行业的进步。但是目前缺少一本较全面反映光纤传感技术进展的教材。这本教材能够使读者既能了解光纤传感器的基本理论，又能使学生通过此教材的学习，在今后的创新工作中，能为光纤传感器的选用和设计打下一个良好的基础。编者希望根据自己和所在的课题组近三十年的从事光学、光电子学以及光纤传感器方面的教学和科学研究的经验，能对此做一些微薄的贡献。

本书较全面地介绍了光纤传感技术与典型应用，其中包括光纤传感器的基本原理，光纤传感器的网络技术，光纤传感器中的光纤技术，相位型光纤传感器的信号处理技术，光纤传感器的封装技术，多传感器的融合技术，以及光纤传感器在电力、石油与化工、生医生化、航空航天、国防、环境保护与监测等领域的应用。

本书编写的目的有二：一为教材，二为参考书。作为教材，书中内容可按教学大纲有所取舍。其中光纤传感器的基本原理和光纤传感器的关键技术（网络技术、光纤技术、信号处理技术、封装技术、多传感器的融合技术）可作为基本内容，重点讲述；而光纤传感器的典型应用，则作为一般了解内容，可做简要介绍，也可作为自学内容，目的是扩大眼界。建议课上，教师以讲清楚物理概念为主，使学生了解各类光传感器的基本原理，其余可作为自学的阅读材料。也可采取学生自学有关材料后，以综述报告的形式进行交流，为学生在今后工作中选用或设计所需的传感器打下必要的基础。作为参考书，本书可作为各领域相关读者系统而全面地了解光传感器的参考读物。

本书的主要特点可归纳为：

(1) 本书较全面，简要地介绍了各类光纤传感器，不仅包括传统的基于石英材料的各类光纤传感器，还包括光纤荧光温度传感器，分布式光纤传感器，和聚合物光纤传感器，以及近代出现的基于光子晶体光纤的传感器，集成光纤传感器 ，和微纳米光纤传感器等。

(2) 本书较全面，简要地介绍了各类光纤传感器应用中所需的技术，如：光网络技术，光纤技术，光传感器封装技术，光传感器信息融合技术等，并着重讨论了光传感器中干涉信号的处理技术。讨论这些技术物理模型的建立过程和结果的分析，着重在物理概念及其数学表达方式。便于读者在今后工作过程中能自己建立有关传感过程的物理模型，对所得传感结果能给予正确，合理的解释。

(3) 本书选材不仅较全面地介绍了光纤传感技术。作者还根据自己多年科研和教学工作的经验，给读者提供了：对于不同的使用环境，如何选用和设计光纤传感器，在使用和设计中应如何考虑实际使用中的一些问题，如何研究和开发新的的光纤传感器，以满足工作的需要。

参加本书编写的有：匡武博士，负责编写第 4 章；黎敏教授，负责编写第 7 章、第 9 章和第 10 章；张敏副教授，负责编写第 6 章、第 8 章、第 11 章和第 12 章；第 2 章和第 3 章由廖延彪和黎敏共同完成，其余由廖延彪编写。全书由廖延彪定稿。

本书得以出版，要感谢课题组的同仁赖淑蓉老师以及家人给予的大力支持和帮助。

本书内容涉及面广，由于编者知识有限，书中缺点和错误在所难免，恳请读者批评指正。

编　者

2007 年 5 月于清华园

lyb-dee@mail.tsinghua.edu.cn

目 录

Contents

1 光纤传感器

1.1 概　　述

1.1.1 光纤传感器的定义及分类

光导纤维最早在光学行业中用于传光及传像。在20世纪70年代初生产出低损光纤后，光纤在通信技术中用于长距离传递信息。但是光导纤维不仅可以作为光波的传播介质，而且光波在光纤中传播时表征光波的特征参量（振幅、相位、偏振态、波长等）因外界因素（如温度、压力、磁场、电场、位移、转动等）的作用而间接或直接地发生变化，从而可将光纤用作传感元件来探测各种物理量。这就是光纤传感器的基本原理，如图1-1-1所示。

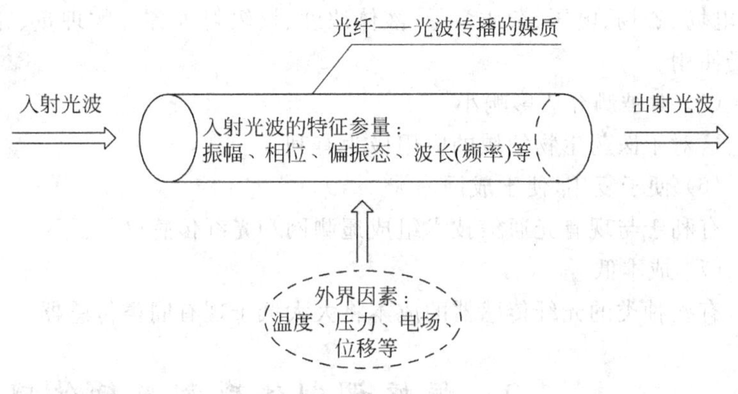

图1-1-1　光纤传感原理示意图

光纤传感器可分为传感型与传光型两大类。利用外界因素改变光纤中光的强度（振幅）、相位、偏振态或波长（频率），从而对外界因素进行计量和数据传输的，称为传感型（或功能型）光纤传感器。它具有传感合一的特点，信息的获取和传输都在光纤之中。传光型光纤传感器是指利用其他敏感元件测得的物理量，由光纤进行数据传输。它的特点是充分利用现有的传感器，便于推广应用。这两类光纤传感器都可再分成光强调制、相位调制、偏振态调制以及波长调制等几种形式。关于光纤传感的详细情况，可参看文献[1,2,4,6,10]。

1.1.2 光纤传感器的特点

与传统的传感器相比，光纤传感器的主要特点如下：

(1) 抗电磁干扰，电绝缘，耐腐蚀，本质安全

由于光纤传感器是利用光波传输信息，而光纤又是电绝缘、耐腐蚀的传输介质，因而不怕强电磁干扰，也不影响外界的电磁场，并且安全可靠。这使它在各种大型机电、石油化工、冶金高压、强电磁干扰、易燃、易爆、强腐蚀环境中能方便而有效地传感。

(2) 灵敏度高

利用长光纤和光波干涉技术使不少光纤传感器的灵敏度优于一般的传感器。其中有的已由理论证明，有的已经实验验证，如测量转动、水声、加速度、位移、温度、磁场等物理量的光纤传感器。

(3) 重量轻，体积小，外形可变

光纤除具有重量轻、体积小的特点外，还有可挠的优点，因此利用光纤可制成外形各异、尺寸不同的各种光纤传感器。这有利于航空、航天以及狭窄空间的应用。

(4) 测量对象广泛

目前已有性能不同的测量温度、压力、位移、速度、加速度、液面、流量、振动、水声、电流、电场、磁场、电压、杂质含量、液体浓度、核辐射等各种物理量、化学量的光纤传感器在现场使用。

(5) 对被测介质影响小

这对于医药生物领域的应用极为有利。

(6) 便于复用，便于成网

有利于与现有光通信技术组成遥测网和光纤传感网络。

(7) 成本低

有些种类的光纤传感器的成本将大大低于现有同类传感器。

1.2 振幅调制传感型光纤传感器

利用外界因素引起的光纤中光强的变化来探测物理量等各种参量的光纤传感器称为振幅调制传感型光纤传感器。改变光纤中光强的办法目前有以下几种：改变光纤的微弯状态、改变光纤的耦合条件、改变光纤对光波的吸收特性、改变光纤中的折射率分布等。

1.2.1 光纤微弯传感器

光纤微弯传感器是利用光纤中的微弯损耗来探测外界物理量的变化。它是利用多模光纤在受到微弯时，一部分芯模能量会转化为包层模能量这一原理，通过测量包层模能量或芯模能量的变化来测量位移或振动等参量。图 1-2-1 是其原理图。激光束经扩束、聚焦输入多模光纤。其中的非导引模由杂模滤除器去掉，然后在变形器作用下产生位移，光纤发生微弯的程度不同时，转化为包层模式的能量也随之改变。变形器由测微头调整至某一恒定变形量；待测的交变位移由压电陶瓷变换给出。实验表明，该装置灵敏度达 0.6μV/A(它强烈依赖于多模光纤中的导引模式分布，高阶模越多，越易转化为包层模，灵敏度也就愈高)，相当于最小可测位移为 0.01nm，动态范围可望超过 110dB。这种传感器很容易推广到对压力、水声等的测量。

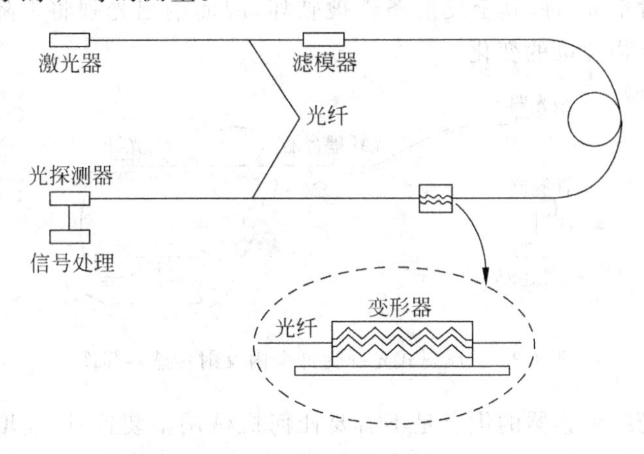

图 1-2-1 光纤微弯传感器原理图

光纤微弯传感器由于技术上比较简单，光纤和元器件易于获得，因此在有些情况下能比较快地投入使用。例如，我国已研制成基于这种原理的光纤报警器。其基本结构是光纤呈弯曲状，织于地毯中，当人站立在地毯上时，光纤弯曲状态加剧。这时通过光纤的光强随之变化，因而产生报警信号。研制这类传感器的关键在于确定变形器的最佳结构(齿形和齿波长)。由于目前实际光纤的折射率分布特性一致性较差，因此这种最佳结构一般是通过实验确定。

1.2.2 光纤受抑全内反射传感器

利用光波在高折射率介质内的受抑全反射现象也可构成光纤传感器。如图 1-2-2 所示，当两光纤端面十分靠近时，大部分光能可从一根光纤耦合进另一根光纤。当一根光纤保持固定，另一光纤随外界因素而移动，由于两光纤端面之间间距的改变，其耦合效率会随之变化。测出光强的这一变化就可求出光纤端面位移量的大小。这类传感器的最大缺点是需要精密机械调整和固定装置，对现场使用不利。

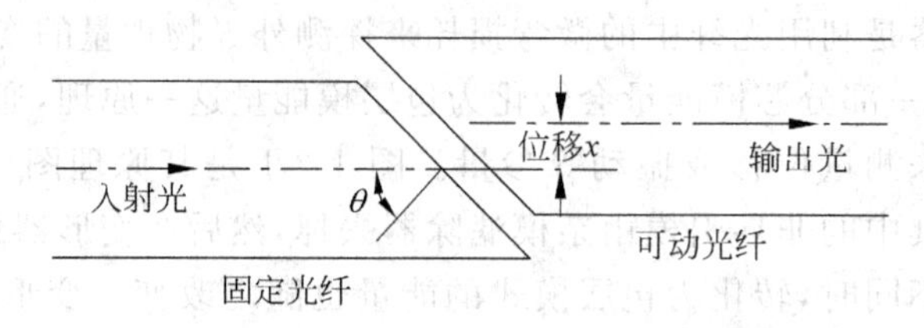

图 1-2-2　透射式光纤受抑全内反射传感器简图

图 1-2-3 是另一种全内反射光纤传感器的原理图。其光纤端面的角度磨成恰等于临界角，于是从纤芯输入的光将从端面全反射后再按原路返回输出。当外界因素改变光纤端面外介质的折射率 n_2 时，其全反射条件被破坏，因而输出光强将下降。由此光强的变化即可探测出外界物理量的变化。

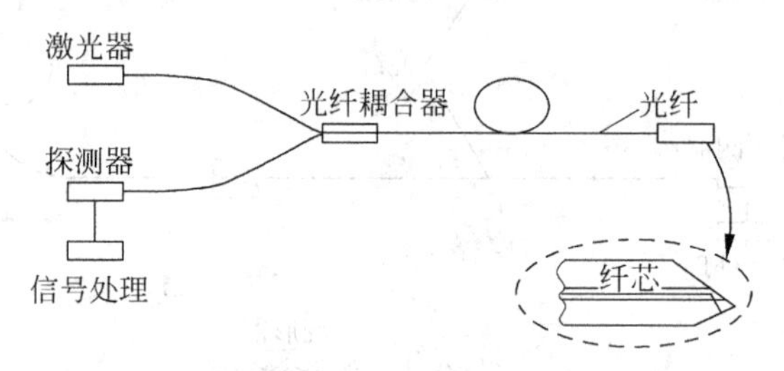

图 1-2-3　反射式光纤受抑全内反射传感器简图

这种结构的光纤传感器的优点是不需要任何机械调整装置，因而增加了传感头的稳定性。利用与此类似的结构，现已研制成光纤浓度传感器、光纤气/液二相流传感器、光纤温度传感器等多种用途的光纤传感器。

1.2.3　光纤辐射传感器

X 射线、γ 射线等的辐射会使光纤材料的吸收损耗增加，从而使光纤的输出功率下降。利用这一特性可构成光纤辐射传感器。图 1-2-4 是其原理图。

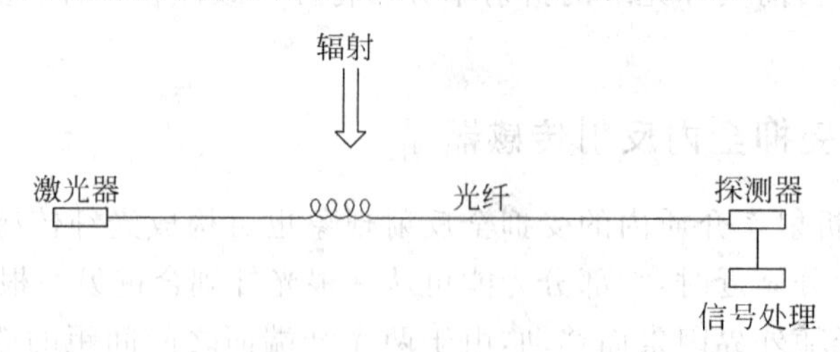

图 1-2-4　光纤辐射传感器原理图

光纤辐射传感器的特点是灵敏度高,线性范围大,有“记忆”特性。不同的光纤成分对不同的辐射敏感。图 1-2-5 是光纤用铅玻璃制成的辐射传感器的特性曲线。由曲线可知,在 10mrad 到 10^6 rad 之间响应均为线性。其灵敏度比一般的玻璃辐射计要高 10^4 rad,其原因是它可使用较长的光纤。这种光纤传感器还具有结构灵活、牢固可靠的优点。它既可做成小巧仪器,也可用于核电站、放射性物质堆放处等大范围的监测。

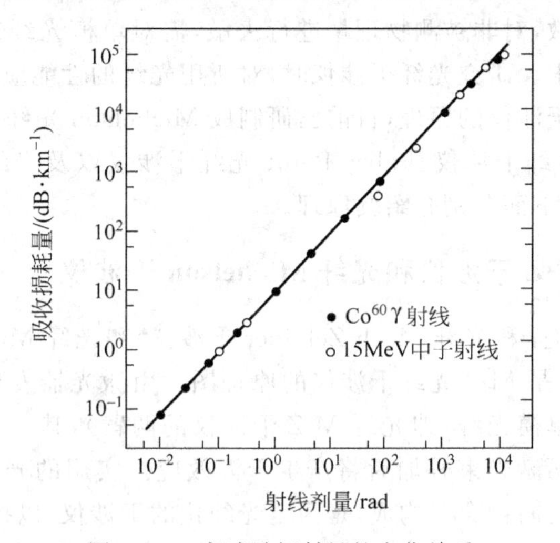

图 1-2-5　衰减随辐射量的变化关系

1.3　相位调制传感型光纤传感器

1.3.1　引言

利用外界因素引起的光纤中光波相位变化来探测各种物理量的传感器称为相位调制传感型光纤传感器。这类光纤传感器的主要特点如下:

(1) 灵敏度高。光学中的干涉法是已知最灵敏的探测技术之一。在光纤干涉仪中,由于使用了数米甚至数百米以上的光纤,使它比普通的光学干涉仪更加灵敏,其超过同类传感器的例子不在少数。

(2) 灵活多样。由于这种传感器的敏感部分是由光纤本身构成,因此其探头的几何形状可按使用要求而设计成不同形式。

(3) 对象广泛。不论何种物理量,只要对干涉仪中的光程产生影响,就可用于传感。目前利用各种类型的光纤干涉仪已研究成测量压力(包括水声)、转动,温度、加速度、电流、磁场、液体成分等多种物理量的光纤传感器。而且,同一种干涉仪,常常可以对多种物理量进行传感。

(4) 对光纤有特殊需要。在光纤干涉仪中，为获得干涉效应，应使同一模式的光叠加，为此要用单模光纤。当然，采用多模光纤也可得到一定的干涉图样，但性能下降很多，信号检测也较困难。为获得最佳干涉效应，两相干光的振动方向必须一致。因此，在各种光纤干涉仪中最好采用高双折射单模光纤(一般称为保偏光纤)。研究表明，光纤的材料，尤其是护套和外包层的材料对光纤干涉仪的灵敏度影响极大。因此，为了使光纤干涉仪对被测物理量进行增敏，对非被测物理量进行去敏，需对单模光纤进行特殊处理，以满足测量不同物理量的要求。研究光纤干涉仪时，对所用光纤的性能应予以特别注意。

根据传统的光学干涉仪的原理，目前已研制成 Michelson 光纤干涉仪、Mach-Zehnder 光纤干涉仪、Sagnae 光纤干涉仪、Fabry-Perot 光纤干涉仪以及光纤环形腔干涉仪等，并且都已用于光纤传感，下面分别介绍其原理。

1.3.2 光纤 M-Z 干涉仪和光纤 Michelson 干涉仪

光纤 M-Z 干涉仪(全称光纤 Mach-Zehnder 干涉仪)和光纤 Michelson 干涉仪都是双光束干涉仪。图 1-3-1 是 M-Z 光纤干涉仪的原理图。由激光器发出的相干光，分别送入两根长度基本相同的单模光纤(即光纤 M-Z 干涉仪的两臂)，其一为探测臂，另一为参考臂。从两光纤输出的两激光束叠加后将产生干涉效应。实用的光纤 M-Z 干涉仪的分光和合光是由两个光纤定向耦合器构成，是为全光纤化的干涉仪，以提高其抗干扰的能力。

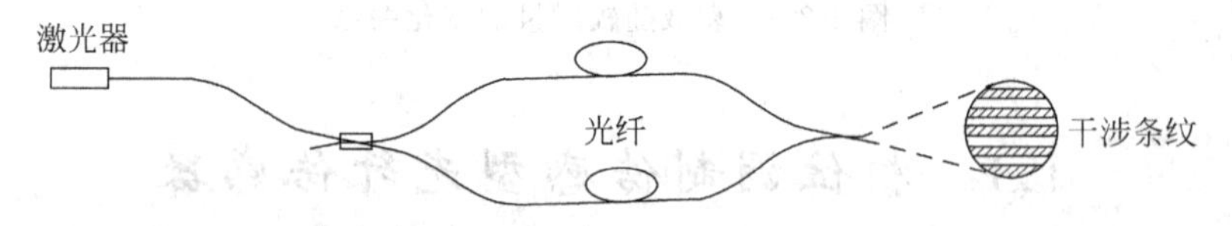

图 1-3-1 光纤 M-Z 干涉仪原理图

图 1-3-2 是光纤 Michelson 干涉仪的原理图。实际上用一个单模光纤定向耦合器，把其中两根光纤相应的端面镀以高反射率膜，就可构成一个光纤 Michelson 干涉仪。其中一根作为参考臂，另一根作为传感臂。

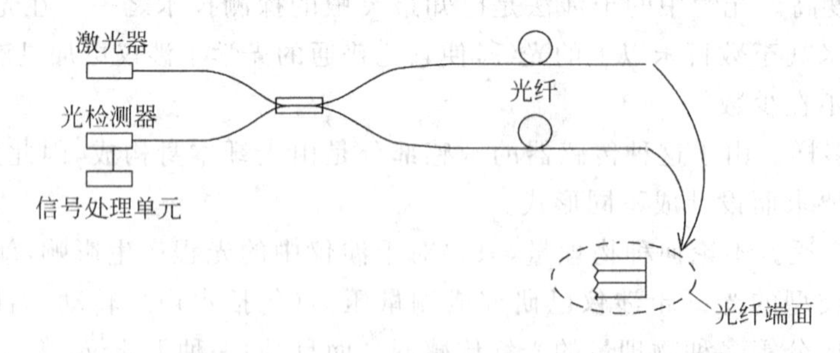

图 1-3-2 光纤 Michelson 干涉仪原理图

由双光束干涉的原理可知，这两种干涉仪所产生的干涉场的干涉光强

$$I \propto (1 + \cos\delta) \tag{1-3-1}$$

当 $\delta = 2m\pi$ 时，为干涉场的极大值。式中 m 为干涉级次，且有

$$m = \Delta L / \lambda \tag{1-3-2}$$

或

$$m = \nu \Delta t \tag{1-3-3}$$

因此，当外界因素引起相对光程差 ΔL 或相对光程时延 Δt，传播的光频率 ν 或光波长 λ 发生变化时，都会使 m 发生变化，即引起干涉条纹的移动。由此而感测相应的物理量。

外界因素(温度、压力等)可直接引起干涉仪中的传感臂光纤的长度 L(对应于光纤的弹性变形)和折射率 n(对应于光纤的弹光效应)发生变化，因为

$$\varphi = \beta L \tag{1-3-4}$$

所以

$$\Delta\varphi = \beta \Delta L + L \Delta\beta = \beta L \frac{\Delta L}{L} + L \frac{\delta\beta}{\delta n} \Delta n + L \frac{\delta\beta}{\delta D} \Delta D \tag{1-3-5}$$

式中，β 是光纤的传播常数；L 是光纤的长度；n 是光纤材料的折射率。光纤直径的变化 ΔD 对应于波导效应。一般 ΔD 引起的相移变化比前两项要小两三个数量级，可以略去。式(1-3-5)是光纤 M-Z 干涉仪等因外界因素引起的相位变化的一般表达式。

1.3.3 光纤 Sagnac 干涉仪

1. 基本原理

在由同一光纤绕成的光纤圈中沿相反方向前进的两光波，在外界因素作用下产生不同的相移。通过干涉效应进行检测，就是光纤 Sagnac 干涉仪的基本原理。其最典型的应用就是转动传感，即光纤陀螺。由于它没有活动部件，没有非线性效应和低转速时激光陀螺的闭锁区，因而非常有希望制成高性能低成本的器件。图 1-3-3 是光纤 Sagnac 干涉仪的原理图。用一长为 L 的光纤，绕成半径为 R 的光纤圈。一激光束由分束镜分成两束，分别从光纤两个端面输入，再从另一端面输出。两输出光叠加后将产生干涉效应，此干涉光强由光电接收器检测。

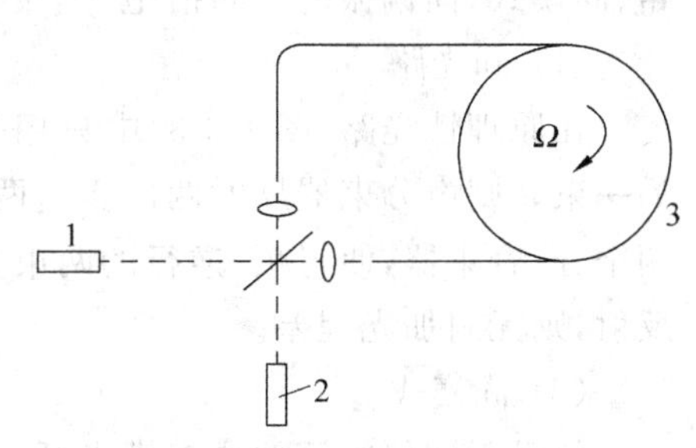

图 1-3-3 光纤 Sagnac 干涉仪原理图
1 为激光器；2 为光探测器；3 为光纤圈

当环形光路相对于惯性空间有一转动 Ω 时(设 Ω 垂直于环路平面)，则对于顺、逆时针传播的光，将产生一非互易的光程差

$$\Delta L = \frac{4A}{c} \Omega \tag{1-3-6}$$

式中，A 是环形光路的面积；c 为真空中的光速。当环形光路是由 N 圈单模光纤组成时，对应顺，逆时针光路之间的相位差为

$$\Delta\varphi = \frac{8\pi NA}{\lambda c}\Omega \tag{1-3-7}$$

式中 λ 是真空中的波长。

2. 优点和难点

和一般的陀螺仪相比较，光纤陀螺仪的优点是：

(1) 灵敏度高

由于光纤陀螺仪可采用多圈光纤的办法来增加环路所围面积(面积由 A 变成 AN。N 是光纤圈数)，这大大增加了相移的检测灵敏度，但不增加仪器的尺寸(参看式(1-3-7))。

(2) 无转动部分

由于光纤陀螺仪是固定在被测的转动部件上，因而大大增加了其实用范围。

(3) 体积小

应用光纤陀螺仪测量的基本难点是，对其元件、部件和系统的要求极为苛刻。例如，为了检测出 0.01°/h 的转速，使用长 L 为 1km 的光纤，光波波长为 1μm，光纤绕成直径为 10cm 的线圈时，由 Sagnac 效应产生的相移 $\Delta\varphi$ 为 10^{-7} rad，而经 1km 长光纤后的相移为 6×10^{9} rad，因此相对相移的大小为 $\Delta\varphi/\varphi\approx10^{-7}$，由此可见所需检测精度之高。由于光纤 Sagnac 干涉仪中最集中地体现了一般光纤干涉仪中应考虑的所有主要问题，因此下面考虑的问题对其他光纤干涉仪也有参考价值。

3. 需要注意的 4 个问题

1) 互易性和偏振态

为精确测量，需使光路中沿相反方向行进的两束相干光，只有因转动引起的非互易相移，而所有其他因素引起的相移都应互易。这样所对应的相移才可相消，一般是采取同光路、同模式、同偏振的三同措施。

(1) 同光路

在原理性光路(图 1-3-3)中只用一个分/合束器。于是一束光两次透射通过分束器，另一束光则由分束器反射两次。这两者之间有附加的光程差。若把一个分/合束器改为两个分/合束器，使得顺、逆行的两束光从光源到探测器之间都同样经过两次透射和两次反射，则无附加光程差。

(2) 同模式

如果干涉仪中用的是多模光纤，那么当输入某一模式的光后，在光纤另一端输出的一般将是另一种模式的光，这两种不同模式的光耦合干涉后产生的相移将是非互易的和很不稳定的。因此应采用单模光纤以及单模滤波器，以保证探测到的是同模式的光叠加。

(3) 同偏振态

在使用单模光纤时,由于它一般具有双折射特性,也会造成一种非互易的相移。两偏振态之间的能量耦合,还将降低干涉条纹的对比度。双折射效应是由于光纤所受机械应力及其形状的不同而引起的,所以也是不稳定的。为保证两束光的偏振态相同,通常是在光路中采用偏振态补偿技术和/或控制系统,以及使用能够保持偏振态特性的高双折射光纤(保偏光纤);采用只有一个偏振态的单偏振光纤,可以更好地解决这一问题。

2) 偏置和相位调制

干涉仪所探测到的光功率为

$$P_{\mathrm{D}}=\left(\frac{1}{2}\right)P_0(1+\cos\Delta\varphi) \tag{1-3-8}$$

式中,P_0 为输入的光功率;$\Delta\varphi$ 为待测的非互易引起的相位差。可见对于慢转动(即小 $\Delta\varphi$),检测灵敏度很低。为此,必须对检测信号加一个相位差偏置 $\Delta\varphi_b$,其偏置量介于 P_{D} 的最大值和最小值之间,如图 1-3-4 所示。

偏置状态可分为 45°偏置和动态偏置两种。45°偏置时有 $P_{\mathrm{D}}\propto\sin\Delta\varphi$,其优点是无转动时输出为零。主要问题是偏置点本身的不稳定,这将给测量结果带来很大误差。动态偏置时有 $P_{\mathrm{D}}(t)\propto P_0\sin(\Delta\varphi)\sin(\omega_m t)$,这时无转动时输出也为零,但偏置点稳定问题却得到很大改善。相移的偏置一般采用相位调制来实现。相位调制可以在光路中放入相位调制器,利用附加转动、磁光调制和调制两反向进行波之间的频率差等方法,也可以利用外差调制技术。采用磁光调制器的方案是,外加磁场通过它产生 45°相位偏置,使其工作在灵敏度最高处,再加上 ΔB 的正弦动态调制。声光调制的方案则是通过声光调制器来实现调制两束反向行进光的频率,产生一频差 Δf 去补偿转动所产生的相移。这样进行频率的检测就可测出转动量。

3) 光子噪声

在 Sagnac 光纤陀螺中,各种噪声甚多,大大影响了信噪比 S/N,因此这是一个必须重视的问题,其中光子噪声属基本限制。噪声的大小与入射到探测器上的光功率有关。

4) 寄生效应的影响及减除方法

(1) 直接动态效应

作用于光纤上的温度及机械应力会引起光纤中传播常数和光纤的尺寸发生变化,这将在接收器上引起相位噪声。互易定理只适用于时不变系统,若扰动源对系统中点对称,则总效果相消。因此应尽量避免单一扰动源靠一端,并应注意光纤圈的绕制技术。

(2) 反射及 Rayleigh 背向散射

由于光纤中产生的 Rayleigh 背向散射,以及各端面的反射会在光纤中产生次级波 a_1

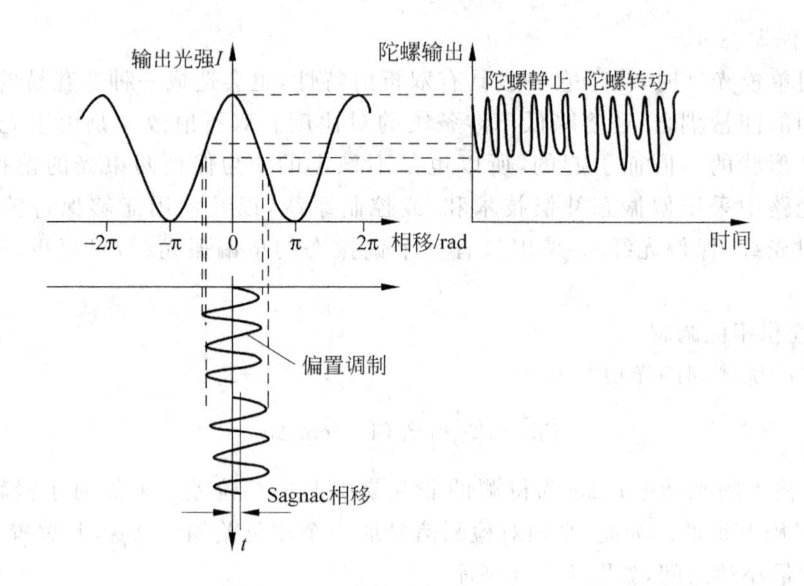

(a) 正弦调制

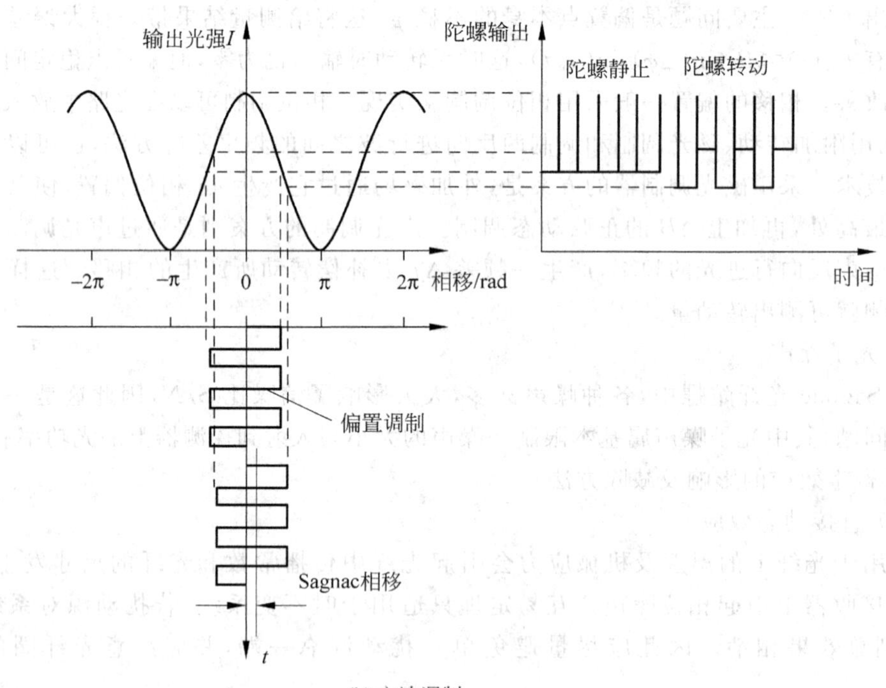

(b) 方波调制

图 1-3-4　光功率随相位差的变化

和 a_2，它们与初级波 A_1 和 A_2 会产生相干叠加，如图 1-3-5 所示，这将在接收器上产生噪声。光纤中 Rayleigh 散射起因于光纤内部介质的不均匀性。散射波具有全方向性且频率不变，光强正比于 $1/\lambda^4$。

为了减少 Rayliegh 反向散射带来的相位误差，方法之一是采用相干长度短的光源。超发射二极管(SLD)是公认的较理想的光源，它的特点是空间相干性好，时间相干性差。另一种方法是在光纤圈的一端设置交变的相位调制，选取合适的调制频率，可以使光纤圈中央附近的散射光对输出信号的贡献为零。可见调制技术既可以使偏置点稳定，又能使反向散射噪声与信号分离。采取上述措施后，可将 Rayliegh 反向散射噪声降至量子噪声以下。

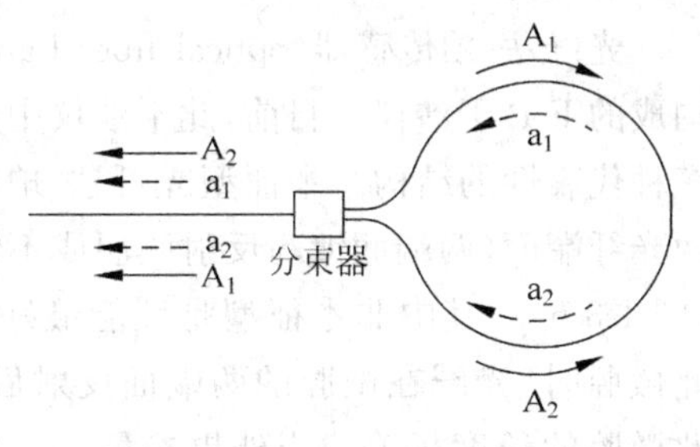

图 1-3-5　回路中主波和反射波示意图

(3) Faraday 效应

在磁场中的光纤圈由于 Faraday 效应会在光纤陀螺中引起噪声：引入非互易圆双折射(光振动的旋转方向与光传播方向有关)，叠加在原有的互易双折射上。其影响的大小取决于磁场的大小及方向。例如，在地磁场中，其效应大小为 10°/h。较有效地消除办法是把光纤系统放在磁屏蔽盒中。

(4) 光 Kerr 效应

光 Kerr 效应是由光场引起的材料折射率的变化。在单模光纤中这意味着导波的传播常数是光波功率的函数。在光纤陀螺的情况下，对于熔石英这种线性材料，当正、反两列光波的功率相差 10nW 时，就足以引起(对惯性导航)不可忽略的误差。因此，对于总功率为 100μW 的一般情况，这要求功率稳定性优于 10^{-4}。为减少这种效应引起的误差，目前有三种办法：①控制分束器的分光比 K，使 $K=1/2$，这时 Kerr 效应的相位误差为零；②利用占空比为 1/2 的宽频谱光源(如 SLD)，对各波长分量求和，这时 Kerr 效应引起的相位误差平均值为零；③对光源进行强度调制，也可使误差减少 1～2 个数量级。

以上讨论了光纤陀螺中最基本的四种误差源和在一定范围内限制误差大小所应采取的措施。光纤陀螺的实际工作环境较恶劣，还会带来其他的角速度误差，因此必须采取其他相应的措施。比如，光纤陀螺的工作温度一般为 −40℃～50℃，而温度的改变对光纤圈、相位调制器、光纤耦合器都有较严重的影响。实际结果表明，温度改变 1℃，比例因子变化 5%，所以必须对光纤进行温度控制或温度补偿。此外应力还会带来附加相位误差，这对光纤陀螺的装配工艺(特别是光圈绕制技术)提出了较高的要求，最终，光纤陀螺的精度极限受量子噪声的限制。

1.3.4 光纤 Fabry-Perot 干涉仪

1. 引言

光纤法-珀传感器(optical fiber Fabry-Perot sensor，光纤 F-P 或法-珀干涉仪)是用光纤构成的 F-P 干涉仪。目前，此干涉仪中的光纤法-珀腔主要有本征型、非本征型、线型复合腔三种代表性的结构。本征型光纤法-珀腔是指法-珀腔本身由光纤构成，而非本征型是利用两光纤端面(两端面镀高反射膜层或不镀高反射膜)之间的空气隙构成一个腔长为 L 的微腔(图 1-3-6)。其中非本征型是性能最好、应用最为广泛的一种。当相干光束沿光纤入射到此微腔时，光纤在微腔的两端面反射后沿原路返回并相遇而产生干涉，其干涉输出信号与此微腔的长度相关。当外界参量(力、变形、位移、温度、电压、电流、磁场、……)以一定方式作用于此微腔，使其腔长 L 发生变化，导致其干涉输出信号也发生相应变化。根据此原理，就可以从干涉信号的变化导出微腔的长度，乃至外界参量的变化，实现各种参量的传感。例如，将光纤法-珀腔直接固定在变形对象上，则对象的微小变形就直接传递给法-珀腔，导致输出光的变化，从而形成光纤法-珀应变/应力/压力/振动等传感器；将光纤法-珀腔固定在热膨胀系数线性度好的热膨胀材料上，使腔长随热膨胀材料的伸缩而变化，则可构成光纤法-珀温度传感器；若将光纤法-珀腔固定在磁致伸缩材料上，则可构成光纤法-珀磁场传感器；若将光纤法-珀腔固定在电致伸缩材料上，则可构成光纤法-珀电压传感器。

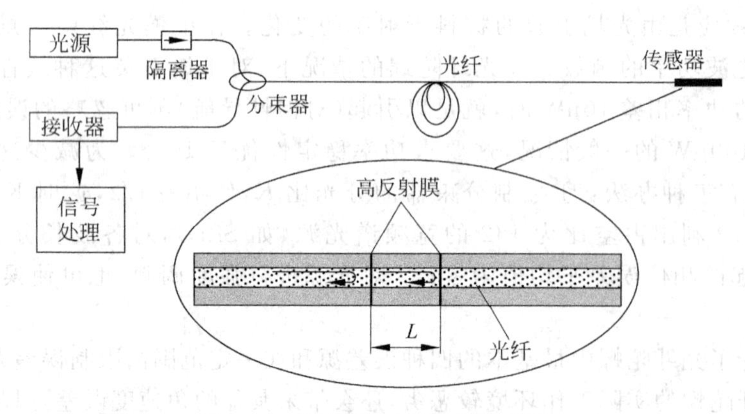

图 1-3-6　光纤法-珀传感器原理图

由图 1-3-6 可知，在光纤法-珀传感器系统中，光纤法-珀腔是作为传感单元，去获取被测参量信息；为了实现不同的参量传感，光纤法-珀腔则可有不同的结构形式，因而有不同的传感特性。此外，光纤法-珀腔获取的信号必须经过处理才可以得到预期的结果，而这个信号处理就是光纤法-珀传感器的信号解调。光纤法-珀传感器的解调方法主要有强度解调和相位解调两大类，而其中相位解调是难度较大，但又比较能突出其优点，且研究空间较广、实施方案较多的一类解调方法，也是目前实际应用最多的解调方法。

2. 基本原理

光纤法-珀传感器是从图 1-3-7 所示的光学法-珀干涉仪发展而成。光学法-珀干涉仪是由两块端面镀以高反射膜、间距为 L、相互严格平行的光学平行平板组成的光学谐振腔（简称 F-P 腔）。若两个镜面的反射率皆为 R，入射光波与光强分别为 λ 和 I_0，根据多光束干涉的原理，光学法-珀腔的反射输出 I_R 与透射输出 I_T 分别为

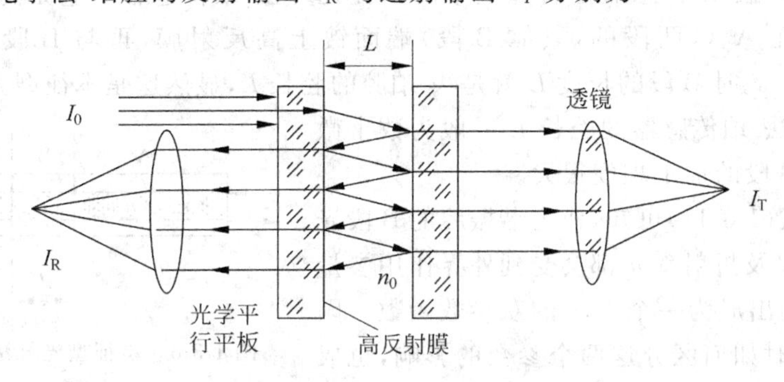

图 1-3-7　光学 F-P 干涉仪原理示意图

$$I_R = \frac{2R(1-\cos\Phi)}{1+R^2-2R\cos\Phi}I_0 \tag{1-3-9}$$

$$I_T = \frac{(1-R)^2}{1+R^2-2R\cos\Phi}I_0 \tag{1-3-10}$$

式中 Φ 为光学位相，且

$$\Phi = \frac{4\pi}{\lambda}n_0 L \tag{1-3-11}$$

其中 n_0 是腔内材料的折射率，当腔内材料为空气时，$n_0 \approx 1$。当用两光纤端面代替光学法-珀干涉仪的两反射镜时，图 1-3-7 的光学 F-P 干涉仪就演化成了图 1-3-6 的光纤 F-P 传感器。对于图 1-3-7 的光学 F-P 干涉仪而言，其输出信号既可利用式(1-3-9)的反射光，又可利用式(1-3-10)的透射光；但对于图 1-4-6 的光纤 F-P 传感器，则只能利用式(1-3-9)的反射光。

当镜面反射率 R 降低时，可用双光束干涉代替多光束干涉，则式(1-3-9)可近似简化为

$$I_R = 2R(1-\cos\Phi)I_0 = D + C\cos\Phi \tag{1-3-12}$$

由于式(1-3-9)及式(1-3-12)皆为干涉输出，因此要求注入光纤法-珀传感器的光束一定是相干光，这就不但要求图 1-3-6 中的光源是相干光源，而且还要求图中的光纤是单模光纤。

3. 分类及特点

根据光纤法-珀腔的结构形式，光纤法-珀传感器主要可以分为本征型(intrinsic Fabry-Perot interferometer，IFPI)、非本征型光纤法-珀传感器(extrinsic Fabry-Perot interferometer，EFPI)和线型复合腔光纤法-珀传感器(in-line Fabry-Perot，ILFP)三种。

1) 本征型光纤法-珀传感器

本征型光纤法-珀传感器是研究最早的一种光纤法-珀传感器。它是将光纤截为A、B、C三段，并在A、C两段的(紧靠B段)端面镀上高反射膜，再与B段光纤焊接，如图1-3-8所示。此时B段的长度L就是法-珀腔的腔长L，显然这是本征型光纤法-珀传感器。由于光纤法-珀传感器的腔长L一般为数十微米量级，因此B段的加工难度很大。

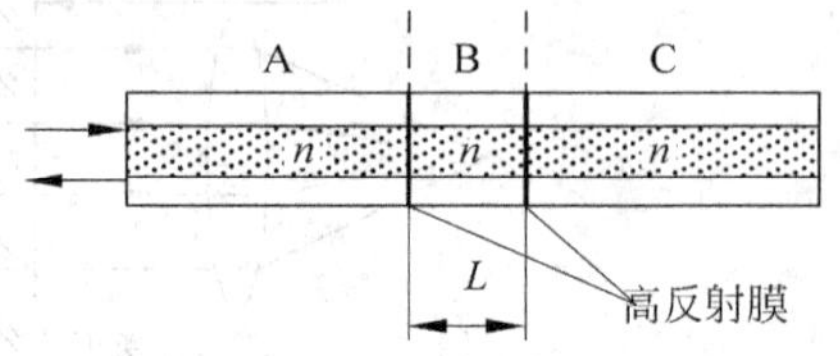

图1-3-8 本征型光纤法-珀传感器原理图

此外，由式(1-3-11)可知，作为谐振腔的B段光纤，其长度L以及折射率n都会受到外界作用参量的影响，导致输出成为一个L，n的双参数函数。因此在实际使用时如何区分这两个参数的影响，也成为一个难题。

2) 非本征型光纤法-珀传感器

非本征型光纤法-珀传感器是目前应用最为广泛的一种光纤法-珀传感器。它是由两个端面镀膜的单模光纤，端面严格平行、同轴，密封在一个长度为D、内径为d($d \geqslant 2a$，$2a$为光纤外径)的特种管道内而成(图1-3-9)。它具有以下优点：

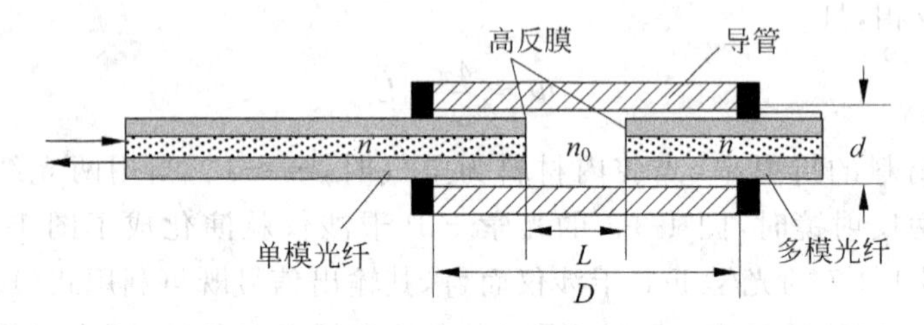

图1-3-9 非本征型光纤法-珀传感器原理图

(1) 腔长易控

光纤F-P腔的装配过程中，易于用特种微调机构调整和精确控制腔长L。

(2) 灵敏度可调

由于光纤F-P腔的导管长度$D>L$，且D是传感器的实际敏感长度，因此可通过改变D的长度来控制传感器的灵敏度。

(3) F-P腔是L的单值函数

法-珀腔是由空气间隙组成的，其折射率$n_0 \approx 1$，故可近似认为F-P腔是L的单参数函数。

(4) 温度特性优

当导管材料的热膨胀系数与光纤相同时,导管受热伸长量与光纤受热伸长量相同,则可基本抵消材料热胀冷缩引起的腔长 L 的变化,故非本征型光纤法-珀传感器温度特性远优于本征型光纤法珀传感器,其受温度的影响可以忽略不计。

如果传感器在运输、安装等过程中受到较大拉力,则两光纤间距(即法珀腔腔长 L)将可能变得过长,两端面将可能不再平行,导致光束不能在两端面之间多次反射,更不可能返回原光纤,从而导致传感器失效。为此,可以采用图 1-3-10 的改进型结构,通过设置过渡的缓冲间隙,加以解决。

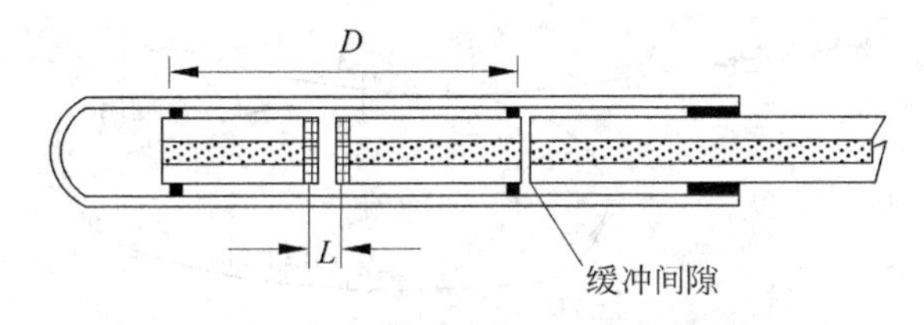

图 1-3-10 改进型 EFPI 传感器原理图

4. 光纤法-珀传感器的信号解调

由前所述,外界参量作用于光纤法-珀腔时,是通过改变传感器的腔长 L 来影响其输出光信号 I_R。因此光纤法-珀传感器的腔长 L 是反映被测对象的关键参数,而光纤法-珀传感器的信号解调,就是由其输出光信号 I_R 求解出腔长值 L。根据解调时所利用的光学参量,光纤 F-P 传感器的信号解调主要有强度解调与相位解调两大类。强度解调一般利用单色光源(λ 固定),直接通过式(1-3-9)中的 I_R 求解出 L;而相位解调则是应用宽带或波长可调谐光源,利用输出信号 I_R 随波长 λ 的变化,由式(1-3-9)以及式(1-3-11),通过 I_R、Φ_λ、L 的关系求出 L。强度解调方法简单,但结果误差较大,是光纤法-珀传感器研究早期常用的方法;相位解调则相对较为复杂,但是比较精确,因而是目前较为普遍的方法。欲了解关于光纤法-珀传感器信号解调更多的内容,可参考有关文献。

5. 光纤法-珀传感器的应用

由于光纤纤细、脆弱,因此,在实际工程中较少使用裸光纤法-珀腔,而一般都是根据实际应用对象的特点,附加一定保护结构,从而构成针对特殊对象的光纤法-珀传感器,如应力/应变传感器、压力传感器、温度传感器、振动传感器等。目前光纤法-珀传感器最具有标志性的应用对象,是大型构件的安全检测。

根据被测对象的特点,将光纤法-珀应变传感器在结构上做一定的修改,就可以发展成其他各种不同类型的传感器。

1.3.5 光纤环形腔干涉仪

利用光纤定向耦合器将单模光纤连接成闭合回路，即构成图 1-3-11 所示光纤环形腔干涉仪。激光束从环形腔 1 端输入时，部分光能耦合到 4 端，部分直通入 3 端进入光纤环内。当光纤环不满足谐振条件时，由于定向耦合器的耦合率近于 1，大部分光从 4 端输出，环形腔的输出光强接近输入光强。当光纤环满足谐振条件时，腔内光场因谐振而加强，并经由 2 端直通到 4 端，该光场与由 1 端耦合到 4 端的光场叠加，形成相消干涉，使光纤环形腔的输出光强减小。如此多次循环，使光纤环内的光场形成多光束干涉，4 端的输出光强在谐振条件附近为一细锐的谐振负峰，与 F-P 干涉仪类似。

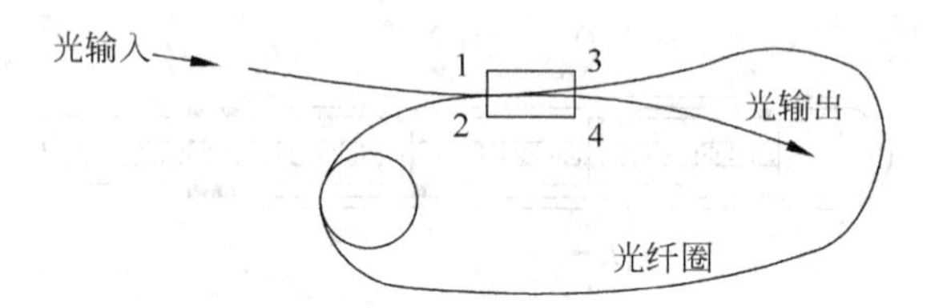

图 1-3-11 光纤环形腔干涉仪

光纤环形腔的输出特性与定向耦合器的耦合率、插入损耗、光纤环的光纤长度以及光纤的传输损耗有关。

1.3.6 白光干涉型光纤传感器

相位调制型光纤传感器的突出优点是灵敏度高。缺点之一是只能进行相对测量，即只能用作变化量的测量，而不能用于状态量的测量。近几年发展起来的用白光做光源的干涉仪可用作绝对测量，因而愈来愈受到重视。目前已有用它对位移、压力、振动、应力、应变、温度等多种参量进行绝对测量，并有研究成果发表。

1. 原理及特性

图 1-3-12 是一种光纤的白光干涉型光纤传感器的原理图。它由两个光纤干涉仪组成，其中一个干涉仪用作传感头（图中的光纤 F-P 干涉仪），放在被测量点，同时又作为第二个干涉仪的传感臂；第二个干涉仪（由图中光纤 OA 和 OA' 构成的 Michelson 干涉仪）的另一支臂作为参考臂，放在远离现场的控制室，提供相位补偿。每个干涉仪的光程差都大于光源的相干长度。假设图中 A' 位置是 O 到 A 点的等光程点，B' 是 O 到 B 的等光程点。这时当反射镜 C 从左向右通过 A' 位置时，在 Michelson 干涉仪的接收端将出现白光零级干涉条纹；同理，当反射镜 C 通过 B' 位置时，会再次出现白光零级干涉条纹。两次零级干涉条纹所对应的位置 A'、B' 之间的位移就是 F-P 腔的光程。因此用适当方法测出 A'、B' 的间距，就可确定 F-P 腔光程的绝对值。

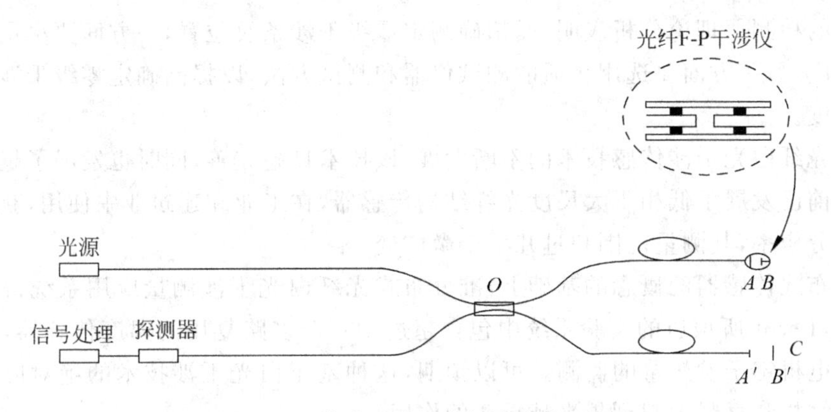

图 1-3-12 白光干涉型光纤传感器光路图

2. 优点和问题

白光干涉型光纤传感器有如下优点：

(1) 绝对测量。可测量绝对光程。

(2) 强抗干扰。系统抗干扰能力强，系统分辨率与光源波长稳定性、光源功率波动、光纤的扰动等因素无关；测量精度仅由干涉条纹中心位置的确定精度和参考反射镜位置的确定精度决定。

(3) 光纤通用。白光干涉传感系统所用的传感光纤一般都是标准的单模光纤，而且对很多应用场合，无需对光纤进行进一步的特别处理。光纤传感器的尺寸小与材料和结构兼容等特点，使其适合于嵌入纤维复合材料或混凝土材料内部或贴附在结构表面，而不对材料或结构的机械性能造成可观的影响。

(4) 长度任选。白光干涉传感器的一个特点是传感器的光纤长度可任意选择。作为传感光纤，其长度可从几十微米到几十千米，根据具体的应用来选择。尺度短的应变传感器适合于用于检测材料的局域应变状态，并且应该放置在结构预期的高应变临界点处。而对于大型结构，如悬拉桥，需要空间的稳定性，对于变形的测量是非常重要的，并且要求传感器的长度应该具有米的量级或更大。这里，结构失效的临界点与局域状态相比要重要得多，所以局域应变测量就显得不十分重要。如大地的运动导致的桥梁中发生的沉降，这个形变可以通过降低桥梁桁架应变来改进结构安全。

(5) 便于复用。对于光纤白光干涉仪而言，其传感信息可以远距离测量并很容易地实现多路复用或准分布式测量。多段传感光纤(多个传感器)连在一条或多条光纤总线上，只需要一个扫描问询干涉仪就可对全部传感器进行解调，所需信号处理电路比较简单。传感器部分结构简单、完全无源。光源、问询干涉仪及处理电路等可以通过传输光纤放在离传感区域很远的地方，而且测量性能不受传输光纤长度等变化的影响。

目前，白光干涉型光纤传感器主要应解决的两大问题是低相干度光源的获得和零级干涉条纹的检测。理论分析表明,要精确测定零级干涉条纹位置,一方面要尽量降低光源的相干长度,另一方面要选用合适的测试仪器和测试方法,以提高确定零级干涉条纹中心位置的精度。

随着光纤白光干涉传感技术的不断发展,该技术日趋完善,同时也发展了越来越多的应用。目前已发展了低相干大尺度光纤结构传感器,在工业和建筑业中使用,获得了几个微应变的分辨率,其测量范围超过几千个微应变。

在分布式传感器的概念的基础上,准分布式光纤白光干涉测量应用系统得到了进一步的发展,Lecot 所报道的实验系统中包含超过 100 个多路复用的温度传感器,用于核电站交流发电机定子发热量的监测。可以预期,这种基于白光干涉技术的绝对应变传感器将在智能结构和材料中起到越来越重要的作用。

1.3.7 光纤干涉仪的传感应用

如上所述,作用于光纤上的压力、温度等因素,可以直接引起光纤中光波相位的变化,从而构成相位调制型的光纤声传感器、光纤压力传感器、光纤温度传感器以及光纤转动传感器(光纤陀螺)等。另外有些其他物理量通过某些敏感材料的作用,也可引起光纤中应力、温度发生变化,从而引起光纤中光波相位的变化。例如:利用黏接或涂敷在光纤上的磁致伸缩材料,可以构成光纤磁场传感器;利用涂敷在光纤上的金属薄膜,可以构成光纤电流传感器;利用固定在光纤上的电致伸缩材料,可构成光纤电压传感器;利用固定在光纤上的质量块则可构成光纤加速度计。另外,在光纤上镀以特殊的涂层,则可构成作为特定的化学反应或生物作用的光纤化学传感器或光纤生物传感器。例如,在单模光纤上镀以 10μm 厚的钯,就可构成光纤氢气传感器,等等。

1.4 偏振态调制型光纤传感器

1.4.1 光纤电流传感器

外界因素使光纤中光波模式的偏振态发生变化,对其进行检测的光纤传感器属于偏振态调制型,最典型的例子就是高压传输线用的光纤电流传感器。光纤测电流的基本原理是利用光纤材料的 Faraday 效应(熔石英的磁光效应),即处于磁场中的光纤会使在光纤中传播的偏振光发生偏振面的旋转,其旋转角度 Ω 与磁场强度 H、磁场中光纤的长度 L 成正比:

$$\Omega = VHL \tag{1-4-1}$$

式中 V 是菲尔德(Verket)常数,是光纤的材料常数。由于载流导线在周围空间产生的磁场满足安培环路定律,对于长直导线有 $H=I/(2\pi R)$,因此只要测量 Ω,L,R 的值,就可由

$$\Omega = \frac{VLI}{2\pi R} = VNI \tag{1-4-2}$$

求出长直导线中的电流 I。式中 N 是绕在导线上的光纤的总圈数。

具体的原理实验装置如图 1-4-1 所示。从激光器 1 发出的激光束经起偏器 2、物镜 3 耦合进入单模光纤 4。6 是高压载流导线，通过其中的电流为 I。5 是绕在导线上的光纤，在这一段光纤上产生磁光效应，使通过光纤的偏振光产生一角度为 Ω 的偏振面的旋转。出射光经偏振棱镜 8 把光束分成振动方向相互垂直的两束偏振光。再通过光探测器 7 变成电信号，分别送进信号处理单元 9 进行运算。最后由计算器输出的将是函数

$$P = \frac{J_1 - J_2}{J_1 + J_2} \tag{1-4-3}$$

式中 J_1，J_2 分别为两偏振光的强度。再通过一定的计算即可得出被测电流 I 的值。

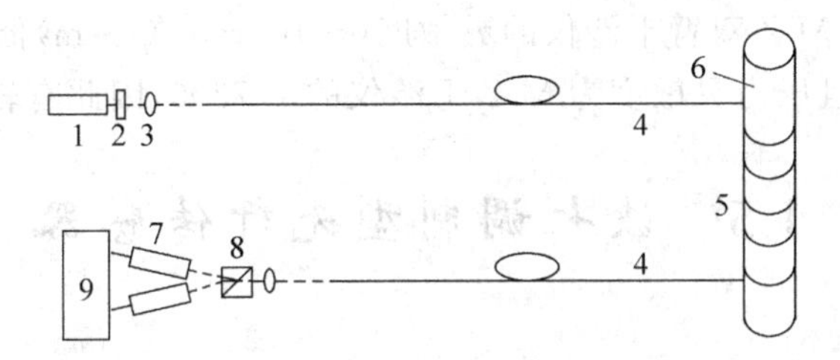

图 1-4-1 光纤电流传感器原理图

1—激光器；2—起偏器；3—物镜；4—传输光纤；5—传感光纤；6—电流导线；7—光探测器；8—偏振棱镜；9—信号处理单元

1.4.2 光纤偏振干涉仪

Mach-Zehnder 光纤干涉仪有一个重要缺点，由于利用双臂干涉，因此外界因素对参考臂的扰动常常会引起很大的干扰，甚至破坏仪器的正常工作。为克服这一缺点，可利用单根高双折射单模光纤中两正交偏振模在外界因素影响下相移的不同进行传感。图 1-4-2 是利用这种办法构成的光纤温度传感器的原理图，这是一种光纤偏振干涉仪。

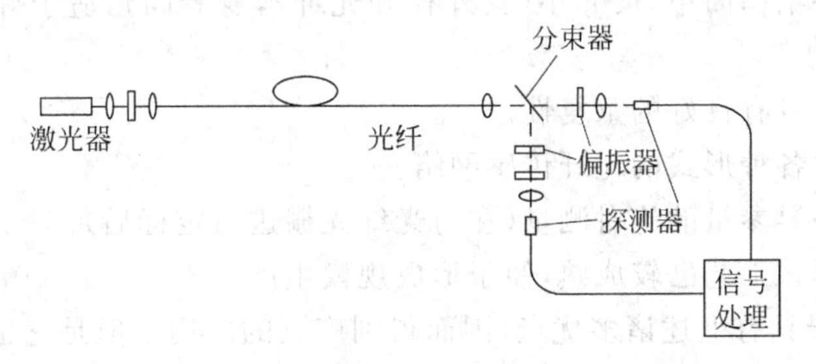

图 1-4-2 单光纤偏振干涉仪

激光束经起偏振器和 $\lambda/4$ 波片后变为圆偏振光，对传感用高折射单模光纤的两个正交偏振态均匀激励。由于其相移不同，输出光的合成偏振态可在左旋圆偏振光、45°线偏振光、右旋偏振光、135°线偏振光之间变化。若输出端只检测 45°线偏振分量，则输出光强为

$$I=\frac{1}{2}I_0(1+\cos\varphi)$$

式中 φ 是受外界因素影响而发生的相位变化。为了减小光源本身的不稳定性，可用 Wollaston 棱镜同时检测两正交分量的输出 I_1 和 I_2，经数据处理可得

$$P=\frac{I_1-I_2}{I_1+I_2}=\cos\varphi$$

实验表明，应用高双折射光纤（拍长 $\Lambda=3.2\text{mm}$）作温度传感时，其灵敏度约为 2.5rad/(℃·m)。它虽然比 M-Z 双臂干涉仪的灵敏度（～100rad/℃·m）低很多，约为 1/50。但其装置要简单得多，且压力灵敏度为 M-Z 干涉仪的 1/7300，因此有较强的压力去敏作用。

1.5 波长调制型光纤传感器

1.5.1 引言

光纤光栅传感器是一种典型的波长调制型光纤传感器。基于光纤光栅传感器的传感过程是通过外界参量对布拉格中心波长的调制来获取传感信息，这是一种波长调制型光纤传感器。它具有以下优点：

(1) 抗干扰能力强。一方面是因为普通的传输光纤不会影响传输光波的频率特性（忽略光纤中的非线性效应）；另一方面光纤光栅传感系统从本质上排除了各种光强起伏引起的干扰。例如，光源强度的起伏、光纤微弯效应引起的随机起伏和耦合损耗等都不可能影响传感信号的波长特性。因而基于光纤光栅的传感系统具有很高的可靠性和稳定性。

(2) 传感探头结构简单，尺寸小（其外径和光纤本身等同），适于许多应用场合，尤其是智能材料和结构。

(3) 测量结果具有良好的重复性。

(4) 便于构成各种形式的光纤传感网络。

(5) 可用于外界参量的绝对测量（在对光纤光栅进行定标后）。

(6) 光栅的写入工艺已较成熟，便于形成规模生产。

光纤光栅由于具有上述诸多优点，因而得到广泛的应用。但是它也存在不足之处，例如，对波长移位的检测需要用较复杂的技术和较昂贵的仪器或光纤器件，需大功率的宽带光源或可调谐光源，其检测的分辨率和动态范围也受到一定限制等。

1.5.2　光纤光栅的分类

在光纤光栅出现至今的短短二十多年里，由于研究的深入和应用的需要，各种用途的光纤光栅层出不穷，种类繁多，特性各异。因此也出现了多种分类方法，归结起来主要是从光纤光栅的周期、相位和写入方法等几个方面对光纤光栅进行分类。

一般实际应用中，均按光纤光栅周期的长短分为短周期光纤光栅和长周期光纤光栅两大类。周期小于 1μm 的光纤光栅称为短周期光纤光栅，又称为光纤布拉格光栅或反射光栅(fiber Bragg grating，FBG)；而把周期为几十至几百微米的光纤光栅称为长周期光纤光栅(long-period grating，LPG)，又称为透射光栅。短周期光纤光栅的特点是传输方向相反的两个芯模之间发生耦合，属于反射型带通滤波器，如图 1-5-1 所示，其反射谱如图 1-5-3(a)所示。长周期光纤光栅的特点是同向传输的纤芯基模和包层模之间的耦合，无后向反射，属于透射型带阻滤波器，如图 1-5-2 所示，其透射光谱如图 1-5-3(b)所示。

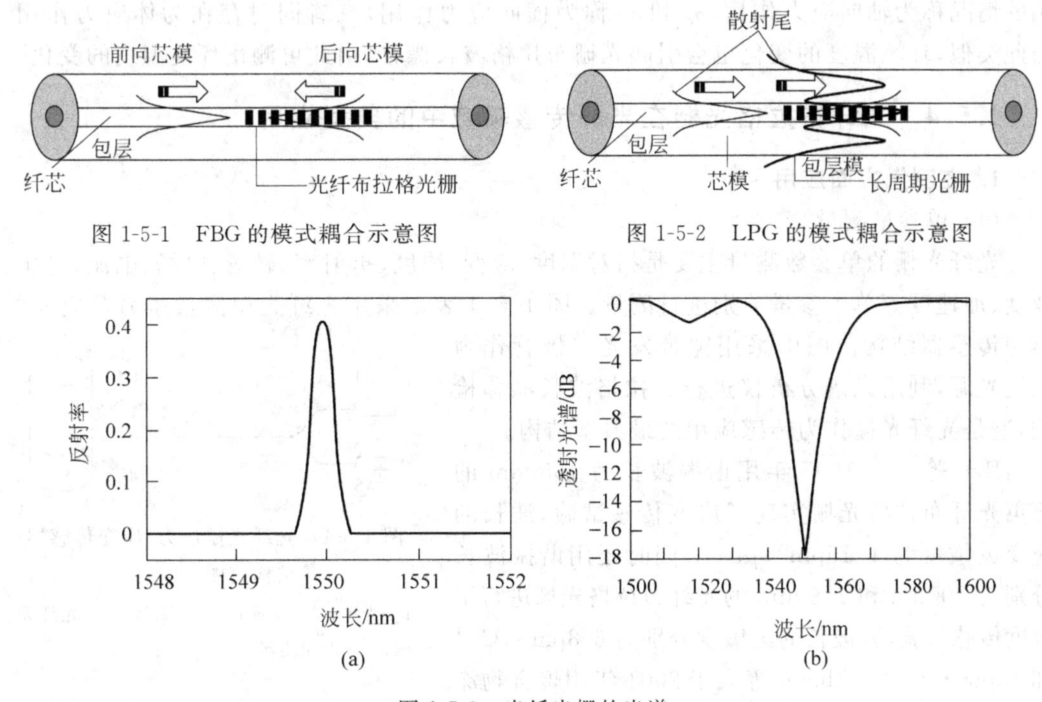

图 1-5-1　FBG 的模式耦合示意图

图 1-5-2　LPG 的模式耦合示意图

图 1-5-3　光纤光栅的光谱

(a) FBG 的反射谱；(b) LPG 的透射谱

1.5.3　光纤布拉格光栅传感原理

由光纤光栅的布拉格方程可知，光纤光栅的布拉格波长取决于光栅周期 Λ 和反向耦

合模的有效折射率 n_{eff}，任何使这两个参量发生改变的物理过程都将引起光栅布拉格波长的漂移。正是基于这一点，一种新型、基于波长漂移检测的光纤传感机理被提出并得到广泛应用。在所有引起光栅布拉格波长漂移的外界因素中，最直接的为应力、应变和温度等参量。因为无论是对光栅进行拉伸还是挤压，都势必导致光栅周期 Λ 的变化，并且光纤本身所具有的弹光效应使得有效折射率 n_{eff} 也随外界应力状态的变化而改变。同理，环境温度的变化也会引起光纤类似的变化。因此采用光纤布拉格光栅制成光纤应力应变传感器以及光纤温度传感器，就成了光纤光栅在光纤传感领域中最直接的应用。

应力引起光栅布拉格波长漂移可以由下式给予描述：

$$\Delta\lambda_B = 2n_{eff}\Delta\Lambda + 2\Delta n_{eff}\Lambda \tag{1-5-1}$$

式中 $\Delta\Lambda$ 表示光纤本身在应力作用下的弹性变形；Δn_{eff} 表示光纤的弹光效应。外界不同的应力状态将导致 $\Delta\Lambda$ 和 Δn_{eff} 的不同变化。一般情况下，由于光纤光栅属于各向同性柱体结构，所以施加于其上的应力可在柱坐标系下分解为 σ_r，σ_θ 和 σ_z 三个方向。只有 σ_z 作用的情况称为轴向应力作用，σ_r 和 σ_θ 称为横向应力作用，三者同时存在为体应力作用。与此类似，环境温度的变化也会引起光栅布拉格波长漂移，由此可测量环境温度的变化。

1.5.4 光纤布拉格光栅在光纤传感领域中的典型应用

1. 在测量方面应用

(1) 单参量测量

光纤光栅的单参数测量主要是指对温度、应变、浓度、折射率、磁场、电场、电流、电压、速度、加速度等单个参量分别进行测量。图 1-5-4 表示采用光纤光栅测量压力及应变的典型传感器结构。图中采用宽带发光二极管作为系统光源，利用光谱分析仪进行布拉格波长漂移检测，这是光纤光栅作为传感应用的最典型结构。

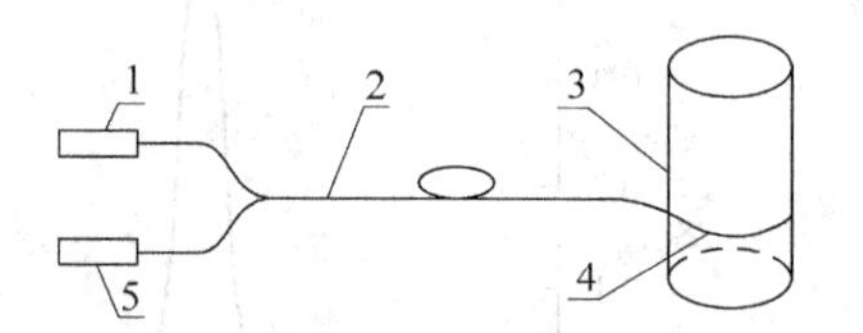

图 1-5-4 光纤光栅压力/应变传感器结构简图

1—光源；2—光纤；3—被测物；4—光纤光栅；5—光探测器

Rao 等人于 1995 年用谐振波长为 1550nm 的石英光纤布拉格光栅实现了应变传感试验，波长的应变灵敏度为 1.15pm · $\mu\varepsilon^{-1}$；同时还用谐振波长分别为 800nm 和 1550nm 的光纤布拉格光栅进行了温度传感试验，其波长的灵敏度分别为 6.8pm · ℃$^{-1}$ 和 13pm · ℃$^{-1}$。Zhang 等人于 2001 年用聚合物涂封的光纤布拉格光栅实现了灵敏度为 -3.4×10^{-3} nm · Mpa 的压力传感器。Kersey 等人于 1997 年利用法拉第效应导致的光纤布拉格光栅左右旋偏振光折射率的差异来测量磁场。Mora 等人利用光纤布拉格光栅制作的电流传感器，其灵敏度为 2.3×10^{-10} nm · A^2 · m^{-2}。Gander 等人于 2000 年用多芯光纤中制作的光纤布拉格光栅实现了弯曲量的测量。Wang 等人于 2000 年用光纤布拉格光栅制作的扭曲传感器，其灵敏度为 86.7pm · deg^{-1}。

R. B. Wagreich 等人于 1996 年用低双折射光纤上写入的光纤布拉格光栅进行横向负载实验，其负载灵敏度为 3.27pm · N^{-1}，当负载大于 40N 时单峰因双折射而分裂为双峰。

(2) 双参量测量

光纤光栅除对应力、应变敏感以外，对温度变化也有相当的敏感性，这意味着在使用中不可避免地会遇到双参量的相互干扰。为了解决这一问题，人们提出了许多采用多波长光纤光栅进行温度、应变双参量同时检测的实验方案。在工程结构中，由于各种因素相互影响、交叉敏感，因此这种多参数测量技术尤其重要。目前多参数传感技术中，研究最多的是温度-应变的同时测量技术，也有人进行了温度-弯曲、温度-折射率、温度-位移等双参数测量以及温度-应变-振动、温度-应变-振动-负载的多参数测量。

(3) 分布式多点测量

将光纤光栅用于光纤传感的另一优点是便于构成准分布式传感网络，可以在大范围内对多点同时进行测量。图 1-5-5 示出了两个典型的基于光纤光栅的准分布传感网络，可以看出其重点在于如何实现多光栅反射信号的检测。图 1-5-5(a)中采用参考光栅匹配方法，图 1-5-5(b)中采用可调 F-P 腔，虽然方法各异，但均解决了分布测量的核心问题，为实用化研究奠定了基础。目前光纤光栅分布式传感主要集中在应变传感。

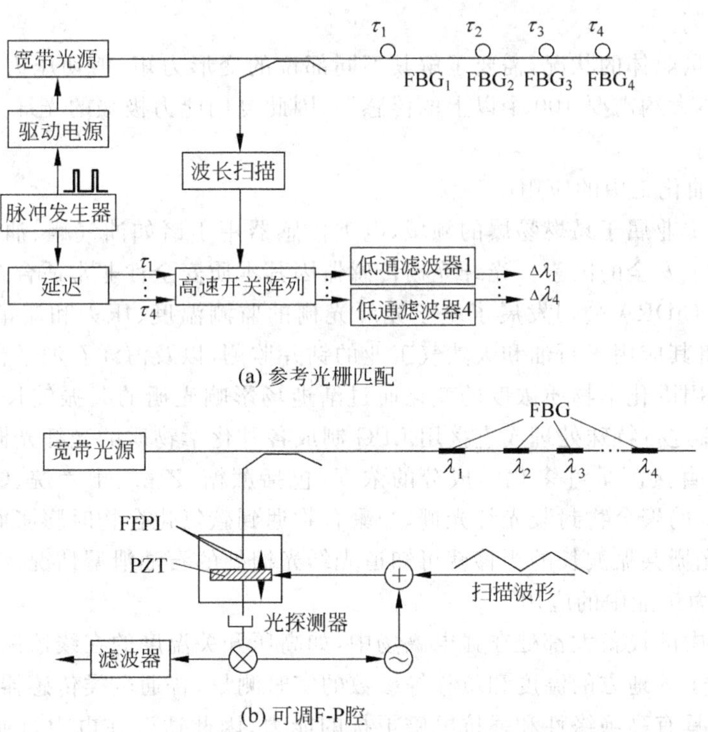

(a) 参考光栅匹配

(b) 可调F-P腔

图 1-5-5 分布式光纤传感网

2. 在不同领域中的应用

(1) 在土木工程中的应用

土木工程中的结构健康检测是光纤光栅传感器应用中最活跃的领域。对于桥梁、隧道、矿井、大坝、建筑物等来说,通过测量上述结构的应变分布,可以预知结构内的局部载荷状态,方便进行维护和状况监测。光纤光栅传感器既可以贴在现存结构的表面,也可以在浇筑时埋入结构中对结构进行实时测量,并监视结构缺陷的形成和生长。另外,多个光纤光栅传感器可以串接成一个网络对结构进行分布式检测,传感信号可以传输很长距离送到中心监控室进行遥测。

(2) 在航空航天及船舶中的应用

增强碳纤维复合材料抗疲劳、抗腐蚀性能较好、质量轻,可以减轻船体或航天器的重量,已经越来越多地用于制造航空、航海工具。在复合材料结构的制造过程中埋放光纤光栅传感器,可实现飞行器或船舰运行过程中机载传感系统的实时健康监测和损伤探测。一架飞行器为了监测压力、温度、振动、起落驾驶状态、超声波场和加速度情况,所需要的传感器超过 100 个。美国国家航空和宇宙航行局对光纤光栅传感器的应用非常重视,它们在航天飞机 X-33 上安装了测量应变和温度的光纤光栅传感网络,对航天飞机进行实时健康监测。

为全面衡量船体的状况,需要了解其不同部位的变形力矩、剪切压力、甲板所受的冲击力,普通船体大约需要 100 个以上的传感器,因此复用能力极强的光纤光栅传感器最适合于船体检测。

(3) 在石油化工中的应用

石油化工工业属于易燃易爆的领域,电类传感器用于诸如油气罐、油气井、油气管等地方的测量有不安全的因素。光纤光栅传感器因其本质安全性非常适合在石油化工领域里应用。美国 CiDRA 公司发展了基于光纤光栅的监测温度、压力和流量等热工参量的传感技术,并将其应用于石油和天然气工业的钻井监测,以及海洋石油平台的结构监测。

光纤光栅周围化学物质浓度的变化通过渐逝场影响光栅的共振波长。利用该原理,可通过对 FBG 进行特殊处理或直接用 LPG 制成各种化学物质的光纤光栅传感器。光纤光栅传感器可直接测量许多化学成分的浓度,包括蔗糖、乙醇、十六烷、$CaCl_2$、NaCl 等。另外,利用特定的聚合物封装光纤光栅,当聚合物遇到碳氢化合物时膨胀而使光纤产生应变,通过监视光栅共振波长的漂移就可知道光纤光栅处的石油泄漏情况。

(4) 在电力工业中的应用

电力工业中的设备大都处在强电磁场中,如高压开关温度的在线监测、高压变压器绕组及发电机定子等地方的温度和位移等参数的实时测量,普通电类传感器无法使用,而光纤光栅传感器具有高绝缘性和强抗电磁干扰的能力,因此适合在电力行业中应用。用常规电流转换器、压电元件和光纤光栅组成的综合系统对大电流进行间接测量,电流转换器将电流转变成电压,电压变化使压电元件形变,形变大小由光纤光栅传感器测量。封装于磁致伸缩材料的光纤光栅可测量磁场和电流,可用于检测电机和绝缘体之间的杂散磁场通量。

(5) 在医学中的应用

光纤光栅传感器能够通过最小限度的侵害方式对人体组织功能进行内部测量,足以避免对正常医疗过程的干扰。光纤光栅阵列温度传感器,可用来测量超声波、温度和压力场,研究病变组织的超声和热性质,或遥测核磁共振机中的实际温度。用定向稀释导流管方法,采用光纤光栅传感器可对心脏的功效进行测量。用光纤光栅可以测量超声场、监视病人呼吸情况等。

(6) 在核工业中的应用

核电站是高辐射的地方,核泄漏对人类是一个极大的威胁,因此对于核电站的安全检测非常重要。由于光纤光栅传感器具有耐辐射的能力,可以监测核电站的反应堆建筑或外壳结构变形、蒸汽管道的应变传感以及地下核废料堆中的应变和温度等。

1.5.5 长周期光纤光栅在传感领域的应用

光纤布拉格光栅的传感应用仍有一定的局限性,如灵敏度不够高、对单位应力或温度的改变所引起的波长漂移较小,此外由于光纤布拉格光栅是反射型光栅,通常需要隔离器来抑制反射光对测量系统的干扰。长周期光纤光栅是一种透射型光纤光栅,无后向反射,在传感测量系统中不需隔离器,测量精度较高。此外,与光纤布拉格光栅不同,长周期光纤光栅的周期相对较长,满足相位匹配条件的是同向传输的纤芯基模和包层模。因而长周期光纤光栅的谐振波长和幅值对外界环境的变化非常敏感,具有比光纤布拉格光栅更好的温度、应变、弯曲、扭曲、横向负载、浓度和折射率灵敏度。因此,长周期光纤光栅在光纤传感领域具有比光纤布拉格光栅传感器器件更多的优点和更加广泛的应用。利用长周期光纤光栅具有体积小、能埋入工程材料的优点,可以实现对工程结构的实时监测。

长周期光纤光栅谐振波长随温度变化而线性漂移,是一种很好的温度传感器。Davis 和 Georges 等人发现用电弧法写入的长周期光纤光栅在高温段的温度灵敏度远远高于低温段,中间有明显的过渡段,因此这种长周期光纤光栅适合工作于高温(1000℃)下。Liu 等人的研究结果表明长周期光纤光栅的横向负载灵敏度比光纤布拉格光栅高两个数量级,并且谐振波长随负载线性变化,因此是很好的横向负载传感器。Patrick 和 Van Wiggeren 等人的实验结果表明长周期光纤光栅的谐振波长随着弯曲曲率的增大而线性漂移,其灵敏度具有方向性,因此可用于测量弯曲曲率。Wang 和 Ahn 等人已分别用单个和多个长周期光纤光栅级联进行的扭曲实验,表明用长周期光纤光栅可实现对扭曲的直接测量。

利用长周期光纤光栅制成的化学传感器可以实现对液体折射率和浓度的实时测量。

Bhatia 等人于 1996 年用温度不敏感的长周期光纤光栅实现了折射率和应力的测量。Luo 等人于 2002 年提出了基于在外表面涂有特殊塑料覆层的长周期光纤光栅的化学传感器，可以实现对相对湿度和有毒化学物质特别是对化学武器的实时监测。其原理是湿度或有毒化学物质会引起塑料涂覆层的折射率发生变化，从而改变长周期光纤光栅的模式耦合特性。这种化学传感器对相对湿度的测量范围是 0～95%，对有毒化学物质的测量精度可达 10^{-6} 数量级。由于长周期光纤光栅的谐振波长对光栅包层周围物质的折射率很敏感，因此谐振波长的漂移与侵入液体中的光栅长度有关，根据此原理 James 等人于 2002 年用长周期光纤光栅制成了液位传感器。长周期光纤光栅在生物传感技术领域也有着独特应用。Pilevar 等人于 2000 年用长周期光纤光栅和光纤布拉格光栅的组合制成了抗体-抗原生物传感器。

利用长周期光纤光栅有多个损耗峰的特性，可以用一个长周期光纤光栅实现对多参数的测量。Rao、Zeng 等人利用长周期光纤光栅和光纤布拉格光栅和非本征型光纤法-珀干涉腔等其他传感器的结合实现了温度-静态应变-振动-横向负载四参数同时测量。Yokota 等人于 2002 年应用机械微弯法制作的长周期光纤光栅实现了分布式压力传感。

与光纤布拉格光栅传感器一样，长周期光纤光栅传感器也有温度、应变或折射率、弯曲等物理量之间的交叉敏感问题，从而使测量精度大大降低。因此，解决长周期光纤光栅测量过程中的交叉敏感问题十分重要。至今人们已提出了多种解决传感应用中交叉敏感问题的方案，它们各有特点。但总体而言，均需要两种或两种以上传感器的组合才能较好地解决该问题。Patrick 等人于 1996 年用长周期光纤光栅和光纤布拉格光栅的组合解决了温度和应变之间的交叉敏感问题，实现了对温度和应变的同时测量。Bhatia 等人于 1996 年用温度不敏感的长周期光纤光栅实现了折射率和应力的测量，解决了温度、应变、折射率之间的交叉敏感问题。

1.5.6 光纤光栅折射率传感技术

在 FBG 中，模式的耦合发生在正、反向传输的芯层导模中。由于芯层导模的绝大部分能量限制在光纤的芯层中，在光纤外的渐逝波场很小，所以共振波长几乎不受外界折射率的影响。为了能将 FBG 应用于折射率测量或者提高灵敏度，就必须设法加大光纤外的渐逝波场，使渐逝波与外部介质的相互作用加强。办法之一是通过腐蚀一部分或全部光纤包层，可以提高外界折射率的灵敏度。Pereira 等用两个 FBG 来实现温度和盐度的同时测量，其中腐蚀后的 FBG 对折射率测量的灵敏度为 7.3nm/riu①。Chryssis 等人将光纤直径腐蚀到 3.4μm，得到高灵敏度渐逝场 FBG 传感器，其最大灵敏度达到了 1394nm/riu。另外，Schroeder 等人提出用侧面抛磨 FBG 的方法使 FBG 对外界折射率敏感，在抛磨后

① riu 为 refractive index unit 的缩写，为折射率单位。

的 FBG 上覆盖一层高折射率的涂覆层则可大大提高低折射率范围的灵敏度。

1. FBG 折射率传感原理

在 FBG 中，布拉格反射波长 λ_B 由下式给出：

$$\lambda_B = 2n_{eff}\Lambda \tag{1-5-2}$$

式中，Λ 为光栅周期；n_{eff} 为芯层导模的有效折射率。在普通的光纤中，因为芯层导模的能量集中在纤芯中，所以有效折射率 n_{eff} 实际上与包层外的外界折射率无关。然而，当光栅所在区域的光纤包层直径减小到一定程度而使芯层导模的渐逝波能够直接与外界环境相互作用时，芯层导模的有效折射率就会直接受外界环境折射率的影响，从而引起 Bragg 波长的移动。通过监测 Bragg 波长的移动，就可以知道外界折射率的变化情况，这就是 FBG 折射率传感的原理，如图 1-5-6 所示。从式(1-5-2)可以看出，FBG 对外界折射率传感的灵敏度依赖于导模有效折射率的变化大小。

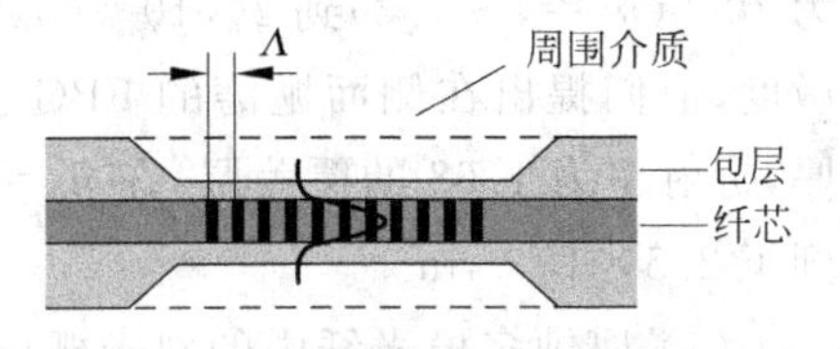

图 1-5-6 FBG 折射率传感原理示意图

2. 光纤光栅折射率传感的应用

在光纤光栅折射率传感器中，需要通过波导模式的渐逝波场与外部介质的相互作用机制，导致波导模式的有效折射率变化，从而使光栅的共振波长发生变化。为此，人们提出了应用不同光纤光栅来实现折射率的传感，并提出了许多种方法或手段来提高测量灵敏度，如腐蚀或侧面抛磨的 FBG、LPG、闪耀光栅、多模光纤 LPG、FBG 构成的 FFPI 以及 LPG 构成的 M-Z 干涉仪等，下面对这些方法分别进行简单介绍。

1) FBG 方案

在利用 FBG 进行折射率传感时，要使芯层导模的渐逝波场能延伸到外部介质中，必须通过腐蚀或侧面抛磨处理等方法使芯层导模通过其渐逝波能够直接感受到外部介质。

(1) 腐蚀普通的 FBG

Asseh 等最早提出用腐蚀光纤包层的办法可以实现折射率测量，理论计算出当外界折射率非常接近包层折射率时，其灵敏度可达到 4.6×10^{-6} riu。Pereira 等用双 FBG 来实现温度和盐度的同时测量，其中腐蚀后的 FBG 对折射率测量的灵敏度为 7.3nm/riu。后来，Iadicicco 等将 FBG 的光纤包层几乎全腐蚀掉，在 1.45 和 1.33 附近的分辨率分别为 10^{-5} 和 10^{-4}。而 Chryssis 等将光纤直径腐蚀到 3.4μm，得到高灵敏度渐逝场 FBG 传感器，其最大灵敏度达到了 1394nm/riu，这是到目前为止报道的 FBG 折射率传感的最高灵敏度。

(2) 结构化的 FBG 腐蚀

最近，Iadicicco 等人又提出了一种微结构 FBG：将 FBG 中间的一小段光纤包层腐蚀掉，它的光谱特性会随外界折射率的变化而变化，当直径被腐蚀到 10.5μm 时可以得到 4×10^{-5} 的折射率测量分辨率。W. Liang 等提出了用全光纤 F-P 干涉仪结构，具有更窄的干涉条纹便于波长测量，腐蚀两个 FBG 中间的那段光纤到半径大小为 1.5μm，可以测到 4×10^{-5} 的折射微小变化。

(3) 抛磨 FBG

K. Schroeder 等人提出将 FBG 固定到弯曲半径为 2m 的基底上用侧面抛磨办法去掉部分光纤包层。中间最薄部分的包层厚度大约为 0.5μm。用此 FBG 实现外界折射率测量，同时在未抛磨的区域用另一个 FBG 作参考温度测量。1pm 的波长移动量对应的折射率变化为 10^{-3}($n_A=1\sim1.3$)到 2×10^{-5}($n_A=1.44\sim1.46$)之间。为提高较低折射率范围内的灵敏度，他们提出在侧面抛磨的 FBG 上涂覆一薄层高折射率的覆盖层，实验中用 0.25μm 厚，折射率为 1.68 的覆盖层，在 $n_A=1.33\sim1.37$ 范围内，使分辨率敏度从 10^{-3} riu 提高到了 2.5×10^{-5} riu。

(4) 腐蚀多模光纤中的斜光栅

在多模光纤中的斜光栅中，不仅存在正、反向基模之间的耦合，而且还存在基模与反向传播的高阶芯层模耦合。将光纤腐蚀到直径大小为 12μm 后进行折射率测量，利用高阶模式的灵敏度比低阶模式的灵敏度高的特点，在 1.333～1.442 的测量范围内，对应 LP_{co-co}^{0-1} 耦合的波长移动为 5.35nm，表明在 1.43 附近的灵敏度为 0.23nm/%(%为蔗糖浓度单位)。

(5) 腐蚀 D 型光纤上的 FBG

K. Zhou 等利用写在 D 型光纤上的 FBG 进行折射率测量，不腐蚀时几乎对折射率不敏感，而通过腐蚀后其灵敏度达到 0.02nm/%(%为蔗糖浓度单位)，换算成以折射率变化的灵敏度为 11nm/riu。

(6) 单模光纤上的斜光栅

G. Laffont 等将斜光栅写入单模光纤中，激发了芯层模与反向传输的包层模间耦合，而包层模能够通过其渐逝场感知外界折射率变化，当折射变化时，透射光谱中的上下包络都会发生变化，据此他们提出了一种利用透射谱包络计算折射率的方法。分辨率和重复性优于 10^{-4} riu，但不需腐蚀或抛磨，因此有较好的机械强度。

在这些 FBG 折射率测量的方案中，除了单模光纤斜光栅外，其余都需腐蚀或抛磨等处理，大大降低了光纤的机械性能。

2) LPG 方案

LPG 的耦合机制与 FBG 不同，耦合发生在芯层导模与同向传输的包层模之间，因包层模的渐逝场分布延伸到了包层外的介质中，如图 1-5-7 所示。这决定了 LPG 本质上对外界折射率非常敏感，尤其是当外界折射率接近包层折射率时更加敏感，所以直接用

LPG 可以实现折射率的测量、用于化学浓度的指示等。为分析 LPG 对高于包层折射率时的外界折射率响应情况，R. Hou 等建立了分析模型。LPG 对外界折射率的灵敏度与光栅周期以及包层模阶数密切相关，所以 LPG 用于折射率传感时，从光栅设计的角度出发，可以通过设计光栅周期及合适的包层模阶数来获得最优的灵敏度。另一方面，为进一步提高折射率传感的灵敏度，人们提出了高折射率材料涂覆、拉锥、腐蚀等方法，以及用两个 LPG 构成的 M-Z 干涉仪进行折射率测量等方法。下面分别介绍这些方法。

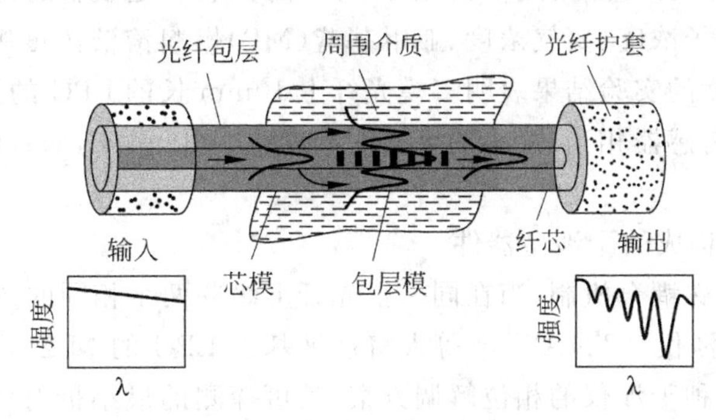

图 1-5-7 LPG 折射率传感示意图

(1) 在 LPG 上镀上高折射率材料

N. D. Rees 等用 L-B 镀膜技术将二十三烯酸[$CH_2=CH(CH_2)_{20}CO_2H$](折射率为 1.57)镀到 LPG 上，引起了共振波长的移动，而且共振波长的移动情况与膜厚有关。

I. D. Villar 等用静电自组装技术将聚合物材料[$PDDA^+/PolyR\text{-}47^-$]镀到 LPG 上，实验观察到当涂覆层达到一定厚度时，其中的一个包层模将在涂覆层中传导。针对具体的外界折射率范围，通过优化涂覆层的折射率及厚度，可大大提高对外界折射率的灵敏度。如外界折射率变化范围 1～1.1，没有涂覆处理的 LPG 的三、四、五阶包层模对应的共振波长移动量分别只有 0.01nm，0.03nm 和 0.05nm；而镀了 278.5nm 厚(三阶包层模的优化厚度)的涂覆层[$PDDA^+/PolyS\text{-}119^-$](折射率为 1.67)后相应的波长移动量分别增加到了 4.63nm，9.33nm 和 8.34nm。

(2) 腐蚀光纤包层可提高 LPG 的灵敏度

通过 HF 酸腐蚀光纤包层可以调节 LPG 的共振波长向长波长方向移动，而且包层减小后的 LPG 对外界折射率的灵敏度可以大幅度提高。相比其他的光纤处理工艺，HF 酸腐蚀光纤包层是一种成本低、易控制的工艺方法。K. W. Chung 等将写有 LPG 的光纤直径腐蚀到 35μm 后，利用其最低阶包层模的共振波长进行测量，在 1～1.43 的折射率范围内，波长移动量为 34nm，而对应未腐蚀的 LPG 其波长移动只有 8nm。他们从理论上预测，如果利用三阶包层模耦合，则包层直径腐蚀到 35μm 的 LPG 的波长移动可达 225nm。X. Chen 等人将 LPG 写在 D 型光纤上，其折射率灵敏度比普通 SMF 上的 LPG 要高，对

D型光纤腐蚀后，更进一步提高了对外界折射率的灵敏度。

(3) 多模光纤中的LPG

在多模光纤的LPG中，因芯层模式数量很多，导致几乎在所有波长上都存在芯层模和包层模的耦合，所以波长与折射率的依赖关系就无法分辨，但是输出光功率随着折射率的变化而变化，而且周期较短的LPG对外界折射率的灵敏度较高。

基于渐逝波吸收的原理，可用多模光纤LPG对具有一定吸收的化学样品进行浓度测定，如水溶液中铬离子浓度、氨气浓度、亚甲基蓝(MB)燃料溶液浓度等。S T Lee等人测量不同MB燃料浓度的实验结果表明多模光纤上10mm长的LPG的灵敏度与100mm长的传统渐逝波光纤传感器相当，最小的可探测浓度达10nmol/L，而且动态范围宽，达4个数量级。

(4) 利用LPG构成的干涉型器件

由于LPG的特殊耦合机制，当在同一根光纤上级联两个相同的3dB LPG时，就构成了光纤内的M-Z干涉仪。T. Allsop等人将这种基于LPG的M-Z干涉仪应用于折射率的测量，并提出了这种干涉仪的相位解调方案，其可探测的最小折射率变化达到了1.8×10^{-6}，这也是目前光纤型折射率传感器中分辨率最高者。最近，T. Allsop等人将一个长周期光纤光栅写到双锥形光纤上，利用其透射光谱上的干涉条纹移动来测量外界折射率，得到了较高的折射率测量灵敏度，在1.33附近，灵敏度为643nm/riu。

相比普通的单个LPG，基于LPG的干涉型器件具有更精细的光谱，便于波长检测，如果采用相位解调方案，可以得到很高的测量分辨率。

另外，在利用光纤光栅进行折射率传感的同时，不可避免地存在温度同时敏感问题，为了使光纤光栅折射率传感技术更实用化，必须解决交叉敏感问题。其中一个解决办法是实现折射率/温度的同时测量，另一种办法是用温度补偿的折射率测量方案。到目前为止，已经提出许多解决的方案。

1.6 光纤荧光温度传感器

1.6.1 光纤荧光温度传感原理

光纤荧光温度传感的原理是利用荧光材料的温度特性(荧光寿命和荧光光强比)测温。利用荧光寿命测温和荧光强度比测温的共同优点是：温度测量结果对激发光源的光强起伏不敏感，且测温系统比较经济耐用。荧光是材料受外界电磁波(紫外、可见或红外光)激发时发出的光辐射。荧光材料的激发光谱是由材料的吸收谱决定，是材料的固有特性。通常状态下，吸收光谱比荧光光谱的光子能量大，相应的波长比荧光波长短，如图1-6-1所示，氟化锗镁的荧光光谱相对于吸收光谱往长波段移动。该材料已广泛地用于高压汞灯的颜色矫正，并被 Luxtron 公司用作荧光温度计中的传感材料。若将光纤的优点与一些传感材料的荧光温度特性相结合，则能构成光纤荧光温度传感器。

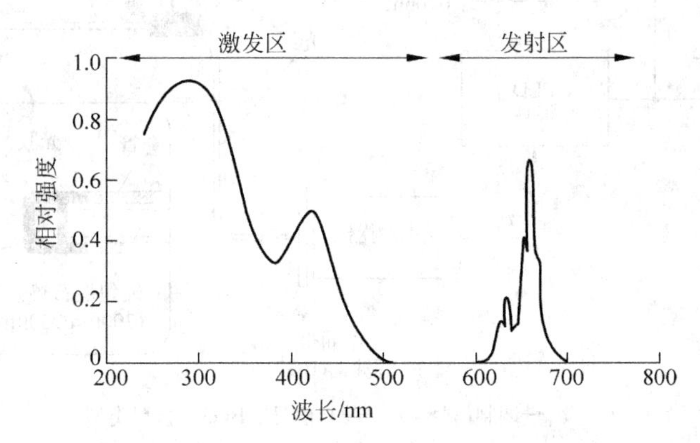

图 1-6-1　氟化锗镁的吸收光谱与荧光光谱

通常，在激发光停止激发后，荧光辐射是按指数方式衰减，其衰减时间常数定义为荧光寿命或荧光衰减时间。荧光寿命与材料激发态的时间常数有关。与激光染料相比，用于荧光温度传感器中的大部分材料都有较长的荧光寿命，因此不需要昂贵的高速接收器。而传感材料的选择主要是由温度传感器测量的范围、灵敏度及稳定性决定。

1.6.2　荧光寿命测温

荧光寿命测温技术的研制历史已有三十余年。常用的测温系统如图 1-6-2 所示。光纤将脉冲调制光源(例如图 1-6-2 中 670nm 的激光二极管)的激发光传输到荧光材料(例如 Cr:LiSAF)，而由荧光材料激发的与温度相关的荧光衰减则由探测器接收，并通过专用的信号分析单元给出荧光寿命参数。由于荧光寿命和温度之间有确定的关系，所以测出荧光寿命后，即可确定被测点的温度。由于材料的荧光寿命和温度之间的关系由材料本身的特性唯一地确定，所以这种测温方法抗干扰能力强。图 1-6-2 所示的 Cr:LiSAF 荧光测温系统是其中的典型代表。

1.6.3　荧光强度比测温

荧光强度比测温主要是测量两个不同高态能级跃迁到同一低态能级之间的荧光强度比。此强度比是与温度有关的参量，且与激励光源的强度起伏无关。常用的测温系统如图 1-6-3 所示，图 1-6-3 中 Nd 掺杂光纤是荧光传感材料，而光谱分析仪(OSA)主要用来分析分别对应于两个不同高能态辐射的荧光谱。

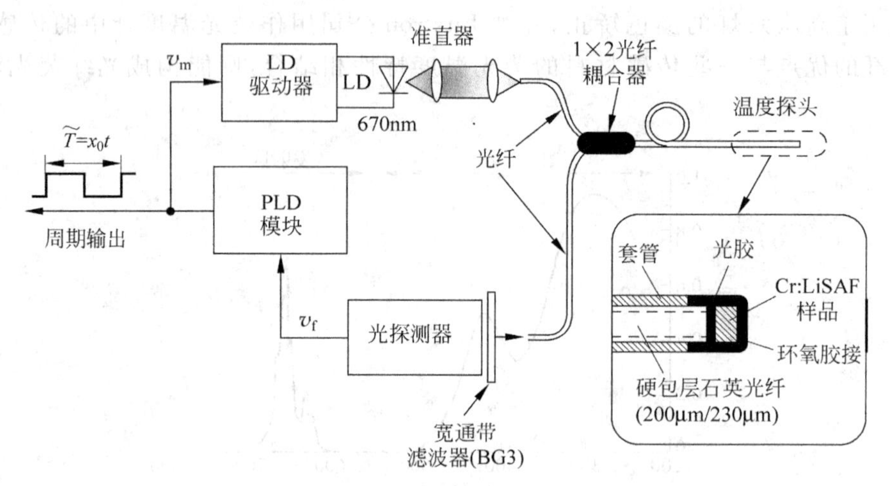

v_m—调制信号；v_f—荧光信号；BG3—材料类型

图 1-6-2　Cr:LiSAF 荧光测温系统

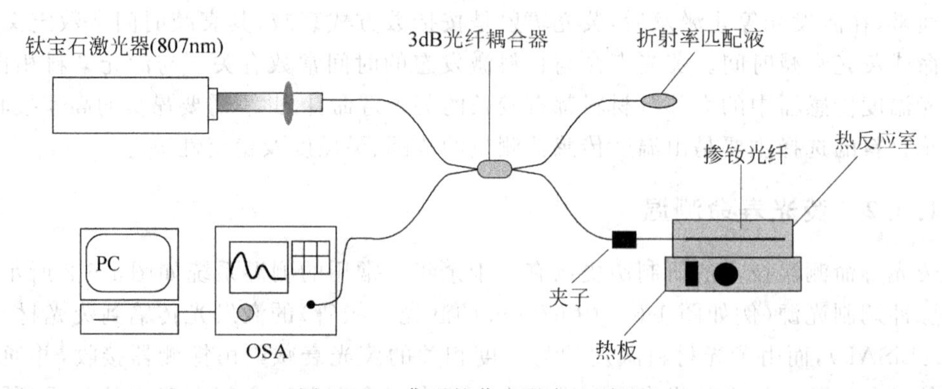

图 1-6-3　典型的荧光强度比测温

1.6.4　荧光传感材料

1. 一般荧光传感材料

有许多荧光材料可直接用于荧光传感，如荧光灯管中的磷光粉和许多掺有稀土元素的固态激光材料。磷光粉大量用于在电视显像管中，其主要成分是半导体材料，如 ZnS、CdS 或 CdZnS 等，这些材料辐射的波长与半体吸收的光谱相关。除此以外，大量的固体或液体有机材料也辐射分子荧光，这些材料通常用于染料激光器，并大量用作油漆、包装以及清洁剂中的光亮剂。这些材料大部分是自激发材料，材料中的色心也显示荧光，但因在常温下不稳定，很少被用作激光材料。

由于近几年来通信市场的需求，许多掺有稀土元素的光纤分别问世，并广泛用于通信元器件与通信系统中。相应的，这些材料也扩大了传感器材料的选择范围。

荧光传感材料的选择由测量的范围、灵敏度和稳定性决定。大部分的灯管磷光粉、固态激光材料以及新近出现的稀土掺杂光纤都适合于温度测量。

2. 荧光光纤材料

早在1964年，Koester和Snitzer就提出了用稀土元素掺杂光纤做光学放大器的想法，并在1973年由Stone和Burrus证实。由于MCVD技术的应用使得低损耗的稀土掺杂光纤广泛地用于光学通信中，而作为副产品，这些掺杂光纤也被用作光纤传感器。研究表明，大部分的稀土掺杂光纤在用作传感器之前，需要首先进行高温处理，否则测量结果将会出现漂移。这一现象在高温状态下更加明显。但对不同的光纤材料，因能承受的最高工作温度不同，其相应热处理的最高温度也应在其最高工作温度附近，否则光纤因受损其荧光特性将会急剧衰退。

掺杂光纤传感器系统结构如图1-6-4所示。它比上述固态系统简单，只需将掺杂光纤与普通光纤熔接上，而不需采用复杂的包装。由脉冲调制的激光二极管提供激励光源，并通过1×2光纤耦合器传输到掺杂光纤；而由掺杂光纤产生的荧光则通过1×2光纤耦合器传输到光电探测器做进一步的信号处理。

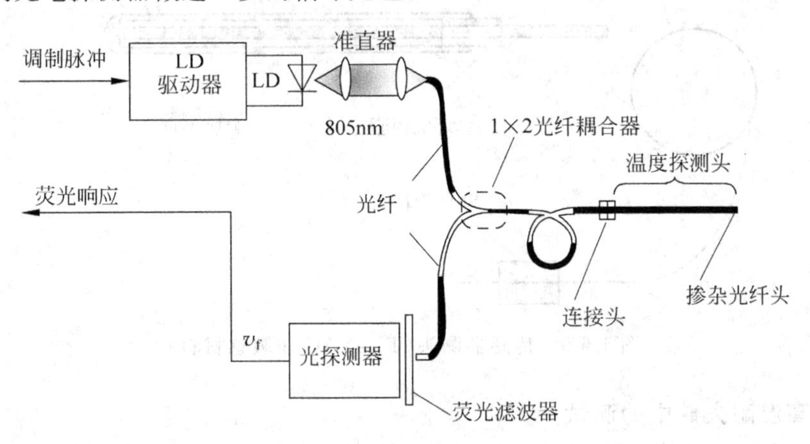

图1-6-4 掺杂光纤温度传感系统（v_f 为荧光信号）

1.6.5 荧光测温系统

荧光测温系统通常分成三类：点式传感器系统、分布式传感器系统和准分布式传感器系统。其中荧光点式测温系统是在传感器端部镶上（或熔接上）对温度度敏感的荧光材料，其典型结构如图1-6-2所示。它主要由以下三部分组成：

(1) 光源

光源的激励波长在荧光材料的吸收光谱范围内，以激发足够的荧光信号；光源强度需脉冲调制,以观测荧光衰减。常用的光源是激光二极管。

(2) 光电探测器

PIN 光电二极管是常用的探测器。

(3) 一些光学校准零部件

如光耦合器和滤光片等。

1.6.6 荧光测温系统在工业界的应用

1. 在高温炉中的应用

图 1-6-5 是采用荧光寿命方法的光纤温度传感器系统。中心波长为 785nm 激光二极管,脉冲调制后,通过 Y 型光纤束(由 7 根 100/140μm 的光纤组成)耦合到大孔径多模光纤中,再传导到 Tm:YAG 传感器测头。系统产生的荧光主要有从 $^3F_4$ 到 $^3H_6$ 和从 $^3H_4$ 到 $^3F_4$ 跃迁的中心波长分别在 1.88μm 和 1.47μm 左右的红外光,由特制的 InGaAs 光电二极管接收。

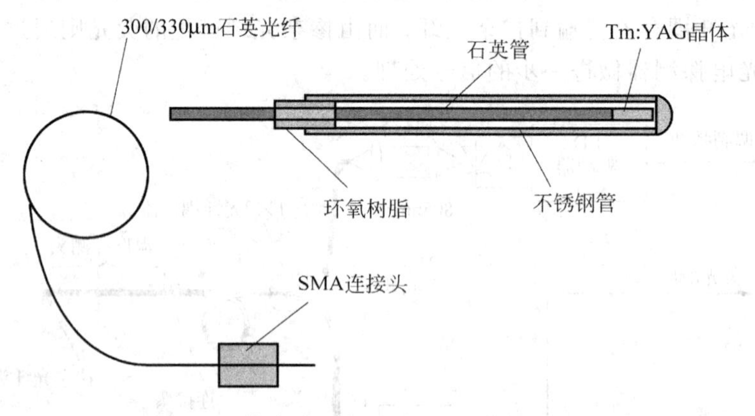

图 1-6-5 传感器测头(Tm:YAG 作敏感材料)

2. 在高温耐火砖中的测试

光纤测头与热电偶温度计同时送高温炉内(最高到 1400℃)测量同一点的温度。图 1-6-6 是两个温度循环测试的结果,结果表明光纤荧光高温传感器与热电偶温度计测试的结果完全吻合,证明两者同样都可在高温状态下使用。

3. 在食品工业中的应用

用荧光光纤测量鸡块内部温度时,用户希望在食品加工过程中,食品的内部温度能准确地测出以保证食品能烤熟,但表面又不被烤焦且呈现诱人的颜色。图 1-6-7 是鸡块在不同温度下的测试结果。测试结果表明,此荧光光纤温度传感器已能测量鸡块内部温度。

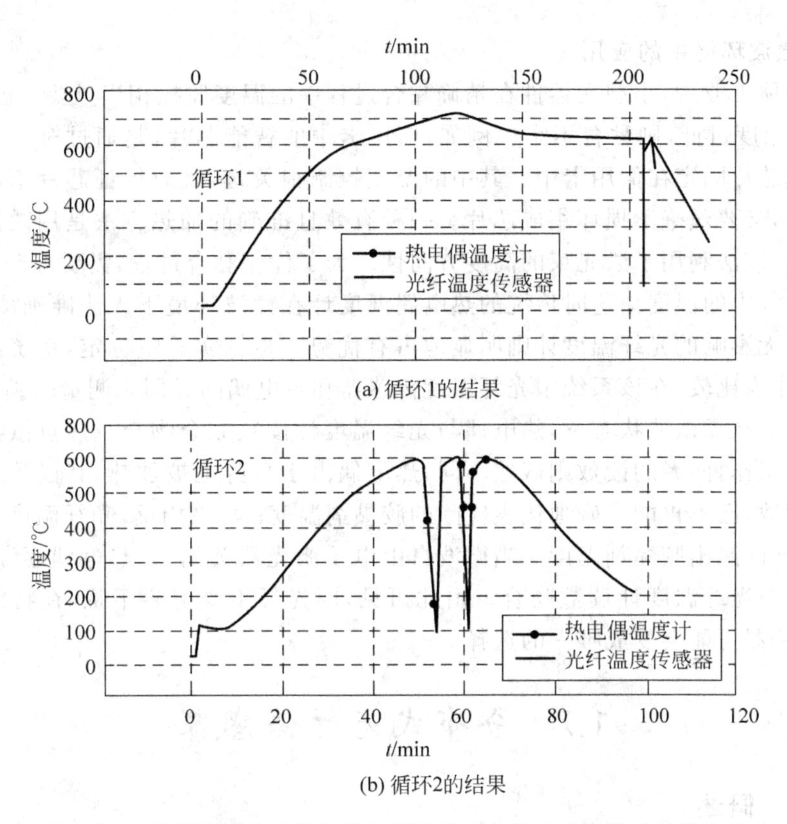

(a) 循环1的结果

(b) 循环2的结果

图 1-6-6 光纤温度传感器与热电偶温度计在耐火砖中测试结果比对

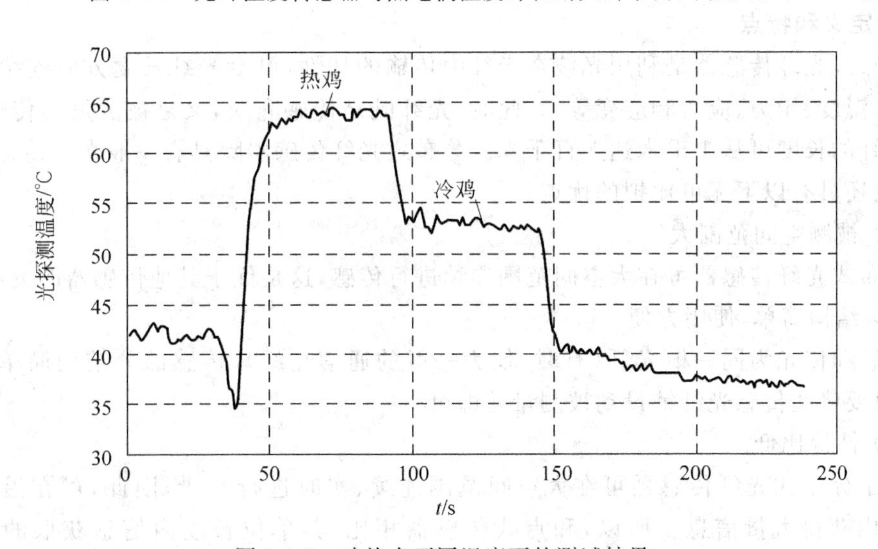

图 1-6-7 鸡块在不同温度下的测试结果

4. 在微波环境中的应用

在半导体工业中,小型元器件在精确黏合过程中的温度监控相当重要。温度过高,元器件易损;温度过低,则黏合不牢。例如,信用卡中的智能芯片,是通过对胶黏剂加热将半导体集成芯片固定在信用卡中。其中的温度控制很关键,既要保证芯片牢固地黏合到信用卡片上,又要丝毫不损坏集成芯片。一种有效且准确的加热方法是用微波自由电子激光器加热,该法利用了激光束的高度方向性。为了优化黏合过程,需要准确地测量胶黏剂在加温过程中的温度。这时传统的热电偶温度计在微波环境下无法准确测量温度,而对电磁干扰无影响的光纤温度计则明显地占有优势。根据实验室标定,系统的不确定度为±1℃。作为比较,在该系统中光纤温度传感器和热电偶同时用来测量胶黏剂表面的同一点的温度。在无微波状态下,热电偶与光纤温度计读数完全吻合。一旦微波自由电子激光器开始工作,两者的读数则截然不同,热电偶由于自身也被加热,其读数远大于光纤温度计的读数,已不再能准确地代表实际的胶黏剂温度;与之相反,光纤温度计不受微波干扰,仍能准确测出胶黏剂温度。当微波自由电子激光器关闭后,热电偶逐渐冷却,其读数最终又能与光纤温度计读数吻合。由此可见,因光纤不受电磁干扰,在特定的应用场合,光纤传感器可能会变成唯一的选择。

1.7 分布式光纤传感器

1.7.1 概述

1. 定义和特点

分布式光纤传感器是利用光波在光纤中传输的特性,可沿光纤长度方向连续地传感被测量(温度、压力、应力和应变等)。此时,光纤既是传感介质,又是被测量的传输介质。传感光纤的长度可从1千米达上百千米。分布式光纤传感器除具有一般光纤传感器的优点外,它还具有以下无可比拟的优点。

(1) 被测空间范围大

分布式光纤传感器可在大空间范围连续进行传感,这是优于其他传感器的突出优点。

(2) 结构简单,使用方便

传感和传光为同一根光纤(有时,仅为一般的通信光纤),传感部分结构简单。使用时,也只要将此传感光纤铺设到被测量处即可。

(3) 性价比低

由于分布式光纤传感器可在大空间范围连续、实时进行测量,因此,可在沿光纤长度范围内获得大量信息。所以,和点式传感器相比,其单位长度内信息获取的成本大大降低。

2. 需解决的问题

构成分布光纤传感器在原理上主要需解决两个问题：一是传感元件的选择，例如光纤，要求能给出被测量沿空间位置的连续变化值；二是解调方法的确定，要求能准确给出被测量所对应空间的位置。对于前者，可利用光纤中传输损耗、模耦合、传播的相位差以及非线性效应等给出连续分布的测量结果；对于后者，则可利用光时域反射技术(OTDR)、扫描干涉技术、干涉技术等给出被测量所对应的空间位置。

3. 分类

分布式光纤传感器系统可按不同方式分类。按传感原理可分为散射型、干涉型(相位型)、偏振型、微弯型、荧光型等分布式光纤传感器系统。按用途可分为分布式光纤温度传感器系统、分布式光纤压力传感器系统、分布式光纤应力/应变传感器系统等。

4. 系统图

图 1-7-1 是分布式光纤传感器的系统原理图(图中 C 是光纤耦合器，F 是传感光纤)。它主要由光源(由激光器 2 及其驱动单元 1 构成)、传感(由传感光纤构成)、信号处理和显示(图中 3 是光电转换单元，4 是信号处理单元，5 是显示单元)三部分组成。

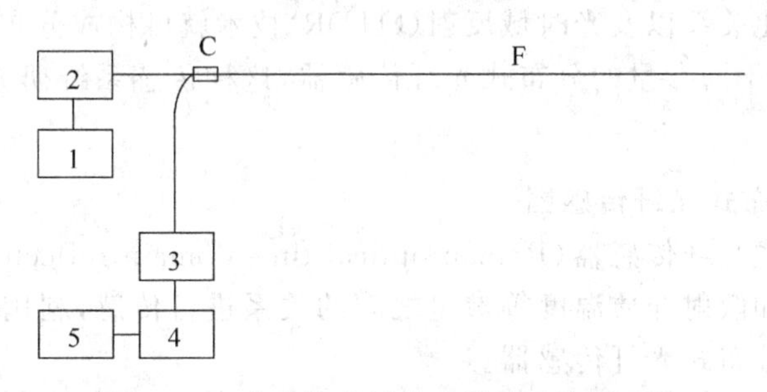

图 1-7-1 分布式光纤传感器的系统原理图

此系统在技术上要获得满足使用要求的结果，应解决三大难题：一是大功率、窄脉宽的激光输出；二是低噪声、高灵敏的光探测；三是高速率的信号处理。

5. 分布式光纤传感器的特征参量

分布式光纤传感器的主要特征参量是三个分辨率：空间分辨率；时间分辨率；被测量(温度，压力，应力，应变等)分辨率。这三个分辨率的含义如下：

(1) 空间分辨率

分布式光纤传感器对沿传感光纤的长度分布的被测量(温度、压力、应力、应变等)进行测量时所能分辨的最小空间距离，即所得测量结果是被测量(温度、压力、应力、应变等)在空间分辨率的光纤长度内的平均值。它是所得测量结果的最小空间长度。影响空间分辨率的因素是：泵浦脉冲的持续时间(此持续时间和光源的谱线宽度、光纤的色散)、探测器的响应时间等。

(2) 时间分辨率

时间分辨率是指分布式光纤传感器对被测量(温度、压力、应力、应变等)达到被测量的分辨率所需的时间,它说明分布式光纤传感器实现测量实时性。影响时间分辨率的因素是采样次数、计算平均的次数。

(3) 被测量(温度、压力、应力、应变等)分辨率

被测量分辨率是指分布式光纤传感器对被测量能正确测量的程度。一般用信噪比为1时,作为判据。例如,温度分辨率是指信噪比为1时对应的温度变化量。影响被测量分辨率的因素是光源的功率、光探测器的灵敏度、光探测器的噪声、系统的耦合损耗等。

上述三种分辨率之间有相互制约的关系,实际工作中应注意。

分布式光纤传感器的另一个特征参量是可测量的空间范围。它与上述三种分辨率的要求密切相关、相互制约,使用时应综合考虑。

1.7.2 散射型分布式光纤传感器

利用光纤中拉曼(Raman)散射、布里渊(Brillouin)散射或瑞利(Rayligh)散射的光强随温度等参量的变化关系以及光时域反射(OTDR)技术就可构成分布式光纤温度传感器和测量应力/应变等不同参量的分布式光纤传感器,这种传感系统研究得比较多,并已有几种产品问世。

1. 拉曼散射分布式光纤传感器

拉曼散射分布式光纤传感器(Raman optical time domain reflectometer,ROTDR)是利用拉曼散射效应和散射介质温度等参量之间的关系进行传感,利用光时域反射技术定位以构成拉曼散射分布式光纤传感器。

在任何分子介质中,自发拉曼散射将一小部分(一般约为 10^{-6})入射光功率由一光束转移到另一频率下移(频率变小)的光束中。频率下移量由介质的振动模式决定,此过程称为拉曼效应。量子力学描述为入射光波的一个光子被一个分子散射成为另一个低频光子,同时分子完成其两个振动态之间的跃迁。入射光作为泵浦光,产生称为斯托克斯波的移频光。1962 年,观察到用很强的泵浦光产生的受激拉曼散射(stimulated Raman scattering,SRS),在介质中斯托克斯波迅速增强,以致大部分泵浦光波的能量转移到斯托克斯波上。从此,人们对 SRS 进行了广泛的研究。

拉曼分布式温度传感器已较广泛地用于大空间范围的温度测量,主要是火警监控和报警,例如在我国的某核电站已安装一套此检测系统,其空间分辨率是 1m 左右,在 2km 内温度测量精度能达 1℃。

2. 布里渊散射分布式光纤传感器

布里渊散射分布式光纤传感器(Brillouin optical time domain reflectometer,

BOTDR)是利用布里渊散射和散射介质温度等参量之间的关系进行传感,利用光时域反射技术定位以构成布里渊散射分布式光纤传感器。

自1964年首次观察到布里渊受激散射(stimulated Brillouin scattering,SBS)以来,人们已对它进行了广泛的研究。SBS类似于SRS,它是通过相对于入射泵浦波频率下移的斯托克斯波的产生来表现的,频移量由非线性介质决定。然而,它们两者之间存在着显著的不同,主要是:

(1) 散射光传输方向不同

单模光纤中由SRS产生的斯托克斯波向前后两个方向传输,而由SBS产生的斯托克斯波则仅有后向传输波。

(2) 频移量不同

SBS的斯托克斯的频移(约10GHz)比SRS的频移小三个量级。

(3) 阈值特性不同

SBS的阈值泵浦光功率与泵浦光波的谱宽有关,对CW泵浦或是相对较宽的脉冲(大于1μs)泵浦,其阈值可低至约1mW;而对脉宽小于10ns的短脉冲泵浦,SBS几乎不会发生。所有这些不同,起源于一个基本差别,即SBS中参与的是声频声子,而SRS中参与的是光频声子。

由于光学模式的传导特性和纤芯中的掺杂物,使石英光纤中的布里渊增益谱与体石英中观察到的布里渊增益有显著的不同。图1-7-2给出了具有不同结构及纤芯有不同锗掺杂水平的三种光纤的增益谱测量结果,测量是利用工作在1.525μm处的外腔半导体激光器和分辨率为3MHz的外差探测技术进行的。光纤(a)的纤芯近乎为纯石英(锗的密度为0.3%/Mol),测得布里渊频移为$v_B \approx 11.25$GHz。与基于体石英中的声速预期的一致。对光纤(b)和(c),其频移的减小几乎与锗的密度成反比,光纤(b)布里渊频谱的双峰结构一般认为是由于纤芯中锗的不均匀分布造成的。其他实验中,观察到了三峰布里渊频谱,解释为由光纤的纤芯和包层中声速的不同引起。

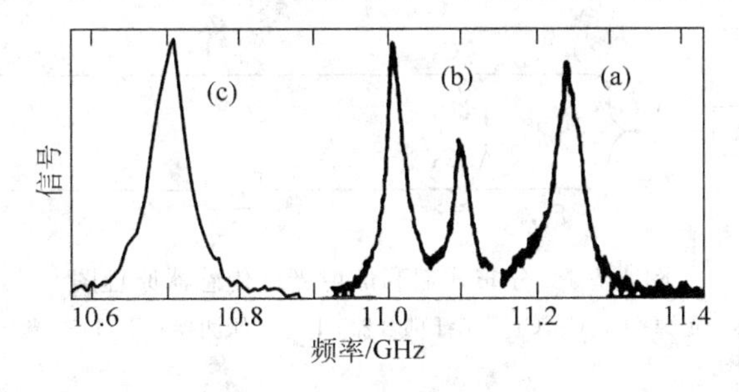

图1-7-2 $\lambda_p=1.525\mu$m处三种光纤的布里渊谱

图1-7-2中布里渊增益带宽较体石英宽很多(在$\lambda_p=1.525\mu$m处$\Delta v_B \approx 17$MHz)。其他实验也表明,石英光纤的布里渊增益线宽很大。引起其增宽的部分原因是光纤中的

声学模式传导特性，但主要原因是由于沿光纤长度方向的光纤截面不均匀，而且这种不均匀性对不同的光纤不一样，因而不同的光纤有不同的布里渊增益线宽 Δv_B，其值在 1.55μm 附近可达 100MHz。

布里渊增益方程是在稳态条件下得到的，因而对连续或准连续泵浦有效(脉宽 $T_0 \gg T_B$，其谱宽 $\Delta v_p \ll \Delta v_B$)。对脉宽 $T_0 < T_B$ 的泵浦脉冲，布里渊增益显著减小。若脉宽变得比声子寿命短得多($T_0 <$1ns)，布里渊增益就会减小到拉曼增益以下，这样的泵浦脉冲通过 SRS 会产生前向传输的拉曼脉冲。

即使是连续波泵浦，若其谱宽 Δv_p 超过 Δv_B，布里渊增益也会显著减小。在多模激光器泵浦时，就会出现这种情况。在单模泵浦情况下，当其相位迅变在时间上小于声子寿命 T_B 时，也会出现这种现象。详细的计算表明，宽带泵浦条件下，布里渊增益与泵光的相干长度有关，其相干长度定义为 $L_{coh}=c/(n\Delta v_p)$，且 SBS 的相互作用长度 L_{int} 定义为斯托克斯波的振幅有明显变化的范围。若 $L_{coh} \gg L_{int}$，则 SBS 过程与纵模间隔超过 Δv_B 的泵浦光的模结构无关，且经过几个互作用长度后，布里渊增益近似与单模激光泵浦的布里渊增益相同；反之，若 $L_{coh} \ll L_{int}$，则布里渊增益显著减小。后一种情况通常适用于光纤，其互作用长度可与光纤长度 L 相比拟。当 $\Delta v_p \gg \Delta v_B$ 时，SBS 阈值增大很多。

3. 瑞利散射分布式光纤传感器(OBR)

瑞利散射分布式光纤传感器是基于瑞利散射原理进行传感，用光干涉技术进行空间定位。例如，当光纤受力时，其瑞利散射光强也随之变化。利用此效应即可构成分布式光纤压力传感器，或分布式光纤应力/应变传感器。具体原理如图 1-7-3 所示，由激光器 S 发出的宽谱激光经光纤耦合器 C_1 分成两束，一束为参考光，直接进入光探测器；另一束进入传感光纤，由传感光纤中的背向瑞利散射光通过光纤耦合器 C_2 和 C_3 进入光探测器，是为传感光。参考光和传感光在耦合器 C_3 处叠加，产生干涉效应。此干涉光经傅里叶变换等一系列计算后，可确定被测量的大小和位置。

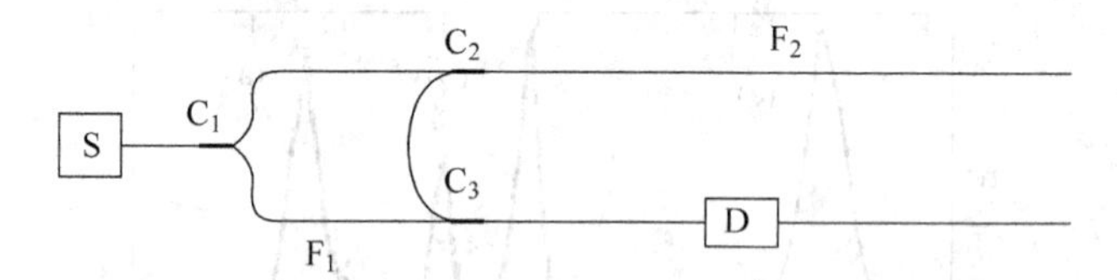

图 1-7-3　分布式瑞利散射光纤传感器原理图

S—光源；C_1，C_2，C_3—光纤耦合器；D—光探测器；F_1，F_2—光纤

1.7.3　偏振型分布式光纤传感器

偏振型分布式光纤传感器的原理是：利用高双折射光纤在外界因素下引起的偏振模耦合来感知被测量的变化；再利用扫描 Michelson 干涉仪测出被测量的位置。例如：利

用高双折射光纤受力时两正交偏振模的耦合引起输出光偏振态发生变化，再利用扫描 Michelson 干涉仪测出受力点的位置，即可构成一个分布式光纤压力传感器。

1.7.4 相位型分布式光纤传感器

相位型分布式光纤传感器是利用干涉仪的原理进行分布式传感，如分布式瑞利散射光纤传感器和分布式 Sagnac 光纤应力传感器。后者为 Sagnac 光纤干涉仪，干涉仪由高双折射光纤构成。此光纤受外力时，光纤中两偏振模发生耦合，使输出光变化，再利用连续波调频技术(frequency modulation continuous wave，FMCW)确定外力点的位置，即可构成分布式应力传感器。其空间分辨率目前为 1m。图 1-7-4 是其原理简图。

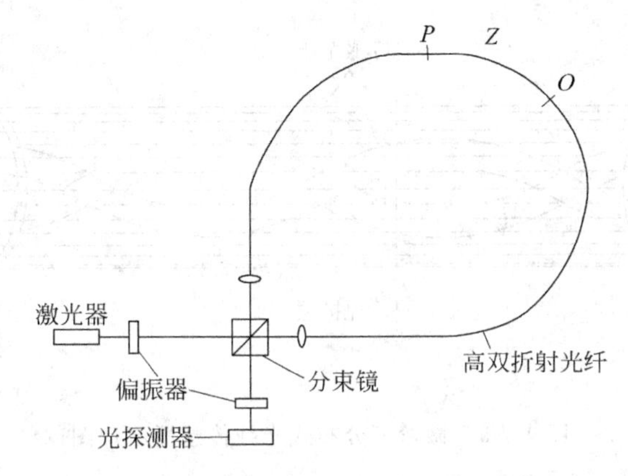

图 1-7-4 分布式 Sagnac 光纤应力传感器简图

1.7.5 微弯型分布式光纤传感器

利用光纤中的微弯损耗效应和 OTDR 技术可构成分布式光纤应变传感器。光纤的微弯结构，可有不同形式，如图 1-7-5 所示。目前报道的结果是：测量 0.25m 一段构件上的平均应变时，应变分辨率达 100$\mu\varepsilon$。已成商品的性能是：在 2～10m 范围内，测量分辨率 0.004mm，测量精度±0.03mm。

1.7.6 荧光型分布式光纤传感器

1. 传感原理

在脉冲光源的激发下，由传感材料产生的荧光信号通常是指数衰减，可表示为

$$f(t) = A\exp(-t/\tau_1) \tag{1-7-1}$$

式中，A 代表起始荧光信号幅值；τ_1 代表相应的荧光寿命，该参数与温度相关。信号的基础偏移量易于在信号处理中剔除，所以未在式(1-7-1)中给出。若对式(1-7-1)进行傅里叶变换，则可将时域信息转换成频域信息

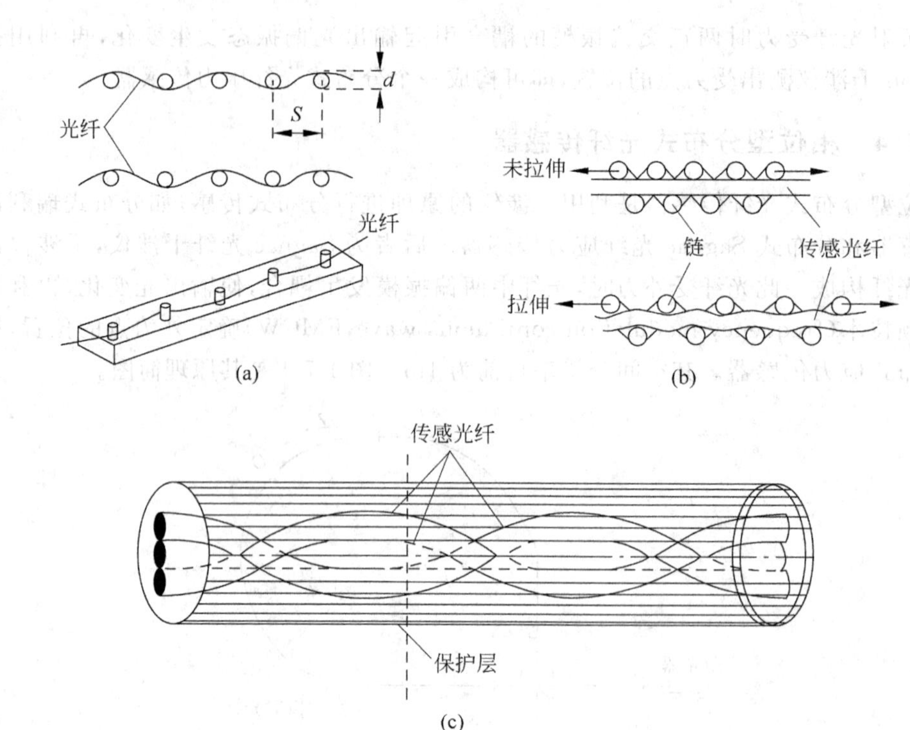

图 1-7-5　微弯型分布式光纤传感器原理图

$$F(f)=\int_{-\infty}^{+\infty} f(t)\mathrm{e}^{-\mathrm{j}2\pi ft}\mathrm{d}t=\frac{A}{1/\tau_1+\mathrm{j}2\pi f} \tag{1-7-2}$$

其相位角则为

$$\tan\theta(f)=-2\pi f\tau_1$$

若荧光材料的一部分处于高温状态(热点或火焰中),所获得的荧光信号将偏离单指数状态

$$f'(x)=B_1\exp(-t/\tau_1)+B_2\exp(-t/\tau_2) \tag{1-7-3}$$

式中,τ_1 与 τ_2 是分别对应于背景温度与热点温度的荧光寿命;B_1 和 B_2 分别是相应荧光信号的幅值。同样经过傅里叶变换后,其相位角为

$$\tan\theta(f')=-2\pi f\tau_1\cdot N \tag{1-7-4}$$

式中

$$N=\frac{1+M}{1+M+(\tau_1/\tau_2-1)M},\quad M=\frac{B_2}{B_1}$$

理论上,根据式(1-7-1)和式(1-7-3)或式(1-7-2)和式(1-7-4)之间的偏差,可分辨出系统是否处于局部高温下。系统须对光纤上任何位置出现的热点(或火焰)都有相似的

灵敏程度，但在通常情况下，荧光强度与荧光光纤的长度之间的关系可表示为

$$I = I_{\max}[1 - \exp(-l/l_c)] \tag{1-7-5}$$

式中，I 代表荧光强度；$I_{\max}$ 是荧光强度最高值；l 是掺杂光纤的长度；l_c 是长度常量。若测量系统安排如图 1-7-6 所示，则由公式(1-7-5)可知，离激发光源近（离 A 点近）的掺杂光纤，相对于离激发光源远（离 B 点近）的光纤而言，对温度偏移较敏感，而实际系统则要求掺杂光纤上的任何一段都对温度偏移有相似的灵敏度。

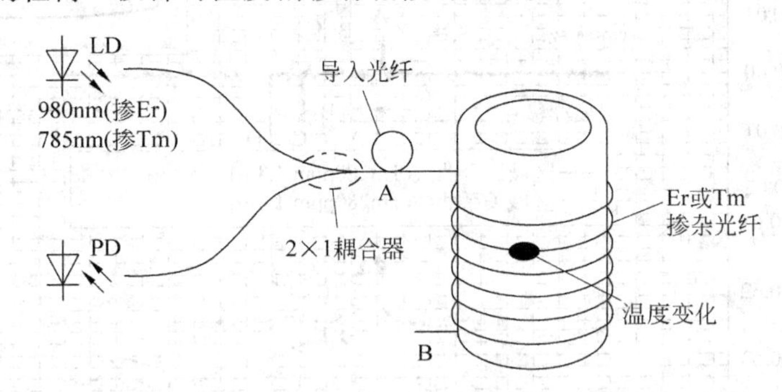

图 1-7-6　单端激发火警系统示意图

为克服以上缺点，测量系统可调整为图 1-7-7 所示的双端激发系统。

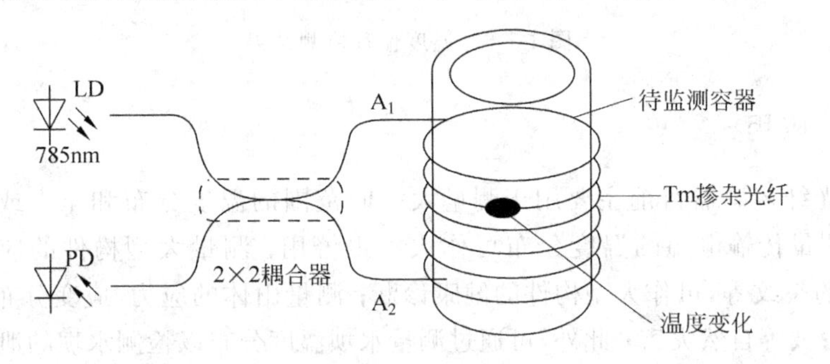

图 1-7-7　双端激发火警系统示意图

该系统使得掺杂光纤对热点（火焰）位置的敏感程度降低，而对温度偏移程度和热点（火焰）大小的灵敏度提高。

2. 典型技术指标

在图 1-7-7 所示的双端激发火警系统中，785nm 的激光二极管用来激发 1m 左右的 Tm 掺杂光纤，激发出的荧光由 InGaAs 光电二极管接收，再由计算机做进一步的信号处理。在实验中，热点分别由不同的高温炉模拟。典型的实验结果如图 1-7-8 所示。图 1-7-8 是对系统局部加热时（分别对插入框中的 A、B、C、D 段）频域分析的结果。由图中虚线可见，系统的背景漂移很大，有时甚至会掩盖实际的温度偏移信息，但通过对信号进行微

分，两者则很容易分开，如图 1-7-8 的上部曲线所示。该火警系统不需确定火点的确切位置。若在光纤上任何一段出现火点(或温度漂移≥50℃)，系统应发出警报，该系统应能在 -50～500℃温度范围内正常工作。

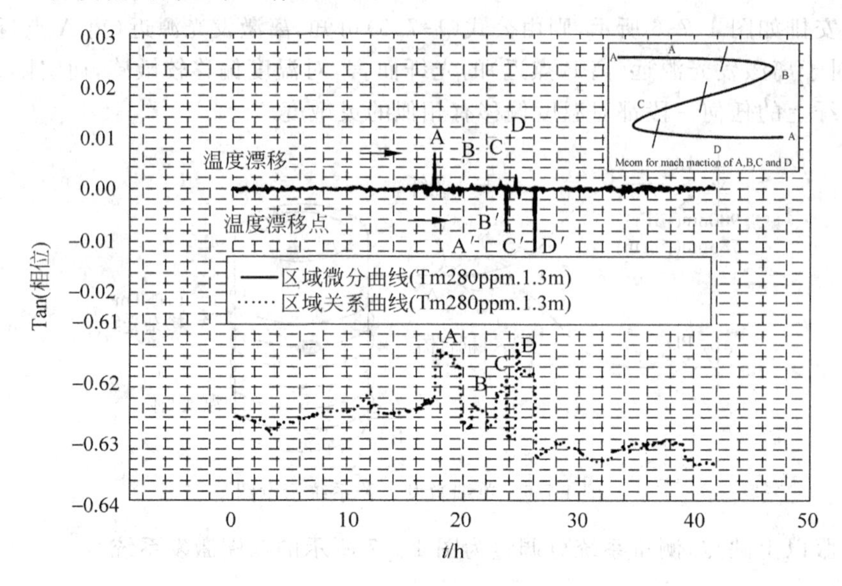

图 1-7-8　温度偏移检测结果

1.7.7　应用

分布式光纤传感器目前主要用于测量大空间范围的温度分布和压力或应力/应变分布。例如：测量传输电缆的温度分布可作火灾报警用；测量大型构件的应力/应变分布以检测其上的裂纹等，可作大型构件的健康诊断；测量山体的应力/应变分布及其变化，则可预测山体滑坡等自然灾害；此外，可通过测量水坝温度分布以检测水坝的泄漏情况；而通过测量输油管的温度分布，则可检测输油管的泄漏情况等。分布式光纤传感器由于可在大空间范围进行测量，而且系统结构简单、安装和使用都很方便，因而具有广泛的应用前景。

1.8　聚合物光纤传感器

1.8.1　概述

1. 聚合物光纤传感器

聚合物光纤传感器是用聚合物光纤构成的传感器。聚合物光纤传感器的发展可追溯到 20 世纪 90 年代以前。目前已报道的聚合物光纤传感器有多种，包括结构安全监测传感器、湿度传感器、生物传感器、化学传感器、气体传感器、露点传感器、流量传感器、pH传感器、浑浊度传感器等。从已报道的文献可以发现，聚合物光纤可用于传感和测量一系列重要物理参数，包括辐射、液面、放电、磁场、折射率、温度、风速、旋转、振动、位移、电绝缘、水声、粒子浓度等。

目前绝大多数聚合物光纤传感器都是基于多模聚合物光纤，且都属于强度调制光纤传感器。近年，单模聚合物光纤以及其光纤布拉格光栅（polymer optical fibre Bragg grating）的研究与开发均有相当大的进展。相应的光纤传感器的研发与应用工作也已开始。单模聚合物光纤在相位调制型和波长调制型光纤传感的应用中相对于石英光纤在某些方面有其优越性。

2. 聚合物光纤的特性

和目前广泛应用的石英光纤相比，聚合物光纤的特点主要是：

(1) 某些性能优

这些性能包括低弹性（杨氏）模量、抗腐蚀、高柔软性、大拉伸强度、抗震动冲击、不易折断、材料可选等。表1-8-1为典型石英和聚合物光纤的与传感相关的特性参数。从表1-8-1可见，石英光纤的弹性模量比聚合物光纤的高三十多倍。所以对于与应力和应变有关的光纤传感器，聚合物光纤的本征灵敏度比石英光纤的高很多。因此，在光纤水声传感器中采用聚合物光纤可以大大提高系统灵敏度并简化设计结构。例如，对于许多在土木工程或建筑结构中的压力、应力或应变传感，大的拉伸强度意味着能有很大的工作动态范围。因此良好的材料弹性和柔软性是保证能在很大动态范围下正常工作的重要因素。在某些特殊液体环境中，如水、碱液、稀释的酸液及汽油、松节油等一些有机溶剂中，聚合物光纤具有非常好的抗化学腐蚀性。

表1-8-1　石英和聚合物光纤的相关特性参数比较

特　　性	硅　光　纤	聚合物光纤
损耗/(dB/km)	0.2～3	10～100
弹性模量/Gpa	100	3
拉伸强度/%	1～2	5～10

聚合物光纤的不足是：在相对恶劣的温度、湿度和紫外辐照条件下，其光学、热学和机械性能无法长期保持基本不变。常用的PMMA聚合物光纤的上限工作温度一般为85℃。

(2) 选材范围广

聚合物光纤可以在很大的范围内选择制造光纤用材料。它可以在许多光学聚合物材料中，选择具有所需的特定性能（如弹性模量或弹性常数）的材料，用以开发有特定性能和相容性的各种聚合物光纤，从而使它能更适合于在各种不同的气体、液体和弹性、柔性固体材料等环境中进行传感。

(3) 相容性好

聚合物光纤材料与许多聚合物功能材料具有很好的相容性。鉴于这种特性,聚合物光纤有可能获得各种需要的特殊功能。如闪烁聚合物光纤、电光聚合物光纤、激光染料聚合物光纤等。因为大量的有机物,如激光染料、有机电光材料等能直接加入聚合物光纤,使得聚合物光纤非常适合于非线性光学器件应用,如光放大器、激光器和电光调制器等。正因为此,在许多现代科技领域如光子学、材料科学、医学、光学传感、光谱学等应用方面,聚合物光纤有很大的发展潜力。聚合物光纤也容易通过选择、掺杂或合成不同材料以获得所需要的物理、化学或表面性能。这样聚合物光纤比石英光纤更适应某些特殊(如生化)环境下的传感器应用。

3. 聚合物光纤的材料

(1) 常规材料

可用于制作聚合物光纤的常规材料有多种,其中包括聚甲基丙烯酸甲酯(通称有机玻璃,polymethyl methacrylate,PMMA)、聚苯乙烯(polystyrene)、聚碳酸酯(polycarbonate)、全氟化物聚合物(perfluorinated polymer)。目前大多数商用聚合物光纤仍是用低损耗的PMMA做成,其传输窗口的波长在650nm左右。典型的商用PMMA聚合物光纤衰减已能控制到80～120dB/km。这个范围内的衰减数值已与理论计算值相近。

(2) 改性材料

利用现代有机材料合成技术,可对聚合物光纤材料进行改性,以获得所需要的性能,例如优化弹性模量,使它成为具有理想弹性模量或弹性的材料;或者选取合适的材料合成工艺技术,使得聚合物光纤或者聚合物光纤光栅有更好的传感性能或更广泛的新应用。

1.8.2 多模聚合物光纤传感器及其应用

1. 辐射探测

闪烁聚合物光纤已经成功地用于辐射检测和带电粒子跟踪上,有的已实际安装在重要实验设备中。

2. 生物医学和化学传感

聚合物光纤用于生物医学和化学传感的优越性有二:一是它与被测媒质有良好的相容性;二是光纤材料有广泛选择性,即易于找到适合的折射率和具有特定功能的聚合物光纤材料。因此聚合物光纤用于构成多种生物医学或化学光纤传感器。这些聚合物光纤传感器可用于检测化学和生物制剂、生物薄膜、生物胶团、生物组织和医疗数据。

例如,用导电聚合物和光纤构成的传感器可探测有机磷酸酯和二甲基甲基磷酸盐(dimethyl methyl phosphonate,DMMP)的存在,而常规水解的办法则无法检测它们的存在。

用于生物医学和化学传感的主要效应有：消逝场效应；吸收效应；色度效应等。

(1) 利用消逝场效应构成用于测定水处理液污染程度的光纤传感器

具体做法是把聚合物光纤去掉一定长度的包层，再通过折射率调制来探测淀积在纤芯和包层界面的被测材料，即利用消逝场的衰减效应。此传感器可用于检测在一个密闭的闭路水处理系统中生物薄膜的生长。

(2) 利用吸收效应构成探测表面活性剂溶液中的临界生物胶团浓度的传感器

它是利用在含钠 dodecyl benzene sulfonate 样品溶液中的吸收效应。在实验中，入射光在光纤纤芯和溶液的界面处反射，并沿着光纤经过多次反射通过传感区。光的输出将随着纤芯和溶液界面附近的吸收条件或折射率的变化而改变。实验结果表明，在生物胶团浓度的临界点附近，随着表面活性剂浓度的增加，传感器的输出信号有明显的变化，且工作良好。

(3) 利用色度效应构成检查食道癌的传感器

实验系统是利用食道内壁的色度评估建立的。它包括一个尺寸很小(外径 5mm)的光纤探头、接口电路板、探头位置传感器和显示分析用的计算机。探针中心有一个(外径 1mm)聚合物光纤使得白光(色温 3200K)可以通过。通过在探头中的一个锥形反射镜白光可以入射到病变的食道内壁上。

3. 工程结构安全与材料断裂监测

(1) 工程结构安全监测

用于工程结构安全监测的聚合物光纤传感器是一种非常经济实用的传感器。它一般是强度调制型传感器。此外，将聚合物光纤传感器应用于复合材料结构的安全监测方面也进行了许多研究并提出了各种方案。这些监测技术主要用来检测复合材料的结构特性(如硬度和强度)变化，这些变化直接反映了结构的退化或损坏程度。也有些监测技术是通过监测结构的动态响应特征，如共振频率和模式以及阻抗等的变化来获得结构的退化或损坏信息。

(2) 材料断裂分析与测试

最近出现了一系列应用于土木工程的聚合物光纤传感器方面研究结果的报道。聚合物光纤应用于土木工程结构损坏和断裂监测时，其拉伸和抗碱方面优于石英光纤。所以在土木工程的应用上，聚合物光纤传感器可有更好的动态范围和化学稳定性。此外，对于土木工程材料和结构初期断裂的监测，应变的精确信息往往不是十分必需的，这使精度不高、低成本的但具有高拉伸度的聚合物光纤传感器成为首选。已有不少这方面的成果报道。

(3) 冲击损伤检测

聚合物光纤传感器不仅能在静态负载下有效地工作，而且也能在动态负载条件下很好地发挥作用。例如，Kuang 等人利用聚合物光纤传感器检测在纤维增强复合材料结构中的冲击损伤。他们用聚合物光纤传感器对碳纤维增强环氧的树脂悬臂梁进行动态响应测试。在不同的冲击能量下，实验分析了这些梁在自由振荡负载条件下的阻尼响应。此外，也用聚合物光纤传感器对层状结构的碳纤维增强的环氧梁在冲击后受损伤情况下的强度和阻尼特性进行了研究。这项研究中的复合材料系统为碳纤维增强的环氧树脂。实验是为了确切评价碳纤维增强环氧梁受冲击后的弯曲强度和刚度而进行的。用聚合物光纤传感器比较了未损伤的和损伤的样品的动态响应。用于阻尼和自由振荡试验中的碳纤维增强环氧树脂梁的大小是 240mm×24mm×2.4mm。实验中通过打磨光纤表面（长约 70mm）来增敏。其实验装置如图 1-8-1 所示。在悬臂梁的自由端附加了质量为 70g 的重物以降低它的振荡频率。附加的重物延长了振荡周期，有利于测量悬臂梁的阻尼系数。

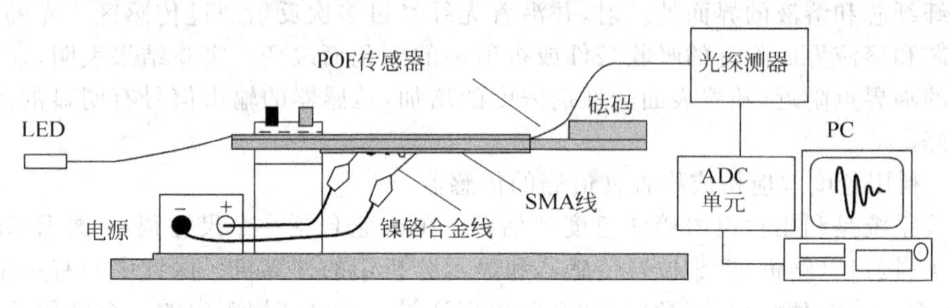

图 1-8-1　测量悬臂梁动态响应的实验装置

图 1-8-2 比较了未损伤的以及在强冲击后有损伤的样本悬臂梁的典型的振幅-时间响应关系。从中可以清楚地看出两者振动响应的显著区别。很显然，与未损伤的样本悬臂梁相比，有损伤的样本悬臂梁的振荡衰变更快，即冲击损伤使它具有更大的阻尼系数。

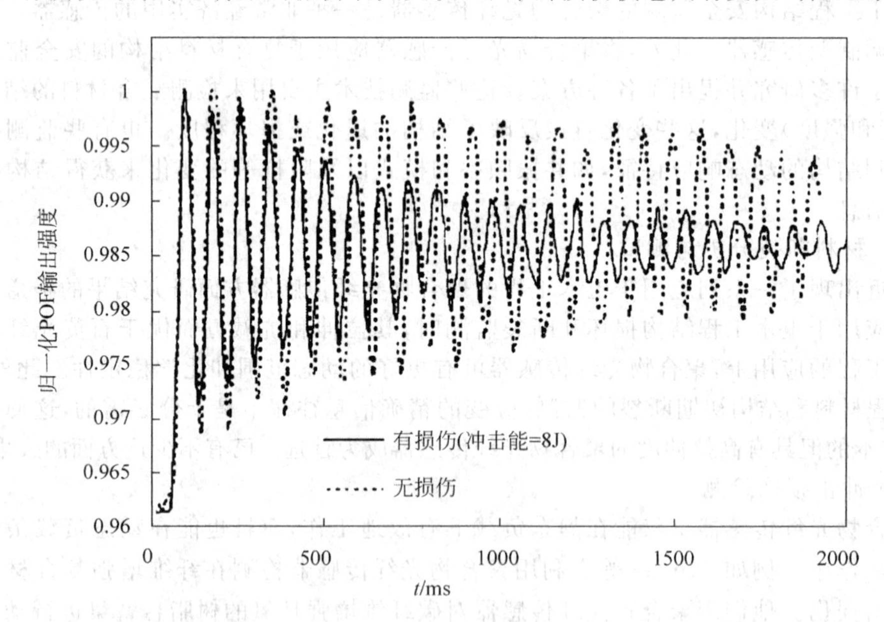

图 1-8-2　未损伤与有损伤的样本悬臂梁在自由振荡下的动态响应比较

图 1-8-3 表示在不同冲击能量下阻尼系数的变化。显然，可从上述实验的结果得到以下结论：冲击导致悬臂梁动态响应变化的大小直接与冲击的能量有关，也间接和材料结构的退化或损伤相关。这个实验同时还证明了聚合物光纤传感器能够有效地建立工程结构的退化或损伤与其动态响应之间的关系。可见聚合物光纤传感器在监测复合材料工程结构的退化和损伤方面具有很大的潜在应用范围。

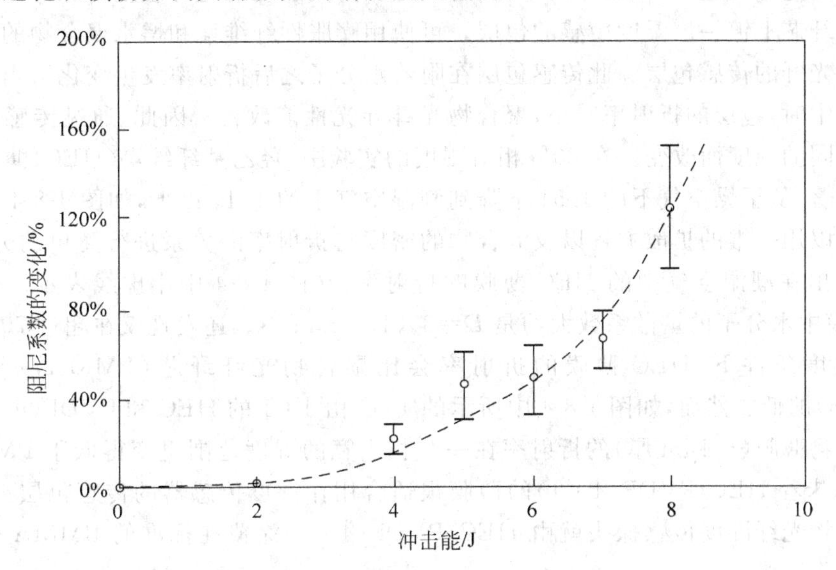

图 1-8-3　冲击力下复合光纤束阻尼系数的变化

上述研究和其他相关研究报道说明了聚合物光纤传感器在复合材料的性能诊断以及工程结构的安全监测方面具有极大的应用潜力。

4. 环境监测

在各种工业、农业、生物和医学应用中，环境条件因素诸如湿度、露点、pH 值、特种气体（氧气、二氧化碳、一氧化碳、煤气、甲烷等）等的精确测量、监测和控制十分重要。聚合物光纤传感器在这些方面的应用也有很大潜力。下面简单介绍几种。

1) 湿度传感器

聚合物光纤湿度传感器的原理是：利用材料吸收水分后光学性能的变化来测量湿度，其中包括光谱的变化、折射率的变化等。

(1) 利用光谱的变化

Brook 等人介绍了一种利用光谱变化的光纤湿度传感器。具体做法是将传感材料(Nafion-crystal violet complex)固定在玻璃衬底上，再用聚合物光纤作为光的传输介质将光从光源传送到传感头，再从传感头传送到光谱仪上。然后利用人工神经网络方法分析在不同的相对湿度下产生的光谱，从而使光纤湿度传感器的线性响应由以前报道的

40%～55%扩展到了40%～82%的相对湿度范围。

(2) 利用折射率的变化

日本的Muto等人报道用一种新型聚合物——羟乙基纤维素(HEC)做成光纤湿度传感器。其原理是，羟乙基纤维素在潮湿的空气中会膨胀，并由于附加了水分子而使折射率减小。利用这种效应，可以制作简单、快速响应和高灵敏度的光纤湿度传感器。具体做法是在光纤纤芯上镀一层湿度敏感的包层。可使用膨胀性纤维素和憎水聚合物的混合物作为聚合物光纤的传感包层。此传感包层在附着水分子之后折射率发生变化。当暴露于潮湿的空气中时，包层的折射率减小，聚合物光纤导光性能改善。因此，通过传感探头的光信号随不同的湿度而改变。在80%相对湿度的实验中，羟乙基纤维素(HEC)薄膜的折射率变化显著，从干燥空气下的1.51下降到潮湿空气下的1.49以下，如图1-8-4所示。这种特性可以用一维的扩散方程以及混合物的密度与折射率的关系进行简单的分析确定。据此计算出在潮湿空气中的HEC薄膜的折射率，在图1-8-4中用虚线表示。他们发现HEC薄膜中水分子的扩散系数大约是$D=3\times10^{-6}\text{mm}^2/\text{s}$。还发现仅在超过70%相对湿度的高温度条件下，HEC薄膜的折射率会比聚合物光纤纤芯(PMMA，$n=1.489$，$\lambda=680\text{nm}$)的低。然而，如图1-8-4中所示的实线，由4∶1的HEC和PVDF($n=1.42$)组成的混合物薄膜(～1μm厚)的折射率在一个相当宽的湿度范围里变得低于PMMA。这一结论意味着HEC/PVDF(4∶1)的薄膜很适合用作湿度传感器的传感包层。因此，他们的聚合物光纤湿度传感探头就由HEC/PVDF(4∶1)涂覆在标准的PMMA聚合物光纤芯上制作而成。

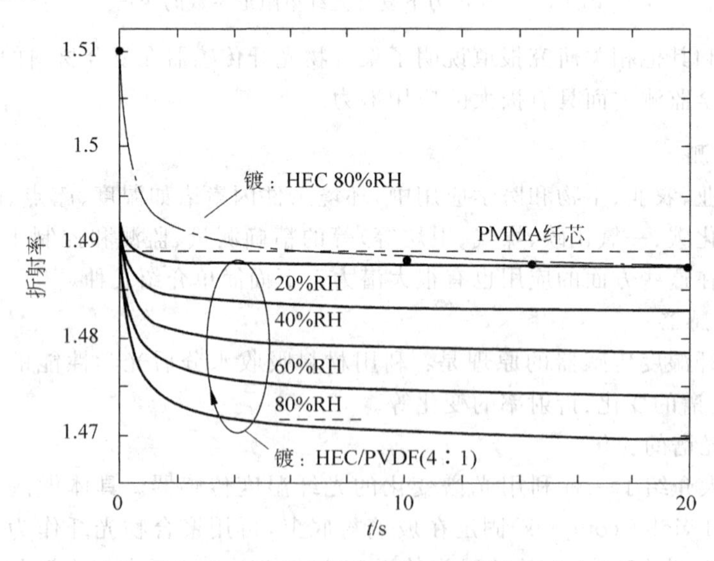

图1-8-4 羟乙基纤维素(HEC)薄膜的折射率变化

值得注意的是，只有当纤芯和涂覆包层的折射率对温度的关系相似时，此传感器才有可能对温度不敏感。因为只有在这种条件下，传感器的灵敏特性才主要取决于纤芯和涂覆包层的折射率对湿度的响应。

2）露点传感器

露点传感器在气象监测、农作物湿度检验或食物水分及水活性的评估等有关领域均有应用。传统的典型露点传感器是用一个小珀耳帖（Peltier）效应元件冷却的反射镜。通过调整冷却电流的大小直到露珠开始在镜面上形成为止。此时用电容传感器或光学传感器探测在镜面上露珠的形成；同时用温度传感器测量镜面的温度。光纤露点传感器是传统的露点传感器的改进，具体做法是用光纤探测在镜面上露珠的形成。例如，Hadjiloucas 等人报道了一种在露珠形成点附近工作的聚合物光纤露点传感器。反射镜的冷却仍是用一个珀耳帖效应元件实现，再利用光纤反射探头检测露珠的形成。此外为减少光学污染，采用了憎水的 PMMA 薄膜作反射镜，并采用在露珠形成点周围产生反馈。因此，该传感器可以很好地产生与反射镜上形成露珠有关的信号。用光纤反射探头检测露珠的形成的过程如下，根据反射定理，反射镜的反射系数是入射角的函数。应用此法则来切割聚合物光纤的入射角和接收角，再通过改善耦合，以达到更佳的信噪比。其切割光纤的最佳角度是 24°和 66°，如图 1-8-5 所示。一旦露珠在反射镜附近形成的大小和光波的长度相当时，传感器就开始响应。在两个光纤之间他们使用了薄而不透明的薄膜（油漆）以消除聚合物光纤发送光和接收光的耦合。使用 PMMA 聚合物光纤传感器的一个主要限制在于它工作的最高温度只有 85℃。目前已有可用于高温的特种聚合物光纤。利用这种光纤可提高聚合物光纤传感器的高温使用范围。

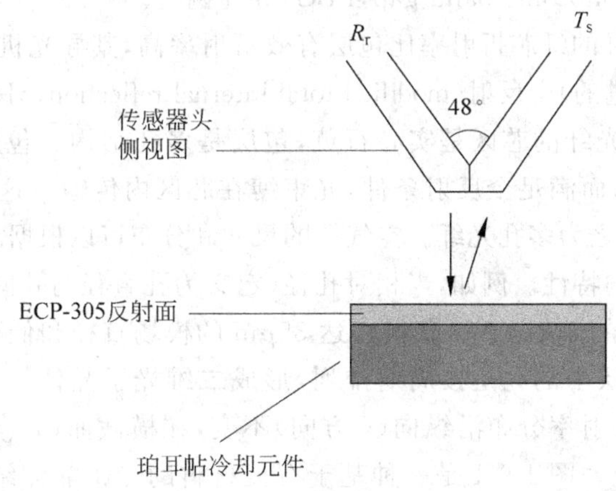

图 1-8-5　利用聚合物光纤的露点反射传感器

3）氧传感器

聚合物光纤传感器可用于连续监测氧气和溶解氧。其原理是基于材料的激发态磷光寿命和氧含量的关系，再利用光纤中的渐逝场效应，即可由光纤输出光强的变化监测氧的含量。

(1) Liao 等人报道了基于特殊材料的激发态磷光寿命测氧含量的例。他们用一个单光纤探头,同时远程监测温度和氧的浓度。光纤探头的具体结构如下：用一芯径为 750μm 的聚合物光纤,在光纤纤芯 1cm 长的表面上涂一层特殊的磷光材料即可。此时用高亮度蓝光脉冲 LED 作为光源,即可检测氧的含量。当温度和氧气的浓度在 15～45℃和 0%～50%O_2 的生理学范围时,其监测精度分别达到 0.24℃和 0.15%。

(2) Vishnoi 等人报道了利用包层荧光的淬熄现象来改善连续监测氧气的光纤传感器的灵敏度和稳定性的结果。其特点是选用特种聚合物。结果表明,这种传感器可在氧浓度为 0.5%～100%的大范围内工作,响应时间为秒量级。

4) 危险气体传感器

日本 Yamanashi 大学的研究人员研发了各种不同类型的聚合物光纤传感器,用以监测酒精蒸气、氨、汽油、瓦斯等各种易燃易爆气体和蒸汽。

1.9 光子晶体光纤及其在传感中的应用

1.9.1 概述

光子晶体光纤(photonic crystal fiber,PCF)是一种新型光纤,在它的包层区域有许多平行于光纤轴向的微孔。根据导光机理,可将 PCF 分为两类,即折射率导光(index-guiding)和光子带隙(photonic band gap,PBG)导光两类。

折射率导光型光纤的纤芯折射率比包层有效折射率高,其导光机理和常规阶跃折射率光纤类似,是基于(改进的)全反射(modified total internal reflection,M-TIR)原理。典型的折射率导光型光子晶体光纤的芯区是实心石英,包层是多孔结构。包层中的空气孔降低了包层的有效折射率,从而满足全反射条件,光束缚在芯区内传输。这类光纤包层的空气孔不必周期性排列,也称之为多孔光纤。空气孔的尺寸和分布可以根据需要设计,所以这类光纤可实现许多新的传输特性。例如,当相对孔径(定义为孔直径与孔间距的比值)小于 0.45 时可无尽单模工作；单模情况下可获得高达 35μm 的模场直径和低至 1dB/km 的损耗。

光子带隙光纤包层中的孔是按周期排列,形成二维光子晶体。二维光子晶体是一种介质不同的结构,其折射率分布沿纵向(z 方向)不变,在横截面(x,y 平面)内呈周期性变化,周期是光波长量级。图 1-9-1 是一种基于石英材料的光子晶体结构,其中圆柱形空气孔按六角格子周期排列,孔间距为 Λ。当一束单色光入射时,其频率(波长)、入射条件(入射角或传输波矢量)和偏振态将决定该束光是被光子晶体反射还是在其中传输。二维光子带隙指的是一个或几个频率(波长)间隙,如果入射光的频率处于该间隙内,某些方向(对应不同纵向波矢分量)入射的光在横向将不能传输。对任意偏振态的光都存在的带隙

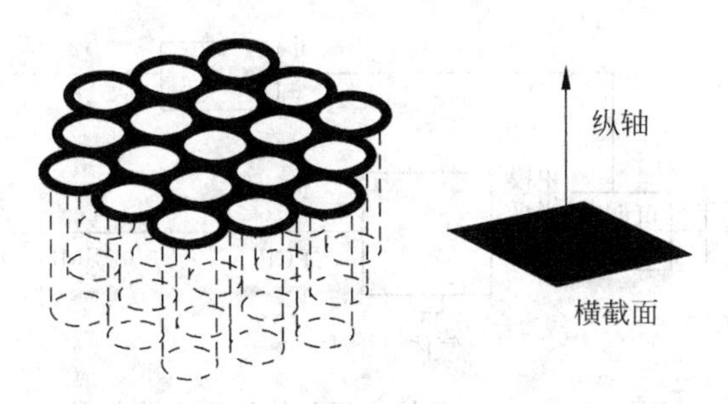

图 1-9-1 石英背景材料中的空气孔阵列形成的二维光子晶体

称为完全二维光子带隙。

这种二维周期性折射率变化的结构不允许某些频段的光在垂直于光纤轴的方向(横向)传播,形成所谓的二维光子带隙。二维光子带隙的存在与否、带隙在光频域的位置和宽窄是和光在轴向的波矢(传播常数)及偏振状态有关的。光子带隙光纤的纤芯可以认为是二维光子晶体中的一个线状缺陷,如果它在包层光子晶体的光子带隙内能支持一个模式,该模式将不能横向传播(辐射或泄漏),而在轴向传播形成传导模。这一导光原理和常规光纤有本质的不同,它允许光在折射率比包层低的纤芯(如空气芯)中传播。

迄今为止,人们已经能够用石英或其他材料如硫化物玻璃、Schott 玻璃和聚合物等制备光子晶体光纤。折射率导光的光子晶体光纤的芯区可掺 Ge、B 等以及稀土元素离子,如 Er^{3+}、Yb^{3+}、Nd^{3+} 等,从而改变折射率分布或者制作光纤放大器和激光器等有源器件。光子晶体光纤还有许多其他新的特性,如无限单模(endlessly single mode)、大模场面积单模光纤、高非线性光纤、高双折射光纤、色散可控光纤等。下面介绍光子晶体光纤在传感方面的应用。

1.9.2 光子晶体光纤在传感中的应用

利用光子晶体的以下特性可以构成不同用途的光纤传感器:(1)利用光子晶体的多孔性,构成吸收型气体传感器;(2)利用光子晶体的多孔性和孔中的高功率密度引发的非线性效应,可构成多种检测物质成分的传感器;(3)利用光子晶体的各向异性,可以构成和偏振有关的传感器。目前,此应用领域处于初始阶段,下面仅举数例说明。

1. 光子晶体光纤用于气体检测

使用折射率导光型光子晶体光纤或者光子带隙光纤,根据光谱吸收原理可进行气体检测。芯区小、空气填充率高的折射率导光型光子晶体光纤中,包层孔中消逝的光功率较大,因此可用消逝波检测孔内填充的气体。图 1-9-2 是用折射率导光型光子晶体光纤进行气体检测的实验方案,其中光子晶体光纤长度为 75cm,芯区直径约 1.7μm,孔间距为 1.5μm。

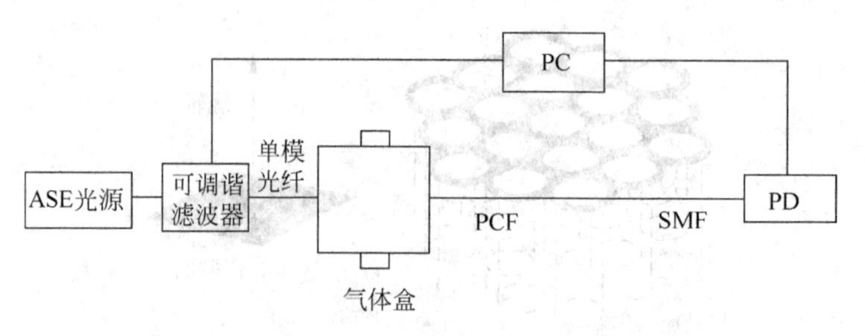

图 1-9-2　光子晶体光纤气体检测实验方案

当光子晶体光纤的气孔中充满乙炔气体时，可调谐光滤波器(TOF)从 1520nm 调谐到 1541nm，测量得到的吸收光谱如图 1-9-3 所示，图 1-9-4 则显示了乙炔缓慢扩散进入空气孔过程中，在 1531nm 波长的一个吸收峰处测得的输出光功率的变化情况。从实验结果可估算出空气孔中光功率大约有 6%，气体扩散到空气孔中的时间限制了传感器的响应时间。为了提高传感器的响应速度，可在光子晶体光纤侧面沿轴向周期性开口，使气体更快地扩散到消逝场区域。这类传感器的检测灵敏度可达到 10^{-6} 量级。

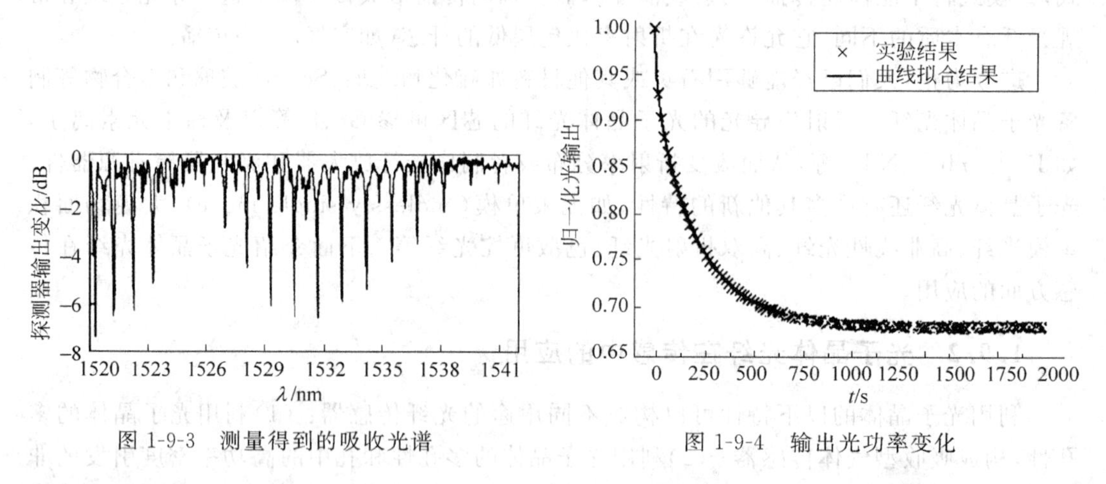

图 1-9-3　测量得到的吸收光谱　　　　图 1-9-4　输出光功率变化

2. 基于 PCF 的光纤陀螺

2007 年在墨西哥坎昆召开的 OFS-18 大会上报道了一个基于 PCF 的光纤陀螺的结果。图 1-9-5 是利用光子晶体光纤研制成的 PCF 陀螺的光路图，图 1-9-6 左侧是所用 PCF 的截面图，右侧列出了所用 PCF 的参数。这是基于 PCF 的光纤传感器的最佳结果。

3. 基于孔内光和物质相互作用的其他传感器

光子晶体光纤的气孔内可填充其他诸如液体等材料，用光谱法或者折射法监测分析这些材料的光学性质(如折射率、吸收、荧光辐射)的变化。因为孔的光强度较高(对于空心光子带隙光纤，光场和样品材料的重叠率可接近 100%)，再加上可以应用较长的光纤

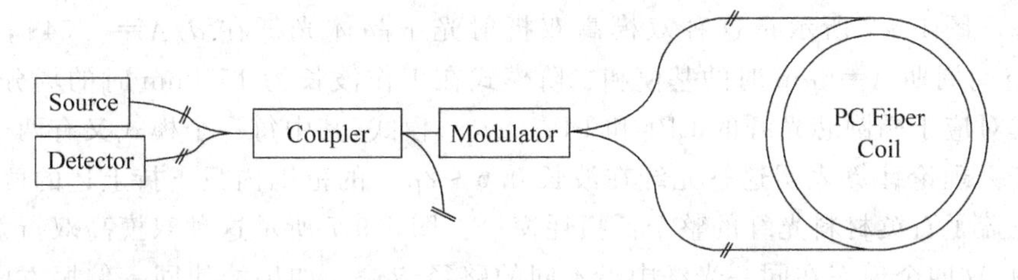

图 1-9-5　PCF 陀螺光路图

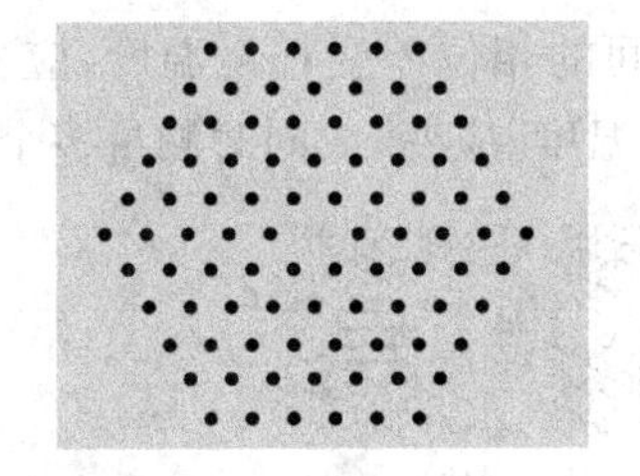

Fiber Diameter	126 micron
Core Diameter	6.0 micron
Hole Diameter	1.5 micron
Spatial Period, A	5.2 micron

图 1-9-6　PCF 截面和技术参数

来增加光和样品的作用长度,因此能够检测样品材料光学性质的微小变化。基于上述原理,光子晶体光纤可用于化学、生物化学和环境等领域的传感。

在折射率导光的光子晶体光纤包层气孔内填充高折射率流体或液晶材料,可使这种混合材料的光纤成为光子带隙光纤,改变温度或外电场可调节其光子带隙。其中的各种现象虽然现在还没有用于传感研究,但完全可用于温度和电场传感。

1.9.3　高双折射光子晶体光纤

在折射率导光的光子晶体光纤中,沿两个正交方向的空气孔尺寸不同,或者孔形状是椭圆而不是圆形,可以获得高双折射。这些高双折射光子晶体光纤的双折射可比 PANDA 型高双折射光纤高一个量级。Guan 等报道了一种高双折射光子晶体光纤,在 480～1620nm 范围内保偏,而且偏振串扰优于－25dB,在 1300～1620nm 范围内串扰大约只有－45dB,即使光纤弯曲半径只有 10mm 时偏振串扰也不会恶化。目前已有高双折射光子晶体光纤的产品报道,其工作波长为 1.55μm,100 多米光纤的偏振耦合优于 30dB,而且双折射的温度系数显著低于普通高双折射光纤。这些性质可用于开发新型的传感器,其中之一就是用于光纤陀螺,因为偏振串扰和双折射的温度敏感特性将大大影响陀螺的性能。

1.9.4　双模光子晶体光纤传感器

通过适当调整空气孔的尺寸和分布,可以将光子晶体光纤设计成只支持基模和二阶混合模。这两个模式分别对应传统阶跃折射率光纤中的 LP_{01} 和 LP_{11} 模式。这种高双折射双模光子晶体光纤实际上支持四个稳定模态,即 LP_{01} 模的两个偏振态和 LP_{11}(even)模的两个偏振态。图 1-9-7 所示是这种双模高双折射光子晶体光纤在 $d/\Lambda=0.54$[①]，$d_{big}/\Lambda=0.98$ 和空间周期 $\Lambda=6\mu m$ 时的基模和二阶模式在工作波长为 1550nm 时的场分布情况。这些模式对应于椭圆芯光纤的 LP_{01} 和 LP_{11}(even)模式，其中每一个模式又有两个正交的偏振状态。理论计算表明这一光纤在波长 $0.6\sim2\mu m$ 的范围内只支持上述的两个模式，基本上覆盖了石英材料光纤的整个低损耗窗口。图 1-9-7 所示这种双模高双折射光子晶体光纤中，这四个模态在同一光纤中沿不同的路径传输。如果能使同一偏振方向的不同模式或同一模式的不同偏振态进行干涉，则可在同一光纤中实现两个或多个干涉仪，即多个模式干涉仪或偏振干涉仪。由于模式或偏振态之间的相位差受环境温度，应变及其他因素的影响，因此这种双模光子晶体光纤可以用来测量温度、应变，或同时测量多个物理量。

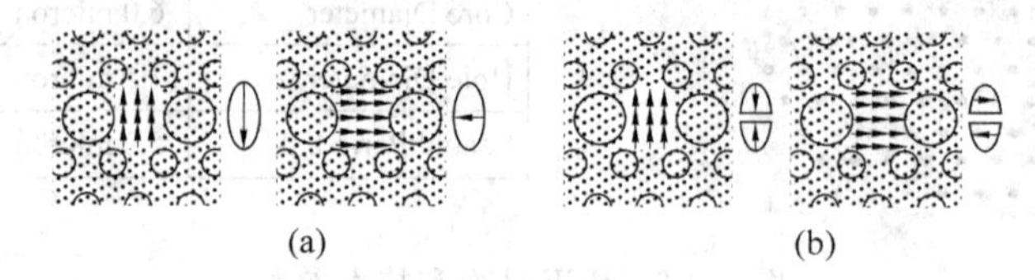

图 1-9-7　双模高双折射光子晶体光纤中基模 LP_{01} 和二阶模式 LP_{11}(even)的模场分布

已有用高双折射双模光子晶体光纤进行应变测量的报道，其工作原理是基于光纤中 LP_{01} 模和 LP_{11}(even)之间的干涉。所用的光纤截面如图 1-9-8 所示，这种光子晶体光纤由 6 圈空气孔组成，其基本参数如下：$\Lambda=4.2\mu m$，$d/\Lambda\approx0.5$，$d_{big}/\Lambda=0.97$。图 1-9-9 所示的是实验装置图。从半导体激光器输出的激光被首先准直，然后通过一个起偏器，再通过透镜聚焦后耦合到光子晶体光纤。一个近红外 CCD 摄像头位于光纤的出射端面用于检测输出的远场光强分布。所用光子晶体光纤长度约为 1m，其中一端通过环氧树脂将其固定，另一端则固定于微动台上用于在光纤上施加轴向应变。被施加应变的光纤长度约为 0.5m。

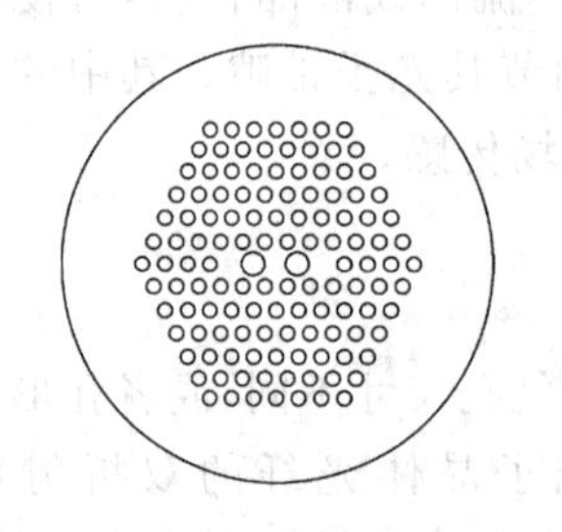

图 1-9-8　双模高双折射光子晶体光纤横截面图

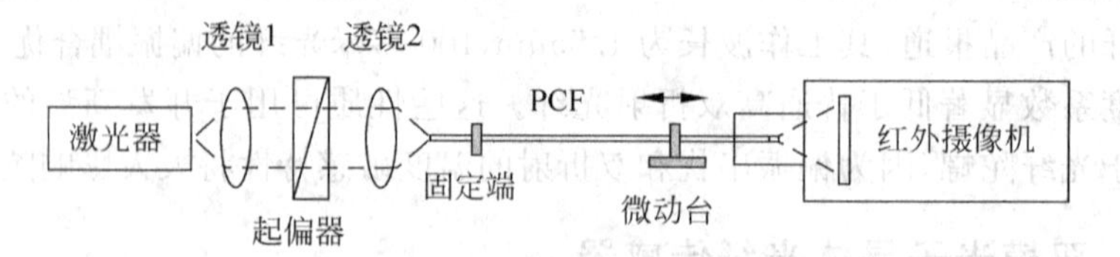

图 1-9-9　双模光子晶体光纤干涉仪应变测量实验装置图

---

① dl/Λ——光子晶体光纤的特征参量是孔直径 dl 与孔间距 Λ 的比值。

实验发现从 650～1300nm 的范围内，这种光纤只支持基模 LP_{01} 和二阶模 LP_{11}(even)，在 1550nm 处只支持基模传输。图 1-9-10 所示的是当光子晶体光纤被拉长时，其中一个模斑光强的变化情况。从上到下的三条曲线依次对应起偏器和 x 轴(图 1-9-7)的夹角为 0°、90°和 45°的情况。对于起偏器置于 0°和 90°的情况，相应的入射光分别为 x 和 y 偏振，对应于 LP_{01} 和 LP_{11}(even)模式的 x 或 y 偏振干涉结果，变化情况为正弦曲线。如果定义 $\delta L_{2\pi}$ 分别为导模间相位差变化 2π 时光纤被拉伸的长度，那么对 x 和 y 偏振而言，$\delta L_{2\pi}$ 分别为 124.4μm 和 144.9μm。对于起偏器置于 45°的情况，其结果是上述两种情形的叠加，结果是一个类似于幅度调制的光强输出。

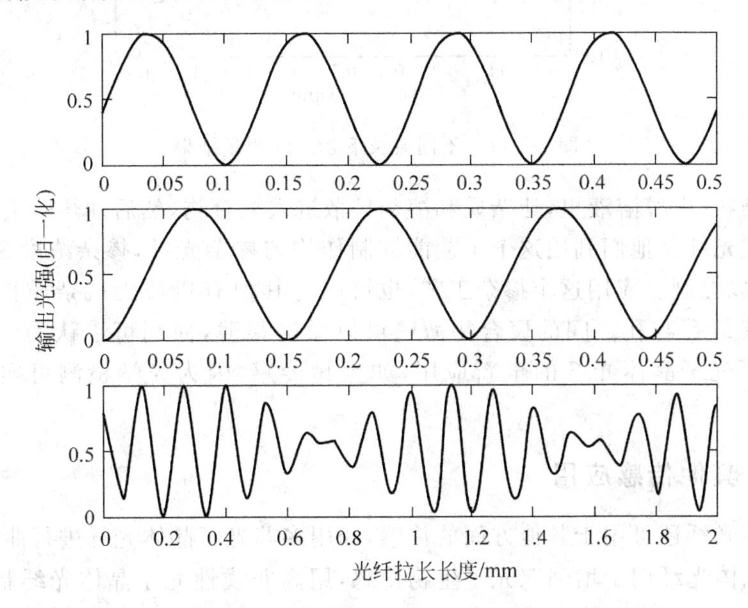

图 1-9-10　不同输入偏振态时干涉仪输出随光纤拉伸量的变化

图 1-9-11 给出了不同工作波长情况下 $\delta L_{2\pi}$ 的测量结果，在无应变作用下 LP_{01} 和 LP_{11}(even)模之间拍长随波长的变化也示于图中。与传统椭圆芯光纤相反，光子晶体光纤的模间拍长以及产生 2π 模间相位差变化所需的光纤拉伸量都随着波长的增大而减小，显示出这种光纤在长波长具有更高的应变灵敏度。

1.9.5　掺杂的微结构聚合物光纤传感器

最近，Large 报道了一种新型掺杂方法，利用微结构聚合物光纤(MPOF)的巨大表面积，在其聚合后掺杂。他们采用两步拉丝法制作聚合物光纤，在第一次拉丝后，对得到的中间预制棒进行掺杂。中间预制棒中的空气孔直径大约 250μm，杂质溶液容易流过。他们首先将杂质(rhodamine 6G：一种红色荧光染料)溶解在溶剂(甲醇)里，然后将中间预

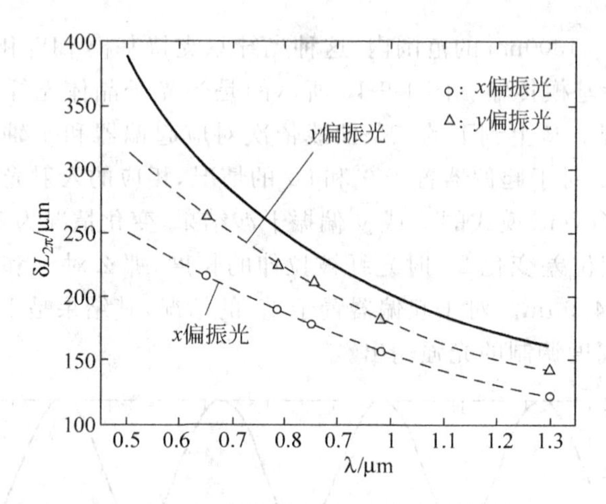

图 1-9-11 不同波长下 $\delta L_{2\pi}$ 的测量结果

制棒浸泡在染料/甲醇溶液里，让杂质和溶剂扩散进入聚合物，然后加热除去溶剂，第二次拉丝后可制成光纤。他们利用这个工艺能够制作均匀掺杂光纤，掺杂浓度为 1μmol/L～1mmol/L，可以控制。应用这个掺杂工艺，也可以将其他有机或无机杂质掺入到聚合物中。聚合物光纤孔与孔之间的聚合物薄壁可以做得很薄，薄到可以认为是厚膜。厚膜掺杂则开辟了光子晶体光纤的全新应用，如生物传感，因为光学检测可实现非接触式测量。

1.9.6 其他传感应用

光子晶体光纤还可用于其他方面的传感，如用多芯光子晶体光纤进行曲率传感，大数值孔径光子晶体光纤用于增强双光子生物传感，用高非线性光子晶体光纤制作宽带超连续光谱光源从而实现高分辨率 OCT(optical coherence tomography)诊断等。

1.10 传光型光纤传感器

传光型光纤传感器与传感型光纤传感器的主要差别是：后者的传感部分与传输部分均为光纤(多数情况下且为同一光纤)，具有传感合一的优点；而前者的光纤只是传光元件，不是敏感元件，是一种广义的光纤传感器。它虽然失去了"传"、"感"合一的优点，还增加了"传"和"感"之间的接口，但由于它可充分利用已有敏感元件和光纤传输技术(因而最容易实用化)，以及光纤本身具有电绝缘，不怕电磁干扰等优点，还是受到很大重视。目前，它可能是各类光纤传感器中技术经济效益较高者。

与前相似，这类传感器也分为光强调制型、相位调制型、偏振态调制型等几种型式。现分别举例说明其原理。

1.10.1 振幅调制传光型光纤传感器

传光型光纤传感器中调制光强的办法有调制透射光强、反射光强以及全内反射光强等。

1. 调制透射光强

图 1-10-1 是光栅式光纤传感器(grating sensor)的原理图。它用双光栅调制透射光强,用光纤传光。其两光纤位置固定,用透镜把光纤输入光变成平行光,通过两光栅后再聚在输出光纤端面。两光栅一个固定,另一个在外界因素作用下移动。光栅的移动方向与其刻线垂直(如图 1-10-1 所示,光栅作上下移动),因此光栅作相对移动时,通过双光栅的光强亦随之发生变化,从而可探测外界物理量的变化。这种传感器最早被用来探测声场的变化。

2. 调制反射光强

最早用光纤进行线性运动位移检测的是调制反射光强的光纤传感器,其原理如图 1-10-2。光从光源耦合到光纤束,射向被测物体;再从被测物体反射回到另一束光纤,由探测器接收。接收到的光强将随物体距光纤探头端面的距离而变化。实际应用中可采用不同的光纤束结构:光纤粗细不同,排列方式不同。如图 1-10-3 所示。这种传感器一般均用大数值孔径的粗光纤,以提高光强的耦合效率。

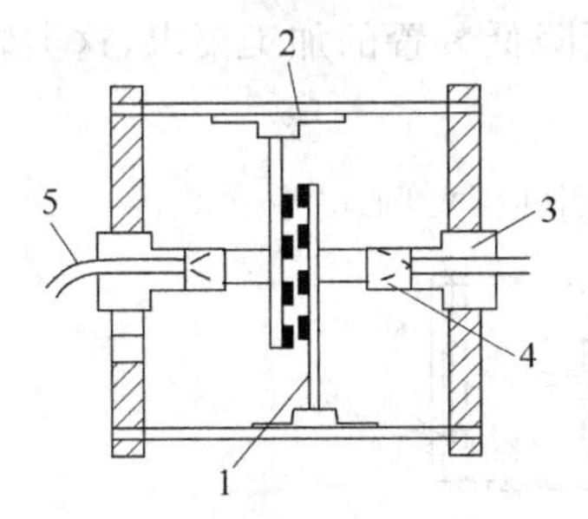

图 1-10-1　光栅式光纤传感器原理图
1—固定光栅;2—可动光栅;3—光纤固定环;
4—传感器底座;5—传输光纤

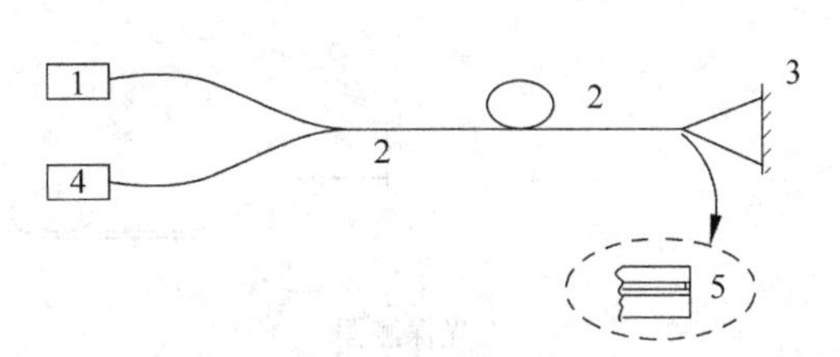

图 1-10-2　调制反射光强的光纤传感器
1—光源;2—光纤;3—反射镜;
4—光探测器;5—光纤端面

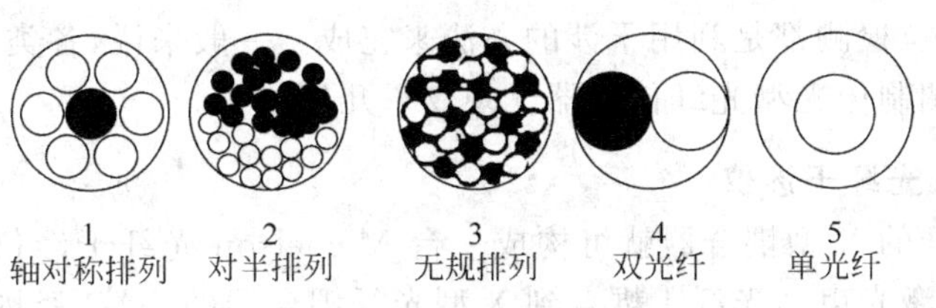

图 1-10-3　光纤排列方式

这种结构的位移传感器能在小测量范围内(~100μm)进行高精度位移检测。它具有非接触式测量、探头小、频率响应高、测量线性好等其他光纤传感器所不具备的优点;不足之处是线性范围较小。图 1-10-4 是反射光强随距离 d(光纤端面至被测物反射面之间的距离)的变化关系。由图可见,其线性范围与光纤束中光纤的排列方式有关。这种探测装置的技术关键在于反射光强的测量。反射光强与很多因素有关:光纤芯径、光纤排列方式、光纤端面到反射面之间的距离、光源、光接收器性能及其与光纤的耦合等。

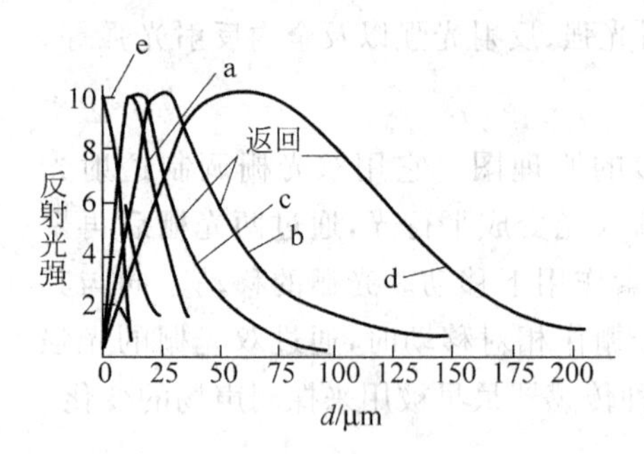

图1-10-4 反射光强随距离 d 的变化关系

3. 调制全内反射光强

这种光纤传感器是基于全内反射被破坏而导致光纤中传输光强泄漏的原理,它具有较高的灵敏度,但测量范围较小。图 1-10-5 是利用这种原理构成的压力和位移传感器。当膜片受机械载荷弯曲后,改变了膜片与棱镜间光吸收层的气隙,从而引起棱镜上界面全反射的局部破坏,使经光纤传送到棱镜的光部分地泄漏出上界面,因而经光纤再输出的光强也随之发生变化。图中光吸收层使用玻璃材料,其气隙约为 0.3μm,可利用光学零件上镀膜的办法来制成。光吸收层还可以选用可塑性好的有机硅橡胶,这时因膜片移动而改变的不再是气隙大小,而是光吸收层与棱镜界面的光学接触面积的大小,这样可降低装置的加工要求,这类装置的响应频率也较高。

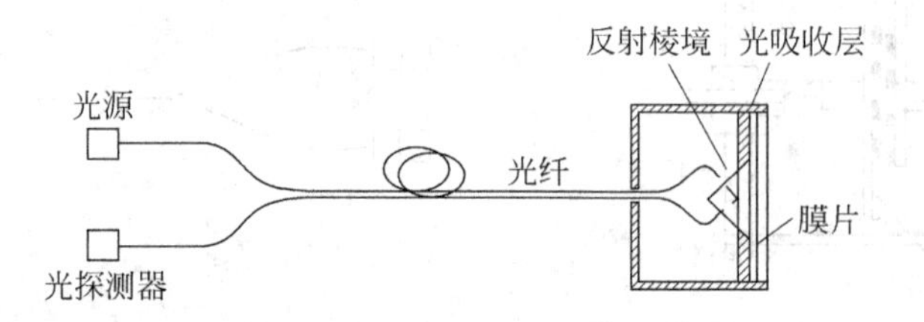

图 1-10-5 光纤压力传感器

1.10.2 相位调制传光型光纤传感器

与前相似,相位检测都是利用干涉的办法来完成。一般来说,各类干涉仪均可用光纤传光而构成相位调制传光型光纤传感器。现仅举几例说明。

1. Michelson 光纤干涉仪

用一单模光纤的 X 型耦合器就可构成一台 Michelson 光纤干涉仪。如图 1-10-6 所示,由光源发出的激光束经光纤 1 耦合到 X 型光纤耦合器的一端,经耦合器分成两部分,一部分从固定反射镜 M_1 直接反射回耦合器;另一部分从光纤 4 出射到移动反射镜 M_2,经反射再返回耦合器,与从固定反射镜 M_1 直接反射的光叠加产生干涉,干涉光强从光纤 2 的端口输出到探测器。由干涉条纹的变化即可探测出移动反射镜的位移大小。早期实验

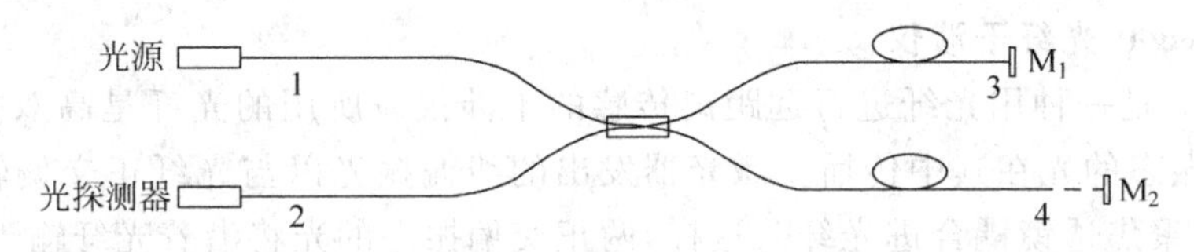

图 1-10-6 光纤 Michelson 干涉仪原理图

表明,它可探测的位移约 $10\mu m$,最小可测位移约 $0.4\mu m$,相应的可探测速度为 2cm/s 左右。

2. Fabry-Perot 光纤干涉仪

利用任何一对高反射面构成的 Fabry-Perot 干涉仪,用光纤传输即可构成一台 F-P 光纤干涉仪。这种光纤干涉仪的特点是灵敏度高(多光束干涉形成锐干涉条纹)、抗干扰能力强(只用单根光纤传输光信息)、传感头体积小、结构简单。

图 1-10-7 是 Fabry-Perot 光纤干涉仪之一例。其中光纤的输出端面与振动的膜片都镀有反射膜,膜的反射系数均为 0.5,从而在光纤端面与膜片之间形成多光束干涉,由此来敏感膜片的机械振动。这种装置可做成很小的传感探头,用于远距离或在狭窄空间等难以检测到的地方,去测量声波或机械振动。实验表明检测幅度可达 0.01λ(λ 是光波波长)。

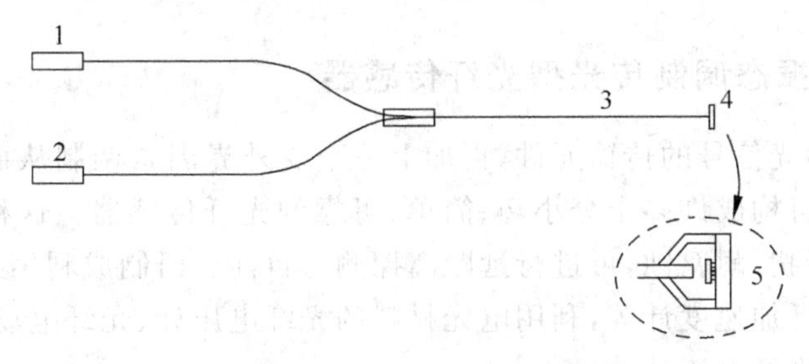

图 1-10-7 光纤振动传感器

1—光源;2—光探测器;3—传输光纤;4—传感探头

图 1-10-8 是另一种 Fabry-Perot 光纤干涉仪。光从单模光纤射出后,经半透半反的分束镜,一部分被反射,另一部分透射后再由被测物体的表面反射回来形成干涉。干涉图的变化取决于分束镜与物体表面之间的距离变化,由此可测量物体的位移和振动。输入光用的是单模光纤,而接收光则用的是多模光纤,这样可大大增加光功率的相位稳定。目前较多的是用于测量应力/应变,和温度的 Fabry-Perot 光纤干涉仪。

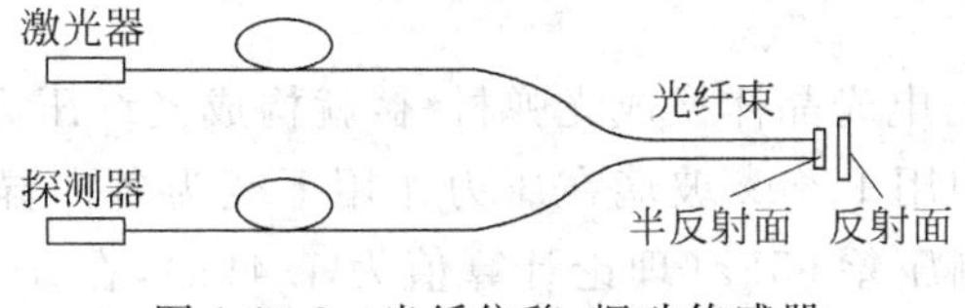

图 1-10-8 光纤位移、振动传感器

3. Rayleight 光纤干涉仪

图 1-10-9 是一种用光纤进行远距离传感的干涉仪。所用的光纤是高双折射光纤，以使两正交偏振态的光在其中传播。激光器发出的线偏振光以与光纤正交偏轴成 45°角射入光纤，用自聚焦透镜耦合进光纤。这样，两正交偏振态的光将沿着光纤输入用于量测的干涉仪。干涉仪可以是任何类型的。由干涉仪返回的光信号再经光纤，通过 Wollaston 棱镜分成两束后分别检测。图 1-10-9 的装置是用 Rayleight 干涉仪测量气体或液体折射率 n 的变化，它可感测到 10^{-7} 量级的折射率变化。

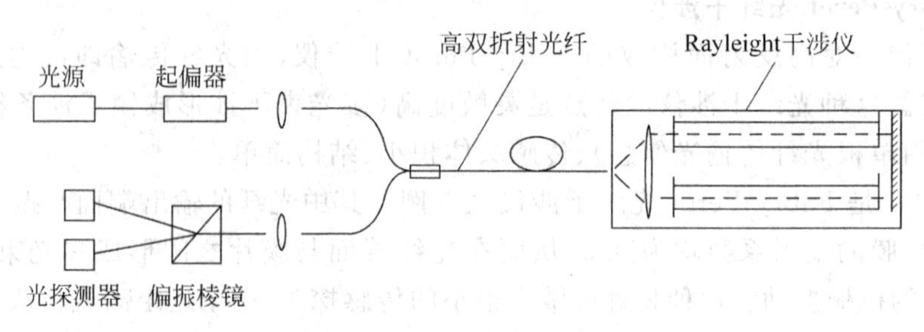

图 1-10-9　光纤 Rayleight 干涉仪原理图

1.10.3　偏振态调制传光型光纤传感器

利用光纤作为光信号的传输元件，再加上一个受外界因素调制从而改变光波偏振特性的敏感元件，就可构成许多十分小巧、简单、可靠的光纤传感器。这种光纤传感器的主要特点是抗电磁干扰，耐腐蚀，可进行远距离探测。目前已研制成利用弹光材料的光纤振动(声)传感器、光纤加速度计等，利用电光材料的光纤电压计、光纤电场计等，利用磁光材料的光纤磁场计、光纤电流计等。

图 1-10-10 是利用电光晶体构成的光纤电压计的原理图。从激光器 1 发出的激光束由光纤 8 传输，经透镜准直后，通过起偏器 4、$\lambda/4$ 波片 5、电光晶体 6、检偏器 7，再由光纤 9 传输进入光检测器 2 和信号处理单元 3。当晶体上加有电压 V 时，通过晶体的两正交模式之间将产生一附加的相位差 $\Delta\varphi$，在纵向运用的情况下，$\Delta\varphi$ 与 V 之间关系为

$$\Delta\varphi = 2\pi n_0^2 \gamma_{63} V \frac{1}{\lambda} \tag{1-10-1}$$

式中，λ 是光波波长；n_0 是电光晶体的折射率；γ_{63} 是其电光系数。测出 $\Delta\varphi$ 之后，即可由上式求出 V 值。

若把图 1-10-10 中的电光晶体换成光弹材料，就构成光纤压力(水声)传感器，或光纤加速度传感器。例如，利用 Pyrex 玻璃在压力作用下变为各向异性的特点，制成的压力(水声)传感器，最小可测压差 95Pa(理论计算值为 1.4Pa)，在 0～500kPa 内有很好的线性，测量范围可扩展至 2MPa，动态范围为 86dB。如果把与光弹材料相连的弹性膜性膜

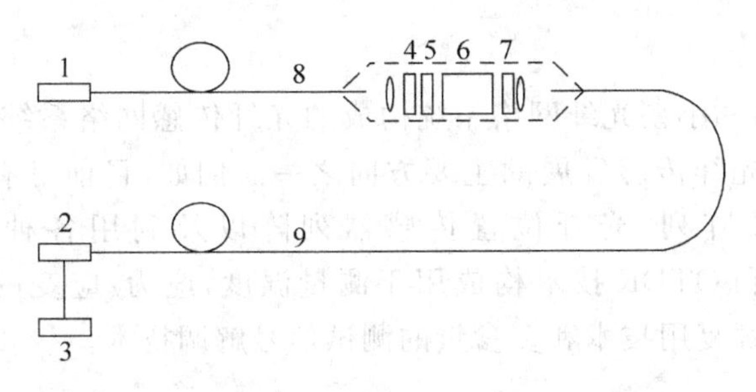

图 1-10-10　光纤电压计原理图

1—激光器；2—光探测器；3—信号处理单元；4—起偏器；
5—波片；6—电光晶体；7—检偏器；8、9—传输光纤

片换成重物，这种压力传感器就变成测量加速度 g 的传感器，其实测达到的灵敏度为 $10^{-9}g$(Pyrex 玻璃)和 $2.5\times10^{-5}g$(Thiokol Soiithane113)。它与前述干涉型光纤传感器相比，虽然灵敏度较低，但结构较简单，调整容易，稳定性也有很大改善。

若把图 1-10-10 中的电光晶体换成磁光材料，就构成光纤磁场(电流)传感器。这方面典型的例子有：利用 SF-6 光学玻璃中的磁光效应制成的磁光电流传感器，其振幅及相位误差分别为±0.5%和±25′(磁场强度在 20～500Oe(1Oe＝79.5775A/m)之间)，温度灵敏度不大于±0.5%(－25～＋80℃)。利用 BSO($Bi_{12}Si_{20}$)晶体的高 Verdet 常数也制成了较好的磁场(电流)传感器。其非线性误差在 700Oe 时为－0.23%，温度灵敏度不大于±1%(－15～＋85℃)，响应频带为 10～20 000Hz 内不大于±1dB。

1.11　光纤传感技术的发展趋势及课题

1. 商品化

欲使光纤传感器在市场有竞争力，应着重解决以下问题：提高光纤传感器的抗干扰能力；提高长期稳定性；简化器件的结构，降低成本。为此，应尽量利用已有的敏感元件及光纤传输技术，发展传光型及振幅调制型光纤传感器。与此同时，深入研究相位调制、偏振态调制型、波长调制型以及分布式光纤传感器，以充分发展其优于其他类型传感器(特别是灵敏度和大空间范围的分布式测量)的优点。

2. 集成化和全光纤化

为了提高光纤传感系统的稳定性，需解决许多有关的问题。其中集成化和全光纤化是关键，并已引起人们越来越多的重视。目前属于这一方面正在研究的课题有光纤激光器(利用掺杂光纤研制的激光器)、光纤分光、合光器件、光纤波分复用器件、光纤偏振元件(光纤偏振控制器、偏振器、波片等)、光纤调制器件以及光集成元件等。

3. 网络化

利用光纤传感器和小型光纤网络系统构成的光纤传感网络系统，可用于多点和多参量的测量，这是目前光纤传感发展的主要方向之一。例如，目前已有光纤水声传感器列阵、光纤光栅传感器阵列，光纤位置传感器列阵以及利用各种散射效应（Raman，Brillouin，Rayleigh）和 OTDR 技术构成用于测量温度，应力/应变的分布式光纤传感器等，同时还应研究光纤复用技术和多参量的测试信号解调技术。

4. 特种光纤

随着光纤传感技术的进一步发展，对传感用光纤的要求也越来越多样化。目前正在研制或已投入生产的特殊光纤有保偏光纤（包括高双折射光纤、低双折射光折、高双折射旋光纤和低双折射旋光纤等）、掺杂光纤、增敏光纤（例如对磁场增敏、对力增敏、对紫外辐射增敏等）、去敏光纤（例如对温度去敏、对压力去敏、对辐射去敏等）。与增敏和去敏有关的光纤被覆技术，也日益受到人们的重视。此外，用聚合物光纤和光子晶体光纤构成的光纤传感器也有广阔的应用前景，应给予足够的重视。

5. 新型传感机理和方案

从光纤传感的原理和分类可以看出，对不少光纤传感器的研究还刚刚开始，有的工作原理尚未付诸实现，仍有大量的研究、发展工作有待进行。

1.12 小　　结

本章较全面和详细地讨论了各种类型的光纤传感器——传感型和传光型（包括振幅调制、相位调制、偏振调制和波长调制以及分布式等不同类型）。光纤传感器的基本原理和光电传感器相近，其主要差别是：对光纤传感器要考虑光纤的各种特性（包括力学、光学、热学、声学等特性）对传感器的影响。应特别注意分布式光纤传感器、光纤光栅传感器、聚合物（塑料）光纤传感器、光子晶体光纤传感器等几种新型的光纤传感器。

本书网站上对微小型光纤传感器进行了详细介绍，供读者参考。

思考题与习题

1.1　试分析光纤传感器之主要优缺点。

1.2　试分析光纤传感器实用化的主要困难及可能的解决途径。

1.3　试列举影响光纤中传输光强的一些主要因素，并分析它用于光纤传感的可能性。

1.4　欲利用光纤的受抑全反射原理构成液体光纤折射率测试仪，已知纤芯的折射率为1.470，试设计光纤传感头的几何形状，估算折射率的测量范围，分析可能的误差因素。

1.5 已知熔石英光纤纤芯的参数为：$n=1.456$，$P_{11}=0.121$，$P_{12}=0.270$，$E=7.10^{10}$ Pa，$v=0.1$。试分别计算工作波长为0.85μm和1.30μm时，光纤横向受压的压力灵敏度$\Delta\varphi/PL$的值(注：按简化光纤模型计算)。

1.6 参数同习题1.5，求光纤纵向受压的压力灵敏度$\Delta\varphi/PL$的值。

1.7 由波长为0.633μm、0.85μm和1.30μm时，光纤横向受压的压力灵敏度$\Delta\varphi/PL$的值，分析波长变化对压力灵敏度的影响。

1.8 试计算Sagnac光纤干涉仪的相对灵敏度$\Delta\varphi/\varphi$。已知光纤长500m，工作波长1.30μm，光纤绕成直径为10cm的光纤圈，欲检测出10^{-2}°/h的转速。

1.9 试计算地磁场对习题1.8的Sagnac光纤干涉仪带来的角度漂移。已知所用高双折射光纤的双折射值$\Delta\beta=500$rad/m，地磁引起的Faraday旋光为0.0001rad/m，光纤长500m，光纤圈直径10cm。

1.10 试分析Sagnac光纤干涉仪的误差因素。

1.11 若一单模光纤的固有双折射为100°/m，现用10m长的光纤构成光纤电流传感器的传感头，其检测灵敏度与理想值相比，下降多少？若固有双折射为2.6°/m，其检测灵敏度的值又为多少？

1.12 用损耗为12dB/km的超低双折射石英光纤10m构成一个全光纤传感头，若被测电流为1000A，按理想情况计算偏振光的转角是多少？若改用磁敏光纤，欲产生同样的转角，需用光纤多长？比较两种情况下的光能损失。如果此光纤电流传感器还需20m的输入、输出光纤，则两种情况下光能损失又相差多少？

1.13 现欲设计一全光纤的电流传感器，被测电流为1000A，用10m长光纤绕成8字形光纤圈10圈，半径为6cm，光纤的固有线双折射为2.6°/m，其检测灵敏度与理想值相比，下降多少？

1.14 欲测200～600℃范围的温度，光纤温度传感器有哪几种可能的结构方式？并估算其测量误差。

1.15 欲测500～2000℃范围的温度，光纤温度传感器有哪几种可能的结构方式？并估算其测量误差。

1.16 试列举用光纤测电流的几种可能的方法，并分析比较其优缺点。

1.17 试列举用光纤测电压(电场)的几种可能的方法，并分析比较其优缺点。

1.18 光纤气体传感器是很有实用价值的一种光纤传感器，例如用光纤传感器测甲烷气体。试分析用气体吸收的原理构成的光纤气体传感器实用化的主要困难是什么？

1.19 试列举用光纤测微位移的几种方法，并比较其优缺点。

1.20 光纤光栅用于传感时，主要应考虑哪些问题，为什么？

1.21　光纤光栅同时对应力和温度两个参量敏感，欲用光纤光栅只测一个参量时，如何对另一个参量去敏？

1.22　试设计一个用光纤光栅同时进行双参量测量的光纤传感系统。

1.23　试分析用光纤光栅做传感元件时的优缺点及其局限性。

参考文献

[1]　靳伟，廖延彪等．导波光学传感器：原理与技术．北京：科学出版社，1998

[2]　靳伟，阮双琛等．光纤传感新进展．北京：科学出版社，2005

[3]　廖延彪．光学原理与应用．北京：电子工业出版社，2006

[4]　Culshaw B, et al. Optical Fibre Sensors. Artech House, 1989, Vols. 1&2

[5]　Culshaw B. Fibre Optic Sensors and Signal Proscessing. Peter Pererinus, Stevenage, 1984
中译本：高希才等译．光纤传感与信号处理．成都：成都电讯工程学院出版社，1986

[6]　Culshaw B. Smart Structures and Materials. Norwood: Artech House, 1996

[7]　Udd E. Fiber Optic Smart Structures. John Wiley & Sons, 1995

[8]　廖延彪．光纤光学．北京：清华大学出版社，2000

[9]　廖延彪等．光纤传感器(特邀论文)．中国激光，1984，11(9)：513～519

[10]　饶云江．光纤光栅原理及应用：北京：科学出版社，2006

[11]　刘延冰等编著，电子式互感器——原理，技术及应用．北京：科学出版社，2009.8

[12]　张桂才，王巍译，光纤陀螺．北京：国防工业出版社，2002.1

[13]　G. Emiliyanov, et al. Multi-antibody Biosensing with Topas Microstructured Polymer Optical Fiber. Proceeding of OFS-19, 2008

[14]　M. J. Kim, et al. High Temperature Sensor Based on a Photonic Crystal Fiber Interferometer, Proceeding of OFS-19, 2008

[15]　D. Iannuzzi, et al. Fiber-top Micromachined Devices. Proceeding of OFS-19, 2008

[16]　O. Kilic, et al. Photonic-crystal-diaphragm-based fiber-tip Hydrophone Optimized for Ocean Acoustics. Proceeding of OFS-19, 2008

[17]　F. X. Gu, L. Zhang, X. F. Yin, L. M. Tong. Polymer Single-nanowire Optical Sensors. Nano Lett. 8, 2757-2761, 2008

[18]　Y. H. Li, L. M. Tong. Mach-Zehnder Interferometers Assembled with Optical Microfibers or Banofibers, Optics Letters, 33, 303-305, 2008

2 多传感器的光网络技术

2.1 概　　述

随着光传感和光网络技术的不断进步、智能结构及大型构件的出现，以及对工业生产的管理自动化和安全生产的要求不断提高，使得对多点、多参量大空间范围的传感网的需求日益迫切。将多个传感器(几个、几十个，甚至几百个光传感器)构成一个光传感网络需要考虑以下几个主要问题。

(1) 复用的选择

多传感器复用和解复用方式的选择，是设计光传感网络需首先考虑的问题。传感器的复用是以检测信号和每个传感头的一一对应关系为研究对象。目前已有时分复用、波分复用、频分复用和空分复用等不同复用技术。复用的选择涉及光网络设计是否合理、可行以及成本的高低。

(2) 复用的串扰

多传感器复用的串扰(cross talk)问题是以不同传感器之间传感信号的相互干扰为研究对象。它涉及传感器输出信号的好坏。

(3) 复用的连接

它是研究多个传感器和传输光纤的连接问题，以连接的可靠性、传感器的维修与更换的可操作性为研究目的。

(4) 复用的优化

它是考虑多传感器复用构成光传感网的经济性和合理性。多传感器构成光传感网的优点是可节省一些光器件(例如光源、光探测器和光纤的用量)；缺点是带来结构复杂(要用复用技术)、传感器输出信号质量下降、维修困难等不足，有时甚至会使成本上升。为此应对光传感网络的成本、技术的复杂性、系统的可靠性和维修难易等诸多因素进行综合评价。

本章将简要介绍上述问题所涉及的关键技术。

2.2 光纤网络的连接技术

多传感器构成光网络所面临的首要问题是如何将多个传感器连接构成一个网络系统。它包括两种主要的连接方式，即固定连接（例如，光纤熔接）和活动连接。连接需要考虑的主要问题是如何减小损耗和便于维护。通常，固定连接的损耗小（如光纤熔接损耗小于0.5dB），稳定性好；缺点是不便拆卸。固定连接一般有两种方式：由专业公司进行固定连接和用熔接机固定连接。对于前者，只需提技术要求，如熔接损耗、固定点尺寸等；而对于后者，需考虑的问题有以下几方面：

（1）熔接机的型号和质量

不同光纤，不同使用场合，不同连接要求应选用不同型号的熔接机。保偏光纤应选用保偏光纤熔接机，在室外工地则应选用便携式熔接机。

（2）连接段的封装

应考虑温度变化，是否要防油、防水、防压，连接段的应力等。对于温度去敏，则应选用温度不敏感的材料或负温度材料进行封装；对于防油、防水则需选用特殊的防油、防水护套；对于防压则要用硬护套。

（3）熔接技术

熔接机操作人员的技术水平与熔接损耗的大小密切相关。

本节主要介绍活动连结的主要方式及其相应的损耗以及构成光网络的常用光纤器件。

2.2.1 网络损耗的主要来源

1. 弯曲引起的光纤损耗

光纤的弯曲损耗有两类，即宏弯损耗和微弯损耗。光纤弯曲时，在光纤中传输的导模将由于辐射而损耗光功率。对此难以从理论上进行较细致而又准确的分析。主要原因是它和光纤的实际结构、折射率分布等因素关系较密切；而对于多模光纤，还应考虑模式间的功率耦合，情况更复杂。对此本节只给一个典型的结果作为参考。对于耦合损耗，本节主要介绍一些有实用价值的典型的耦合方式及其优缺点比较。

1）光纤的宏弯损耗

理论分析和实验研究均表明：光纤弯曲（宏弯）时，曲率半径在一个临界值 R_c 以前（$R>R_c$），因弯曲而引起的附加损耗很小，可以忽略不计；在临界值以后（$R<R_c$），附加损耗按指数规律迅速增加。因此确定临界值 R_c，对于光纤的研究、设计和应用都很重要。

对于实际的多模光纤，弯曲半径 $R \geqslant 1\text{cm}$ 时，附加损耗可以忽略不计。图 2-2-1 给出了多模光纤弯曲损耗 α 随弯曲半径 R 的变化关系。目前已有弯曲不敏感的特种光纤问世，其弯曲半径可小到 1.0cm，而损耗仍可忽略。可供制作小尺寸光纤传感器探头。因此，需要光纤做小弯曲时，可选用弯曲不敏感光纤。关于光纤弯曲损耗的具体计算，可参看有关文献。

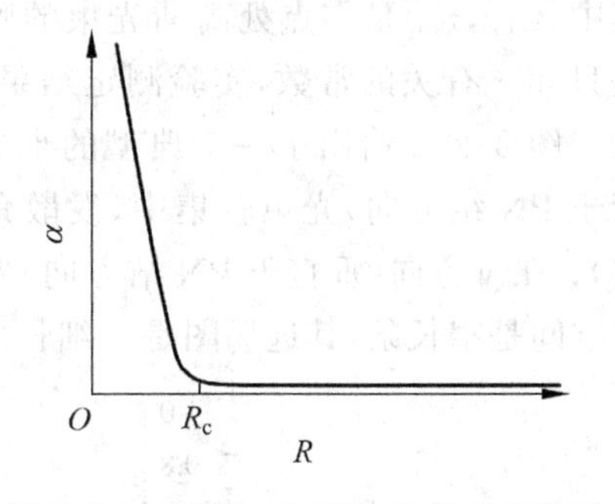

图 2-2-1　损耗 α 与弯曲半径 R 的关系

2）光纤的微弯损耗

（1）多模光纤的微弯损耗

多模光纤中由于存在众多的模式，因此难以用统一的公式来表达微弯引起的损耗。理论分析表明，一般情况下，微弯只能使相邻模式之间产生耦合。相邻模式之间传播常数差 $\Delta\beta=\beta_{m+1,n}-\beta_{m,n}$ 值越大，耦合越强烈，微弯损耗也越大，而且它和光纤微弯形状密切相关。主要结论如下：

① 光纤的微弯空间频率 $k'=k_c$（微弯周期 $l=l_c$）时，光纤的微弯损耗最大。

② 光纤的损耗谱在 $l=l_c$ 处的主衰减峰的谱宽为 $2l_c^2/L$，主衰减峰两侧还有次极大出现。

③ 光纤的微弯损耗与微弯振幅 A_d^2 成正比。这一点对微弯传感器的应用有利。

④ 光纤的微弯损耗与微弯总长 L 成正比。

上述结论在一定条件下和实验结果相近。上述结果只适用于弱耦合情况。

（2）单模光纤的微弯损耗

计算单模光纤微弯损耗和光纤的模斑半径密切相关，模斑半径越小，微弯损耗越小。具体的计算公式可参看有关文献。

2. 光纤和光源的耦合损耗

光纤和光源连接时，为获得最佳耦合效率，主要应考虑两者的特征参量相互匹配的问题。对于光纤应考虑其纤芯直径、数值孔径、截止波长（单模光纤）和偏振特性；对于光源则应考虑其发光面积、发光的角分布、光谱特征（单色性）、输出功率以及偏振特性等。下面对两种典型光源和光纤的耦合损耗进行分析。

1）半导体激光器和光纤的耦合损耗

半导体激光器的特点是：发光面为窄长条，长约几十微米。当激励电流超过阈值不多时，是基横模输出，在垂直于光轴的平面内呈高斯分布。光强 I 的表达式为

$$I(x,y,z)=A(z)\exp\left\{-2\left[\left(\frac{x}{w_x}\right)^2+\left(\frac{y}{w_y}\right)^2\right]\right\} \tag{2-2-1}$$

式中

$$w_x=\frac{\lambda_z}{\pi w_{ox}},\quad w_y=\frac{\lambda_z}{\pi w_{oy}}$$

其中，w_{ox}，w_{oy} 是零点处高斯光束的腰宽，是近场的宽度；w_x，w_y 为 z 点处的腰宽；$A(z)$ 是只和 z 有关的常数，实验测定结果与此相符。

图 2-2-2 给出了一个典型的半导体激光器发光的角分布。其特点是：在 x 方向（平行于 PN 结方向）光束较集中，发散角 $2\theta_{/\!/}$ 约为 5°～6°（发散角定义为半功率点之间的夹角）；在 y 方向（垂直于 PN 结方向）发散角 $2\theta_{\perp}$ 约为 40°～60°，所以半导体激光器发出的光在空间是窄长条，其远场图是一细长的椭圆。这是光纤和半导体激光器耦合的困难所在。

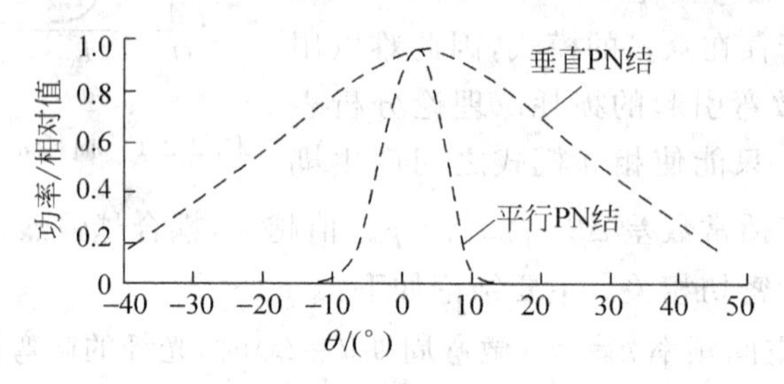

图 2-2-2 半导体激光器发光的角分布

（1）直接耦合的损耗

直接耦合就是把端面已处理的光纤直接对向激光器的发光面。这时影响耦合效率的主要因素是光源的发光面积与光纤纤芯总面积的匹配以及光源发散角与光纤数值孔径角的匹配。显见，对于多模光纤，只要光纤端面离光源发光面足够近，激光器发出的光都能照射到光纤端面（由于光源发光面小）；对于单模光纤，由于纤芯很细，只有部分光能射入光纤，如图 2-2-3 所示。至于角度的匹配，光纤只能接收小孔径角 $2\theta_c$ 中的那一部分光。例如，对于数值孔径 $NA=0.14$ 的通用多模光纤，其孔径角 $2\theta_c$ 约为 16°，在平行于 PN 结方向，光源的发散角 $2\theta_{/\!/}$ 仅为 5°～6°，只要距离 s 适当，全部光功率都能进入光纤；而在垂直于 PN 结方向，只有 $2\theta_c$ 内的光才能进入光纤。这种情况下的耦合效率可计算如下：

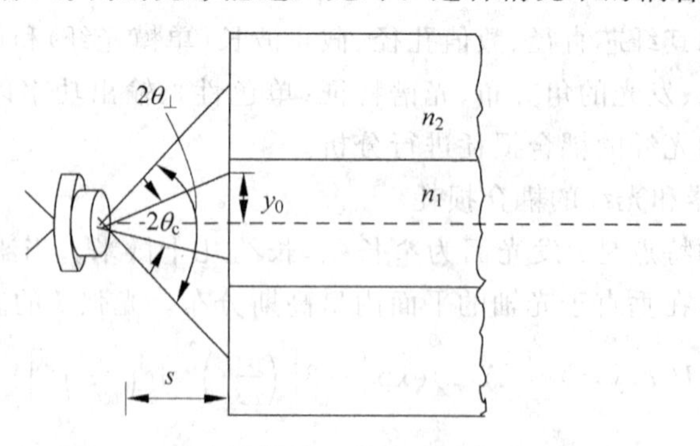

图 2-2-3 半导体激光器和光纤耦合的示意图

由激光器发出的总光功率为

$$
\begin{aligned}
P_0 &= 2\int_0^{\infty}\int_0^{\infty} I(x,y,z)\,\mathrm{d}x\mathrm{d}y \\
&= 2\int_0^{\infty}\int_0^{\infty} A(s)\exp\left\{-2\left[\left(\frac{x}{w_x}\right)^2+\left(\frac{y}{w_y}\right)^2\right]\right\}\mathrm{d}x\mathrm{d}y \\
&= b\mathrm{erf}(\infty)
\end{aligned} \tag{2-2-2}
$$

式中

$$B=\left(\frac{\sqrt{2\pi}}{2}w_y\right)A(s)\int_0^{\infty}\exp\left[-2\left(\frac{x}{w_x}\right)^2\right]\mathrm{d}x$$

$$\mathrm{erf}(A)=\left(\frac{2}{\sqrt{2\pi}}w_y\right)\int_0^{A}\exp\left(-\frac{t^2}{2}\right)\mathrm{d}t$$

为误差函数；

$$t=\frac{2y}{w_y},\quad \mathrm{d}t=2\,\frac{\mathrm{d}y}{w_y}$$

在 $z=s$ 平面内，B 为常数。

显然，包含在光纤孔径角 $2\theta_c$ 内的光功率是

$$
\begin{aligned}
P &= 2\int_0^{x_0}\int_0^{y_0} A(s)\exp\left\{-2\left[\left(\frac{x}{w_x}\right)^2+\left(\frac{y}{w_y}\right)^2\right]\right\}\mathrm{d}x\mathrm{d}y \\
&= B\left(\frac{2}{\sqrt{2\pi}}\right)\int_0^{2\pi}\frac{w_{oy}\tan\theta_c}{\lambda}\exp\left(-\frac{t^2}{2}\right)\mathrm{d}t = b\mathrm{erf}\left[\frac{2\pi w_{oy}\tan\theta_c}{\lambda}\right]
\end{aligned}
$$

式中 x_0，y_0，θ_c 是在 $z=s$ 处的值。

若取光纤端面反射损失为5%，则光纤和半导体激光器直接耦合时，其耦合效率的理论值为

$$\eta_{\max}=\frac{P}{P_0}\times 95\%=\frac{\mathrm{erf}[(2\pi w_{oy}\tan\theta_c)/\lambda]}{\mathrm{erf}[\infty]}\times 95\% \tag{2-2-3}$$

实际的耦合效率不仅与光纤的孔径角 θ_c 和激光器的近场宽度 w_{oy} 有关，而且还与耦合时的调整精度及光纤端面的加工精度有密切关系。图2-2-4给出了由式(2-2-3)算出的 $\eta_{\max}$-w_{oy} 曲线。

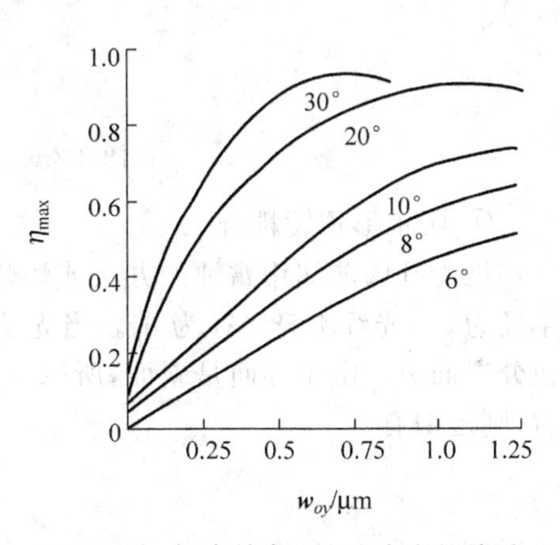

图 2-2-4 耦合效率和发光宽度的关系

例如，对于 $w_{oy}=0.05\mu\mathrm{m}$，$\lambda=0.85\mu\mathrm{m}$ 的激光器和 $NA=0.14(\theta_c=8°)$ 的光纤直接耦合，其 $\eta_{\max}$ 约为20%。

(2) 用透镜耦合的损耗

如用透镜耦合可大大提高耦合效率，下面取其典型情况进行介绍。

① 端面球透镜耦合

最简单的加透镜方法是把光纤端面做成一个半球形，如图 2-2-5 所示。透镜的做法可以是把光纤端面直接烧成半球形，也可以把光纤端面磨平再贴一个半球形透镜。光纤端面加球透镜后的效果是显著地增加光纤的孔径角，从而增加耦合效率。对于多模光纤，可把耦合效率从光纤为平端的 24% 提高到光纤为半球端的 60% 以上。

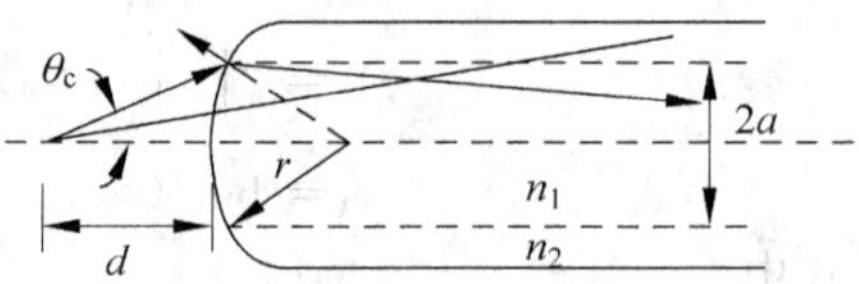

图 2-2-5　端面球透镜的光路简图

② 柱透镜耦合

利用柱透镜可把半导体激光器发出的光进行单方向会聚，使光斑接近圆形以提高耦合效率。也可利用球透镜和柱透镜的组合进一步提高耦合效率。这种耦合方式的缺点是它对激光器、柱透镜、球透镜以及光纤的相对位置的准确性要求极高，稍一偏离正确位置，耦合效率就急剧下降，甚至不如直接耦合。

③ 凸透镜耦合

一般用直径为 3～5mm、焦距为 4～15mm 的凸透镜，用图 2-2-6 所示光路进行耦合。其优点是便于构成活动接头，或是中间插入分光片、偏振棱镜等光学元件。此光路中凸透镜也可用自聚焦透镜代替。用自聚焦透镜之优点是几何尺寸小，平端面便于和光纤黏接；缺点是自聚焦透镜之平端面的反射光对光源的干扰作用。

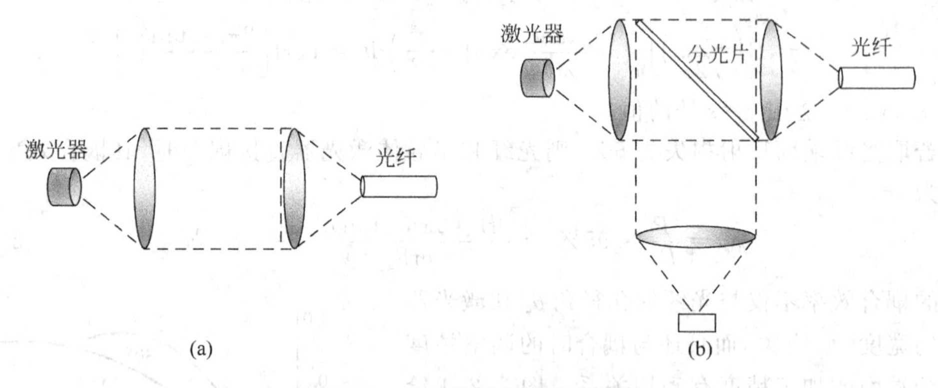

图 2-2-6　凸透镜耦合的光路简图

④ 圆锥形透镜耦合

把光纤的前端用腐蚀的办法或熔烧拉锥的办法做成图 2-2-7 所示的圆锥形式。前端半径为 a_1，光纤本身半径为 a_n。当光从前端以 θ 角入射进光纤，经折射后以角 γ_1 射向芯包分界面 A。由于界面是斜面，所以 $\gamma_1 > \gamma_2$，如锥面坡度不大，即圆锥长度 $l >> (a_n - a_1)$ 时，则近似有

$$\frac{\sin\gamma_1}{\sin\gamma_2} = \frac{a_2}{a_1}$$

由此可得有圆锥时的孔径角 θ_c 和平端光纤的孔径角 θ_c' 之间的关系如下：

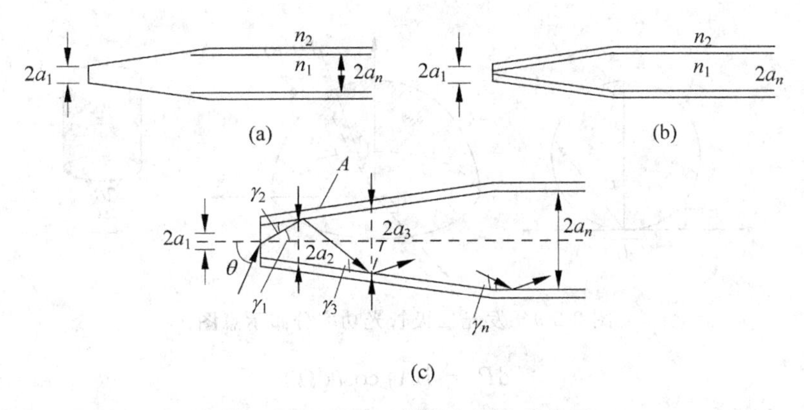

图 2-2-7 圆锥透镜耦合的光路简图

$$\frac{\sin\theta_c}{\sin\theta_c'}=\frac{\sin\gamma_1}{\sin\gamma_n}=\frac{\sin\gamma_1}{\sin\gamma_2}\frac{\sin\gamma_2}{\sin\gamma_3}\cdots\frac{\sin\gamma_{n-1}}{\sin\gamma_n}=\frac{a_2}{a_1}\frac{a_3}{a_2}\frac{a_4}{a_3}\cdots\frac{a_n}{a_{n-1}}=\frac{a_n}{a_1}\tag{2-2-4}$$

式(2-2-4)说明：有圆锥透镜的光纤的数值孔径是平端光纤的 a_n/a_1 倍。实验结果表明，用这种办法后耦合效率可高达 92%，对于多模光纤这是一种行之有效的办法。因为此法要求光纤前端直径 $2a_1$ 比激光器发光面大些，以获最佳耦合效果，而单模光纤芯径太小，无法满足这一要求。为此人们又提出如图 2-2-8 所示的倒锥形耦合办法，使端面直径增加，以满足激光器和单模光纤耦合的要求。目前用这种办法耦合，其效率已达 90%以上。

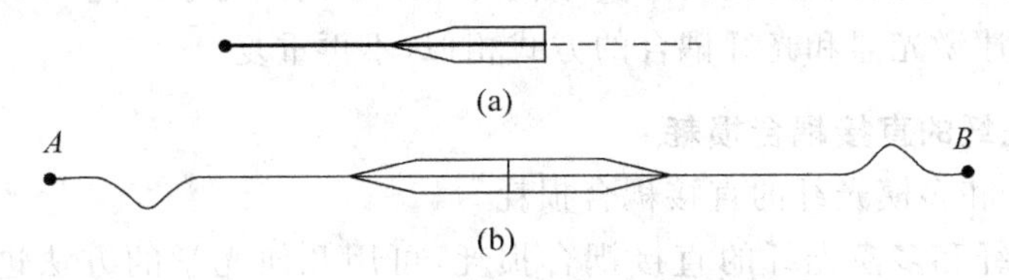

图 2-2-8 倒锥光纤耦合简图

2）半导体发光二极管和光纤的耦合损耗

半导体发光管和半导体激光器从耦合的角度看，其主要的差别是：前者为自发辐射，光发射的方向性差，近似于均匀的面发光器件，其发光性能类似于余弦发光体；后者为受激辐射，光发射方向性好，光强为高斯分布。

在讨论耦合问题时，可把半导体发光管看成均匀的面发光体(即朗伯型光源)，它在半球空间所发出的总光功率 P_0 为

$$P_0=2\int_0^{\frac{\pi}{2}}2\pi BA_E\sin\theta\cos\theta\mathrm{d}\theta=2\pi BA_E\tag{2-2-5}$$

式中，B 为光源的亮度(单位面积向某方向单位立体角发出的光功率)；A_E 为发光面积；θ 为光线与发光面法线的夹角，如图 2-2-9 所示。

当发光面 A_E 比光纤截面小时，在空间一点 P 处，面积为 $\mathrm{d}S$ 内所能得到的光功率为

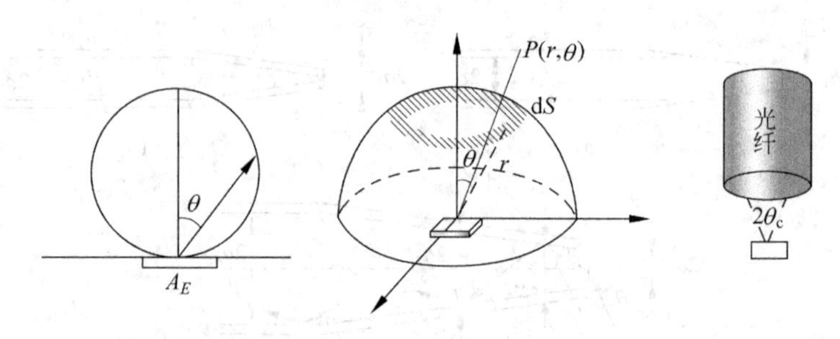

图 2-2-9　发光二极管光功率分布示意图

$$dP = BA_E\cos\theta d\Omega$$

再利用 $d\Omega = dA/r^2$，$dA=(rd\theta)(2\pi r\sin\theta)$，即可求出光纤在孔径角 θ_c 内所接收到的光功率 P 为

$$P = 2\int_0^{\theta_c} 2\pi BA_E\sin\theta\cos\theta d\theta = 2\pi BA_E\sin^2\theta_c$$

由此得半导体发光二极管和多模光纤直接耦合时的最大耦合效率 η_{max} 为

$$\eta_{max} = \frac{P}{P_0}\sin^2\theta_c = (NA)^2 \tag{2-2-6}$$

由此可见，对于常用的多模光纤（$NA=0.14$），其 η_{max} 仅为 2%；对于一个功率为 5mW 的发光二极管，用这种方法耦合，其出纤功率仅为几十微瓦。对于发光二极管和光纤用透镜耦合的方式与前述激光器和光纤耦合的方式相似，不再重复。

3. 光纤和光纤的直接耦合损耗

1）多模光纤和多模光纤的直接耦合损耗

对于多模光纤和多模光纤的直接耦合损耗，可用几何光学的方法进行分析和讨论。在以下的讨论中假设：光功率在截面上分布是均匀的，光强度的角分布和偏振也是均匀的，所用光纤是均匀折射率分布的多模光纤。通过计算可得光纤的透过率 T 为

$$T \approx \frac{16N^2}{(1+N)^4}[1+F(\theta_1^2)]$$

式中，$N=n_1/n_0$，n_1 为纤芯的折射率，n_0 为周围介质的折射率；θ_1 为光线入射角。由此可计算两光纤直接对接时由于轴偏离、轴倾斜等对耦合损耗的影响。以下结果可供参考。

（1）轴偏离对耦合损耗的影响

设光纤芯半径为 a，两光纤轴偏离为 x，这时只有两纤芯重叠部分才有光通过。通过一定计算可得其耦合损耗 α_1 为

$$\alpha_1 \approx \frac{16N^2}{(1+N)^4}\frac{1}{\pi}\left\{2\arccos\left(\frac{x}{2a}\right)-\frac{x}{a}\left[1-\left(\frac{x}{2a}\right)^2\right]^{\frac{1}{2}}\right\} \tag{2-2-7}$$

图 2-2-10 给出了耦合损耗 α_1 和 x 的关系曲线。图中实线为理论值，实验所用光纤

为均匀芯，其芯包折射率为 $\Delta=0.7\%$，光纤长度分别为 500m 和 3m。$N=1$ 时为光纤两端面之间加了匹配液，$N=1.46$ 则为两端面处于空气中的情况。由图中曲线可见，只有当 $x/a<0.2$，即两光纤轴偏离小于芯径的 1/10 时，才能使耦合损失小于 1dB。

(2) 两光纤端面之间的间隙对耦合损耗的影响

若两光纤端面之间间隙为 z，则其耦合损耗 α_2 为

$$\alpha_2 \approx \frac{16N^2}{(1+N)^4}\left[1-\left(\frac{z}{4a}\right)N(2\Delta)^{\frac{1}{2}}\right] \tag{2-2-8}$$

α_2 和 z 的关系如图 2-2-11 所示。由曲线可见，对间隙 z 的调整精度比对轴偏离 x 的要求低。

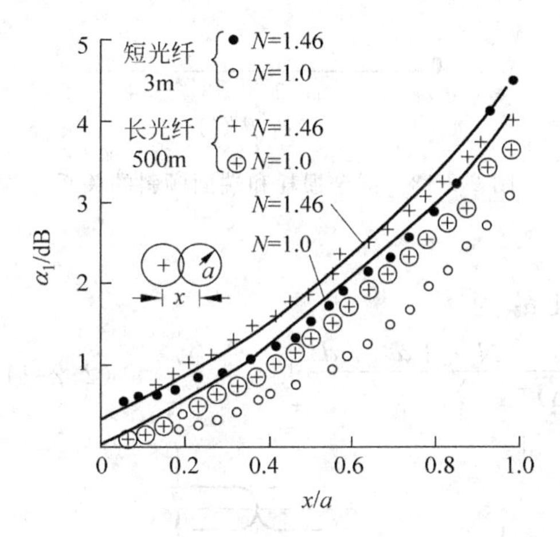

图 2-2-10　耦合损耗和轴偏离 x 的关系

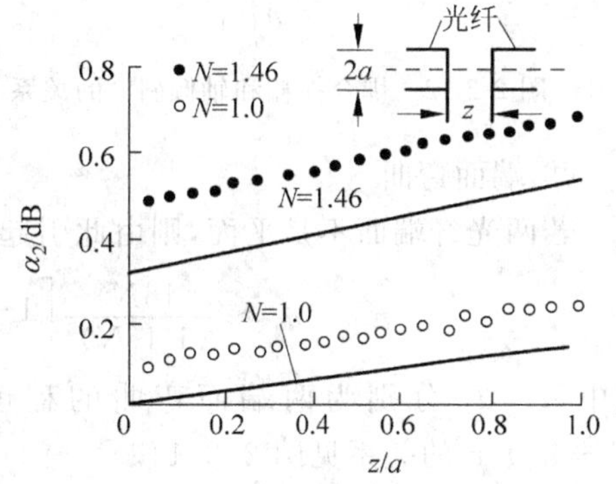

图 2-2-11　耦合损耗和间隙 z 的关系

(3) 两光纤轴之间的倾斜对耦合损耗的影响

两光纤之间的倾斜角为 θ，且当 θ 足够小时，其轴倾斜引起的损耗 α_3 为

$$\alpha_3 \approx \frac{16N^2}{(1+N)^4}\left[1-\frac{\theta}{\pi N(2\Delta)^{\frac{1}{2}}}\right] \tag{2-2-9}$$

图 2-2-12 给出了轴倾斜引起的损耗 α_3 和 θ 之间的关系。由图中曲线可见，要使耦合损耗小于 1dB，其角偏离应小于 5°。

(4) 光纤端面的不完整性对耦合损耗的影响

若两光纤端面之间有匹配液（$N=1.0$），端面的不完整性不会引起明显的耦合损耗。以下给出的结果都是针对 $N=1.46$ 的情况。

① 端面倾斜

若两光纤端面和光纤轴不垂直，其夹角分别为 θ_1 和 θ_2，则由此引起的损耗 α_4 为

$$\alpha_4 \approx \frac{16N^2}{(1+N)^4}\left[1-\frac{|N-1|}{\pi N(2\Delta)^{\frac{1}{2}}}(\theta_1+\theta_2)\right] \tag{2-2-10}$$

α_4 和$(\theta_1+\theta_2)$的关系见图 2-2-13。从图中可以看出，光纤的芯包折射率差Δ值愈小，对端面倾斜的要求就愈高。

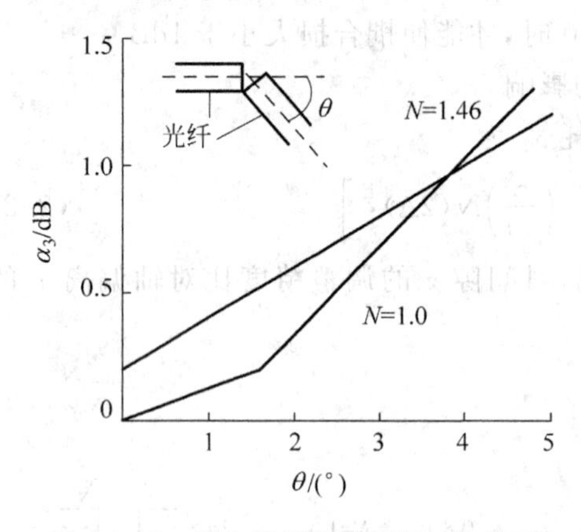

图 2-2-12 耦合损耗和轴倾斜θ的关系

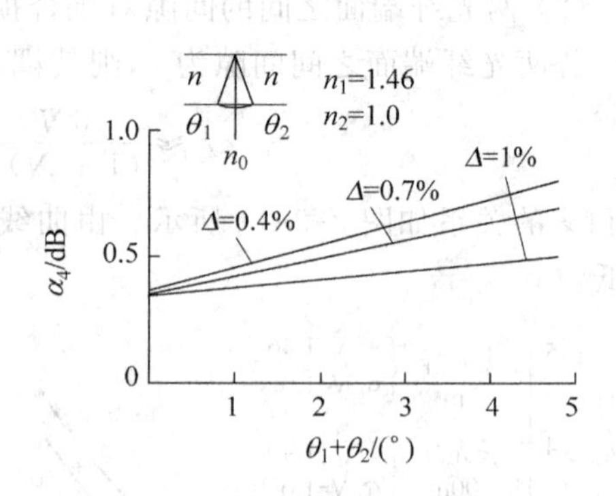

图 2-2-13 耦合损耗和端面倾斜的关系

② 端面弯曲

若两光纤端面不是平面，则由此引起的损耗α_5为

$$\alpha_5 \approx \frac{16N^2}{(1+N)^4}\left[1-\frac{1}{2(2\Delta)^{\frac{1}{2}}}\frac{N-1}{N}\frac{d_1+d_2}{a}\right] \tag{2-2-11}$$

式中d_1，d_2分别为两端面弯曲的程度。α_5和$(d_1+d_2)/a$的关系见图 2-2-14。

(5) 光纤种类不同对耦合损耗的影响

① 光纤芯径不同

当光由细芯径的光纤输入粗芯径的光纤时，只有反射损失，由粗芯径光纤传入细芯径的光纤时，将产生附加的耦合损耗α_6。

$$\alpha_6 \approx \begin{cases} \dfrac{16N^2}{(1+N)^4}(1-P)^{\frac{1}{2}} & P \geqslant 0 \\ \dfrac{16N^2}{(1+N)^4} & P < 0 \end{cases} \tag{2-2-12}$$

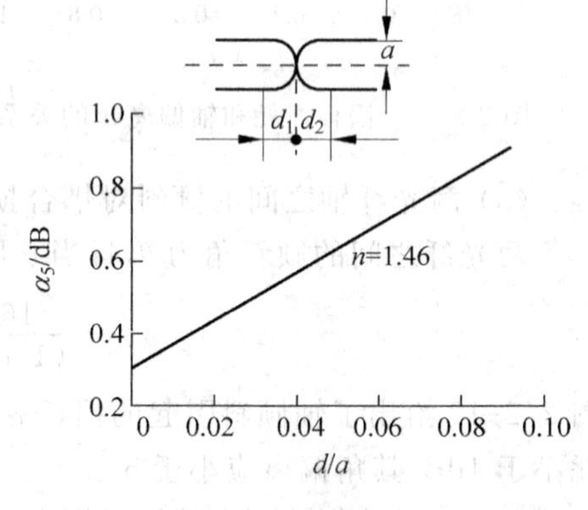

图 2-2-14 耦合损耗和端面弯曲的关系

式中，$P=1-(a_2/a_1)$；a_1，a_2分别为粗、细两种光纤的芯半径。图 2-2-15 给出了α_6和P的关系曲线。

② 折射率不同

光由纤芯折射率小(即数值孔径小)的光纤进入纤芯折射率大的光纤时只有反射损失，反之则有附加损耗，其值为

$$\alpha_7 \approx \begin{cases} \dfrac{16N^2}{(1+N)^4}(1-q)^{\frac{1}{2}} & q \geqslant 0 \\ \dfrac{16N^2}{(1+N)^4} & q < 0 \end{cases} \tag{2-2-13}$$

式中，$q=1-(\Delta_2/\Delta_1)$；Δ_1 和 Δ_2 分别为光纤 1 和 2 的相对折射率差。附加损耗 α_7 和 q 的关系见图 2-2-16。

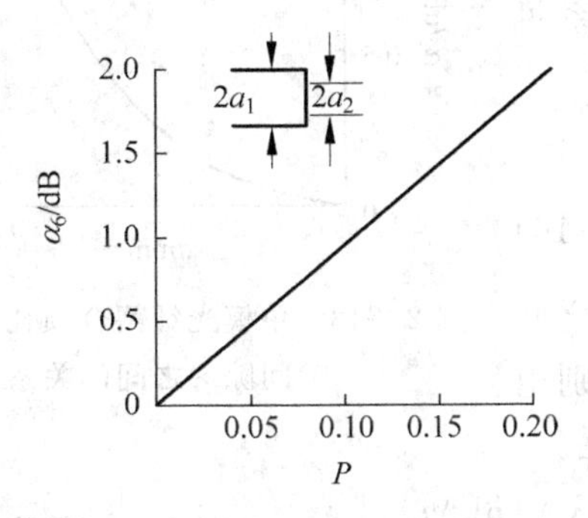

图 2-2-15　耦合损耗和芯径差的关系

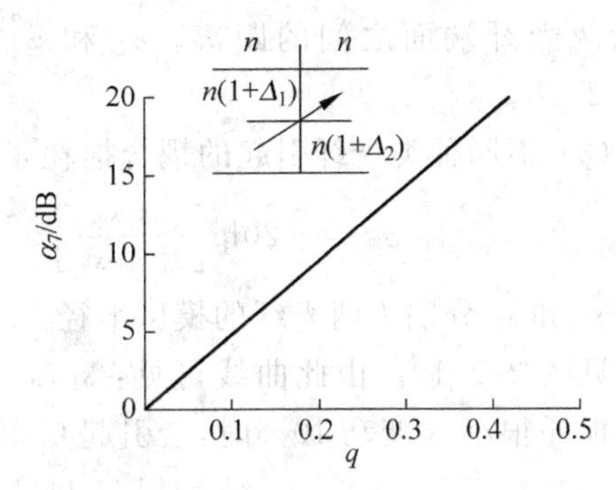

图 2-2-16　耦合损耗和折射率差的关系

2）单模光纤和单模光纤直接耦合的损耗

计算单模光纤和单模光纤直接耦合的损耗和上述计算多模光纤直接耦合损耗的主要差别是：多模光纤的端面光功率分布视为均匀分布，而单模光纤的端面光功率则视为高斯分布。下面给出类似于多模光纤连接损耗的计算结果。

（1）两光纤的离轴和轴倾斜引起的耦合损耗 α_1 为

$$\alpha_1 = 4.34\left[\left(\frac{d}{s_0}\right)^2 + \left(\frac{\pi n_2 s_0 \theta}{\lambda}\right)^2\right] \tag{2-2-14}$$

式中，d 为两光纤轴之间的间距；θ 为两光纤轴之间的夹角；s_0 为光纤的模斑半径。图 2-2-17 给出了 d，θ 和 α_1 之间的关系。由曲线可见，在同样耦合损耗时，其 d 和 θ 的允许误差比多模光纤的要大。

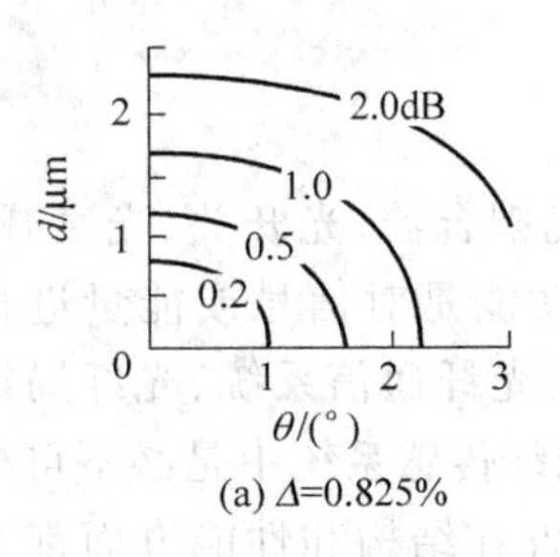

(a) Δ=0.825%

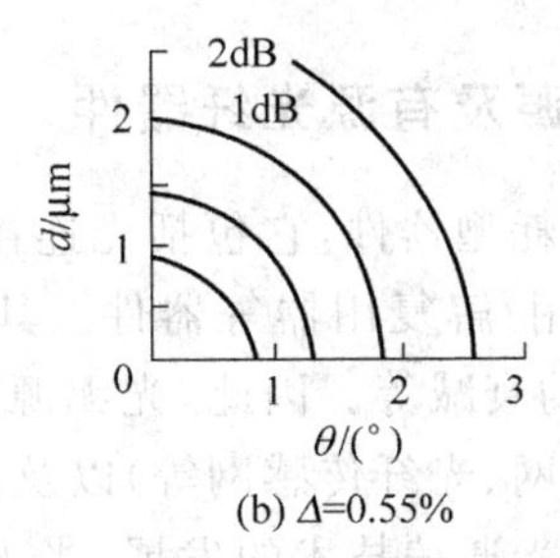

(b) Δ=0.55%

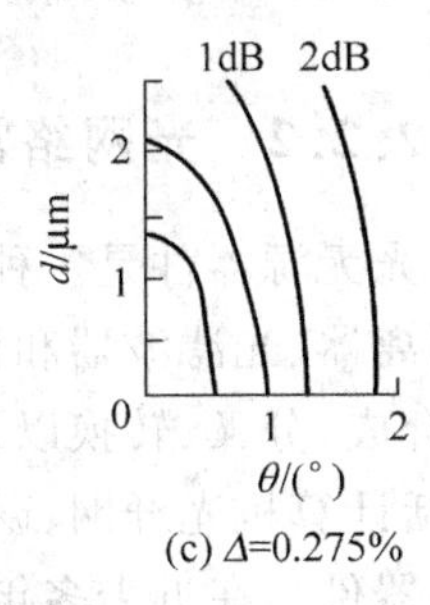

(c) Δ=0.275%

图 2-2-17　单模光纤耦合损耗和 d，θ 的关系

（2）两光纤端面间的间隙引起的耦合损耗 α_2 为

$$\alpha_2 = -10\lg\left[\frac{1+4z^2}{(1+2z^2)^2+z^2}\right] \tag{2-2-15}$$

式中

$$z = \frac{S_e}{k_0 n_2 s_0^2}$$

S_e 为两光纤端面之间的距离。α_2 和 z 之间的关系见图 2-2-18。

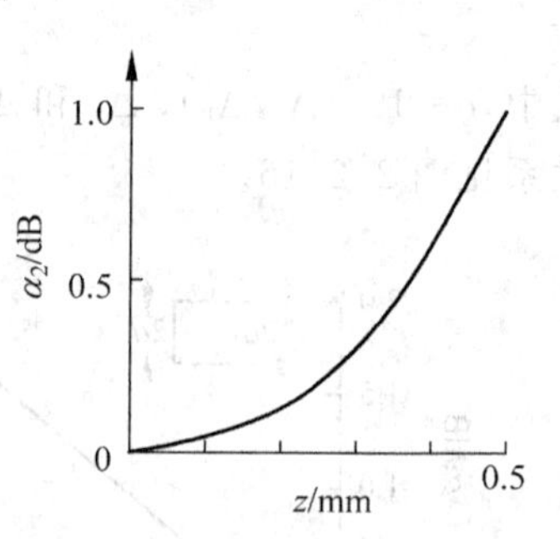

图 2-2-18　单模光纤耦合损耗和间隙 z 之间的关系

（3）不同种类光纤引起的耦合损耗 α_3 为

$$\alpha_3 = -20\lg\left[\frac{2s_1 s_2}{s_1^2+s_2^2}\right] \tag{2-2-16}$$

式中 s_1 和 s_2 分别为两光纤的模斑半径。α_3 和 s_1/s_2 之间关系见图 2-2-19。由此曲线可见：s_1，s_2 之间的差别引起的损耗很小，s 变动 10%时，会引起 0.05dB 的损耗。

$$\frac{\delta s_0}{s_0} = \left|l\left(\frac{\lambda}{\lambda_c}\right)\right|\frac{\delta a}{a} + \left|m\left(\frac{\lambda}{\lambda_c}\right)\right|\frac{\delta(\Delta n)}{\Delta} \tag{2-2-17}$$

式中 l,m 是 λ/λ_c 的函数。由图 2-2-20 的曲线可见，当 $\lambda/\lambda_c=1.285$ 时，芯半径的起伏对 s_0 几乎没有影响。在 $1\leqslant\lambda/\lambda_c\leqslant1.5$ 的波长范围内，有 $|l|\leqslant0.4$，$|m|\leqslant0.7$。

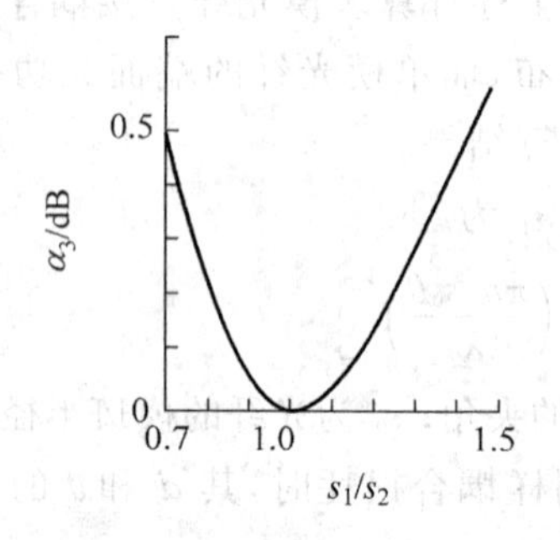

图 2-2-19　单模光纤耦合损耗和模斑半径 s 之间的关系

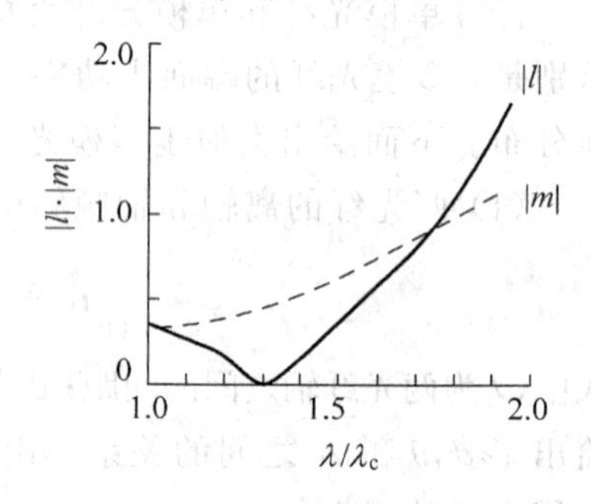

图 2-2-20　$|l|$、$|m|$ 和 λ/λ_c 的关系曲线

2.2.2　光网络常用无源及有源光纤器件

光无源器件是一种能量消耗型器件，它包括光连接器、光耦合器、光开关、光衰减器、光隔离器、光滤波器和波分复用/解复用器等器件。其主要功能是对信号或能量进行连接、合成、分叉、转换以及有目的的衰减等。因此，光无源器件在光纤通信系统、光纤局域网（包括计算机光纤网、微波光纤网、光纤传感网等）以及各类光纤传感系统中是必不可少的重要器件。在近十多年中随着光通信技术的发展，光无源器件在结构和性能方面都有了很大的改进和提高，并已进入实用阶段。

光无源器件的早期制造多采用传统光学的方法。这种用传统光学分立元件构成的光无源器件，其缺点是体积大，质量大，结构松，可靠性差，与光纤不兼容。于是人们纷纷转向全光纤型光无源器件的研究，其中对全光纤定向耦合器的研究最活跃，进展也最迅速。这不仅因为定向耦合器本身是极为重要的光无源器件，而且它还是许多其他光纤器件的基础。全光纤定向耦合器的制造工艺有磨抛法、腐蚀法和熔锥法三种。

磨抛法是把裸光纤按一定曲率固定在开槽的石英基片上，再进行光学研磨、抛光，以除去一部分包层，然后把两块这种磨抛好的裸光纤拼接在一起，利用两光纤之间的模场耦合以构成定向耦合器。这种方法的缺点是器件的热稳定性和机械稳定性差。在一定条件下，它还具有波分复用器和光滤波器的功能。

腐蚀法是用化学方法把一段裸光纤包层腐蚀掉，再把两根已腐蚀后的光纤扭绞在一起，构成光纤耦合器。其缺点是工艺的一致性较差，且损耗大，热稳定性差。

熔锥法是把两根裸光纤靠在一起，在高温火焰中加热使之熔化，同时在光纤两端拉伸光纤，使光纤熔融区成为锥形过渡段，从而构成耦合器。用这种方法可构成光纤滤波器、波分复用器、光纤偏振器、偏振耦合器、光纤干涉仪、光纤延迟线等。用此方法所得光纤耦合器的实用性能优于其他两种方法。

对于光无源器件，本节将介绍用熔锥法和磨抛法制成的光纤耦合器，以及以此为基础构成的光纤波分复用/解复用器、光纤滤波器以及光纤偏振器等，此外还介绍光纤隔离器和光纤电光调制器等典型光纤无源器件。除光无源器件外，本节还介绍用光纤构成的光有源器件——光纤激光器和光纤放大器，这是近几年发展极为迅速而且已经进入实用阶段的新型激光器和放大器。

1. 熔锥型单模光纤光分/合路连接器

光纤分路器件指的是有3个或3个以上的光路端口的无源器件。这种器件与波长无关时称为光分路器(包含星形耦合器)，与波长有关时则称为波分复用器。如上所述用熔锥法制造光纤耦合器的优点是工艺较简单，制作周期短，适于实现微机控制的半自动化生产，成品器件的附加损耗低，性能稳定等。至于波分复用器件有棱镜型、光栅型、干涉滤光膜型和全光纤型等多种，其中棱镜型和近年发展的有源型和光集成型的性能都达不到实用的要求，而光栅型、干涉滤光膜型和全光纤型则已实用化。熔锥型波分复用器是全光纤型，其原理是器件在过耦合状态下耦合比随波长而变。

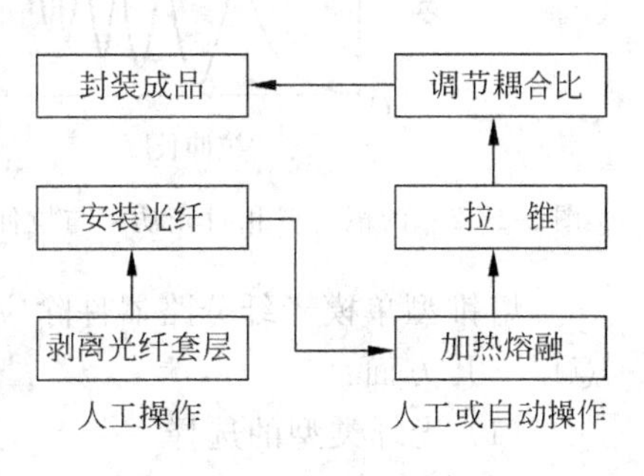

图 2-2-21　熔锥工艺框图

目前国内外普遍采用的熔锥工艺框图如图2-2-21所示。其基本步骤是把已除去保护套的两根或多根裸光纤并排安装在调节架上，再用火焰加热到光纤软化时，一边加热一边拉伸光纤，同时用光纤功率计监测两输出端的功率比，直到耦合比符合要求时停止加热，进行成品封装。加热熔锥方式可分为直接加热式、间接加热式和部分直接加热部分间接加热式。直接加热法是使火焰和光纤接触，优点是热量的利用率较高，加热速度快，装置较简单。但熔拉过程中由于火焰与光纤熔拉区直接接触，有许多缺点，例如：光纤过热熔融状态使操作者难以控制熔区外径以达到给定的设计值，喷灯的气流有时会使光纤熔区弯曲或变形，对室内清洁条件要求高等。间接加热法是把欲拉锥的光纤套在石英毛细管中，火焰通过加热石英套使光纤熔化，此法可克服直接加热法的上述缺点，但要提高加热的温度，还要有石英套管的转动装置。部分直接部分间接加热法是让单喷灯火焰在开槽石英管内对光纤耦合区加热，与直接加热法相比，其热场的均匀性较好，也避免了火焰喷力使熔锥区形变的不利影响。因此其优点是既克服了直接加热法的缺点，又比间接加热方式简单。

拉锥过程的控制由光纤功率计监视。对于 3dB 耦合器，当耦合比达 50%时，拉锥即可停止。这时如理论分析结果表明，在给定监控波长下，如继续拉锥，耦合功率将呈现正弦式振荡。当耦合功率循环过一完整的正弦振荡回复到零时，耦合器拉伸过了一个拍长。耦合器被拉过一个拍长的整数倍时，耦合比为零；拉过半拍长的整数倍时，耦合比为 100%。图 2-2-22 为两耦合臂相对光功率与拉伸长度的关系。另外，耦合比随波长变化也呈正弦振荡，且其振荡周期与耦合器被拉过的拍长数紧密相关。例如，3dB 耦合器的拉锥过程将在第一个功率转换循环(即第一个拍长)的第一个 3dB 点停止，这种耦合器有宽的半波振荡周期为 $\Delta\lambda/2\approx550\text{nm}$。若继续拉过此点，耦合器将处于过耦合状态，耦合比与波长的依赖关系逐渐增强。若选择半波周期等于两个所需工作波长之差，这种过耦合器就成为二信道的光纤波分器。若取 1.32μm 和 1.55μm 为复用波长，就需要 230nm 的半波周期。图 2-2-23 为耦合比 U 随波长变化关系曲线。

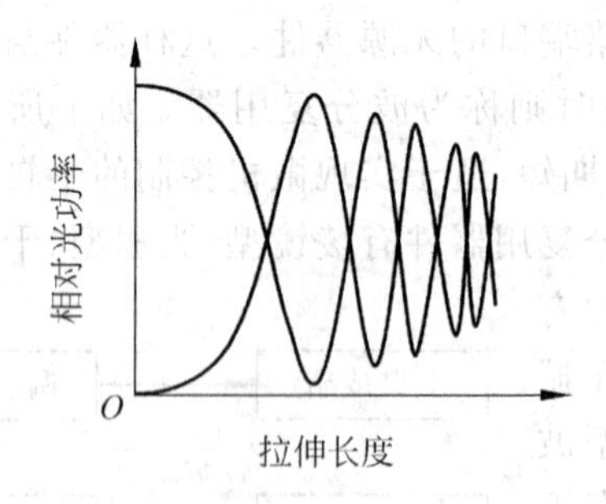

图 2-2-22　两耦合臂相对光功率与拉伸长度的关系

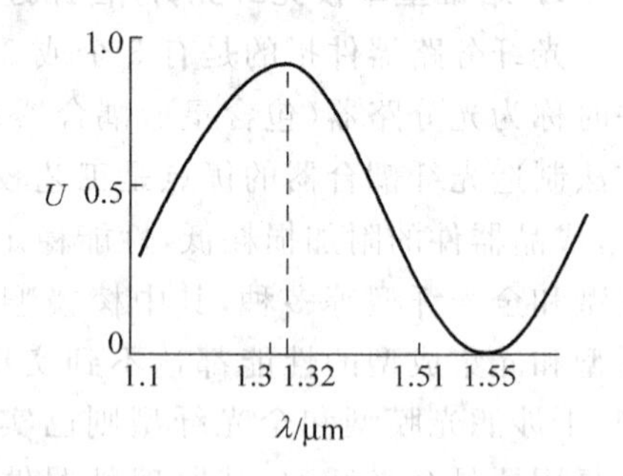

图 2-2-23　耦合比随波长变化关系的曲线

熔锥型单模光纤分路器件除应严格控制拉锥长度、熔区形状、锥体光滑度外，尚应注意以下几方面：

(1) 光纤类型的选择

单模光纤有三种类型，即凹陷包层光纤、上升包层光纤和匹配包层光纤，其中以匹配包层光纤的耦合效率最佳。但对于实际的光纤耦合器,尚应考虑系统中使用的光纤是何种类型,原则是：在其他损耗因素得到有效控制的条件下,选用同一批号的匹配包层光纤可以得到低的附加损耗。

(2) 光纤的安置

安置光纤应有微调机构及平稳的移动机构,一般光纤为水平安置。

(3) 封装工艺

封装时应仔细选择填充材料,这种材料的温度特性应与光纤相匹配,既能对光纤的熔锥区起保护作用,又不会对耦合区施加显著的应力。另外此材料的折射率也应低于光纤材料的折射率,以能起到包层的作用。实际上可供使用的材料有硅弹性树脂、氟化聚合物、硅油和甘油等,其中硅弹性树脂性能最适合于作填料兼包层材料,它可提供极好的机械保护,且化学性能稳定,在宽的温度范围内一致性好。可供采用的胶合剂则有丙烯酸树脂(对潮湿环境耐久性差)、环氧树脂(对低温环境的耐久性差)等。

目前熔锥型单模光纤定向耦合器性能的典型数据值为：附加损耗最佳为 0.05dB,一般为 0.1dB；使用温度范围为－20～＋100℃,最佳可达－55～＋125℃。熔锥型单模光纤波分复用器性能的典型数值为：工作波长 1.30μm 和 1.55μm,插入损耗小于 0.2dB,隔离度大于 20dB(反向隔离度小于－55dB,带宽±15nm),使用温度范围为－40～＋50℃。

2. 磨抛型单模光纤定向耦合器

磨抛型单模光纤定向耦合器是利用光学冷加工(机械抛磨)除去光纤的部分包层,使光纤波导能相互靠近,以形成渐逝场互相渗透。图 2-2-24 为其结构示意图。制作的方法如下：先在石英基块上开出曲率半径为 R 弧形槽,把单模光纤粘进弧形槽中,使光纤具有确定的曲率半径；然后把石英基块连同光纤一起研磨、抛光、除去部分光纤包层,使磨抛面达到光纤芯附近的消失场区域；再把两个抛磨好的石英块对合,使光纤的磨抛面重合。这时由于两纤芯附近的消失场重叠而在两光纤之间产生耦合,构成定向耦合器。由下述理论分析可知,设计光纤定向耦合器时,主要考虑因素是光纤的曲率半径 R 和两光纤芯间隔 h,h 的大小通过光纤包层的磨抛量来控制。由此,耦合率可控制是其优点之一,耦合器加工好以后,利用微调装置,改变两光纤的相对位置还可连续改变耦合器的耦合率,是其优点之二。它的缺点是热稳定性和机械稳定性较差。

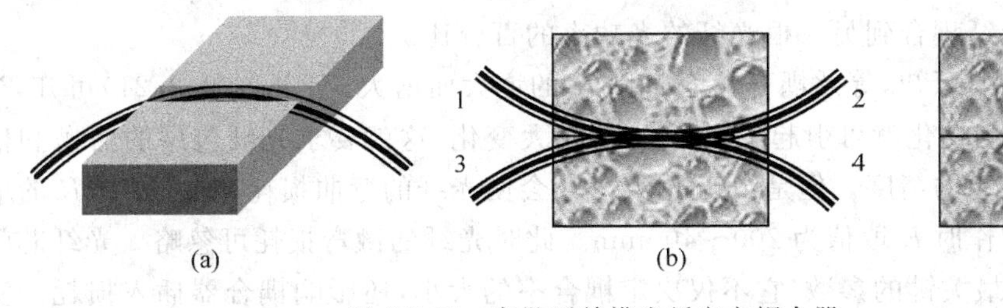

图 2-2-24 磨抛型单模光纤定向耦合器

由已有的理论分析可知，耦合区内光功率为

$$P_1(z) = \cos^2(Cz) \tag{2-2-18}$$

$$P_2(z) = \sin^2(Cz) \tag{2-2-19}$$

式中 C 是耦合系数，对于弱导光纤以及弱耦合、对称、无损波导，C 可近似为

$$C \approx \frac{\lambda}{2\pi n_1} \frac{U^2}{a^2V^2} \frac{\mathrm{K}_0\left(W\dfrac{h}{a}\right)}{\mathrm{K}_1^2(W)}$$

其中 λ 为真空中光波波长；n_1 为纤芯的折射率；a 为纤芯半径；K 为第二类变型贝塞尔函数。如图 2-2-25 所示，由于耦合器中两光纤是弯曲的对称结构，光纤间隔 h 随 z 而变(z 是耦合区长度)，因此耦合系数是 z 的函数。式(2-2-18)和式(2-2-19)中的相位因子 C_z 应用积分 $\int_0^z C(z)\mathrm{d}z$ 代替。但在实际应用中，关心的是耦合器总的能量耦合率，而不必知道耦合区每一点的耦合系数。因此上述积分可等效为

$$\int C(z)\mathrm{d}z = C_0 L$$

式中，C_0 为耦合器中心 h 最小处($h=h_0$)的耦合系数；L 为相同耦合率时，耦合系数为 C_0 时两平行光纤的等效耦合长度。若光纤弯曲的曲率半径为 R，且有 $z^2 \ll h_0R$ 时，L 可表示为

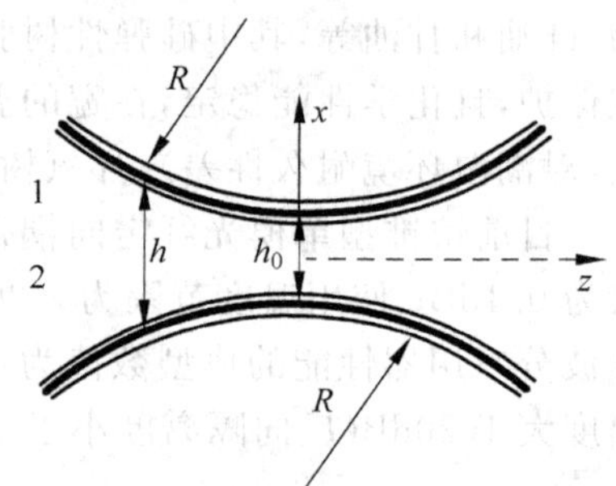

图 2-2-25　磨抛型光纤耦合器各参数关系图

$$L \approx \left(\frac{\pi a R}{W}\right)^{\frac{1}{2}} \tag{2-2-20}$$

当光纤 1 端输入为 1，2 端输入为 0 时，定向耦合器的输出为

$$P_1 = \cos^2(C_0 L)$$

$$P_2 = \sin^2(C_0 L)$$

耦合器的耦合率定义为

$$K = \sin^2(C_0 L) \tag{2-2-21}$$

它代表从一根光纤耦合到另一根光纤的光功率的百分比。

由式(2-2-20)可知，等效耦合长度 L 随 R 的增大而增大，而由式(2-2-21)可知，当 L 较大时，C_0 的微小变化就可引起耦合率 K 的较大变化，这就要求光纤包层的磨抛和耦合器的调节要有很高的精度。但是由于 R 太小又会使光纤的弯曲损耗增加，因此 R 的取值要适当。实际制作时 R 取值为 200～400mm。此时光纤的微弯损耗可忽略。光纤芯间隔 h 是定向耦合器最关键的参数，它不仅决定耦合率的大小，还影响耦合器插入损耗。实际的耦合器，由于耦合区波导的不完整性，存在磨抛面的反射、散射损耗，还有耦合模式因辐

射引起的损耗。计算结果表明，损耗随 h 的增加面增加。由于插入损耗直接反映耦合器质量的好坏，因此决定 h 的大小时，必须考虑其对插入损耗的影响。为此 h 应取较小值，一般可取 h_0/a 在 2.0～2.5。在实际制作时，关键是控制光纤包层的磨抛量。由于单模光纤芯径很小，直径小于 10μm，为获得高质量的耦合器，需将光纤包层磨抛至距光纤芯表面 1μm 以内，同时又不能将纤芯磨破，否则将因波导严重畸变而引起很大的损耗。控制磨抛量的关键在于精确测定磨抛过程中磨抛面与光纤芯的距离。

3. 光开关

光开关与光开关阵列是光纤通信系统和光传感系统重要的光器件，光开关的主要任务是切换光路，图 2-2-26 是使用 1×2 光开关切换光路的示意图。

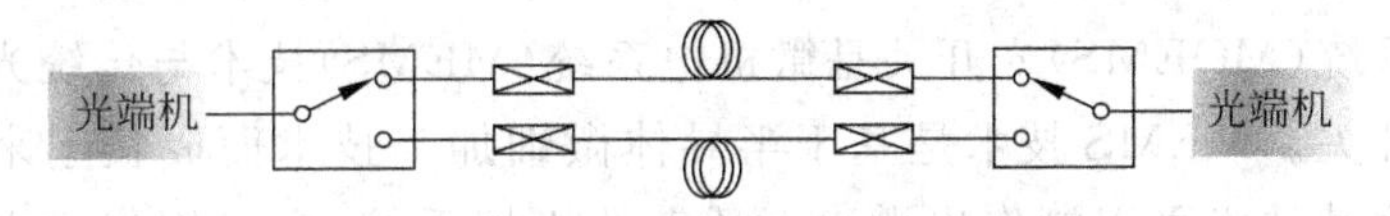

图 2-2-26　使用 1×2 光开关切换光路示意图

光开关分为机械式光开关和非机械式光开关两类。前者利用驱动机构带动活动的光纤(或微反射镜)，使活动光纤(或微反射镜)根据指令信号要求与所需光纤(或光波导)连接。图 2-2-27 是一种典型机械式光开关示意图，这类光开关的缺点是体积和重量都大，不耐振动且开关速度较慢。非机械式光开关又分为体光学器件组成的光开关和以光波导为基础的光开关，图 2-2-28 和图 2-2-29 分别是由体光学器件组成的光开关和波导式光开关的示意图。非机械式光开关的工作原理视不同器件而不同。有根据电光效应原理，有根据载流子注入效应、热光效应、声光效应和折射率效应原理等。从目前看，可以把所有光开关归为四个大类，即机械式光开关、液晶光开关、电光式光开关和热光式光开关。无论哪种光开关及阵列都有共同的要求，这些要求可归纳为：串扰小；器件尺寸小；插入损耗小；驱动电压(或电流)小；消光比大；与光纤耦合效率高；无极化依赖性；开关速度和频率带宽可按需要变。

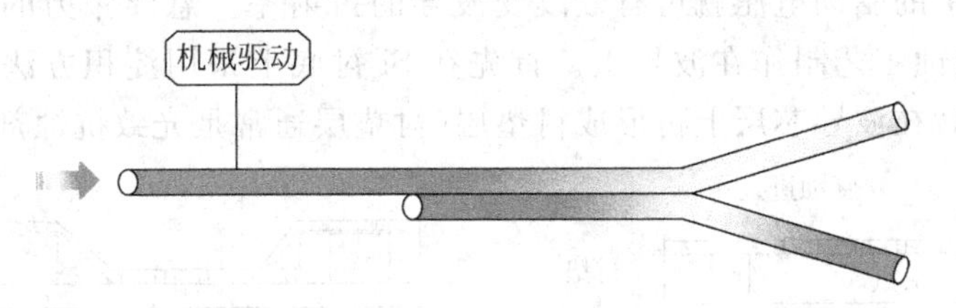

图 2-2-27　典型的机械式光开关示意图

1) 机械式光开关

机械式光开关是最传统的光开关，在目前的光纤通信系统中已成为最成熟的光开关产品。一种实用化的机械式多模光纤光开关的插入损耗已达到小于 1dB，开关时间小于

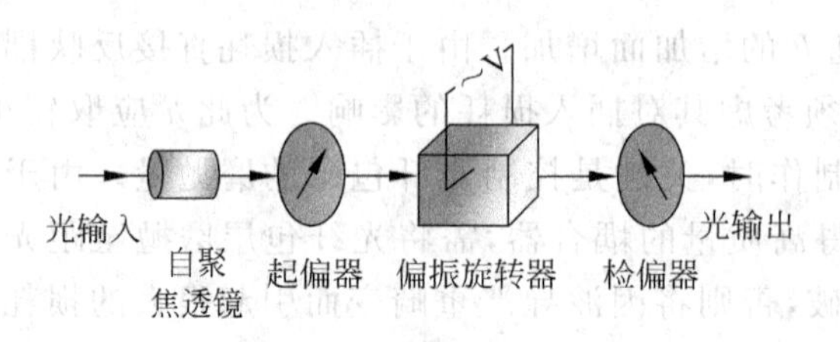

图 2-2-28　由体光学器件组成的光开关

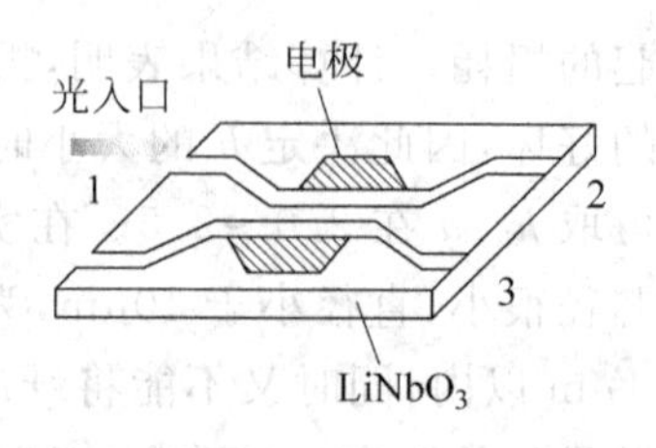

图 2-2-29　波导式光开关

1ms 的水平。但是传统的机械式光开关已远不能满足快速发展的光纤网的要求，而需不断研究开发新型的机械式光开关，最具成效的是微光机电系统光开关和金属薄膜光开关。

(1) 微光机电系统光开关

微光机电系统(MOEMS)光开关是微机电系统(MEMS)技术与传统光技术相结合的新型机械式光开关。MEMS 技术是基于半导体微细加工技术而成长起来的平面制作工艺技术。利用这种技术可以制作出微小而活动的机械系统，它采用集成电路(IC)标准工艺在 Si 衬底上制作出集成的微反射镜阵列，反射镜尺寸非常小，仅 300μm 左右。根据被驱动部件不同，可以把 MOEMS 技术制作的光开关分为两类：一类是基于传统的机械式光开关，它依靠驱动光纤达到光开关的目的，其驱动力可以是热力，也可以是静电力。这类光开关保持了传统机械式光开关的高消光比特性，加之器件的体积大幅度缩小和器件开关速度的提高(可达毫秒级)，故这类器件已开发出成熟的产品。另一类机械式光开关则是移动器件的其他部件，如微反射镜等，其驱动可以是热力效应，也可以是磁效应。

(2) 金属薄膜光开关

这类光开关使用金属膜与无源波导相结合的构形，其结构如图 2-2-30 所示。这类器件的优点是不仅有良好的波导特性，而且克服了需要高电功率和工作速度不同的缺点。金属膜是利用微细加工技术制作，它和无源波导的接触依靠静电力。由于波导的包层是金属膜，使用适中的驱动电压就可有效改变波导的折射率。悬浮张力的金属膜通常是使用淀积和化学腐蚀工艺制作在波导上。首先在 Si 衬底上采用淀积方法形成波导底包层和波导芯层，随后在波导芯层上再形成衬垫层(衬垫层通常是光致抗蚀剂)，再在衬垫层上

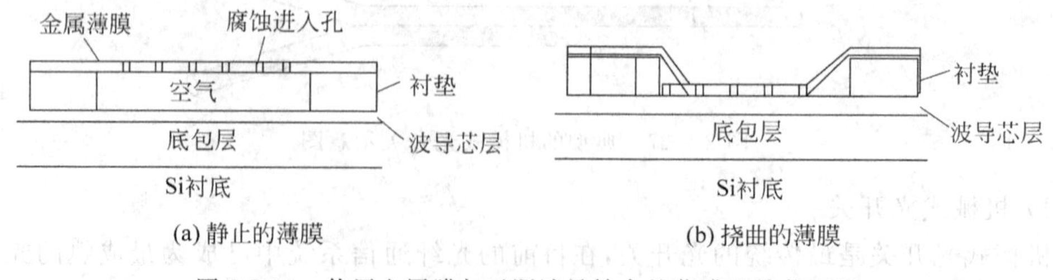

图 2-2-30　使用金属膜与无源波导结合的薄膜开关截面图

淀积具有张力的金属膜，并在金属膜上刻蚀出腐蚀液进入的孔阵(孔阵不延伸到金属膜的边缘)。腐蚀孔阵形成后，采用等离子腐蚀办法刻蚀掉孔阵下方的光致抗蚀剂。这样在金属膜下侧便留下空气隙。通过在衬底和金属膜之间施加电压，由于静电力作用，便可将金属膜与波导接触在一起。当外加电压切断时，通过金属膜的内应力可使薄膜收缩而使金属膜与波导隔开。由于被激励的金属膜具有较大的光吸收系数，故可制作启、闭式光开关或调制器，在理论上可获得很大的消光比。使用这种构形和 50V 的驱动电压演示了光开关功能，当金属膜与波导的相互作用距离为 3mm 时，可实现 80∶1 的消光比和约 500ms 的响应时间。

2) 电光效应光开关

电光开关是利用电光效应引起波导材料折射率的改变而实现光的通断，其材料包括铌酸锂($LiNbO_3$)、半导体材料和有机聚合物材料。电光开关的主要优点是开关速度快、集成方便，是未来光交换技术中需要的高速器件。缺点是偏振相关损耗和串扰都偏大；它们对电漂移敏感，一般需要较高的工作电压；电光开关是非锁定型的，这限制它们在网络保护和重组方面的应用；此外高的生产成本也妨碍其商用。

$LiNbO_3$ 光开关和 $LiNbO_3$ 调制器有着类似的工作原理和结构。通常，$LiNbO_3$ 光开关采用 Mach-Zehder 干涉仪(MZI)型结构。$LiNbO_3$ MZI 电光开关由电光晶体 $LiNbO_3$ 波导组成，结构类似于 3dB 耦合器的双分支波导，在输入和输出端由两个波导连接成 MZI(见图 2-2-29)。这种光开光的工作原理也较简单。由于在 $LiNbO_3$ 基片上的两条彼此靠近的光波导附近安装了电极，电极上的电压变化会改变波导的耦合状态，致使光路通光或断光。加到 MZI 结构的控制电压可以是一个或两个。由于它没有机械可动部分，可把相同的若干光开关集成在同一块 $LiNbO_3$ 衬底上达到高密集安装。由于电极的分布参数很小，开关速度可达到几十千赫兹。目前 $LiNbO_3$ 光开关的结构已达十余种，有 2×2、4×4、8×8、16×16、32×32 等系列样品，研制水平可达 64×64。

4. 掺杂光纤激光器与放大器

1) 光纤激光器与放大器的分类

光纤激光器与放大器是一种新型的有源光纤器件。目前主要有 3 类：①晶体光纤激光器与放大器，其中有红宝石单晶光纤激光器、Nd：YAG 单晶光纤激光器等；②利用光纤的非线性光学效应制作的光纤激光器与放大器，其中有受激拉曼散射(SRS)和受激布里渊散射(SBS)光纤激光器与放大器等；③掺杂光纤激光器与放大器，其中以掺稀土元素离子的光纤激光器与放大器最为重要，且发展最快，并已进入实用，其工作波长正处于光纤通信的窗口，在光纤通信、光纤传感等领域有实用价值，是本节讨论的重点。

2) 光纤激光器和放大器的特点

(1) 转换效率高，激光阈值低

其原因是光纤的芯径很小，在纤芯内易于形成高功率密度；光纤的几何形状具有很低的体积与表面比；在单模状态上激光与泵浦光可充分耦合。

(2) 器件体积小、灵活

原因是光纤本身有极好的柔挠性，而激光器的腔镜又可直接镀在光纤的两个端面，或采用光纤定向耦合器方式构成谐振腔。

(3) 激光输出谱线多，单色性好，调谐范围宽

原因是光纤基质有很宽的荧光谱，光纤可调参数多，选择范围大，因此可产生多激光谱线，再配之以波长选择器，即可获得相当宽的调谐范围。

3) 掺杂光纤激光器的原理

图 2-2-31 是掺杂光纤激光器的原理图，它与一般激光器原理相同，也是由激光介质和谐振腔构成。此处激光介质是掺杂光纤，谐振腔则是由高反射率镜 M_1 和 M_2 组成的 F-P 腔。当泵浦光通过掺杂光纤时，光纤被激活，随之出现受激过程。由于光纤激光器的激光介质是光纤，因此除上述 F-P 腔外，尚有以下几种新型的谐振腔结构。

(1) 光纤环形谐振腔

掺杂光纤激光器的结构如图 2-2-32 所示，它由光纤环形腔构成。把光纤耦合器的两臂连接起来就构成光的循环传播回路，耦合器起到了腔镜的反馈作用，由此构成环形谐振腔。与 F-P 腔不同，此处多光束的干涉是由透射光的叠加而成，而耦合器的分束比则和腔镜的反射率有类似作用，它们决定了谐振腔的精细度。要求精细度高则应选择低的耦合比，反之亦然。

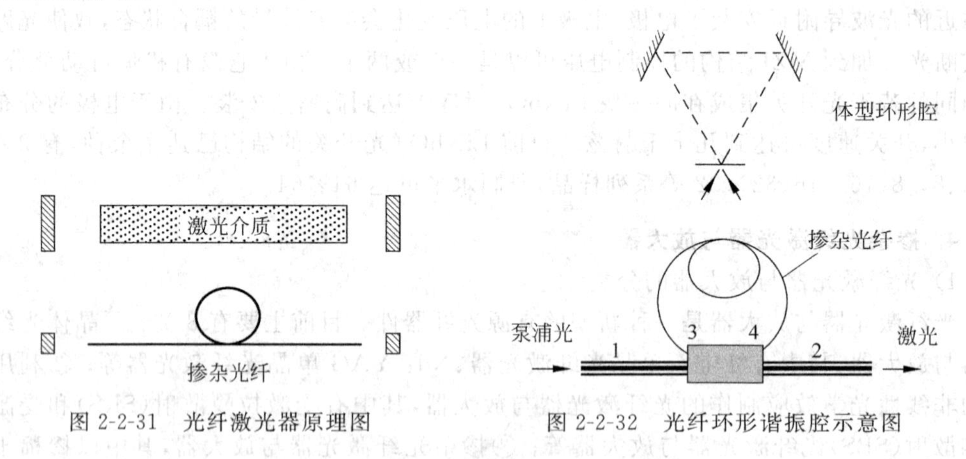

图 2-2-31　光纤激光器原理图　　图 2-2-32　光纤环形谐振腔示意图

(2) 光纤环路反射器及其谐振腔

图 2-2-33 是光纤环路反射器示意图。可以证明，若光纤的输入功率为 P_{in}，耦合比为 K，在不计耦合损耗时透射和反射的光功率分别为

$$P_t = (1-2K)^2 P_{in}$$

$$P_r = 4K(1-K) P_{in}$$

显然 $P_r+P_t=P_{in}$，遵守能量守恒。当 $K=0$ 或 1 时，反射率 $r=P_r/P_{in}=0$；当 $K=1/2$ 时，$r=1$。因此一个光纤环路可以看成是一个分布式光纤反射器。把这样两个环路串联，如图 2-2-34 所示，就可构成一个光纤谐振腔，这两个光纤耦合器起到了腔镜的反馈作用。

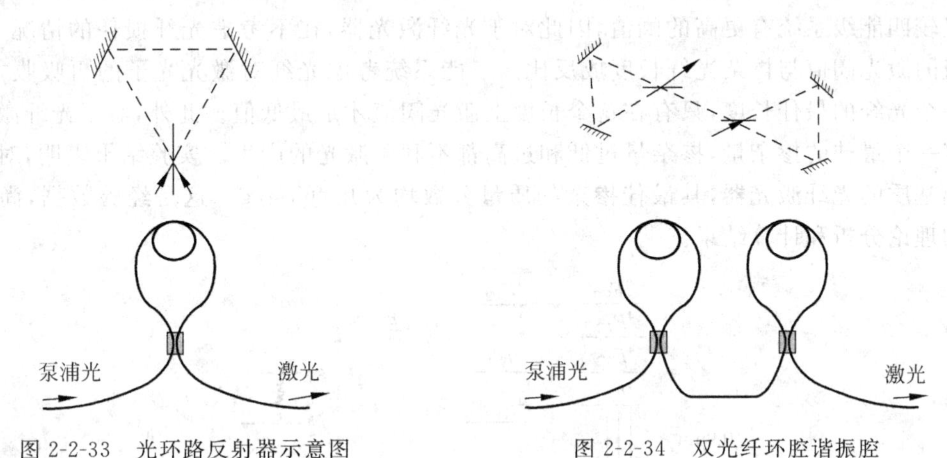

图 2-2-33 光环路反射器示意图　　图 2-2-34 双光纤环腔谐振腔

(3) Fax-Smith 光纤谐振腔

这是由镀在光纤端面上的高反射镜与光纤定向耦合器组合成的一种复合谐振腔，如图 2-2-35 所示。两个腔体分别由 1，4 臂和 1，3 臂构成。由于复合腔有抑制激光纵模的作用，因此用这种谐振腔可获得窄带激光(单纵模)输出。

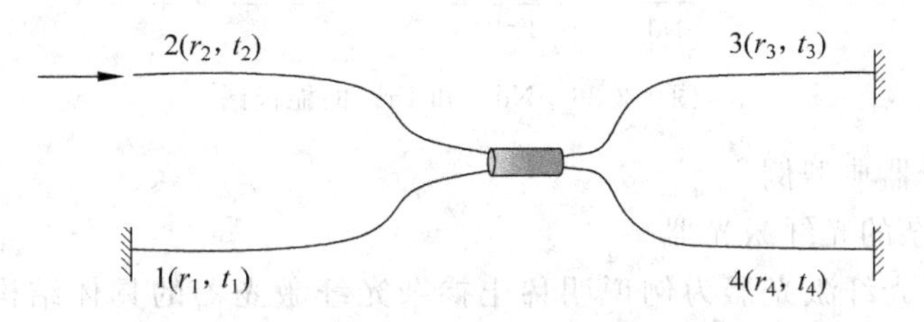

图 2-2-35 Fax-Smith 光纤谐振腔示意图

4）掺杂光纤激光介质

最有实际意义的掺杂是稀土元素的离子掺杂。稀土元素或称镧系元素共有 15 种，全部稀土元素的原子具有相同的外电子结构 $5s^2 5p^6 5d^0$，即满壳层。稀土元素的电离通常形成三价态，如离子钕(Nd^{3+})、离子铒(Er^{3+})等。它们均逸出 2 个 6s 和 1 个 4f 电子。由于剩下的 4f 电子受到屏蔽作用，因此其荧光波长和吸收波长不易受到外场的影响。由于掺钕和掺铒的光纤激光器与放大器已有实际应用，因此下面只讨论掺铒和掺钕的光纤激光介质。图 2-2-36 给出了 Nd^{3+} 和 Er^{3+} 的能级图，可了解有关的重要跃迁。

产生激光和激光放大的原则是：在其吸收带对应的波长上提供必要的泵浦光，在其荧光带对应的波长上提供形成增益和振荡的条件。因此由上述能级图可见，掺钕光纤可产生波长为 0.90μm、1.06μm 和 1.35μm 的激光，掺铒光纤可产生波长为 1.55μm 的激光，其中 0.90μm 和 1.55μm 为三能级系统，1.06μm 和 1.35μm 为四能级系统。由于三能级较四能级系统有更高的阈值，因此对于光纤激光器，在不考虑光纤损耗的情况下，四能级的激光阈值与掺杂光纤长度成反比。三能系统考虑光纤对激光光子的再吸收，因而有一个光纤的最佳长度，只有在这个长度上激光阈值才是最低值。此外，对于光纤激光器还有一个最佳的掺杂量，掺杂量过低和过高都不利于激光的产生。实验结果表明，对于硅玻璃基质的光纤激光器，其最佳掺杂的质量分数均为几百 μg/g。这是经验数据，尚无严格的理论分析和计算结果。

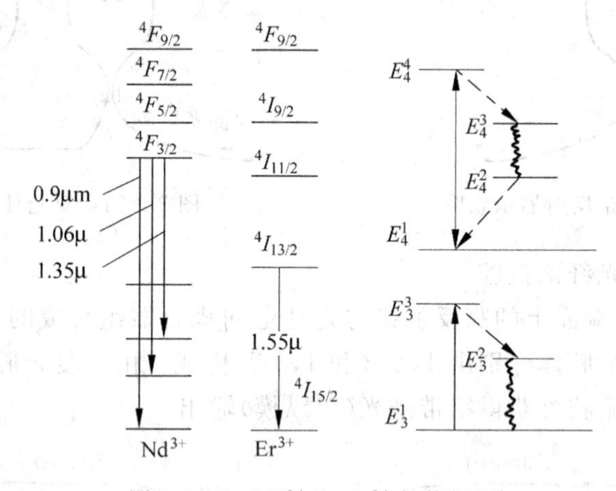

图 2-2-36　Nd^{3+} 和 Er^{3+} 的能极图

5）光纤激光器典型例

（1）稀土掺杂的光纤激光器

现以掺 Er^{3+} 光纤激光器为例说明稀土掺杂光纤激光器的具体结构，如图 2-2-37 所

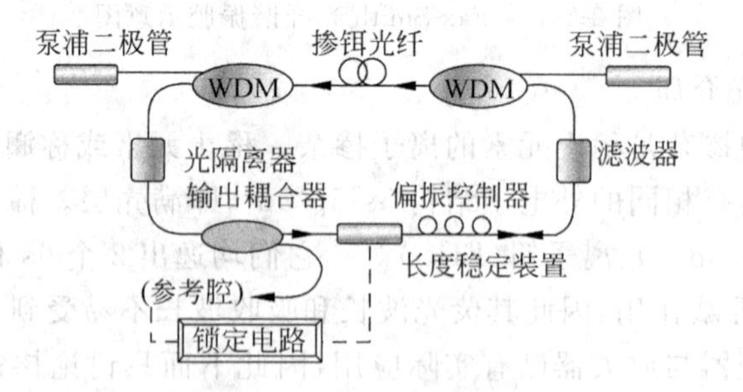

图 2-2-37　掺 Er^{3+} 光纤环形激光器构形

示。两个 0.98μm 或 1.48μm 的激光二极管通过波分复用(WDM)器的耦合，对掺 Er^{3+} 光纤两端泵浦，通过滤波器和偏振控制器使得腔内只有 1.554μm 的 TM 模振荡，与偏振无关的光隔离器确保光的单向传输，最后激光由一个输出耦合器输出。

掺 Yb^{3+} 光纤激光器是 1.0～1.2μm 的通用源，Yb^{3+} 具有相当宽的吸收带(800～1064nm)以及相当宽的激发带(970～1200nm)，故泵浦源选择非常广泛且泵浦源和激光都没有受激态吸收。如果 Er^{3+} 和 Yb^{3+} 共同掺杂，将会使 1.55μm Er^{3+} 光纤激光器的性能得以提高。Tm^{3+} 光纤激光器的激射波长为 1.4μm 波段，位于光纤通信的 1.45～1.50μm 低损耗窗口，是重要的光纤通信光源。其他的掺杂光纤激光器，如 2μm 工作的掺 Ho^{3+} 光纤激光器主要是用于医疗上，3.9μm 工作的掺 Ho^{3+} 光纤激光器主要用于大气通信上。

(2) 非线性效应光纤激光器

这类光纤激光器主要应用于光纤陀螺、光纤传感以及相干光通信系统中。这类光纤激光器最大的优点是它有比稀土掺杂光纤激光器更高的饱和功率和没有泵浦源的限制。主要分为两类：光纤受激拉曼散射激光器和光纤受激布里渊散射激光器。

① 光纤受激拉曼散射激光器

受激拉曼散射是一种三阶非线性光子效应，本质上是强激光与介质分子相互作用所产生的受激声子对入射光的散射。其谐振腔为环形行波导腔，腔内有一光隔离器使光单向传输，耦合器的光强耦合系数为 k。一般典型的受激拉曼分子主要有 GeO_2，SiO_2，P_2O_5 和 D_2。实现 1.55μm 拉曼激光大致有下面两种途径：一是 1.064μm 的 Nd：YAG 固体激光器泵浦 D_2 分子光纤；二是 1.64μm 的二极管激光泵浦 GeO_2 光纤。

② 光纤受激布里渊散射激光器

受激布里渊散射是强激光与介质中的弹性声波场发生相互作用而产生的一种光散射现象。目前这类光纤激光器研究稍显滞后，主要由于两个本征偏振态致使受激布里渊散射通常不稳定，这对于光纤陀螺等应用无疑是致命的弱点。利用由接头处有 90°偏振轴旋转的保偏光纤组成的无源环形腔可消除这一不利因素。为了克服输出功率小、泵浦匹配以及腔内插入元件困难等问题，可采用布里渊和 Er^{3+} 光纤激光器的混合结构。

(3) 光纤光栅激光器

光纤光栅激光器是光纤系统中一种很有前途的光源。它的优点主要有：

① 波长可调，成本低——半导体激光器的波长较难符合 ITU-T 建议的 DWDM 波长标准，且成本很高；而稀土掺杂光纤光栅激光器利用光纤光栅等能非常准确地确定波长，且成本较低；

② 工艺比较成熟——用作增益的稀土掺杂光纤制作工艺比较成熟；

③ 效率高——有可能采用灵巧紧凑且效率高的泵浦源；

④ 功率密度高——光纤光栅激光器具有波导式光纤结构，可以在光纤芯层产生较高

的功率密度；

⑤ 宽带激光输出——可以通过掺杂不同的稀土离子，获得宽带的激光输出，且波长选择可调谐；

⑥ 性能优——高频调制下的频率啁啾效应小、抗电磁干扰，温度膨胀系数较半导体激光器小等。

近年来，随着紫外(UV)光写入光纤光栅技术的日趋成熟，已可制作出多种光纤光栅激光器，并可使用不同的泵浦源，输出多种特性的激光。光纤光栅激光器在频域上可分为单波长、多波长两大类；在时域上可分为连续、脉冲两大类。下面简要介绍单波长和多波长光纤光栅激光器。

① 单波长光纤光栅激光器

单波长光纤光栅激光器有两种主要构形，一种是分布 Bragg 反射 DBR 光纤光栅激光器，一种是分布反馈 DFB 光纤光栅激光器。

图 2-2-38 是 DBR 光纤光栅激光器的基本结构示意图。它利用一段稀土掺杂光纤和一对光纤光栅(Bragg 波长相等)构成谐振腔。利光纤光栅与纵向拉力的关系，可以实现频率的连续可调，其调谐范围可达 15nm 以上。目前，DBR 光纤光栅激光器面临的主要问题是两个：一是效率低，谱线宽，由于谐振腔较短，导致对泵浦的吸收效率低和斜率效率低，谱线较环形激光器要宽；二是有自脉动现象，三能级系统固体激光器普遍存在的自脉动现象(即模式跳变现象)在光纤光栅激光器中也存在。

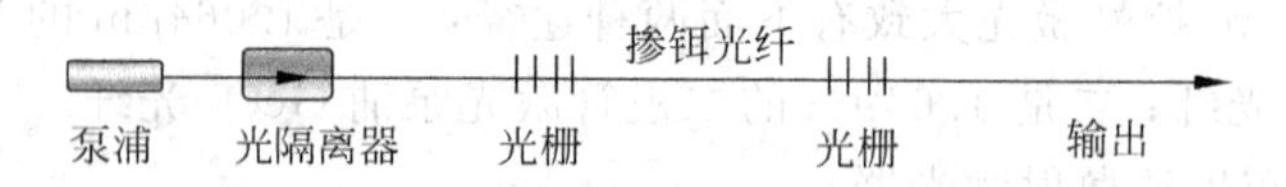

图 2-2-38　DBR 光纤光栅激光器结构示意图

图 2-2-39 是 DFB 光纤光栅激光器的基本结构示意图。它利用直接在稀土掺杂光纤写入的光栅构成谐振腔，有源区和反馈区同为一体。DFB 光纤光栅激光器较 DBR 光纤光栅激光器最突出的优点是只用一个光栅来实现反馈和波长选择，因而频率稳定性更好，旁瓣抑制比高，还避免了掺铒光纤与光栅的熔接损耗。但是因掺铒光纤纤芯的含 Ge 量少或没有，致光敏性差，且光栅的写入也较困难。DFB 光纤光栅激光器也存在着如同 DBR 光纤光栅激光器出现的问题，其改进办法也同。

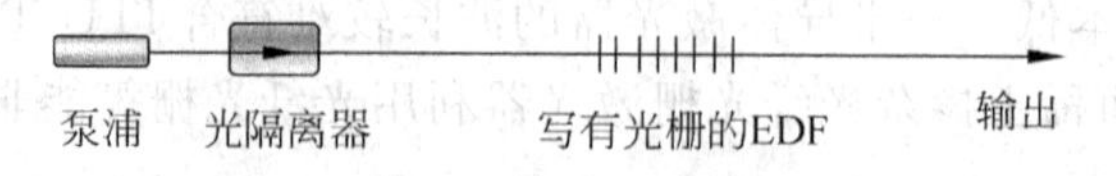

图 2-2-39　DFB 光纤光栅激光器结构示意图

② 多波长光纤光栅激光器

按照实现多波长的机制，可将多波长光纤光栅激光器分为四大类：一是利光纤光栅提供反馈和选择波长实现多波长；二是利用滤波机理实现多波长；三是利用锁模机制实现多波长；四是利用非线性实现多波长。下面将分别简要介绍。

a. 利用光纤光栅提供光反馈并选择波长的多波长光纤光栅激光器

这类激光器主要有三种构形，即串联DBR光纤光栅激光器、串联DFB光纤光栅激光器和σ形腔光纤光栅激光器。

图2-2-40是串联DBR光纤光栅激光器的结构示意图。在掺铒的光纤上写入Bragg波长不同的两对光栅，FBG11与FBG12为一对，FBG21与FBG22为另一对。每一对光栅具有相同的Bragg波长，它们与其间的掺铒光纤构成一个DBR激光器。两个或多个DBR激光器串联便构成两波长或多波长光纤光栅激光器。每个DBR激光器确定一个波长，并可分别进行调谐。利用图所示的构形已获得间隔为59GHz、线宽16kHz的双波长激光输出。这种结构的缺点是：需要多段掺铒光纤和多对Bragg波长不相同的光栅来构成谐振腔，故激光器的外形尺寸较大。为了减小激光器的尺寸，又以采用共用增益介质的办法，即各激光波长的增益介质为同一段掺铒光纤。但这带来了增益均匀展宽和模式竞争问题，难以实现多个波长的同时出激光。

图2-2-40 串联的DBR光纤光栅激光器结构示意图

b. 利用滤波机理实现多波长的光纤光栅激光器

利用滤波机理实现多波长的光纤光栅激光器主要有三种可供利用的结构：在腔内放置多个单波长窄带滤波器、在腔内放置梳状滤波器和在腔内放置光栅波导路由器。

c. 其他类型的多波长光纤光栅激光器

除上述利用光纤光栅提供反馈并选择波长和利用滤波机理实现多波长激光外，还有利用锁模和非线性技术实现多波长激光输出。例如，使用双折射保偏光纤，在环形主动锁模光纤光栅激光器中实现了双波长激光脉冲输出，其脉冲宽度为2ps，波长间隔为1nm。另外，使用色散补偿光纤增加腔内色散的办法，在主动锁模光纤环形激光器实验中实现了3个波长的激光输出。并通过调节调制频率，实现了单波长、双波长的连续调谐。还有利用受激布里渊散射和受激拉曼散射等非线性效应实现多波长光纤光栅激光器的报道，不过要使这些器件能付诸实用，还需作更多的研究工作。

5. 光纤放大器

1）光纤放大器的结构

光纤放大器和光纤激光器的差别有二：一是无谐振腔，二是有信号光。光纤放大器无谐振腔，而激光器有；光纤放大器除泵浦光外，还有信号光输入，而激光器无。为此需要一个波分复用器（wavelength division multiplexer，WDM），其结构如图2-2-41所示。

泵浦光和信号光通过光纤合波器 WDM 耦合到掺杂光纤(例如掺铒光纤,即 EDF)中。如果泵浦光功率足够强,光纤中就会有足够多的掺杂离子激发到上能级形成粒子数反转,信号光通过时就能得到放大。

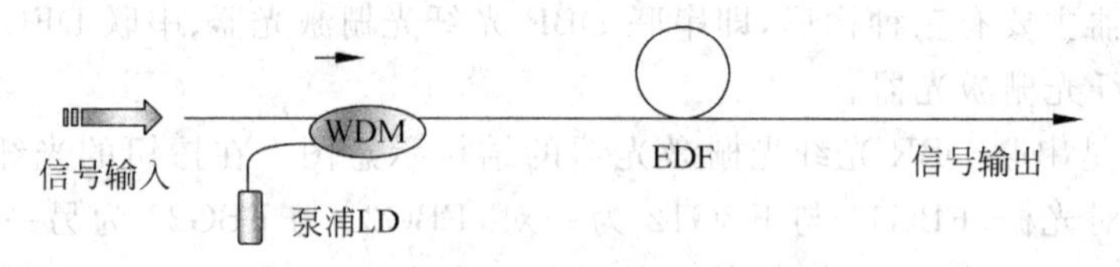

图 2-2-41　光纤放大器结构示意图

根据泵浦光和信号光传播方向的相对关系,光纤放大器的结构通常可分为正向泵、反向泵和双向泵三种类型。图 2-2-41 为正向泵浦结构,信号光和泵浦光同方向传输;图 2-2-42 是信号光和泵浦光反方向传输,是反向泵浦结构;而正、反向都有泵浦光输入时,则为双向泵浦,如图 2-2-43 所示。3 种泵浦方式构成的光纤放大器在特性上略有差别,可根据用途选择。

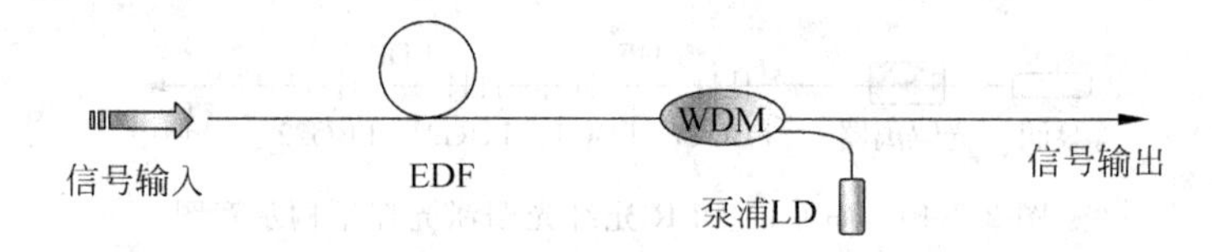

图 2-2-42　反向泵浦的光纤放大器结构图

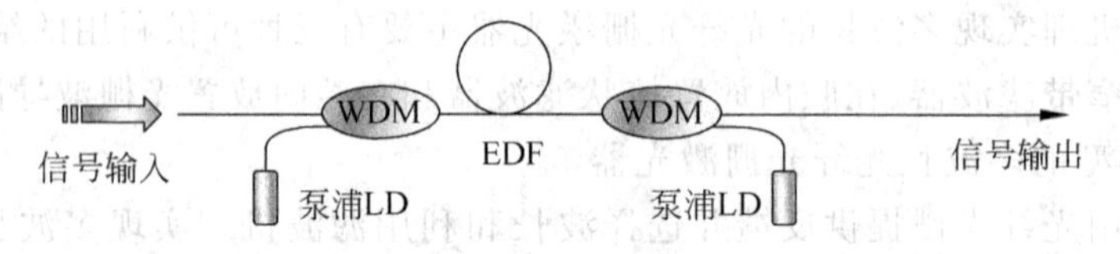

图 2-2-43　双向泵浦的光纤放大器结构图

2）光纤放大器的特性参数

光纤放大器的特性一般用以下几个参数衡量:

(1) 增益

增益定义为由光纤放大器输出的放大后信号的光功率与输入信号(放大前)光功率的比值。增益 G(dB)一般由此比值的对数表示,即

$$G = 10\lg(p_s^{out}/p_s^{in})$$

(2) 饱和输出功率

定义为信号增益比小信号增益下降 3dB 或 10dB 时的信号输出功率。

(3) 增益带宽

定义为在最高增益以下 3dB 增益差之内的信号波长范围。

(4) 噪声系数 NF(noise figure)

定义为光纤放大器输出信噪比与输入信噪比之比(单位为 dB),一般用对数表示为

$$\mathrm{NF} = 10\lg\left[\frac{(S/N)_{\mathrm{out}}}{(S/N)_{\mathrm{in}}}\right]$$

式中 S/N 表示信噪比。光纤放大器的噪声主要来自放大的自发辐射,NF 可用放大的自发辐射的功率表示为

$$\mathrm{NF} = 10\lg\left[\frac{P_{\mathrm{asc}}}{h\nu GB_0}\right]$$

式中 B_0 为光滤波器带宽;P_{asc} 为滤波带宽 B_0 内放大的自发辐射功率;h 为普朗克常数;ν 为放大的自发辐射的光频率。

目前已成为商品的掺铒光纤放大器的技术指标是:增益在 25~35dB 之间,输出功率 10~15dBm,噪声系数 4.5~6dB(对 0.98μm 的光泵浦)或 6~9dB(对 1.48μm 的光泵浦),带宽为 25~35nm。在光纤通信中光纤放大器有三种用途:功率放大、中继放大和前置放大。三者的要求有所不同;功率放大器强调大功率输出;前置放大器需要低噪声;而中继放大器既需要较高的增益,又需要较大的输出功率。因此,高增益、大输出功率、低噪声系数是光纤放大器的发展方向。

3) 典型光纤放大器

(1) 掺铒光纤放大器

掺铒光纤放大器(EDFA)的工作波长为 1.550nm,与光纤的低损耗波段一致,是最具吸引力和最为成熟的光纤放大器。它具有如下优点:

① 增益谱宽——EDFA 的信号增益谱很宽,达 30nm 或更高,可用于宽带信号的放大,尤其适合于密集波分复用(DWDM)光纤通信系统。

② 带宽利用率可控——光纤放大器可以用来控制现有通信网络的带宽利用率。目前已有人通过级联的 24dBm 的光纤放大器和 DWDM 技术在一根光纤中传输出 10Gb/s×128 路的数据流,使单模光纤的总数据率达到太比特以上(Tb/s)。在密集波分复用(DWDM)系统中,高饱和功率的 EDFA 可用来弥补每个通道的光损耗,扩展带宽载波能力。由于光纤放大器对信号光功率的放大与信号的码率无关,所以使用光纤放大器的网络可以在现存的网络基础上增加发射机,以满足未来对带宽的需要。这样可节省昂贵的发射设备并灵活地升级现存的网络,从而降低预算成本及相应的工程造价。

③ 饱和输出功率高——EDFA 具有较高的饱和输出功率(10~20dBm),可用作发射机后的功率放大,提高无中继线路传输距离或分配的光节点数。网络设计者通过选用大功率的光纤放大器可以使系统具有足够的富裕度,为以后的发展预留足够空间。

④ 耦合损耗小,噪声低——EDFA 与光纤线路的耦合损耗小(<1dB),噪声低(4~8dB)。

⑤ 增益与偏振无关——增益与光纤的偏振状态无关,故稳定性好。

⑥ 弛豫时间长——弛豫时间很长(约 10ms)。

⑦ 泵浦功率低——所需的泵浦功率低(数十毫瓦)。

(2) 拉曼光纤放大器

拉曼光纤放大器(Raman fiber amplifier,RFA)的出现,将对光纤放大器和光纤传输产生重大的影响。人们对拉曼光纤放大器的兴趣来源于这种放大器可以提供全波段的放大。通过适当改变泵浦激光的波长,就可达到在任意波段进行光放大的宽带放大器,甚至可在 1270～1670nm 整个波段内提供放大。拉曼光纤放大器已在三个波段内获得成功:第一是在 1.3μm 波段对 CATV 光纤线路提供光放大;第二是对全波(all wave)光纤在 1.4μm 波段窗口的 DWDM 系统提供有用放大;第三是对真波(true wave)光纤在 1.55μm 波段窗口的光放大。

拉曼光纤放大器的工作原理是建立在光纤的拉曼效应的基础上。当向光纤中输入强功率的光信号时,输入光的一部分变换成比输入光波长更长的光波信号输出,这种现象称之为拉曼散射。这是由于输入光功率的一部分在光纤的晶格运动中消耗所产生的现象。如果输入光是泵浦激光,则变换波长的光又称为斯托克斯(Stokes)光或自发拉曼散射光。当把与斯托克斯光相同的光输入到光纤中,会使波长变换更加显著(即感应拉曼散射)。例如,在光纤中射入小功率 1550nm 光信号时,光纤输出的光是经光纤传输衰减的光,如图 2-2-44(a)所示。此时,如果另外在输入端同时再射入强功率的 1450nm 光信号时,则 1550nm 的光功率会明显增加,如图 2-2-44(b)所示。这说明由于光纤拉曼散射的原因,使 1450nm 光的一部分已变成 1550nm 光。应用这一原理做成的光纤放大器称之为拉曼光

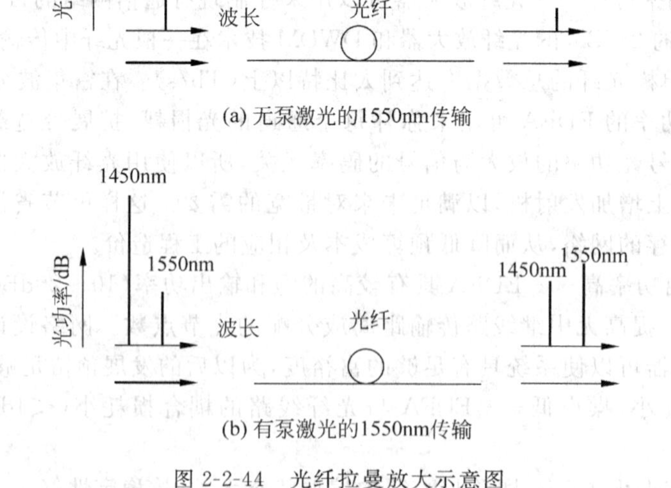

图 2-2-44　光纤拉曼放大示意图

纤放大器。如果用多个波长同时泵浦拉曼光纤放大器就可获得波长位移几十到上百纳米左右的超宽带放大波段。图 2-2-45 示出 4 个泵浦波长同时泵浦拉曼光纤放大器的情况。但是,值得注意的是,如果泵浦光源的带宽过宽时,会出现泵浦光源间的感应拉曼散射效应,致使长波长泵浦光增益争夺短波长泵浦光增益,从而达不到预期的宽带平坦性。如果对拉曼光纤放大器和 EDFA 的泵浦波长加以优选,在进行串接时就可以获得互补,从而达到满意的增益平坦性,实现宽带化,拉曼光纤放大器的拉曼增益与泵浦光功率有关。由于在光的行进方向和逆行方向均能产生拉曼散射光。因而,拉曼放大的泵浦光方向既可前向泵浦也可后向泵浦。

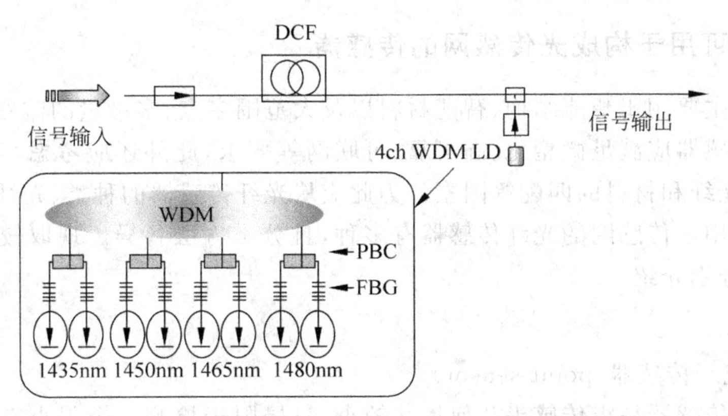

图 2-2-45 多个泵浦波长同时泵浦的拉曼光纤放大器

(3) 半导体光放大器

半导体光放大器(SOA)也是重要的光放大器,其结构类似于普通的半导体激光器。图 2-2-46 为半导体光放大器的示意图。根据光放大器端面反射率和工作偏置条件可将半导体光放大器分为:法布里-珀罗腔放大器(FPA)、行波放大器(TWA)和注入锁模放大器(JLA)三类。前两类是开发最多的产品。RFA 与 TWA 的区别在于端面的反射率大小,RFA 具有较高的端面反射率,这种高反射为激光产生提供必要条件。当作为放大器工作时,偏置于阈值电流以下。这种放大器的增益在理论上可达 25～30dB。由于它具有低的噪声输出,可用作光接收机的前置放大器;而 TWA 却具有极低的端面反射率,通常在 0.1%以下。反射率达到零的放大器称之为“真行波放大器”。

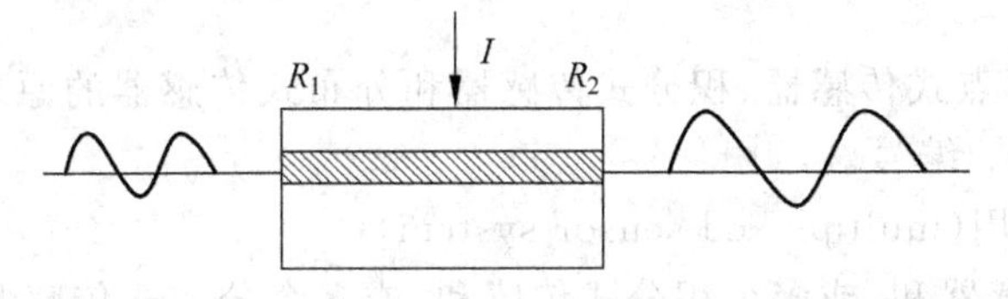

图 2-2-46 半导体光放大器示意图

2.3 光网络技术

多传感器光网络系统主要由多个光电传感器和光纤网构成。光传感网和光通信网的差别主要是：光传感网络中既有数字信号，也有模拟信号，并且通常以模拟信号居多；而光通信网则主要是传输数字信号。此外，光传感网主要是近距离的传输（几米几百米至数千米）；因此传输损耗有时可不考虑。下面按照不同传感网的结构，对用于构成传感光网络的主要成网技术分别加以介绍。

2.3.1 可用于构成光传感网的传感器

光传感网主要用于智能结构、智能材料以及大范围多点、多参量的监测系统。因此用于组网的光传感器应满足微型化、高可靠、可联网等要求，此外还应考虑其测量的灵敏度和动态范围、光纤和材料的匹配等因素。为此应从光纤传感器的种类、光纤结构两方面加以考虑。目前用于传感网的光纤传感器有多种，且分类方法各异。现取较通行的分类方法，且适用者分别介绍。

1. 定义

1）点式光纤传感器（point sensor）

点式光纤传感器是指传感头几何尺寸较小，只局限于检测一个很小空间范围内的某一参量的值。传感头的具体尺寸则视被测结构的尺寸和被测参量而异。理论上是一个点，实际上探头尺寸可扩大到几厘米或几平方厘米，视具体情况而定。

2）积分式光纤传感器（integrating sensor）

积分式光纤传感器是指传感器测量的是一定范围内的某一参量的平均值，例如：某一尺寸范围内应变的平均值，或是温度的平均值。测平均值的空间范围由被测结构的尺寸等因素而定。

3）分布式光纤传感器（distributed sensor）

分布式光纤传感器是可沿空间位置连续给出某一参量值的传感器。它可给出大空间范围内某一参量沿构件空间位置的连续分布值，其主要特征参量是空间分辨率和灵敏度。对于智能结构等许多领域的应用，这是一种十分重要的传感器，也是目前的研究热点之一（见 1.7 节）。

图 2-3-1 给出了点式传感器、积分式传感器和分布式传感器的原理示意图。图中 S_1，S_2，…是单个传感器的编号。

4）传感器的复用（multiplexed sensor system）

由多个点式传感器和/或多个积分式传感和/或多个分布式传感器构成的一个复杂的传感系统，称之为复用传感系统或传感器的复用。对于光纤传感器，其最大的优点是：可

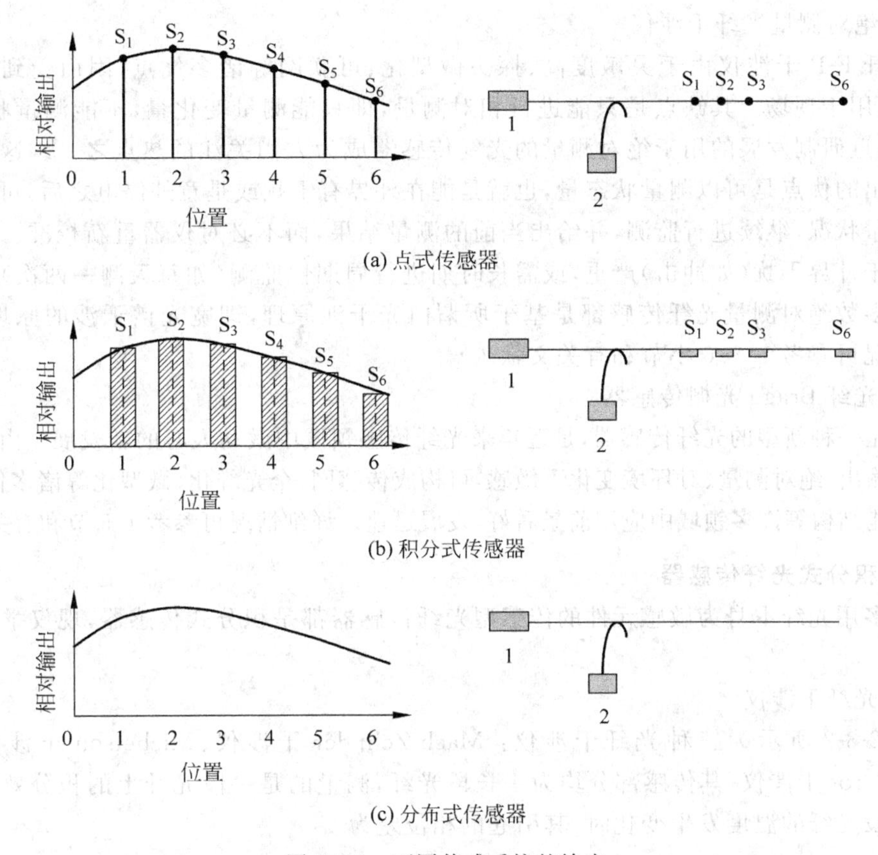

(a) 点式传感器

(b) 积分式传感器

(c) 分布式传感器

图 2-3-1 不同传感系统的输出

以利用现有的光纤局域网技术，把多个传感器连成一个复杂的传感网络，对于构件进行大范围的多点、多参量测量，以满足测量的不同实际需要。另外，由于传感器的复用，诸多传感探头可以共用一个或几个光源，共用一个或几个光探测器和二次仪表，这样一方面简化了传感系统、提高了其可靠性，另一面又大大降低了成本，这正是实际应用所希望的。

2. 点式光纤传感器

只要传感元件尺寸比结构件尺寸小很多，均属点式光纤传感器。目前用于智能结构等领域的点式光纤传感器有多种，现择其主要者举例介绍如下。

1）光纤在线 Fabry-Perot 传感器

目前在智能结构中，光纤在线 Fabry-Perot 传感器是应用较成功的一种。光纤 Fabry-Perot 干涉仪（IFPI）是一种“点”式传感器，可用于结构中测量温度、应变、超声振动等。由于它不需参考臂、可用于时分和相干复用等诸多优点，因而是许多光传感网中较理想的传感器。关于光纤 Fabry-Perot 干涉仪的详情可参看 1.3.4 节。

2）绝对测量光纤干涉仪

光纤 F-P 干涉仪由于灵敏度高、探头微型化、可联网等诸多优点，因而受到广泛重视，并已用于现场。其缺点是只能进行相对测量，即只能测量变化量，不能测量状态量。因此，最近研制发展的用于绝对测量的光纤传感器成为人们关注的热点之一。这种传感器最突出的优点是可以测量状态量，也就是能在外界有干扰或是意外停电之后，可恢复原来的测量状况，继续进行监测，并给出当前的测量结果，而不必对仪器重新校准。因此它更适合于外界干扰（如冲击）严重，或需长时期进行周期性监测（如每天测一两次）的应用场合。多数绝对测量光纤传感都是基于所谓白光干涉原理，即宽光谱干涉的原理工作。详细情况可参考 1.3.6 小节和有关文献。

3）光纤 Bragg 光栅传感器

这是一种新型的光纤传感器，是近年来光纤传感领域中激动人心的新发展。由于它具有线性输出、绝对测量、对环境变化不敏感，可构成传感网、全光纤化、微型化等诸多优点，因而在智能结构等许多领域中应用前景看好，发展迅速。详细情况可参考 1.5 节和有关文献。

3. 积分式光纤传感器

很多用光纤本身为敏感元件的传感型光纤传感器都是积分式传感器，现仅举几例以说明之。

1）光纤干涉仪

图 2-3-2 所示为三种光纤干涉仪：Mach-Zehnder 干涉仪、Michelson 干涉仪以及 Fabry-Perot 干涉仪，其传感部分均为一长段光纤，测量的是一段光纤上的积分效应。例如敏感段光纤的温度发生变化时，其引起的相位差为

$$\Delta\Phi_{\mathrm{r}}=\frac{2\pi L}{\lambda_0}\left[na+\frac{\partial n}{\partial T}\right]\Delta T \tag{2-3-1}$$

式中 λ_0 为工作波长；L 为敏感部分光纤长度；n 为纤芯折射率；a 为光纤材料的温度膨

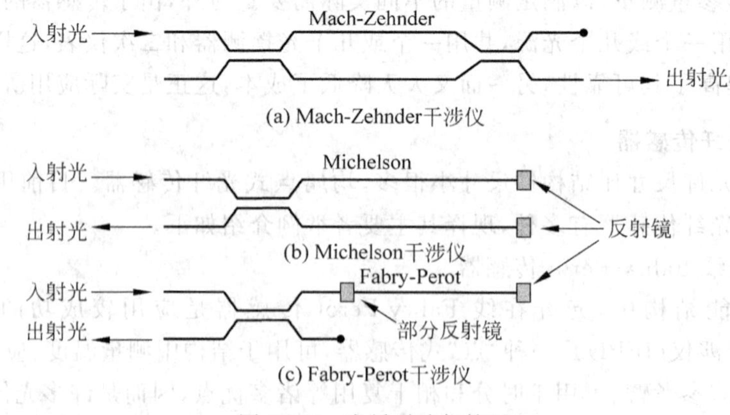

图 2-3-2　光纤干涉仪简图

胀系数。用干涉法测出 $\Delta\Phi$ 后，即可求出平均的温度变化 ΔT。对于一般单模光纤，总相位随温度的变化系数为 106rad/(m·℃)。

压力变化对光相位的影响为

$$\Delta\Phi_{\mathrm{p}} = \frac{2\pi L}{\lambda_0} n\left[\varepsilon_1 - \frac{n^2}{2}(P_{11} + P_{12})\varepsilon_{\mathrm{r}} + P_{12}\varepsilon_1\right] \tag{2-3-2}$$

式中 ε_1 为纵向应变；ε_{r} 为径向应变；P_{11} 和 P_{12} 为光纤材料的光弹系数。对于一般的单模光纤，总相位随应变的变化系数为 11.4rad/(με·m)(纵向应变)。

2) 光纤偏振干涉仪

利用高双折射光纤两正交模式之间的相位差随外界温度或压力而变的关系，可构成积分式温度或应变传感器。其具体方法是：一线偏振光输入传感光纤，其偏振方向与传感光纤的特征轴成45°角，在输出端用一检偏器测两正交模式的光程差，由此可得被测温度或应变的变化，图 2-3-3 是传感系统的简图。

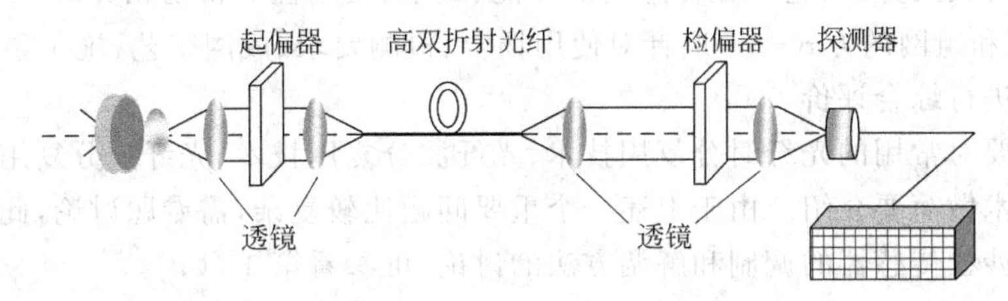

图 2-3-3 光纤偏振干涉仪简图

4. 分布式光纤传感器

构成分布式光纤传感器主要需解决两个问题：一是传感元件，例如光纤，能给出被测量沿空间位置的连续变化值；二是准确给出被测量所对应空间的位置。对于前者，可利用光纤中传输损耗，模耦合、传播的相位差，以及非线性效应等给出连续分布的测量结果；对于后者，则可利用光时域反射技术(OTDR)，扫描干涉技术等给出被测量所对应的空间位置。详细情况可参考 1.7 节。

2.3.2 成网技术

光纤通信是先于光纤传感而发展起来的主要光纤应用领域。为此，许多基于电子学产生的成熟技术被广泛地应用到光通信领域。复用技术的引用就是一个成功的例子。作为构建信息高速公路的重要技术，在过去、现在和将来，对光通信系统及网络的发展将起到非常重要的作用。这些技术在光纤传感网络的构建中也是完全适用的。

智能结构大型构件的监测等往往要求多点、多参量的监测和控制，而光传感的一个突出优点就是易于实现复用(即组成光传感网)。光传感器的复用不仅可以大大降低整个系统的成本，而且由于大量减少了连接光纤的数量，因而更适于智能结构。

为更好地利用光复用技术，国内外对光波分复用技术（OWDM）、光时分复用技术（OTDM）、光码分复用技术（OCDMA）、光频分复用技术（OFDM）、光空分复用技术（OSDM）、光副载波复用技术（OSCM）等技术开展了较为深入的研究，其中光波分复用技术、频分复用技术、码分复用技术和时分复用技术以及它们的混合应用技术被认为是最具潜力的光复用技术。迄今为止，实用化程度最高的当属光波分复用技术，其技术及产品已被广泛地应用在光通信系统中。

光纤传感器的复用和成网技术与光通信的成网技术有相同点，也有不同点。在光纤传感器的成网技术中应考虑的重要问题是：

① 光源的选择——应针对复用和组网的方式，选用不同的光源。光源的选择和光传感网的性能、成本、实用性等密切相关。

② 调制和解调的方法——应针对所选用的光传感器及其复用和组网的方式，选择合适的调制和解调的方法，它和光传感网的性能、成本、实用性等密切相关。

③ 复用和组网的方式——应针对使用场合、检测要求、成网工艺、施工条件以及成本等诸多因素进行综合评价。

本节主要对常用的光纤时分复用技术、光纤波分复用技术、光纤频分复用技术和光纤空分复用技术做简要介绍。由于上述三个重要问题比较复杂，需专题讨论，此处不进行介绍。关于干涉型传感器的调制和解调方法的讨论，可参看第 4 章。

1. 光纤时分复用网络

时域复用（time domain multiplexing）是指依时间顺序依次访问一系列传感器，其原理较简单。图 2-3-4 是三个传感器复用的原理图。由脉冲信号发生器发出的脉冲信号经 RF 驱动器放大驱动光源（一般为半导体激光器），发出光脉冲，在光纤中传输、分路，再经过光纤延迟线 τ_1 及 τ_2 发生一定的时间延迟后分别到达三个光纤传感器（S_1，S_2 和 S_3）。

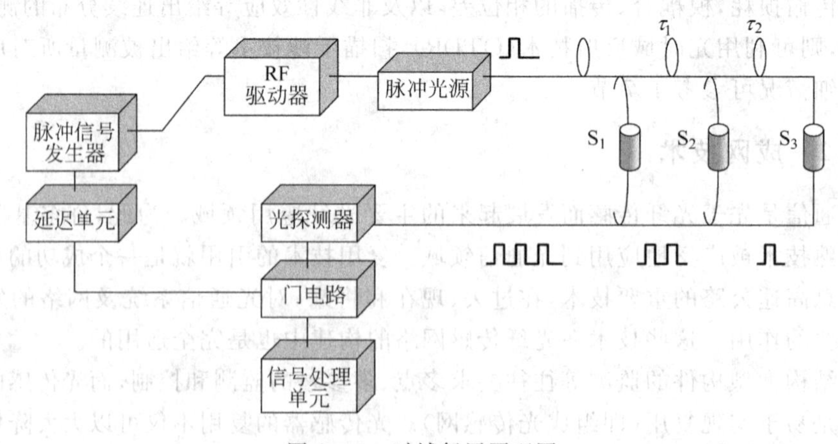

图 2-3-4　时域复用原理图

由传感器发出的分别载有被测信息的三个在时间顺序上分开的光脉冲，由传输光纤送到光电探测器D，转变成电信号。当设计上保证脉冲宽度 t_w 小于延迟周期 τ 时，在时域同步下接收到的分别从不同传感器返回的光信号就是完全互相隔离开而没有串光(cross talk)的。这种透射式的布局方法称为阶梯型的。为使这种阶梯型时域复用的每个传感器收到相等的光功率，要求每个光纤分路器的分光比按以下公式设计：

$$k_m = \frac{1}{N-m+1} \tag{2-3-3}$$

式中 N 为传感器总数；m 为传感器的分路器数目；k_m 为第 m 个传感器分路器的分光比。R. Measures 给出了接此阶梯型布局、10 个传感器时域复用的报道，其传感信号之间串光小于 55dB。

另一种常用的时域复用布局——反射式树形结构，如图 2-3-5 所示。这种布局适用于要求反射接收的传感网络。由于使用常规的 50%分光比耦合器，这种布局不需特殊设计的元器件。图中的声光调制器(A/O)同时起到光开关和光隔离器的双重作用。当声光器件处于“关”位置时，激光器发出的光脉冲可通过此声光器件输入光纤。然后声光器件处于“开”位置，使返回的 50%光功率不会进入激光器(此返回的光功率会在激光器中产生严重的反馈光噪声)。在测量脉冲经过一系列延迟线、耦合器返回声光器件时，此器件仍保持在“开”的状态，因而 100%地隔离了反馈光。当延迟时间最长的一个复用传感器返回的光脉冲被阻挡之后，声光器件才让第二个测量光脉冲进入复用系统，从而起到光开关和光隔离双重作用。

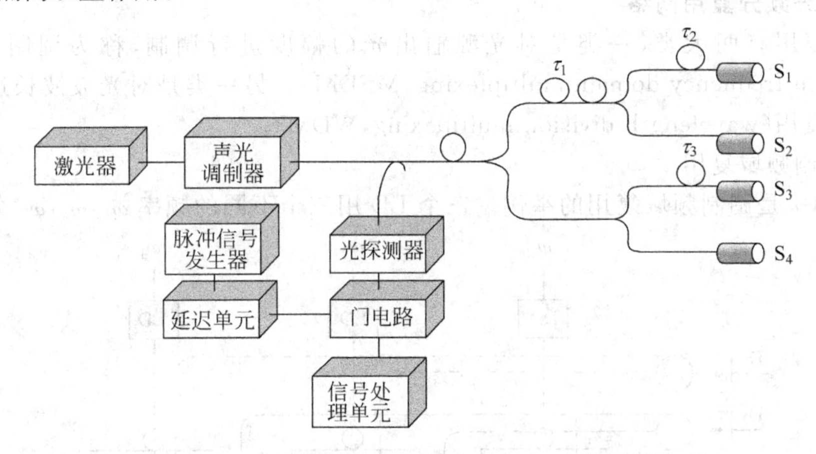

图 2-3-5 反射树形布局时域复用 A/O 声光调制器

用光学时域反射计(OTDR)原理工作的时域复用，是一种背向散射的串联传感器布局。图 2-3-6(a)为其原理图，传感头是反射式强度调制传感器，例如微弯光纤传感器。由 OTDR 发出的短脉冲访问串联的微弯传感器网络。光脉冲在整根光纤中受到瑞利(Rayleigh)散射。其中部分散射光在光纤中沿相反方向传向 OTDR，转换成电信号。由于瑞利散射效率很低，而能沿反向传回 OTDR 的又是散射光中的极小一部分，所以 OTDR 接收到的信号信噪比很差。为此必须经过复杂的平均效应，以抑制噪声、提取信号。在图 2-3-6(a)中的每一个微弯传感器都会产生各自的损耗，它表现在图(b)的 OTDR 输出中是一个损耗台阶，用虚线表示。这时，如果第三个微弯传感受被测量的影响，损耗增大，在图 2-3-6(b)图中用实线表示，和虚线相比，第三个台阶加深，这加深的程度代表第三个微弯传感器测出的被测量的大小。

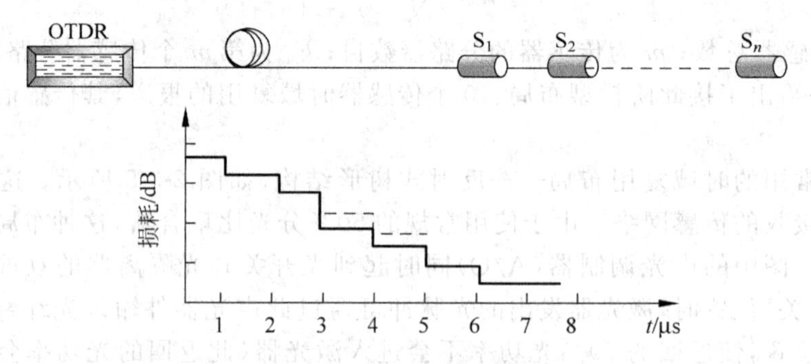

图 2-3-6 串联 OTDR 式光纤传感器复用原理图

串联 OTDR 复用可用单根光纤，复用传感器的数量则受传感器损耗的限制。如果每个传感器的损耗很低，则复用传感器的数量可以很多。

2. 光纤频分复用网络

频域复用有两大类，一类是对光源输出光的幅度进行调制，称为调制频域复用(modulation frequency domain multiplexing，MFDM)。另一类是对光波波长进行分割，称为波分复用(wavelength division multipexing，WDM)。

1) 调制频域复用

图 2-3-7 是调制频域复用的举例。三个 LD 用三个不同的频率 ω_1，ω_2，ω_3 分别调幅。

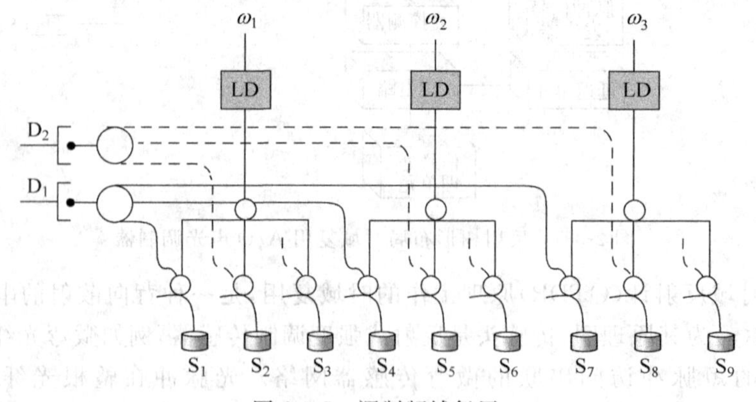

图 2-3-7 调制频域复用

每个 LD 发出的光分别输入三个光传感器，再用三个光探测器接收。为简单起见，图中只绘出了其中的两个光探测器 D_1 和 D_2。传感器和光探测器的连接方式是：光探测器 D_1 接收传感器 S_1，S_4 和 S_7 的信号，如图中实线所示。光探测器 D_2 接收传感器 S_2，S_5，S_8 的信号，如图中虚线所示。对每个光探测器收到的三个测量信号分别以三个调制频率 ω_1，ω_2，ω_3 作为参考频率进行相敏检波(phase sensitive detection)，从不同的频率上把三个信号分离开来。调制频域复用的缺点是仍然需要用比较多的光源和光探测器，而且光纤连接线的数量也较多，特别是复用传感器较多时，更是如此。

2) 波分复用

按分割波段的方式不同波分复用有两种布局：(1)用宽谱光源照明，用窄带接收，即在接收部分区分对应不同传感器的不同波段；(2)用宽带接收，而用窄带可调谐光源照明，即从光源开始就按不同波长访问对应的传感器。

图 2-3-8 所示为第一种布局。常用的典型宽谱光源有 LD，SLD 和白炽灯等，S_1，S_2，…，S_n 为光传感器，从传感器到达光接收器的测量信号，由窄谱可调谐接收器按预先设定的时序，选择对应传感器的波长接收，获得所需测量信号。窄谱可调谐接收器可用基于衍射光栅等分光元件构成的单色仪和相应的光探测器组成。

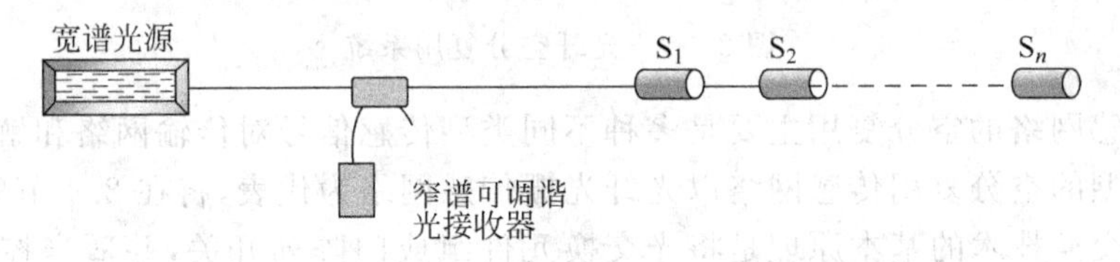

图 2-3-8 宽谱光源-窄带可调谐接收器的波分复用

第二种布局的关键是窄谱可调谐光源，光源按预设时序发出窄谱光，只有对应于这个波长敏感的传感器所响应，并携带其测量信息被光接收器接收。目前可使用的窄谱可调谐光源有：宽谱光源加单色仪分光、可调谐 LD 以及光纤激光器加光纤光栅调谐。其中可调谐 LD 已有商品化产品。

3. 光纤空分复用网络

空分复用 SDM 是一个比较古老的概念，可以追溯到电话网的初期，它是指利用不同空间位置传输不同信号的复用方式，如利用多芯缆传输多路信号就是空分复用方式。以最简单的通信——点到点通信为例，打电话是通过一对线将话音信号传到对方，n 对线供给 n 对人使用，这称为空分复用方式。在距离比较远的情况下，一对线路成本很高，希望同一对线路能够同时传输很多人的电话，这就是复用。

然而，光空分复用 OSDM 是指对光缆芯线的复用，如对 16 芯×32 组×10 带的光缆产品，总计每缆 5120 芯。若每芯传输速率为 1Tb/s，考虑到冗余自愈保护，则每缆至少传送的速率为 1000Tb/s。这从根本上扭转了信息网络中带宽(速率)受限的局面，还意味着单位带宽的成本下降，为各种宽带(高速率)业务提供了经济的传输和交换技术。如将这种光缆用于造价10亿美元的海缆传输系统，每一美元可以得到1Mb/s的传输速率，按带宽计算的成本是相当便宜的。利用光空分交换或交叉连接，可以用非网状物理光缆网络组成全网状物理光纤网络结构，提供了组网灵活性。OSDM系统原理如图2-3-9所示。

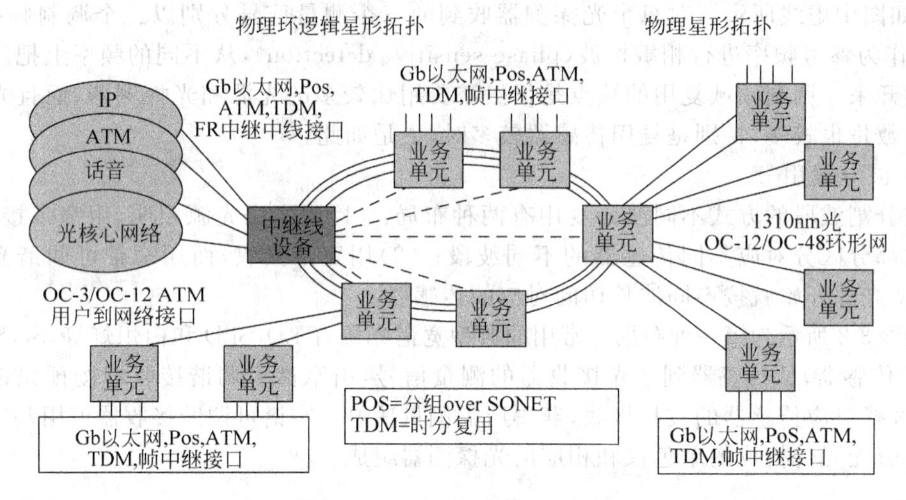

图2-3-9 光纤空分复用系统

光纤传感网络的空分复用主要是多种不同类型传感信号对传输网络和解调系统的有效利用。典型的空分复用传感网络以光纤光栅传感网络为代表，将在2.4节中详细介绍。

空分光交换技术的基本原理是将光交换元件组成门阵列开关，并适当控制门阵列开关，即可在任一路输入光纤和任一输出光纤之间构成通路。因其交换元件的不同可分为机械型、光电转换型、复合波导型、全反射型和激光二极管门开关等。

2.4 光传感网实例——光纤光栅在传感中的应用

2.4.1 光纤光栅在传感应用中需考虑的一般问题

虽然光纤光栅在传感应用中有一系列的优点，但也有其有不足之处，在应用中应认真对待。

1. 波长微小位移的检测

用光纤光栅构成的传感系统，由于传感量主要是以波长的微小移位(shift)为载体，所以传感系统中应有精密的波长或波长变化检测装置。由于这种仪器的结构复杂、价格昂贵，因此要推出实用化的传感系统，先要解决波长微小移位的检测问题。

2. 宽光谱、高功率光源的获得

在用光纤光栅作为传感元件时，如欲扩大其测量范围，应使用宽光谱光源；而要提高检测的信噪比，则要求光源输出功率高。一般情况下这两个要求是相互矛盾的，不可兼得。激光光源输出功率可以很高，但光谱极窄；普通光源（如 LED 等）虽有大宽谱，但输出功率却较低，因此光源的选择直接影响光纤光栅传感系统的量程及抗噪声能力，应予以足够重视。

3. 光检测器波长分辨率的提高

由于光纤光栅传感系统检测灵敏度直接取决于检测波长变化的灵敏度，因此尽量提高检测器波长分辨率也是一个值得注意的问题。

4. 交叉敏感的消除

光纤光栅对于应力、应变、温度等多种参量都具有不同程度的敏感性，即交叉敏感。因此当它用于单参量传感时，就应解决增敏和去敏问题，即对于被测量要增加其灵敏度，对非被测量应降低其灵敏度。例如，用光纤光栅测应变时，可采用温度补偿、非均匀光纤光栅等不同办法对温度去敏。

5. 光纤光栅的封装

光纤光栅在写入光栅时，一般要除去光纤的保护层，导致其机械强度大为降低，因此作为实用的光纤光栅应有良好的封装，否则会影响使用寿命。

6. 光纤光栅的可靠性

光纤光栅的可靠性包括机械可靠性和光学可靠性。机械可靠性是指光纤光栅的抗拉、抗弯等性能，其最佳者已达通信光纤相同的强度。光学可靠性则指光栅的反射率、透射率、波长及带宽等光学参数在不同环境下的变化。目前，作为商品出售的光纤光栅均通过环境试验。例如：在相对湿度为 85%、温度为 85℃的潮湿箱中试验 1000h，其光栅的上述光学性能应无明显变化；在−40℃～85℃温度中循环 1000 次，光学性能也应无明显变化等。

7. 光纤光栅的寿命

当光纤光栅用于某些场合，例如智能结构中，需要考虑其使用寿命。目前有人利用光纤光栅随时间和温度的变化特性来定量评估光栅的使用寿命。实验发现：高温下对光栅“退火”可使其在以后使用中保持稳定。进一步实验表明：在给定温度下衰变发生于初期，此后反射率变得相对稳定。例如：某种光纤光栅在 370℃高温下开始反射率下降，之后光栅的反射率可在约 2000h 内保持稳定。因此加速老化的办法可预测光栅反射率随时间和温度的变化。

2.4.2 光纤光栅传感网络

光纤光栅的主要优点之一是便于构成传感网。关于传感网的一般情况已在 2.3 节说明。此处仅就光纤光栅的传感网结构形式作一简单介绍。由于光纤光栅传感直接测量的是反射波长（或透射波长）λ_B 的移位，因此其传感网络的主要结构是波分复用（WDM），其次是时分复用(TDM)和空分复用(SDM),然后是这几种复用相结合构成的复杂传感网络。

1. 光纤光栅的波分复用

图 2-4-1 是用宽谱光源输入、单色仪分光检测、多个光纤光栅传感头构成的 WDM 网。其中用单色仪扫描完成对不同传感头的波分复用,再用非平衡 Mach-Zehnder 干涉仪检测反射波长的移位。此法的优点是可以消除相邻传感头之间的串光。

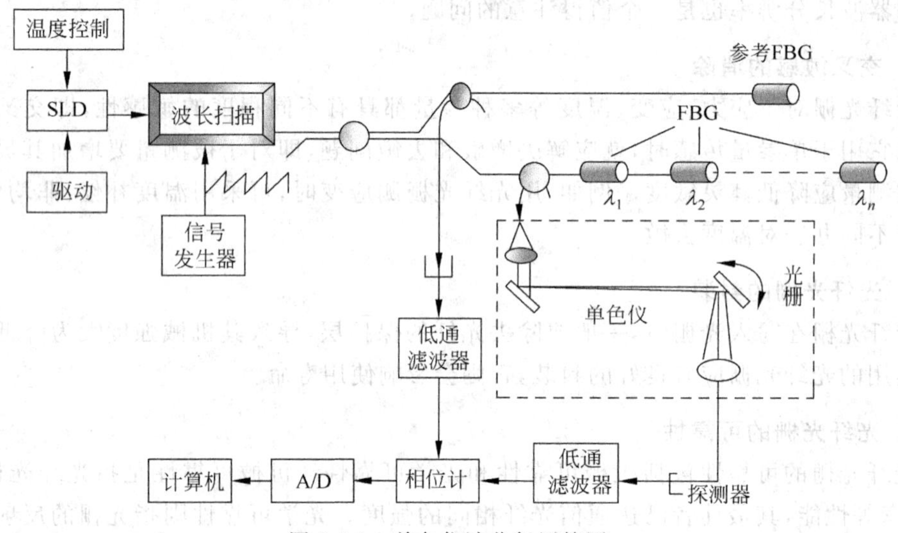

图 2-4-1 单色仪波分复用简图

图 2-4-2 是用多组 PZT 扫描跟踪系统构成波分复用布局示意图。一个 PZT 跟随一个传感用光纤光栅,再用一闭环系统自动跟踪传感光栅的波长移位。这种布局的测量范围和精度主要由 PZT 的特性决定。

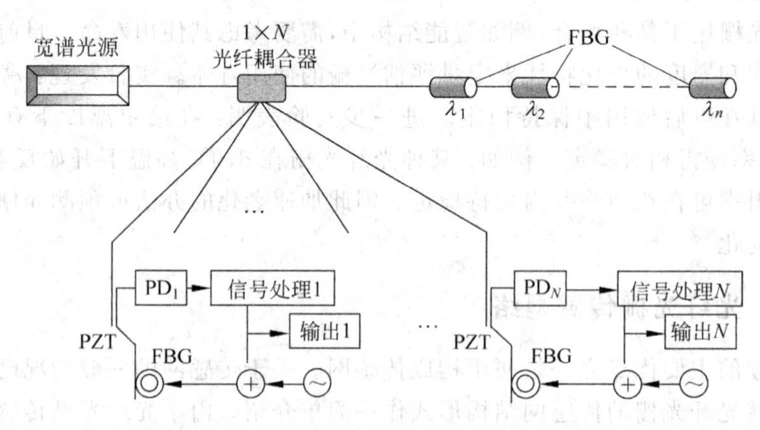

图 2-4-2 PZT 扫描跟踪并联形式波分复用简图

图 2-4-3 所示是用多组 PZT 扫描跟踪系统构成的串联形式的波分复用传感布局。和并联形式相较，其主要优点是光源利用率大大提高。

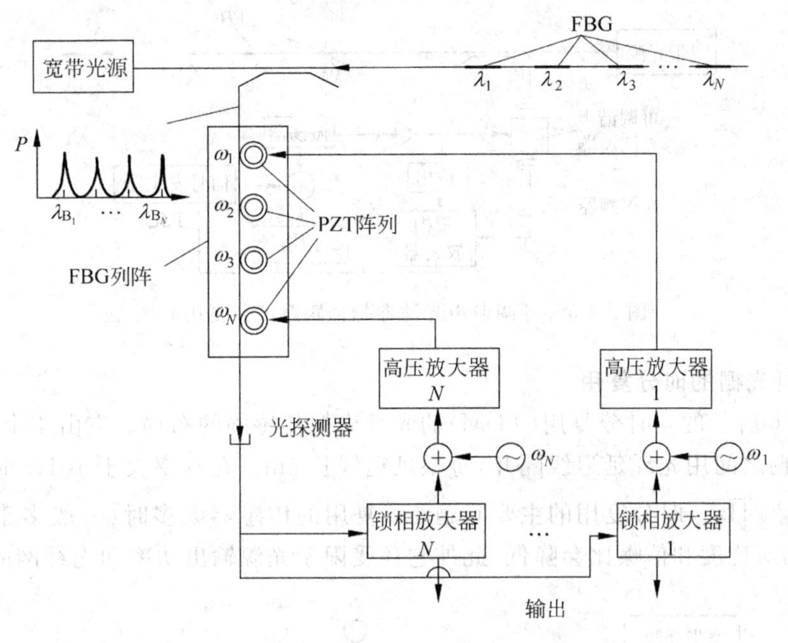

图 2-4-3 PZT 扫描跟踪串联形式波分复用简图

图 2-4-4 是用可调谐 FFP 扫描跟踪多个光纤光栅构成波分复用传感网。其原理参看 1.4.2 节。这种布局的分辨率主要由 FFP 的细度(fineness)决定，可调谐 FFP 的细度一般低于 400。这种传感网分辨率在～40nm 范围内的典型值为 10^{-12}m。

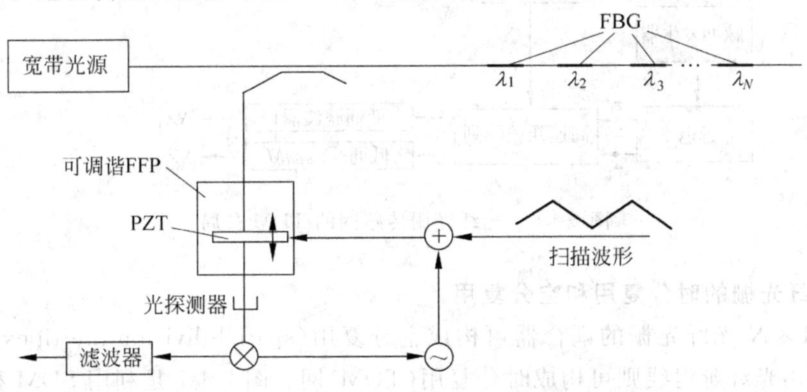

图 2-4-4 可调谐 FFP 扫描跟踪波分复用简图

图 2-4-5 是用可调谐声光滤波器对多个传感用光纤光栅进行波长扫描构成的波分复用光纤传感网。此系统测量精度和声光器件的温度稳定性密切相关，其分辨率在～60nm

范围内可达 10^{-12}m 量级。由于声光器件无任何机械移动装置，因而稳定性好、响应速度快。

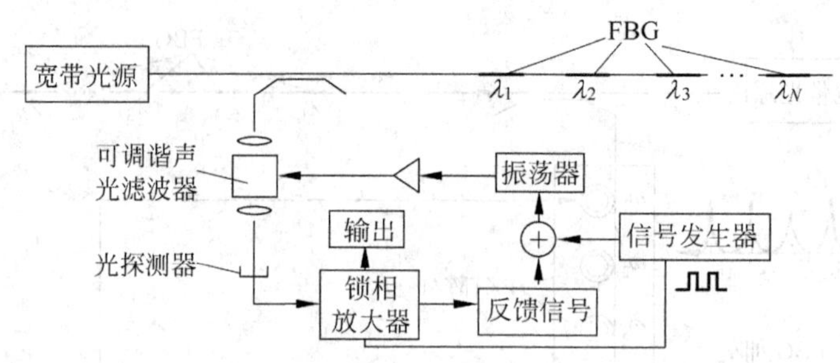

图 2-4-5　可调谐声光滤器扫描跟踪波分复用简图

2. 光纤光栅的时分复用

图 2-4-6 所示的是时分复用(TDM)的光纤光栅传感网的布局。它由 4 个光纤光栅组成，每个光栅之间用光纤延迟线隔开，每根延迟线长 5m。在频率大于 10Hz 时，其应变分辨率为 $2n\varepsilon/\sqrt{\text{Hz}}$。时分复用的主要问题是：复用的传感器太多时(一般多于 10 个时)，输出信号的对比度和信噪比会降低，此外它还受限于光源输出功率和光纤网的损耗。

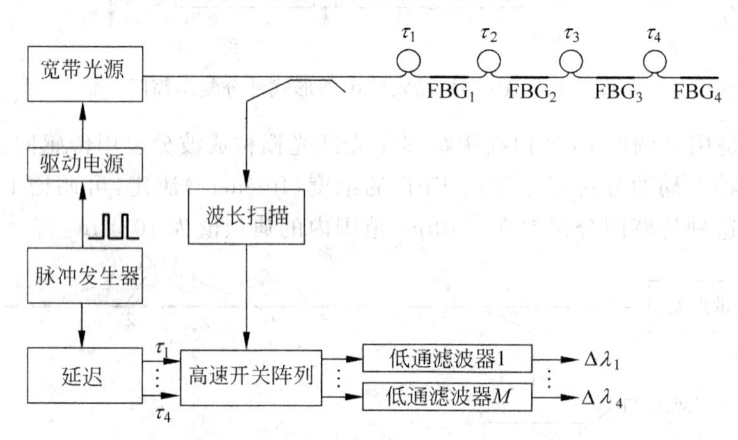

图 2-4-6　光纤光栅传感网的 TDM 布局

3. 光纤光栅的时分复用和空分复用

利用 1×N 光纤光栅的耦合器可构成空分复用(spatial-division-multipexing，SDM)传感网，利用光纤延迟线则可构成时分复用(TDM)网。图 2-4-7 是利用 SDM 和 TDM 构成的一个光纤光栅传感网的布局、光源用 SLD(superluminescent diode，超发光二极管)，工作波长 830nm，用脉冲信号发生器调制成脉宽为 300ns 的矩形波。用一台 Mach-Zehnder 干涉仪进行波长扫描。输出脉冲通过一个 1×8 光纤耦合器分别注入 8 个光纤光栅,其中 4 路带有光纤延迟线。从光纤光栅返回的反射脉冲分别输入 4 个光电探测器(APD),每个 APD 接收两个光纤光栅的反射脉冲,其时间间隔为~400ns,最后由光开关进行解复用和信号处理。

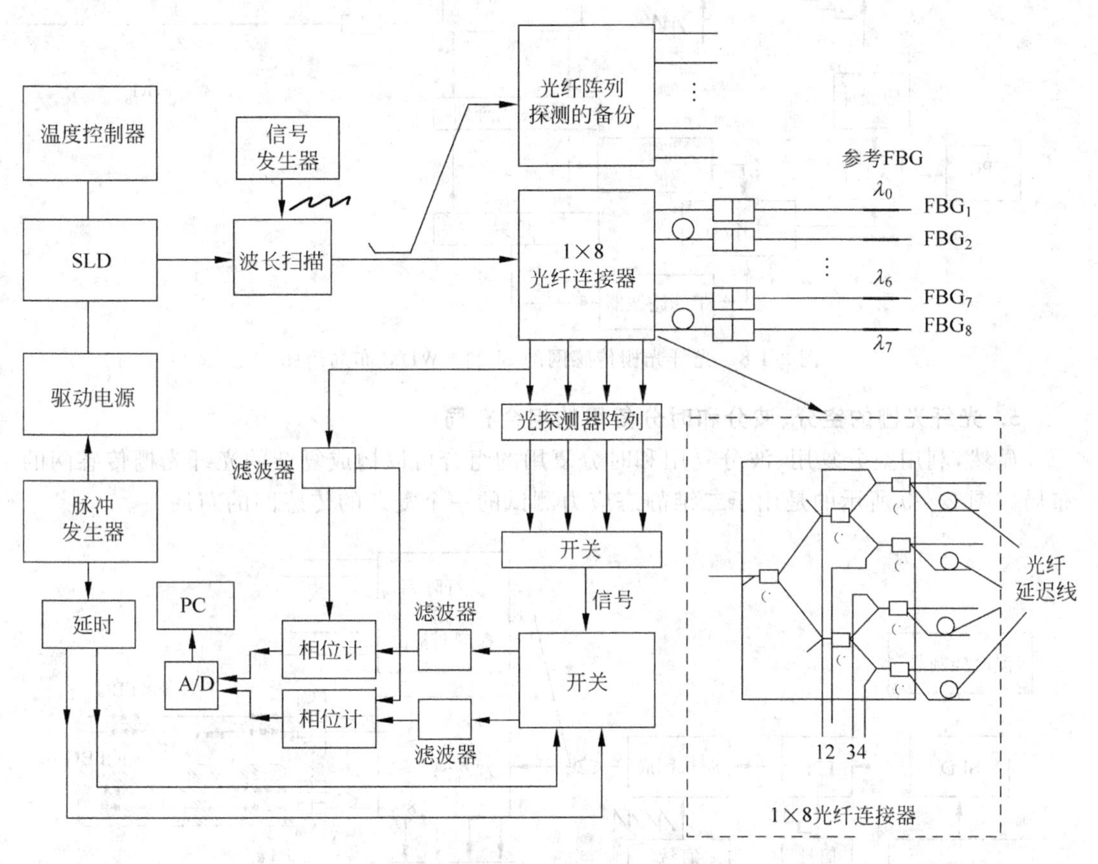

图 2-4-7 光纤光栅传感网的 SDM+TDM 布局简图

4. 光纤光栅的空分复用和波分复用

利用空分复用和波分复用相结合可构成二维检测的光纤光栅传感网的布局。图 2-4-8 所示为这种二维传感网布局的一例。用波分复用构成串联网,再用空分复用构成并联网。宽谱光源通过可调谐高细度的 F-P 滤光器,再经过干涉型波长扫描器分别是注入各光纤光栅传感头。此布局把 F-P 滤光器和波长扫描依次放在宽谱光源之后,其目的是使所有各通道上的光纤光栅传感头在同一时间受到相似波长的访问(输入)。其中可调谐滤波器用于实现波分复用,使中心波长和传感用光纤光栅相匹配;波长扫描器则用于解调,即测量光纤光栅的波长移位。从各光栅传感头返回的反射光分别送入光电探测器阵列,经数据处理单元后输出传感的结果。

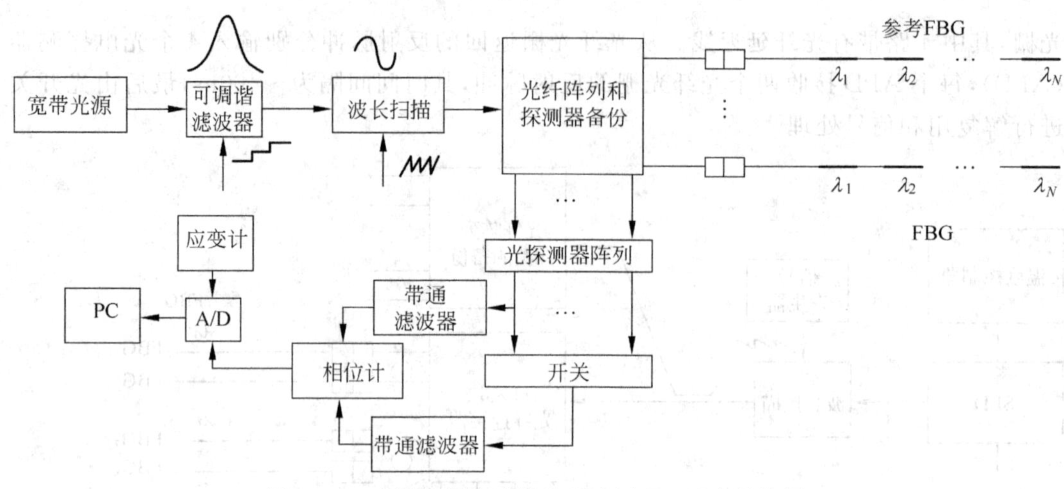

图 2-4-8 光纤光栅传感网的 SDM＋WDM 布局简图

5. 光纤光栅的空分、波分和时分复用的组合布局

显然，利用空分复用、波分复用和时分复用的组合可以构成复杂的光纤光栅传感网的布局。图 2-4-9 所示的是用于二维静态应力测试的一个复杂的传感网的布局。

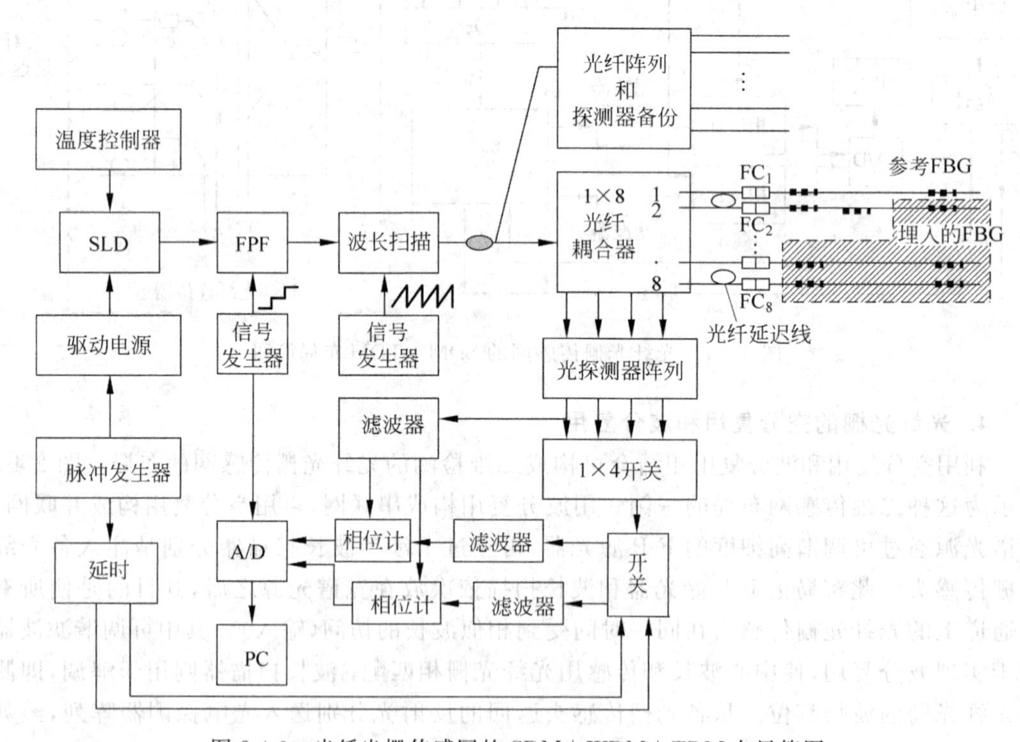

图 2-4-9 光纤光栅传感网的 SDM＋WDM＋TDM 布局简图

2.5 小 结

本章讨论了多传感器光网络技术中的一些基本问题，其中包括：光纤网络的连接技术和成网技术等。对于前者，主要应考虑：如何减小连接损耗，增加连接的可靠性和稳定性，以及成本、使用寿命和维修的难易等。为此，应针对使用要求和使用环境，选择合适的连接方式和相应的元器件。对于成网技术，则应针对使用要求和使用环境，主要考虑：光纤网的结构设计、传感器的选择以减低光纤传感网的成本，提高使用寿命，便于维修等。

思考题与习题

2.1 试分析弯曲引起的光纤损耗的机理及其计算的主要困难所在。

2.2 分析计算光纤微弯损耗的主要困难何在。

2.3 光纤和光源耦合时主要应考虑哪些因素？为什么？

2.4 光纤和 LD 或 LED 耦合时的主要困难是什么？试列举提高耦合效率的主要途径。你对此有何设想？

2.5 光纤和光纤耦合时，主要应考虑哪些误差因素？

2.6 试分析光通过透镜耦合时引起损耗的因素。

2.7 单模光纤和单模光纤连接时，比多模光纤和多模光纤直接连接的公差要求低，为什么？试分析其物理原因。

2.8 计算单模光纤的耦合和计算多模光纤的耦合有何差别？为什么？

2.9 试分析比较各类耦合方法的优、缺点。

2.10 试分析光纤耦合器的基本原理、制作光纤耦合器的关键技术及难点、可能的解决途径。

2.11 试列举目前用于光纤激光器的主要光纤种类和腔结构形式。

2.12 分析比较光纤激光器和半导体激光器之优缺点及应用前景。

2.13 构成一个实用的光纤激光器或光纤放大器，要用哪些光纤器件，哪些特种光纤？画出光纤激光器或放大器的结构简图，给出器件和光纤的主要技术指标。

2.14 用光纤环形腔构成光纤激光器或光纤放大器时，对环形腔有何要求？为什么？

2.15 试举例说明光纤环形腔的主要应用。

参考文献

[1] 叶培大. 光纤理论. 北京：知识出版社，1985

[2] Jeunhomme Luc B. Single-Mode Fiber Optics: Principles and Applications. Marcel Dekker,

lnc. ,1993

[3] 大越孝敬等. 刘时衡等译. 通信光纤. 北京：人民邮电出版社，1989

[4] 刘德森等. 纤维光学. 北京：科学出版社，1987

[5] Marcuse D. Theory of Dielectric Optical Waveguides. Academic Press，1974
中译本：刘宏度译. 介质光波导理论. 北京：人民邮电出版社，1982

[6] 虞丽生. 光导纤维通信中的光耦合. 北京：人民邮电出版社，1979

[7] Miller C M, et al. Optical fiber splices and connectors：theory and methods. Marcel Dekker, lnc. ,1986

[8] 聂秋华. 光纤激光器和放大器技术. 北京：电子工业出版社，1997

[9] Culshaw B. Smart Structures and Materials. Norwood：Artech House，1996

[10] Udd E. Fiber Optic Smart Structures. New York：John Wiley & Sons，1995

[11] Culshaw B. Optical Fiber Sensing and Signal Processing，1984

[12] 靳伟，廖延彪等. 导波光学传感器：原理与技术. 北京：科学出版社，1998

[13] 靳伟等. 光纤传感技术新进展. 北京：科学出版社，2005

3 光电传感器中的光纤技术

3.1 概　　述

目前光电传感器中已大量应用光纤和光纤器件，其目的有二，即信号传输和信号控制。为此应了解光纤和光纤器件工作的基本原理、基本特性以及选用的原则。

光电传感器中应用光纤和光纤器件的优点是：

① 推陈出新——传统的光电传感器利用光纤和光纤器件可构成大量新型传感器；

② 遥感遥测——利用光纤和光纤器件可使传统的光电传感器具有在线（原位）、实时检测以及远距离检测的功能；

③ 优化性能——利用光纤和光纤器件往往可使传统的光电传感器性能改进，并使精度和灵敏度提高。例如，利用光纤构成的有源光纤气体传感器，可使测量灵敏度大大提高。

④ 设计新品——利用新的传感原理和新的传感器件设计并研制新型光传感器，例如，利用光子晶体光纤可构成光气体传感器。

3.2 光纤的基本特性

光纤是光导纤维的简称。它是工作在光波波段的一种介质波导，通常是圆柱形。它把以光的形式出现的电磁波能量利用全反射的原理约束在其界面内，并引导光波沿着光纤轴线的方向前进。光纤的传输特性由其结构和材料决定。

光纤的基本结构是两层圆柱状媒质，内层为纤芯，外层为包层。纤芯的折射率 n_1 比包层的折射率 n_2 稍大，当满足一定的入射条件时，光波就能沿着纤芯向前传播。图 3-2-1 是单根光纤结构图。实际的光纤在包层外面还有一层保护层，其用途是保护光纤免受环境污染和机械损伤。有的光纤还有更复杂的结构，以满足使用中不同的要求。

光波在光纤中传输时，由于纤芯边界的限制，其电磁场解不连续。这种不连续的场解称为模式。光纤分类的方法有多种。按传输的模式数量可分为单模光纤和多模光纤：只能传输一种模式的光纤称为单模光纤，能同时传输多种模式的光纤称为多模光纤。单模光纤和多模式光纤的主要差别是纤芯的尺寸和纤芯-包层的折射率差值。多模光纤的纤芯直径大($2a=50\sim500\mu m$)，纤芯-包层的折射率差大($\Delta=(n_1-n_2)/n_1=0.01\sim0.02$)；单模光纤纤芯直径小($2a=2\sim12\mu m$)，纤芯-包层的折射率差小($\Delta=0.0005\sim0.01$)。

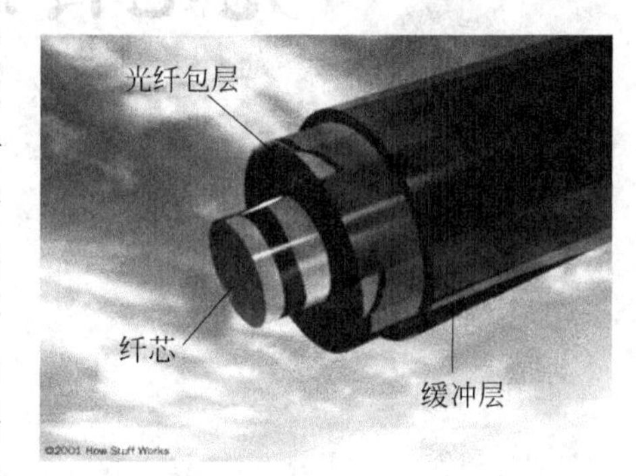

图 3-2-1　单根光纤结构简图

按纤芯折射率分布的方式可分为阶跃折射率光纤和梯度折射率光纤。前者纤芯折射率是均匀的，在纤芯和包层的分界面处，折射率发生突变(或阶跃)；后者折射率是按一定的函数关系随光纤中心径向距离而变化。图 3-2-2 给出了这两类光纤的示意图和典型尺寸，图 3-2-2(a)是单模阶跃折射率光纤，图(b)和(c)分别是多模阶跃和梯度折射率光纤。

按传输的偏振态，单模光纤又可进一步分为非偏振保持光纤(简称非保偏光纤)和偏振保持光纤(简称保偏光纤)。其差别是前者不能传输偏振光，而后者可以。保偏光纤又可再分为单偏振光纤、高双折射光纤、低双折射光纤和圆双折射光纤 4 种。只能传输一种偏振模式的光纤称为单偏振光纤；只能传输两正交偏振模式且其传播速度相差很大者为高双折射光纤；而其传播速度近于相等为低双折射光纤；能传输圆偏振光的则称为圆双折射光纤。

按制造光纤的材料分，有：①高纯度熔石英光纤，其特点是材料的光传输损耗低，有的波长可低到 0.2dB/km，一般小于 1dB/km；②多组分玻璃纤维，其特点是纤芯-包层折射率可在较大范围内变化，因而有利于制造大数值孔径的光纤，但材料损耗大，在可见光波段一般为 1dB/m；③聚合物光纤，其特点是成本低，缺点是材料损耗大，温度性能较差；④红外光纤，其特点是可透过近红外($1\sim5\mu m$)或中红外($\sim10\mu m$)的光波；⑤液芯光纤，特点是纤芯为液体，因而可满足特殊需要；⑥晶体光纤，特点是纤芯为单晶，可用于制造各种有源和无源光纤器件；⑦多孔光纤(光子晶体光纤)，是一种特异性能的新型光纤。

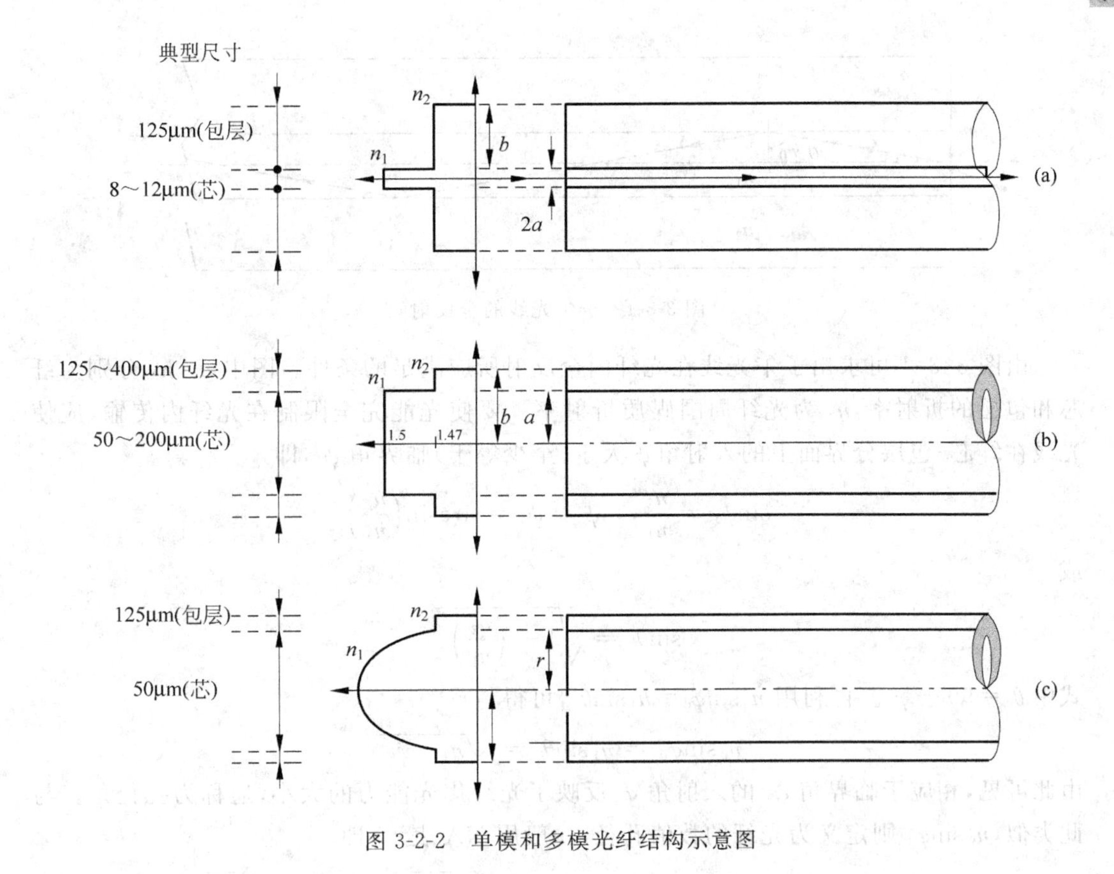

图 3-2-2 单模和多模光纤结构示意图

3.3 均匀折射率光纤的特性

下面用几何光学的方法(即光线理论)来处理光波在阶跃折射率光纤中的传输特性。分别讨论子午光线和斜光线的传播,并分析光纤端面倾斜、光纤弯曲、光纤为圆锥形情况下光线传播的特性。关于均匀折射率光纤传输的波导理论(用光的电磁理论处理),可参看有关资料。

3.3.1 子午光线的传播

通过光纤中心轴的任何平面都称为子午面,位于子午面内的光线则称为子午光线。显然,子午面有无数个,根据光的反射定律,入射光纤、反射光线和分界面的法线均在同一平面,光线在光纤的纤芯-包层分界面反射时,其分界面法线就是纤芯的半径。因此,子午光线的入射光线、反射光线和分界面的法线三者均在子午面内,如图 3-3-1 所示。这是子午光线传播的特点。

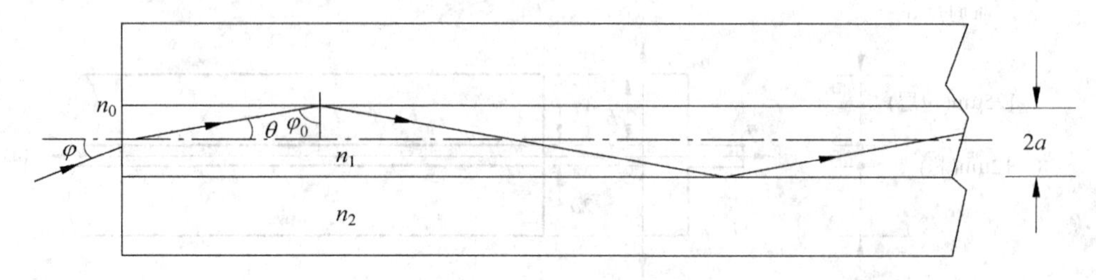

图 3-3-1　子午光线的全反射

由图 3-3-1 可求出子午光线在光纤内全反射所应满足的条件。图中 n_1，n_2 分别为纤芯和包层的折射率，n_0 为光纤周围媒质折射率。要使光能完全限制在光纤内传输，应使光线在纤芯-包层分界面上的入射角 ψ 大于(至少等于)临界角 ψ_0，即

$$\sin\psi_0 = \frac{n_2}{n_1},\quad \psi \geqslant \psi_0 = \arcsin\left(\frac{n_2}{n_1}\right)$$

或

$$\sin\theta_0 = \sqrt{1-\left(\frac{n_2}{n_1}\right)^2}$$

式中 $\theta_0 = 90° - \psi_0$。再利用 $n_0\sin\varphi_0 = n_1\sin\theta_0$，可得

$$n_0\sin\varphi_0 = n_1\sin\theta_0 = \sqrt{n_1^2 - n_2^2}$$

由此可见，相应于临界角 ψ_0 的入射角 φ，反映了光纤集光能力的大小，通称为孔径角。与此类似，$n_0\sin\varphi_0$ 则定义为光纤的数值孔径，一般用 NA 表示，即

$$\mathrm{NA}_{子} = n_0\sin\varphi_0 = \sqrt{n_1^2 - n_2^2} \tag{3-3-1}$$

下标“子”表示是子午面内的数值孔径。由于子午光线在光纤内的传播路径是折线，所以光线在光纤中的路径长度一般都大于光纤的长度。由图 3-3-1 中的几何关系，可得长度为 L 的光纤中，其总光路的长度 S' 和总反射次数 η' 分别为

$$S' = LS = \frac{L}{\cos\theta} \tag{3-3-2}$$

$$\eta' = L\eta = \frac{L\tan\theta}{2a} \tag{3-3-3}$$

式中，a 为纤芯半径；S 和 η 分别为单位长度内的光路长和全反射次数，其表达式分别为

$$S = \frac{1}{\cos\theta} = \frac{1}{\sin\psi} \tag{3-3-4}$$

$$\eta = \frac{\tan\theta}{2a} = \frac{1}{2a\tan\psi} \tag{3-3-5}$$

以上关系式说明，光线在光纤中传播的光路长度只取决于入射角 φ 和相对折射率 n_0/n_1，而与光纤直径无关；全反射次数则与纤芯直径 $2a$ 成反比。

3.3.2 斜光线的传播

光纤中不在子午面内的光线都是斜光线。它和光纤的轴线既不平行也不相交，其光路轨迹是空间螺旋折线。折线可为左旋，也可为右旋，但它和光纤的中心轴是等距的。由图 3-3-2 中的几何关系可求出斜光线的全反射条件。图中 QK 为入射在光纤中的斜光线，它与光纤轴 OO' 不共面；H 为 K 在光纤横截面上的投影，$HT \perp QT$，$OM \perp QH$。由图中几何关系得斜光线的全反射条件为

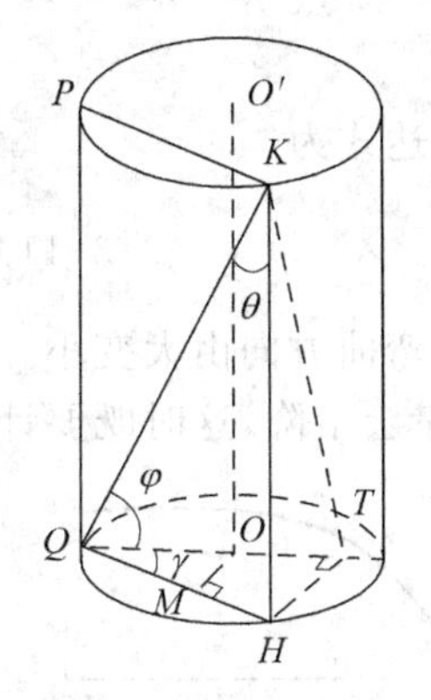

图 3-3-2 斜光线的全反射光路

$$\cos\gamma\sin\theta = \sqrt{1-\left(\frac{n_2}{n_1}\right)^2}$$

再利用折射定律 $n_0\sin\varphi = n_1\sin\theta$，可得在光纤中传播斜光线应满足如下条件：

$$\sin\varphi\cos\gamma \leqslant \frac{\sqrt{n_1^2-n_2^2}}{n_0}$$

斜光线的数值孔径则为

$$\mathrm{NA}_{斜} = n_0\sin\varphi_a \frac{\sqrt{n_1^2-n_2^2}}{\cos\gamma} \tag{3-3-6}$$

由于 $\cos\gamma \leqslant 1$，因而斜光线的数值孔径比子午光线的要大。

由图 3-3-2 还可求出单位长度光纤中斜光线的光路长度 $S_{斜}$ 和全反射次数 $\eta_{斜}$ 为

$$S_{斜} = \frac{1}{\cos\theta} = S_{子} \tag{3-3-7}$$

$$\eta_{斜} = \frac{\tan\theta}{2a\cos\gamma} = \frac{\eta_{子}}{\cos\gamma} \tag{3-3-8}$$

3.3.3 光纤的弯曲

实际使用中，光纤经常处于弯曲状态。这时其光路长度、数值孔径等诸参数都会发生变化。图 3-3-3 为光纤弯曲时光线传播的情况。设光纤在 P 处发生弯曲。光线在离中心轴 h 处的 c 点进入弯曲区域，两次全反射点之间的距离为 AB。利用图中的几何关系可得

$$S_0 = \frac{\sin\alpha}{a}\left(1-\frac{a}{R}\right)S_{子} \tag{3-3-9}$$

式中，a 为纤芯半径；R 为光纤弯曲半径；S_0 是光纤弯曲时，单位光纤长度上子午光线的光路

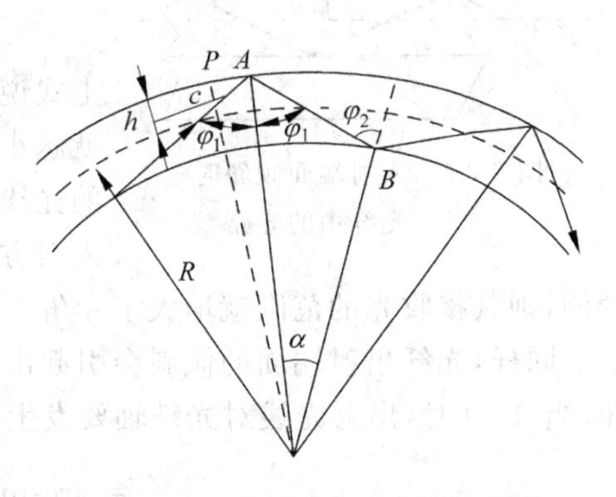

图 3-3-3 光纤弯曲时光线传播

长度。

由于 $\sin\alpha/a<1, a/R<1$，因而有 $S_0<S_子$。这说明光纤弯曲时子午光线的光路长度减小。相应地，其单位长度的反射次数也变少，即 $\eta_0<\eta_子$。η_0 的具体表达式为

$$\eta_0=\frac{1}{\frac{1}{\eta_子}+\alpha a} \tag{3-3-10}$$

利用图 3-3-3 的几何关系，还可求出光纤弯曲时孔径角 φ_0 的表达式为

$$\sin\varphi_0=\frac{1}{n_0}\left[n_1^2-n_2^2\left(\frac{R+a}{R+h}\right)^2\right]^{\frac{1}{2}} \tag{3-3-11}$$

由此可见，光纤弯曲时其入射端面上各点的孔径角不相同，是沿光纤弯曲方向由大变小。

由上述分析可知，光纤弯曲时，由于不满足全反射条件，其透光量会下降，这时既要计算子午光线的全反射条件，又要推导斜光线的全反射条件，才能求出光纤弯曲时透光量和弯曲半径之间的关系。实验结果表明，当 $R/(2a)<50$ 时，透光量已开始下降；$R/(2a)\approx20$ 时，透光量明显下降，说明大量光能量已从光纤包层逸出。图 3-3-4 是光纤透光率随弯曲半径变化的一个典型测量结果。光纤弯曲引起的附加损耗是应用中一个要特别注意的问题。

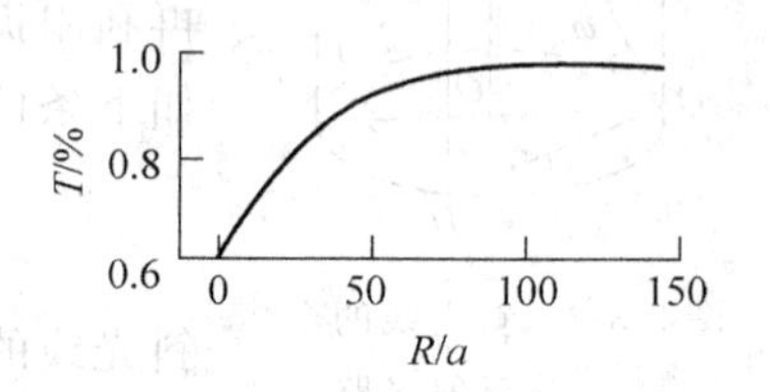

图 3-3-4　光纤透光率与弯曲半径的关系曲线(实验曲线)

3.3.4　光纤端面的倾斜效应

光纤端面与其中心轴不垂直时，将引起光束发生偏折，这是工作中应注意的一个实际问题。图 3-3-5 是入射端面倾斜的情况，α 是端面的倾斜角，γ 和 γ' 是端面倾斜时光线的入射角和折射角。由图中几何关系可得

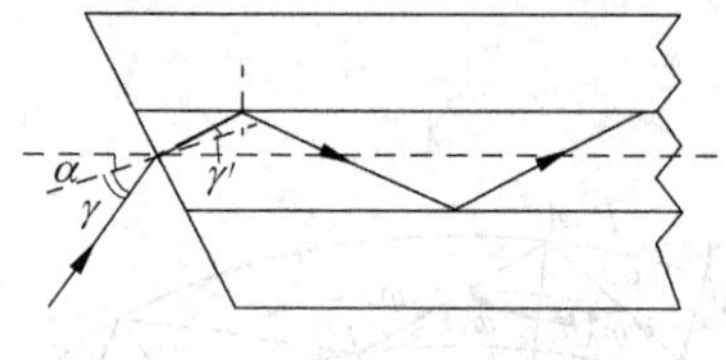

图 3-3-5　入射端面倾斜时光纤中的光路

$$\sin\alpha=\left[1-\left(\frac{n_0\sin\gamma}{n_1}\right)^2\right]^{\frac{1}{2}}\left[1-\left(\frac{n_2}{n_1}\right)^2\right]^{\frac{1}{2}}-\frac{n_0n_2}{n_1^2}\sin\gamma \tag{3-3-12}$$

上式说明，当 n_1, n_2, n_0 不变时，倾斜角 α 越大，接收角 γ 就越小。所以光纤入射端面倾斜后，要接收入射角为 γ 的光线，其值要大于正常端面的孔径角。反之，若光线入射方向和倾斜端面的法线方向分别在光纤中心轴的两侧，则其接收光的范围就增大了 α 角。

同样，光纤出射端面的倾斜会引起出射光线的角度发生变化，若 β 是出射端面的倾斜角，当 $\beta\neq0$ 时，出射光线对光纤轴要发生偏折，其偏向角 γ' 为

$$\gamma'=\arcsin\left(\frac{n_1}{n_0}\sin\beta\right)-\arcsin\beta \tag{3-3-13}$$

3.3.5 圆锥形光纤

圆锥形光纤是指其直径随光纤长度呈线性变化的光纤。锥形光纤由于具有一系列特殊性能,因而可制成许多光纤器件。在光纤与光纤、光纤与光源、光纤与光学元件的耦合中应用日益广泛。图 3-3-6 是子午光线通过锥形光纤的光路。设 δ 为锥形光纤的锥角。由图 3-3-6 可知,在锥形光纤中,光线在纤芯-包层分界面上反射角 φ 随反射次数增加而逐渐减小。由图中几何关系以及折射定律可得

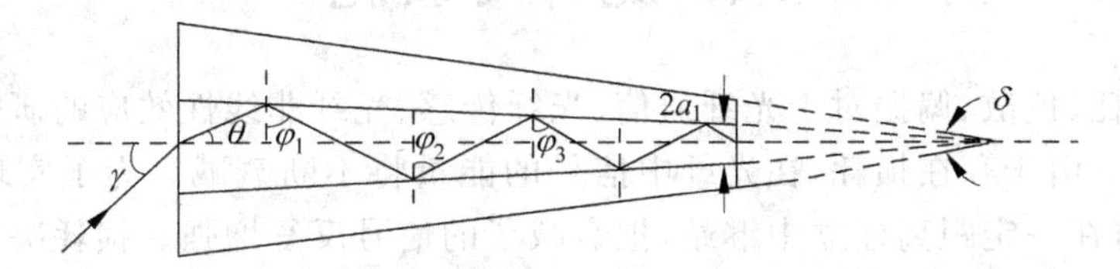

图 3-3-6 锥形光纤中的子午光线

$$\varphi_n = 90° - \frac{n_1}{n_0}\arcsin\varphi - (2m-1)\frac{\delta}{2} \tag{3-3-14}$$

式中 m 是反射次数。上式说明,当光线从锥形光纤的大端入射时,由于反射角 φ_n 随反射次数的增加而不断减小,因而全反射条件易被破坏,可能会出现全反射条件不满足的情况。根据全反射条件,要使入射光线都能从光纤另一端出射,则应满足

$$\sin\left(\theta_0 + \frac{\delta}{2}\right) \leqslant \frac{a_1}{a_2}\left[1 - \left(\frac{n_2}{n_1}\right)^2\right]^{\frac{1}{2}}$$

式中 a_1 和 a_2 分别是光纤出射端(小端)和入射端(大端)的半径。若 $\cos(\delta/2)\approx 1$,则由上式可得

$$\sin\left(\frac{\delta}{2}\right) \leqslant \frac{\frac{a_1}{a_2}\left[1 - \left(\frac{n_2}{n_1}\right)^2\right]^{\frac{1}{2}} - \sin\theta}{\cos\theta} \tag{3-3-15}$$

这是一般情况下锥形光纤聚光的条件。再利用

$$\sin\left(\frac{\delta}{2}\right) = \frac{a_2 - a_1}{l}$$

l 是光纤长度,可得

$$l \geqslant \frac{1}{2}\frac{2(a_2 - a_1)\cos\theta}{\frac{a_1}{a_2}\left[1 - \left(\frac{n_2}{n_1}\right)^2\right]^{\frac{1}{2}} - \sin\theta} \tag{3-3-16}$$

上式说明,为使锥形光纤聚光,光纤有个最小长度 l_0。

另外,锥形光纤两端孔径角不一样,大端孔径角小,小端孔径角大,两者满足下列关系:

$$a_2\sin\varphi_0 = a_1\sin\varphi_0' \tag{3-3-17}$$

式中

$$\sin\varphi_0' = \frac{1}{n_0}(n_1^2 - n_2^2)^{\frac{1}{2}}$$

$$\sin\varphi_0 = \frac{a_1}{a_2}\frac{1}{n_0}(n_1^2 - n_2^2)^{\frac{1}{2}}$$

由此可见,锥形光纤可改变孔径角,因而可用于耦合。

3.4 光纤的损耗

光纤的损耗、色散、偏振对于光纤通信、光纤传感、光纤非线性效应的研究都是十分重要的特征参量。由于存在损耗,在光纤中信号的能量将不断衰减。为了实现长距离光通信和光传输,需在一定距离建立中继站,把衰减了的信号反复增强。损耗决定了光信号在光纤中被增强之前可传输的最大距离。但是,两个中继站间可允许的距离不仅由光纤的损耗决定,而且还受色散的限制。在光纤中,脉冲色散越小,它所携带的信息容量就越大。例如,若脉冲的展宽由 1000ns 减小到 1ns,则所传输的信息容量将由 1Mb/s 增加到 1000Mb/s。因此,仔细分析光纤的损耗特性和色散特性十分重要。另外,一般的单模光纤不能传输偏振光,为此需用保偏光纤。因此,对于光纤通信、光纤传感和光纤的非线性效应的研究中都需要了解光纤的偏振特性、保偏、消偏和偏振控制的方法。以下各节将对光纤的这些特性分别进行介绍。

光纤的损耗机理如图 3-4-1 所示。从图 3-4-1 可知,光纤的损耗主要由材料的吸收损耗和散射损耗确定。

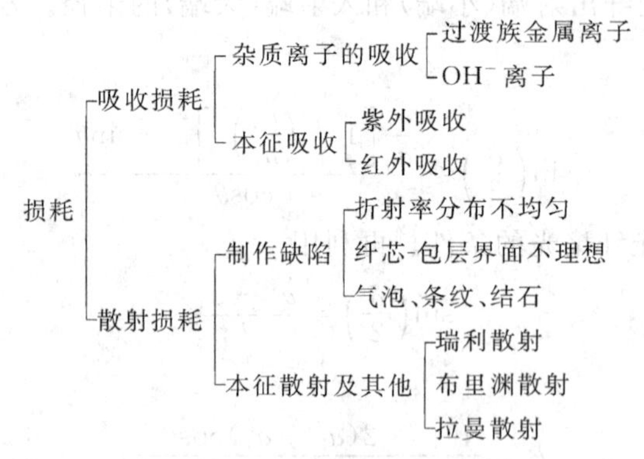

图 3-4-1 光纤的损耗机理

3.4.1 吸收损耗

在一般的光学玻璃中都有一些附加元素,其中很多是杂质,它们多半具有较低激发能的电子态。同时还存在一些外来金属离子,其电子态比玻璃的本征态更易激发。它们的吸收带可以出现在光谱的可见区域和红外区域。

对于杂质含量很低的玻璃，它的紫外吸收仅与 O^{2-} 离子的激发态有关。在熔融硅中，离子束缚很紧，有很高的紫外透明性，其吸收边在短紫外波长区；但是，吸收边尾可延伸到长波区。另外，由于材料随机分子结构而引起电场的局部变化，这局域电场就会感应而引起能量接近或者稍低于带边的激子能级变宽，这些能级加宽所感应的场又可以引起吸收边的尾进入可见区域。另外，从图 3-4-2 可见，波长由 1μm 变为 0.4μm 时，熔融硅的损耗要增加一个数量级。

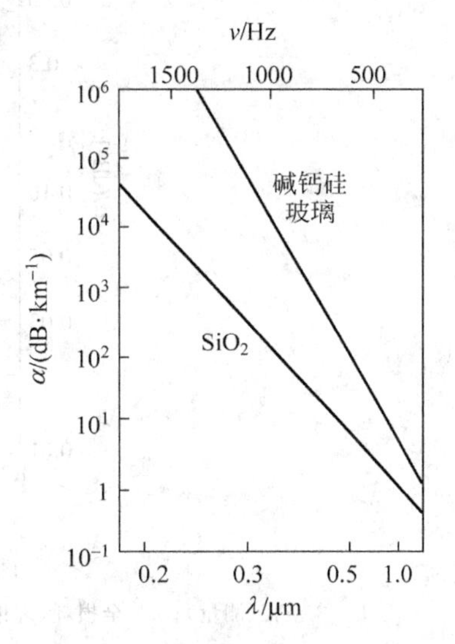

图 3-4-2 玻璃的本征吸收损耗与波长的关系

对于高纯度的均匀玻璃，在可见和红外区域的本征损失很小。但是，一些外来元素产生了重要的杂质吸收，这些主要的杂质是 Cu^{2+}，V^{3+}，Cr^{3+}，Mn^{3+}，Fe^{3+}，Co^{3+} 和 Ni^{2+}。它们的电子跃迁能级位于材料的能隙中，可以被可见光或近红外光激发。因此，它们在可见和近红外区域有很强的吸收损耗。对于低浓度杂质离子的玻璃材料，在给定的频率下，由吸收引起的衰减和杂质浓度成正比，在材料中的这些杂质可通过原材料的提纯和制作工艺的改进而除去。除金属杂质外，OH^- 离子是另一个极重要的杂质。为了降低氢-氧基的吸收损耗，原材料的脱水技术十分重要。近来，消除 OH^- 的方法已有显著成效，可以制出水的质量比为 10^{-5} 量级的高硅玻璃材料。即使这样，虽然在 0.95μm 处的 OH^- 吸收峰基本上可以消除，但在 1.37μm 处的 OH^- 吸收峰却很难避免。

3.4.2 散射损耗

如前所述，散射损耗主要来源于光纤的制作缺陷和本征散射，其中主要是折射率起伏。光纤材料中随机分子结构可以引起折射率发生微观的局部变化，缺陷和杂质原子也可以引起折射率发生局部变化。对这两种折射率变化引起的光能损失可以和波导的结构无关地进行分析。瑞利散射是一种基本的、重要的散射，因为它是一切介质材料散射损耗的下限。其主要特点是散射损耗与波长的四次方成反比。散射体的尺寸小于入射光波长时，瑞利散射总是存在的。瑞利散射是一种重要的本征散射，它和本征吸收一起构成了光纤材料的本征损失，它们表示在完美条件下材料损耗的下限。图 3-4-3 给出了普通单模光纤的损耗曲线，图中还给出了红外吸收、紫外吸收、瑞利散射和波导缺陷损耗。

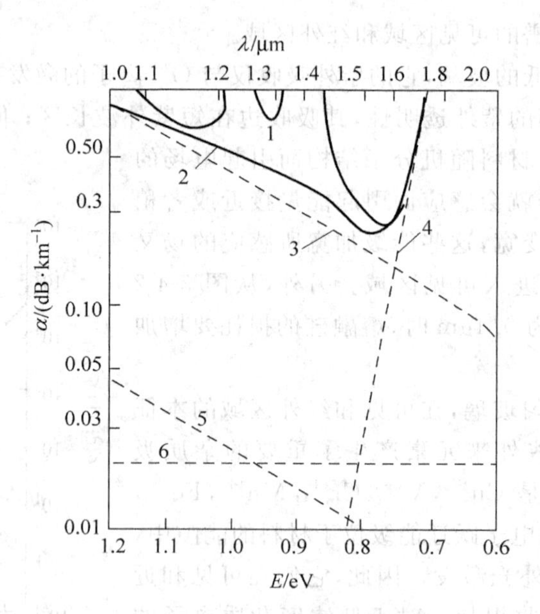

图 3-4-3 单模光纤的损耗曲线

1—全损耗(测量)；2—全损耗(理论)；3—瑞利散射；4—红外吸收；5—紫外吸收；6—波导缺陷损耗

3.5 光纤的色散

在光纤中传输的光脉冲,受到由光纤的折射率分布、光纤材料的色散特性、光纤中的模式分布以及光源的光谱宽度等因素决定的延迟畸变,使该脉冲波形在通过光纤后发生展宽。这一效应称为光纤的色散。在光纤中一般把色散分成以下四种:

(1) 多模色散

多模色散是仅仅发生于多模光纤中由于各模式之间群速度不同而产生的色散。由于各模式以不同时刻到达光纤出射端而使脉冲展宽。

(2) 波导色散

波导色散是由于某一传播模的群速度对于光的频率(或波长)不是常数,同时光源的谱线又有一定宽度,因此产生波导色散。

(3) 材料色散

材料色散是由于光纤材料的折射率随入射光频率变化而产生的色散。

(4) 偏振(模)色散

一般的单模光纤中都同时存在两个正交模式(HE_{11x}模和HE_{11y}模)。若光纤的结构为完全的轴对称,则这两个正交偏振模在光纤中的传播速度相同,即有相同的群延迟,故无色散。实际的光纤必然会有一些轴的不对称性,因而两正交模有不同的群延迟,这种现象称之为偏振色散或偏振模色散。

在上述四种色散中,波导色散和材料色散都和光源的谱宽成正比,为此常把这两者总称为波长色散。

3.6 光纤的耦合技术

耦合技术是光纤组网的关键技术之一。耦合主要包括光纤与光源、光纤与接收器、光纤与光纤之间直接或间接(通过各类型的连接器件,如透镜、耦合器等)的相互连接。本小节介绍最常见的光纤与光源(或探测器)、光纤与光纤的耦合技术。

3.6.1 光纤和光源的耦合

光纤和光源连接时,为获得最佳耦合效率,主要应考虑两者的特征参量相互匹配的问题。这些参量包括:纤芯直径、数值孔径、截止波长(单模光纤)、偏振特性以及光源的发光面积、发光的角分布、光谱特征(单色性)、输出功率等。应考虑这些参量对耦合损耗的影响,详见 2.2.1 小节和有关资料。本节将主要介绍目前常用的固定耦合封装技术。

1. 半导体激光器和光纤的耦合

近几年,高功率半导体激光器越来越多地应用于生产,如直接的材料处理、光纤激光和放大器泵浦、自由空间光通信、印刷和医疗等。半导体激光器的封装使得激光器件能工作于高接插效率,提高稳定性,节省使用成本;可能实现自动化大批量的机器封装。

半导体激光器的特点是发光面为窄长条,长约几十微米。与光纤的耦合形式主要有直接耦合和透镜耦合两种。

(1) 直接耦合

直接耦合就是把端面已处理的光纤直接对向激光器的发光面。这时影响耦合效率的主要因素是光源的发光面积、光纤纤芯总面积的匹配以及光源发散角和光纤数值孔径角的匹配。

(2) 透镜耦合

由于透镜耦合可大大提高耦合效率,因此得到广泛采用。所应用的透镜类型主要有端面球透镜(将光纤端面做成一个半球形)、柱透镜、凸透镜、圆锥形透镜和异形透镜耦合等。

设计实例 3-1:楔型透镜光纤耦合

图 3-6-1 是一个小管脚封装、高亮度、4W、100μm、0.15NA 光纤输出的半导体激光

器。图(a)是封装后激光器的外形照片,图(b)是楔型透镜光纤耦合的封装结构和尺寸。这种封装方式非常适合于那些对稳定性要求高于用胶和阵列封装方式的半导体激光器。这种结构只需单步光纤对准。它采用 Au/Sn 焊接法使光纤固定在一个非常强健、稳定和具有保护性能的附件上。所有这些激光器芯片均采用 100μm 反射面,耦合到 105/125μm 纤芯/包层,0.22NA 的光纤中。该器件在输入为 6A 时获得 4W 的激光功率输出。光纤未采用 AR 镀膜时,耦合效率大约是 85%。

(a)

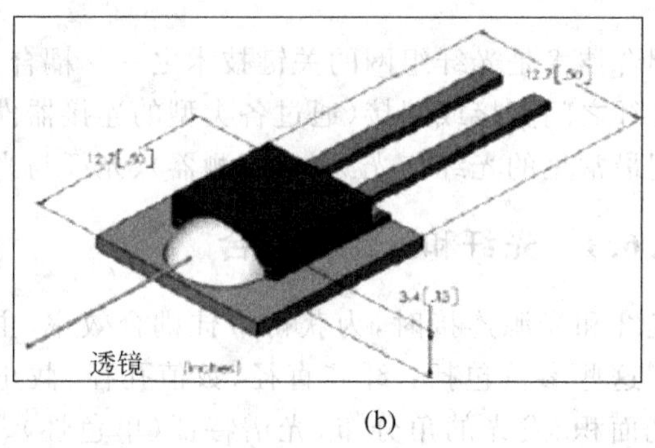

(b)

图 3-6-1 楔型透镜光纤耦合

这种光学平面封装设计的主要优点是小尺寸、可垂直叠装、无流质和胶、完全密封、低热效应、低成本和高输出功率(出纤功率大于 6W)。所有的封装过程是在无流体环境中进行的无胶的密封封装,使激光器的运行可靠性很高。使用材料和封装程序的节省降低了封装成本,并因消除了所有非垂直装配步骤使得自动化封装带尾纤输出的半导体激光器成为可能。另外,该设计还具有固定的无源连接部分和集成的光纤耦合等。这种耦合方式被誉为半导体封装的第二类技术,产品已广泛用于光纤激光器、光纤遥感、光纤测距等领域。

2. 半导体发光二极管和光纤的耦合

半导体发光管和半导体激光器从耦合的角度看,其主要差别是:前者为自发辐射,光发射的方向性差,近似于均匀的面发光器件,发光性能类似于余弦发光体;后者为受激辐射,光发射方向性好,光强为高斯分布。发光二极管和光纤用透镜耦合的方式与前述激光器和光纤耦合的方式相似,不再重复。

3.6.2 光纤和光纤的直接耦合

光纤与光纤的直接耦合有固定连接和活动连接两种方式。固定连接即光纤熔接,是采用光纤熔接机实现,其优点是插入损耗小、稳定性好,缺点是不灵活和不方便调试。活动连接即利用光纤连接器和法兰盘实现光纤与光纤的直接耦合。常用的连接器类型有两类，即裸纤连接器和跳线。裸纤连接器又分为裸纤适配器、V 型槽和接续子等几种，并且根据连接头的类型不同有 FC、ST、SC 等子类别。如图 3-6-2 所示是这些器件的实物照片。

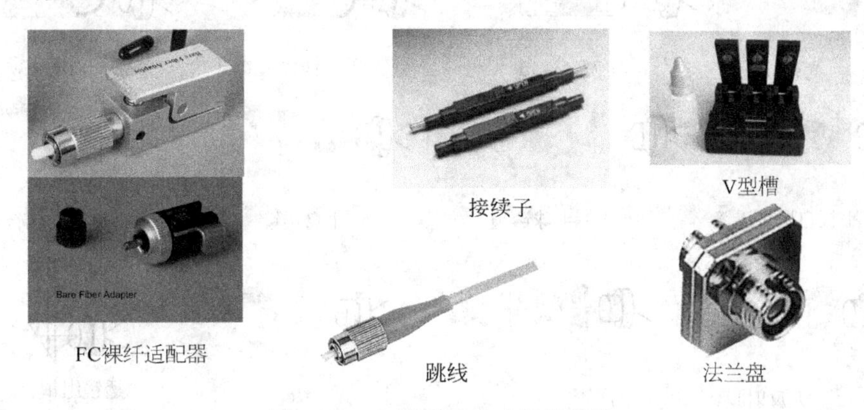

图 3-6-2　各类型活动光纤连接器

在计算损耗时，根据相互耦合的光纤的不同类型分别考虑。

(1) 多模光纤之间的直接耦合

对于多模光纤的直接耦合，主要考虑两光纤直接对接时由于轴偏离、轴倾斜等对耦合损耗的影响，此外，还应考虑光纤端面的不完整性(倾斜或弯曲)对耦合损耗的影响，以及光纤种类不同对耦合损耗的影响。

(2) 单模光纤之间的直接耦合

单模光纤直接耦合与多模光纤耦合的主要差别是：对多模光纤其端面光功率分布视为均匀分布，而对单模光纤其端面光功率则视为高斯分布。

关于光纤损耗的计算可参考第 2 章和其他有关资料。

3.6.3　多模光纤通过透镜耦合

光纤和透镜耦合时主要应考虑两者数值孔径的匹配以及透镜的像差。随着微电子技术的不断进步，二元光学得以迅速发展。于是有人在研制利用微型相位光栅以改变半导体激光器输出光波的空间分布：由长条形分布改变为圆对称分布，以提高半导体激光器和光纤的耦合效率。预计此法有较好前景。

本节举例列出实用光纤用耦合透镜及其耦合方式，图 3-6-3 给出了光源和光纤耦合的一些典型的光路简图。

对于单模光纤的耦合，其微型元件的制造、定位、固位以及抗干扰等问题都比多模光纤的耦合要困难，因为这时光纤的芯径要小很多。光纤和光纤，光纤和光源的耦合是光纤技术中的一个研究热点。详情可参看有关文献。

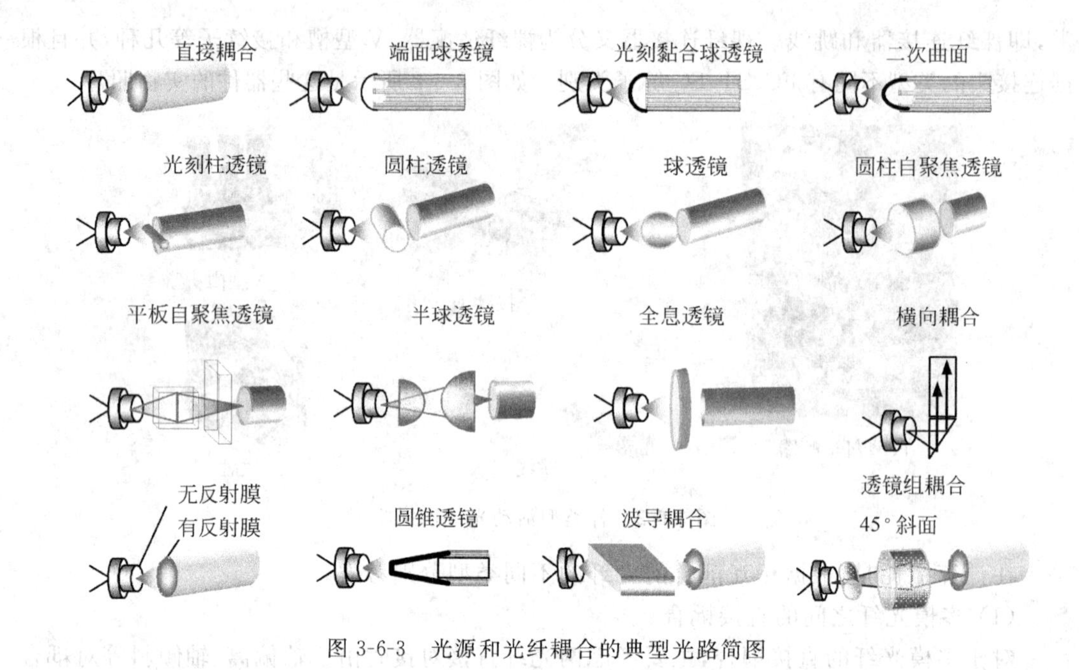

图 3-6-3　光源和光纤耦合的典型光路简图

3.7　光纤中光波的控制技术

在光传感器和光传感网络中，经常需要控制光波的偏振态、光波的波长、频率、相位以及光波的强度等。为此，需选用一些专门的光器件，以满足这方面的使用要求。选择合适的光纤器件是保障系统整体性能的关键。本节在第 2 章所介绍的光纤无源及有源器件的基础之上，从器件性能和工艺等几个方面，再通过几种典型的光纤器件，介绍在选择光纤器件时应考虑的核心问题。

3.7.1　光纤偏振器

1. 光纤偏振控制器

一般光学系统均采用波片来改变光波场的偏振态。在光纤系统中可采用更简单的方法：利用弹光效应改变光纤中的双折射，以控制光纤中光波的偏振态。由光纤光学的讨论可知，当光纤在 x-z 平面弯曲时，由于应力作用，光纤折射率发生变化，对于石英光纤可得

$$\delta n = \Delta n_x - \Delta n_y = -0.133\left(\frac{a}{R}\right)^2 \tag{3-7-1}$$

其快轴位于弯曲平面内，慢轴垂直于弯曲平面。因此利用弯曲光纤的双折射效应，可以制

成波片，对于弯曲半径为 R 的 N 圈光纤，如选择适当的 N,R 使得

$$|\delta n| 2\pi NR = \frac{\lambda}{m} \quad (m = 1,2,3,\cdots)$$

则该光纤圈即成为 λ/m 波片。例如，对于 $\lambda=0.63\mu\text{m}$ 的红光，把纤芯半径为 $62.5\mu\text{m}$ 的光纤绕成 $R=20.6\text{mm}$ 的一个光纤圈时，就成为 $\lambda/4$ 波片；若绕两圈，则构成 $\lambda/2$ 波片。

图 3-7-1 为光纤偏振控制器的装置图，其工作原理如下：当改变光纤圈的角度时，便改变了光纤中双折射轴主平面方向，产生的效果与转动波动的偏振轴方向一样，因此在光纤系统中加入这种光纤圈，并适当转动光纤圈的角度，就可控制光纤中双折射的状态。常用的偏振控制器一般由 $\lambda/4$ 光纤圈和 $\lambda/2$ 光纤圈组成。适当调节此两光纤圈的角度，就可获得任意方向的线偏振光。

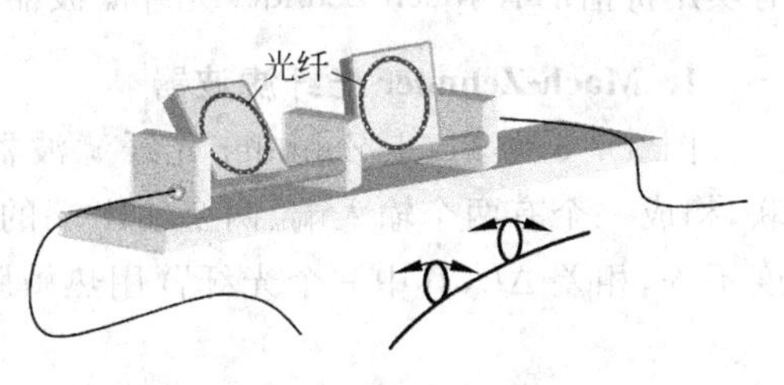

图 3-7-1　光纤偏振控制器装置图

2. 保偏光纤偏振器

利用高双折射光纤构成光纤偏振器的设计思想是：利用光纤包层中的渐逝场，把高双折射光纤中两偏振分量之一泄漏出去(高损耗)，使另一偏振分量在光纤中无损(实际是低损)地传输，从而在光纤出射端获得单偏振光。具体结构方式可有多种，下面仅以一种已实用的器件为典型例进行说明。

器件结构如图 3-7-2 所示，用镀金属膜的办法吸收一个偏振分量，以构成光纤偏振器。在石英或玻璃基片上开一弧形槽，保偏光纤定轴后胶固于其中，经研磨抛光到光场区域，然后在上表面镀一层金属膜，在此处介质和金属形成一复合波导。当光纤中的偏振光到达此区域时，TM 波导能够激发介质-金属表面上的表面波，使其能量从光纤耦合到介质-金属复合波导中，进而被损耗掉；而 TE 波不发生这种耦合，能够几乎无损耗地通过此区域，从而在输出中得到单一的 TE 偏振光。

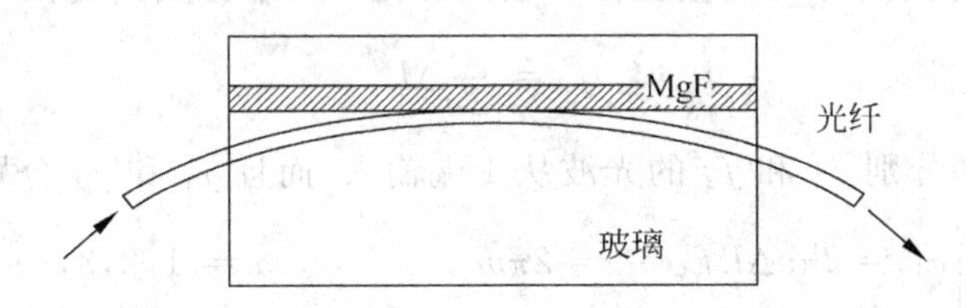

图 3-7-2　镀金属膜的光纤偏振器示意图

用这种方法制作保偏光纤偏振器需解决的技术关键有：光纤定轴、研磨深度的检测、薄膜蒸镀以及性能的检测等问题。偏振器要实现 40dB 的消光比，定轴误差不能超过 $0.5°$，研磨深度则应在研磨过程中精确监测，一般是通过泄漏能的检测来推算研磨深度。

目前用这种方法制成的保偏光纤偏振器性能指标可以达到：消光比大于 40dB，插入损耗小于 0.5dB 的水平。

3.7.2 光纤滤波器

利用光纤耦合器和光纤干涉仪的选频作用可以构成光纤滤波器。目前研究得比较多且有实用价值的有 Mach-Zehnder 光纤滤波器、Fabry-Perot 光纤滤波器、光栅光纤滤波器等。

1. Mach-Zehnder 光纤滤波器

图 3-7-3 为 Mach-Zehnder 光纤滤波器的结构示意图，它由两个 3dB 光纤耦合器串联，构成一个有两个输入端、两个输出端的光纤 Mach-Zehnder 干涉仪。干涉仪的两臂长度不等，相差 ΔL，其中一个光纤臂用热敏膜或压电陶瓷（PZT）进行调整，以改变 ΔL。

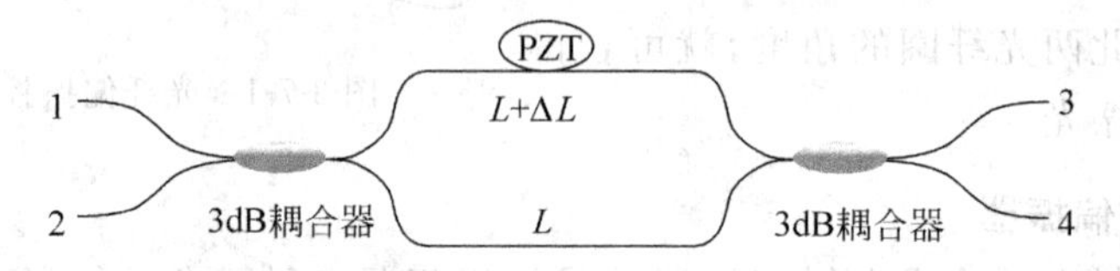

图 3-7-3　Mach-Zehnder 光纤滤波器结构示意图

Mach-Zehnder 光纤滤波器的原理是基于耦合波理论，其传输特性为

$$\left.\begin{aligned} T_{1\to 3} &= \cos^2\left(\frac{\varphi}{2}\right) \\ T_{1\to 4} &= \sin^2\left(\frac{\varphi}{2}\right) \end{aligned}\right\} \tag{3-7-2}$$

$$\varphi = 2\pi \Delta L n f \frac{1}{c}$$

式中，f 是光波频率；n 是光纤的折射率；c 是真空中光速。由此可见，从干涉仪 3、4 两端口输出的光强随光波频率和 ΔL 呈正弦和余弦变化。对于光频其变化周期 f_s 可写成：

$$f_s = \frac{c}{2n}\Delta L$$

因此，若有两个频率分别 f_1 和 f_2 的光波从 1 端输入，而且 f_1 和 f_2 分别满足

$$\begin{cases} \varphi_1 = 2\pi n \Delta L f_1 \dfrac{1}{c} = 2\pi m & m = 1,2,3,\cdots \\ \varphi_2 = 2\pi n \Delta L f_2 \dfrac{1}{c} = 2\pi\left(m + \dfrac{1}{2}\right) & m = 1,2,3,\cdots \end{cases}$$

则有

$$T_{1\to 3} = 1,\quad T_{1\to 4} = 0 \quad f = f_1$$
$$T_{1\to 3} = 1,\quad T_{1\to 4} = 1 \quad f = f_2$$

该结果说明,在满足式(3-7-2)的条件下,从1端输入的频率不同的光波将被分开,其频率间隔为

$$f_c = f_s = \frac{c}{2n\Delta L} \tag{3-7-3}$$

或

$$\Delta\lambda = \frac{\lambda_1\lambda_2}{2n\Delta L}$$

这种滤波器的频率间隔必须非常精确地控制在 f_c 上,且所有信道的频率间隔都必须是 f_c 的倍数,因此在使用时随信道数的增加,所需的 Mach-Zehnder 光纤滤波器为 2^n-1(2^n 为光频数)个。图 3-7-4 为 4 个光频的滤波器,需两级共 3 个 Mach-Zehnder 光纤滤波器,频率间隔一般为 GHz 最级。

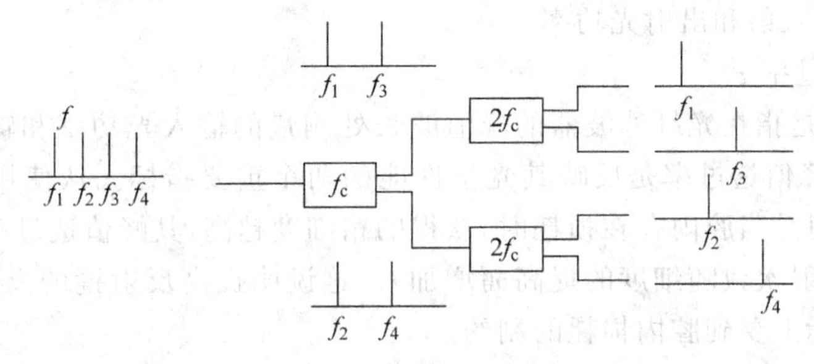

图 3-7-4 级联 Mach-Zehnder 光纤滤波器

2. Fabry-Perot 光纤滤波器

利用光纤 Fabry-Perot 干涉仪的谐振作用即可构成滤波器。光纤 Fabry-Perot 滤波器(fiber Fabry-Perot filter,FFPF)的结构主要有三种。

(1) 光纤波导腔 FFPF

图 3-7-5(a)是其结构的示意图,光纤两端面直接镀高反射膜,腔长(即光纤长度)一般为厘米到米量级,因此自由谱区较小。

(2) 空气隙腔 FFPF

这种结构的 F-P 腔是空气隙,如图 3-7-5(b)所示,腔长一般小于 10μm,因此自由谱区较大。由于空气腔的模场分布和光纤的模场分布不匹配,致使这种结构的腔长不能大于 10μm,插入损耗也比较大。

(3) 改进型波导腔 FFPF

这种结构的特点是:可通过中间光纤波导段的长度来调整其自由谱区,图 3-7-5(c)为其结

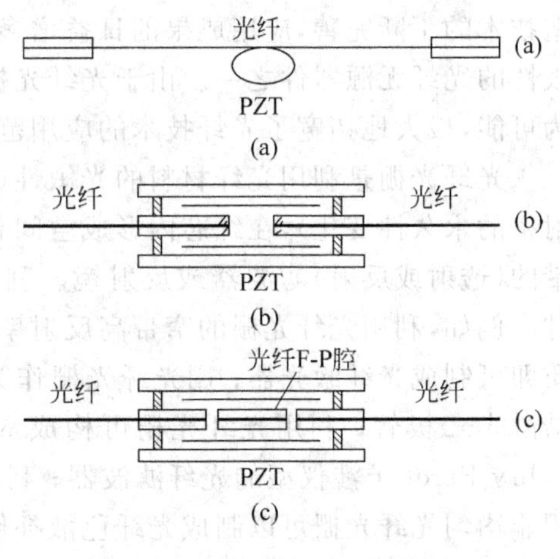

图 3-7-5 FFPF 结构示意图

构示意图。其光纤长度一般为 100μm 到几厘米。这正好填补了上面两种 FFPF 的自由谱区的空白,同时也改善了空气隙腔 FFPF 存在的模式失配和插入损耗。

FFPF 一般用 4 个指标来衡量其性能。这几个指标是:

(1) 自由谱区(free spectrum range,FSR)

自由谱区定义为光滤波器的相邻两个透过峰之间的谱宽,也就是光纤滤波器的调谐范围。$FSR=\lambda_1-\lambda_2$。

(2) 细度 N

细度 N 定义为 $FSR/\delta\lambda$。$\delta\lambda$ 为光纤滤波器透过峰的半宽度。

(3) 插入损耗

插入损耗反映了入射光波经光纤滤波器后衰减的程度,损耗值为 $-10\lg(P_1/P_1)$,其中 P_1,P_2 分别为入射和出射光功率。

(4) 峰值透过率 τ

峰值透过率是指在光纤滤波器的峰值波长处测量的输入光功率和输出光功率之比。FFPF 的细度和峰值透过率是反映其光学性能的两个重要指标。从使用角度看,希望这两个指标要高,但是当腔内存在损耗时,获得的精细度越高,其峰值透过率就越低(由于光在腔内的等效反射次数随细度的提高而增加)。这说明提高反射镜的反射率并不能任意提高细度,它实际上受到腔内损耗的制约。

3.7.3 光纤光栅

光纤光栅是最近几年发展最为迅速的光纤无源器件之一。自从 1978 年 K. O. Hill 等人首先在掺锗光纤中采用驻波写入法制成世界上第一只光纤光栅以来,由于它具有许多独特的优点,因而在光纤通信、光纤传感等领域均有广阔的应用前景。随着光纤光栅制造技术的不断完善,应用成果的日益增多,光纤光栅已成为目前最有发展前途、最具有代表性的光纤无源器件之一。由于光纤光栅的出现,使许多复杂的全光纤通信和传感网成为可能,极大地拓宽了光纤技术的应用范围。

光纤光栅是利用光纤材料的光敏性(外界入射光子和纤芯内锗离子相互作用引起折射率的永久性变化),在纤芯内形成空间相位光栅,其作用实质上是在纤芯内形成一个窄带的(透射或反射)滤波器或反射镜。利用这一特性可构成许多性能独特的光纤无源器件。例如,利用光纤光栅的窄带高反射率特性构成光纤反馈腔,依靠掺铒光纤等为增益介质即可制成光纤激光器;用光纤光栅作为激光二极管的外腔反射器,可以构成外腔可调谐激光二极管;利用光纤光栅可构成 Michelson 干涉仪型、Mach-Zehnder 干涉仪型和 Fabry-Perot 干涉仪型的光纤滤波器;利用闪耀型光纤光栅可以制成光纤平坦滤波器;利用非均匀光纤光栅可以制成光纤色散补偿器等。此外,利用光纤光栅还可制成用于检测应力、应变、温度等诸多参量的光纤传感器和各种光纤传感网。

对光纤光栅的主要研究内容有三方面：光栅的写入技术(尤其是非周期光栅的写入技术)，光栅的传输和传感特性，光栅的应用。

1. 光纤布拉格光栅的理论模型

光敏光纤布拉格光栅(fiber Bragg grating，FBG)的原理是由于光纤芯区折射率周期变化造成光纤波导条件的改变，导致一定波长的光波发生相应的模式耦合，使得其透射光谱和反射光谱对该波长出现奇异性，图 3-7-6 是其折射率分布模型。这只是一个简化图形，实际上光敏折射率改变的分布将由照射光的光强分布所决定。对于整个光纤曝光区域，可以由下列表达式给出折射率分布较为一般的描述：

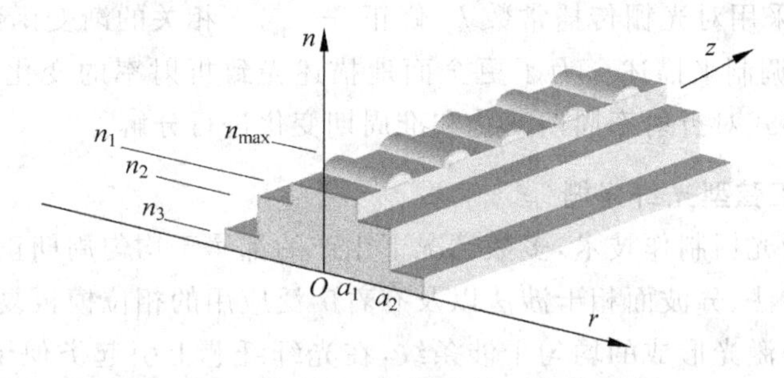

图 3-7-6 光纤光栅折射率分布示意图

$$n(r,\varphi,z)=\begin{cases}n_1[1+F(r,\varphi,z)] & |r|\leqslant a_1\\ n_2 & a_1<|r|\leqslant a_2\\ n_3 & |r|>a_2\end{cases} \tag{3-7-4}$$

式中 $F(r,\varphi,z)$为光致折射率变化函数，具有如下特性：

$$F(r,\varphi,z)=\frac{\Delta n(r,\varphi,z)}{n_1}$$

$$|F(r,\varphi,z)|_{\max}=\frac{\Delta n_{\max}}{n_1}\quad(0<z<L)$$

$$F(r,\varphi,z)=0\quad\quad(z>L)$$

其中，a_1 为光纤纤芯半径；a_2 为光纤包层半径；n_1 为纤芯初始折射率；n_2 为包层折射率；$\Delta n(r,\varphi,z)$为光致折射率变化；$\Delta n_{\max}$ 为折射率最大变化量。

因为制作光纤光栅时需要去掉包层，所以这里的 n_3 一般指空气折射率。之所以式中出现 r 和 φ 坐标项，是为了描述折射率分布在横截面上的精细结构。

在式(3-7-4)中隐含了如下两点假设：第一，光纤为理想的阶跃型光纤，并且折射率沿轴向均匀分布；第二，光纤包层为纯石英，由紫外光引起的折射率变化极其微弱，可以忽略不计。这两点假设有实际意义，因为目前实际用于制作光纤光栅的光纤，多数是采用改进化学汽相沉积法(MCVD)制成，且使纤芯重掺锗以提高光纤的紫外光敏性。这使得实际的折射率分布很接近于理想阶跃型，因此采用理想阶跃型光纤模型不会引入与实际情况相差很大的误差。此外，光纤包层一般为纯石英，虽然它对紫外光波也有一定的吸收作用，但很难引起折射率的变化，而且即使折射率有微弱变化，也可由调整 Δn 的相对值来获得补偿，因此完全可以忽略包层的影响。

为了给出 $F(r,\varphi,z)$ 的一般形式，必须对引起这种折射率变化的光波场进行详尽分析。目前采用的各类写入方法中，紫外光波在光纤芯区沿 z 向光场能量分布大致可分为如下几类：均匀正弦型、均匀方波型和非均匀方波型。从目前的实际应用来看，非均匀性主要包括光栅周期及折射率调制沿 z 轴的渐变性、折射率调制在横截面上的非均匀分布等，它们分别可以采用对光栅传播常数 k_g 修正——与 z 相关的渐变函数 $\varphi(z)$，以及采用 $\Delta n(r)$ 代表折射率调制来描述。为了更全面地描述光致折射率的变化函数，可以直接采用傅里叶级数的形式对折射率周期变化和准周期变化进行分解。

2．均匀周期正弦型光纤光栅

用目前的光纤光栅制作技术，多数情况下生产的都属于均匀周期正弦型光栅，如最早出现的全息相干涉法、分波面相干涉法以及有着广泛应用的相位模板复制法，都是在光纤的曝光区利用紫外激光形成的均匀干涉条纹，在光纤纤芯上引起类似干涉条纹结构的折射率变化。尽管在实际制作中很难使折射率变化严格遵循正弦结构，但对于这种结构光纤光栅的分析仍然具有相当的理论价值，可以在此基础之上展开对各种非均匀性（由曝光光斑的非均匀性、光纤自身的吸收作用、光纤表面的曲面作用等引起）影响的讨论。

在这种情况下，折射率微扰可写成

$$\Delta n(r) = \Delta n_{\max}\cos(kz) = \Delta n_{\max}\cos\left(\frac{2\pi}{\Lambda}z\right) \tag{3-7-5}$$

这里忽略了光栅横截面上折射率分布的不均匀性，即取 $F_0(r,\varphi,z)=1$，且不存在高阶谐波，这样，耦合波方程可简化为

$$\left.\begin{aligned}\frac{\mathrm{d}A_s^{(-)}}{\mathrm{d}z} &= KA_s^{(+)}\exp[\mathrm{i}(2\Delta\beta z)]\\ \frac{\mathrm{d}A_s^{(+)}}{\mathrm{d}z} &= K^*A_s^{(-)}\exp[-\mathrm{i}(2\Delta\beta z)]\end{aligned}\right\} \tag{3-7-6}$$

其中耦合系数 $K=\mathrm{i}k_0\Delta n_{\max}$。相应地可得正弦型光栅的相位匹配条件为

$$\left.\begin{aligned}\Delta\beta &= \frac{K}{2}-\beta_s = 0\\ \lambda_B &= 2n_{\mathrm{eff}}\Lambda\end{aligned}\right\} \tag{3-7-7}$$

此式即为均匀正弦分布光栅的布拉格方程，式中 n_{eff} 为第 s 阶模式的有效折射率。对于单模光纤，如果不考虑双折射效应，仅存在一个 n_{eff}；但是对于少模或多模光纤，则可能有数个模式同时满足相位匹配条件，从而得出 n_{eff} 不同的数个布拉格方程。这种光栅在光纤传

感方面有着较为特殊的应用。

为了求解式(3-7-6)所示的耦合波方程，必须先得到光纤光栅区域的波导边界条件。可以认为在光栅的起始区，前向波尚未发生与后向波的耦合，所以必存在 $A_s^{(+)}(0)=1$。而在光栅的结束区域，由于折射率微扰不复存在，也就不可能产生出新的后向光波，所以必存在 $A_s^{(+)}(L)=0$，据此边界条件可解出耦合波方程(3-7-6)。

很显然，方程组(3-7-6)可合并为 $A_s^{(+)}$ 和 $A_s^{(-)}$ 的二阶线性微分方程，求解该方程并利用边界条件可得

$$\begin{aligned} A_s^{(+)} &= \exp(-\mathrm{i}\Delta\beta z)\frac{-\Delta\beta\sinh[(z-L)S]+\mathrm{i}S\cosh[(z-L)S]}{\Delta\beta\sinh(SL)+\mathrm{i}S\cosh(SL)} \\ A_s^{(-)} &= \exp(\mathrm{i}\Delta\beta z)\frac{\mathrm{i}K\sinh[(z-L)S]}{\Delta\beta\sinh(SL)+\mathrm{i}S\cosh(SL)} \end{aligned} \tag{3-7-8}$$

式中 $S=\sqrt{K^2-(\Delta\beta)^2}$。

结合 E_z 表达式，可求得前向光波场和后向光波场分别为

$$\left.\begin{aligned} E_z^{(+)}(r,t) &= A_s^{(+)}\xi_z^{(s)}(r,\varphi)\exp[\mathrm{i}(\omega t-\beta_s z)] \\ E_z^{(-)}(r,t) &= A_s^{(-)}\xi_z^{(s)}(r,\varphi)\exp[\mathrm{i}(\omega t+\beta_s z)] \end{aligned}\right\} \tag{3-7-9}$$

由上述诸式可得光栅的反射率 R 和透射率 T 的表达式如下：

$$R=\frac{P^{(-)}(0)}{P^{(+)}(0)}=\frac{|E_z^{(-)}(r,t)|_{Z=0}|^2}{|E_z^{(+)}(r,t)|_{Z=0}|^2}=\frac{K^2\sinh^2(SL)}{\Delta\beta^2\sinh^2(SL)+S^2\cosh^2(SL)} \tag{3-7-10}$$

$$T=\frac{P^{(+)}(L)}{P^{(+)}(0)}=\frac{|E_z^{(+)}(r,t)|_{Z=L}|^2}{|E_z^{(+)}(r,t)|_{Z=0}|^2}=\frac{S^2}{\Delta\beta^2\sinh^2(SL)+S^2\cosh^2(SL)} \tag{3-7-11}$$

显然上式遵守能量守恒关系 $R+T=1$。由此式可知，对于理想正弦型光栅，光栅区仅发生同阶模前后向之间的能量耦合，其总能量与相对应的普通光纤本征模能量一致。图 3-7-7 给出了一组不同参数下计算得到的光纤光栅反射谱及透射谱曲线。可以看出，光栅反射率与折射率调制 Δn 及光栅长度 L 成正比。Δn 越大，L 越长，则反射率越高；反之，反射率越低。同时可以看出，反射谱宽也与 Δn 成正比，但与 L 成反比关系。

在完全满足相位匹配的条件下，可对式(3-7-10)和式(3-7-11)进一步化简而得到布拉格波长的峰值反射率，此时值 $\Delta\beta=0$，故 $S=K$，得

$$\left.\begin{aligned} R &= \tanh^2(SL) = \tanh^2\left(\frac{\pi\Delta n_{\max}}{\lambda_B}L\right) \\ T &= \cosh^{-2}(SL) = \cosh^{-2}\left(\frac{\pi\Delta n_{\max}}{\lambda_B}L\right) \end{aligned}\right\} \tag{3-7-12}$$

光纤光栅的半峰值宽度(FWHM)$\Delta\lambda_H$ 定义为

$$R\left(\lambda_B\pm\frac{\Delta\lambda_H}{2}\right)=\frac{1}{2}R(\lambda_B) \tag{3-7-13}$$

为求解上述方程，必须对式(3-7-12)进行化简，因 SL 一般较小，故可对式中的指数项采

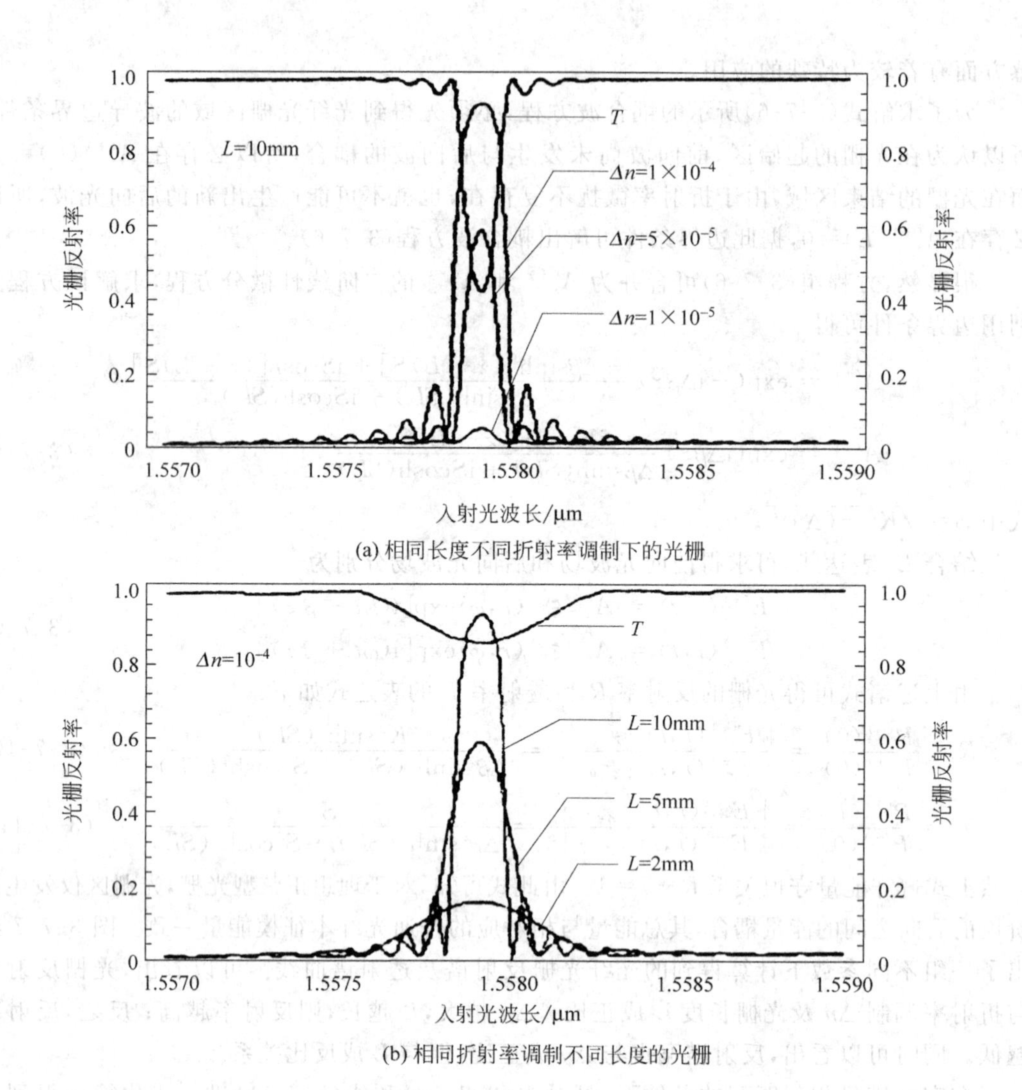

(a) 相同长度不同折射率调制下的光栅

(b) 相同折射率调制不同长度的光栅

图 3-7-7　光纤光栅反射谱、透射谱与光纤参数的关系

用零点附近泰勒展开，忽略高阶小项，利用式(3-7-13)并经化简得到带宽的近似分式为

$$\left(\frac{\Delta\lambda_{\mathrm{B}}}{\lambda_{\mathrm{B}}}\right)^2=\left(\frac{\Delta n_{\max}}{2n_{\mathrm{eff}}}\right)^2+\left(\frac{\Lambda}{L}\right)^2 \tag{3-7-14}$$

3.7.4 光隔离器

利用光纤材料的法拉第效应 $\theta=VHL$ 可以构成光纤隔离器，式中 θ 是在磁场强度 H(沿光纤轴方向)作用下，在光纤中传输的光的偏振面的转角，L 是在磁场中的光纤长度，V 是光纤材料的 Verdet 系数。利用光纤做隔离器的主要问题是：一般低损光纤材料的

Verdet 系数都很小,因此,要获得 45°转角,就需要很长的光纤处于强磁场中。这是光纤隔离器实用化的主要问题之一。利用高 Verdet 材料制成单晶光纤以构成隔离器是解决此问题的途径之一。

图 3-7-8(a)是目前广泛使用的偏振无关光隔离器的原理图。图中 P_1、F、R、P_2 分别为双折射晶片、法拉第旋光片、自然旋光片、双折射晶片。入射光经双折射晶片 P_1 后,分为光振动方向(光波的电矢量)相互垂直的 a、b 两束光进入法拉第旋光片 F,法拉第旋光片 F 使 a、b 两束光的振动方向均旋转 45°。a、b 两束光经自然旋光片 R 后,振动方向再旋转 45°。所以 a、b 两束光进入双折晶片 P_2 时,其光电矢量方向已旋转 90°。因此在晶片 P_1 中的 O 光(寻常光——光振动方向垂直图面),即光束 a 到晶片 P_2 中后就成为光振动方向在图面内的 e 光(异常光)。反之,在晶片 P_1 中的 e 光(异常光——光振动方向在图面内),即光束 b 到晶片 P_2 中后就成为光振动方向垂直图面的 O 光(寻常光)。从晶片 P_2 出射后,a、b 两光束合成一束出射(由于晶片 P_1,P_2 厚度相同,光轴取向也相同)。这时,如果出射光因反射等原因而反向传播时,其光振动旋转方向就和正向传播不同。这时法拉第旋光片 F 和自然旋光片 R 使光振动的旋转方向相反。光束 a 从旋光片 F 出射后,其光振动方向仍在图面内(和通过晶片 P_2 时的振动方向相同),因此光束 a 通过晶片 P_1 时为 e 光,要发生偏折。同时光束 b 通过晶片 P_1 时,为 O 光(光振动方向垂直图面),不发生偏折。由图可见,反射光通过晶片 P_1 后和入射光不重合,如图 10-7-8(b)所示。可见这种器件可阻止反射光沿入射光方向反向传输,故称之为光隔离器。

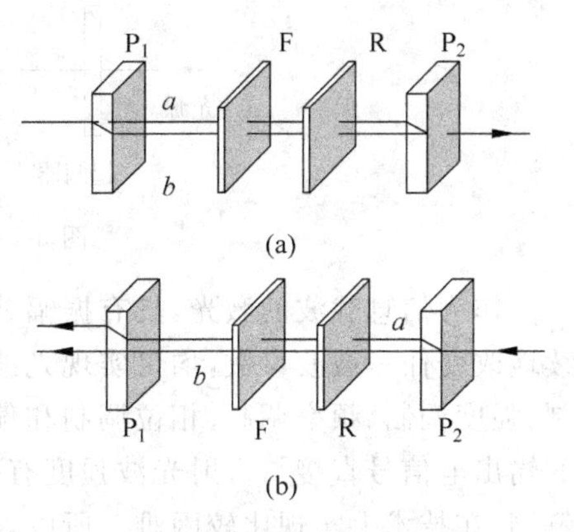

图 3-7-8　光隔离器原理图

3.7.5　光调制器

1. 电光效应光调制器

目前的光纤通信系统和光传感系统基本上是采用基于电光晶体(如 $LiNbO_3$)电光效应制成光调制器,图 3-7-9 为其基本构形。电光效应调制器是利用某些电光晶体,例如铌酸锂晶体($LiNbO_3$)、砷化镓晶体(GaAs)和钽酸锂晶体($LiTaO_3$)的电光效应而制成。所谓电光效应是指外电场加到晶体上引起晶体折射率的变化的效应,从而影响光波在晶体中传播特性变化,实质上是电场作用引起晶体的非线性电极化。实验表明,折射率的变化(Δn)与外加电场(E)有着复杂的关系,可以近似地认为 Δn 与($r|E|+R|E|^2$)成正比。括号中的第一项与电场成线性关系,这个现象称之为普克尔(Pockel)效应,括号中的第二项与电场成平方关系,这个现象称之为克尔(Kerr)效应。由于系数 r 和 R 均甚小,所以对

于体电光晶体而言要使折射率获得明显的变化，需要加上 1000V 甚至 10000V 的电压。为此，通常采用极薄的光波导结构。

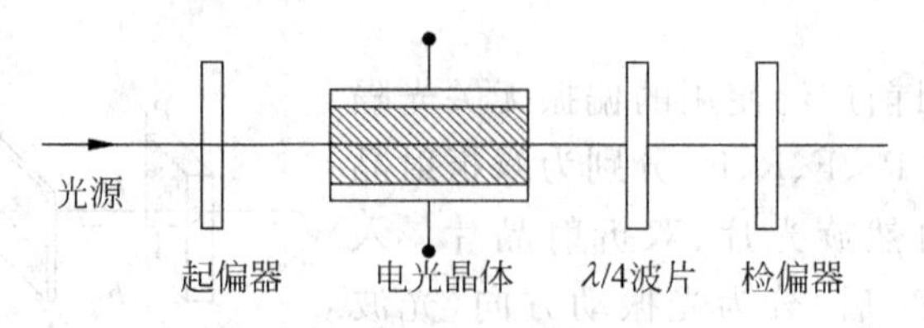

图 3-7-9　电光调制器原理图

作为信息载波的激光，具有振幅、强度、频率、相位和偏振等载波参数。利用电信号连续地改变任一载波参数，均可实现光波的调制。根据被调制的载波参数，分别称为幅度调制、强度调制、频率调制、相位调制和偏振调制，这些调制统称为模拟调制。由于光探测器的输出电信号直接与入射光波强度有关，而相位调制和频率调制必须采用外差接收机来解调，在技术上实现比较困难。所以，在光波的模拟调制中一般都采用强度调制。然而，相位调制是构成强度调制以及其他类型调制的基础，图 3-7-10 为 $LiNbO_3$ 电光相位调制器的立体结构和剖面结构。

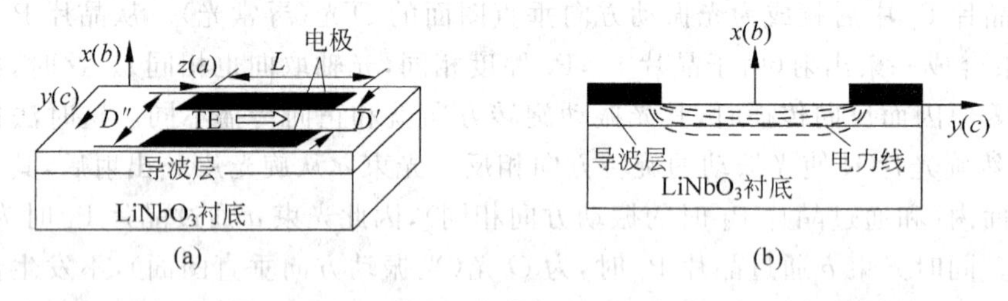

图 3-7-10　$LiNbO_3$ 电光波导相位调制器的立体结构和剖面结构

设外电场作用区为 $0<Z<L$，则导模在 $Z=L$ 处的相位为

$$\varphi = (\beta_\mu + K_{\mu\mu})L = (N_{\text{eff}} + \Delta n_{\text{eff}})kL \tag{3-7-15}$$

式中，$K_{\mu\mu}$ 是自耦合系数，其值等于外电场引起导模传播常数 β_μ 的增量，即 $\Delta\beta_\mu = K_{\mu\mu}$；$N_{\text{eff}}$ 和 ΔN_{eff} 分别为导模的有效折射率和受外电场作用而产生的增量；k 为耦合系数；L 为外电场作用区长度。由外电场引起的相位变化量 $\Delta\varphi$ 为

$$\Delta\varphi = K_{\mu\mu}L = \Delta N_{\text{eff}}kL \tag{3-7-16}$$

对于一个正弦调制，$\Delta\varphi(t)$ 可表示如下：

$$\Delta\varphi(t) = \eta_\varphi \sin\omega_{\text{m}} t \tag{3-7-17}$$

式中，ω_{m} 为调制频率；η_φ 为调相指数，且

$$\eta_\varphi = \frac{2\,\bar{n}}{\lambda}\Delta\bar{N}_{\text{eff}}L \tag{3-7-18}$$

其中，$\Delta\bar{N}_{\text{eff}}$ 是 ΔN_{eff} 的峰值。

2. 强度调制器

两个光波相位调制器的组合便可构成一个强度调制器,换句话说,两个调相波相互干涉就可构成调强波(强度受到调制的波),相应的光波器件叫做干涉式光波导强度调制器,图 3-7-11 是一个分支波导干涉式调制器的构形,即通常所称的 Mach-Zehnder 干涉仪(MZI)强度调制器。如图所示,在输入波导中传播的 E_{11}^{y} 基模经过第一个分支波导分割成功率相等的两束光,分别馈入两个结构完全相同的直波导中,作为这个直波导中的 E_{11}^{y} 基模传播。这两个导模分别受到大小相等而符号相反的电场 E_y 的作用,并经过电光系数为 γ_{33} 的晶体变成调相波。这两个调相波在第二个分支波导的汇合处相互干涉,并进入输出波导中作为 E_{11}^{y} 基模的调强波传播。

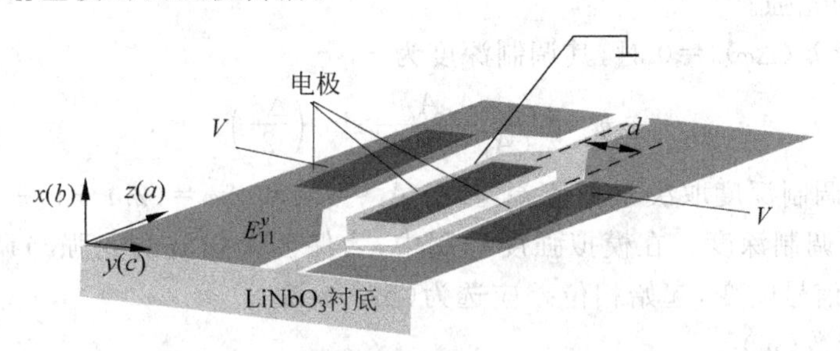

图 3-7-11 $LiNbO_3$ 分支波导干涉式强度调制器

根据电光晶体的应用方式,可把电光效应分为纵向和横向电光效应。强度调制器属于横向电光调制器,由于电场是横向,因此能确保在一恒定电场作用下提供较长的电光作用区;同时它的电极不需透光,因此电极不必采用透光材料制作。在线性限度内,电感应的折射率变化与电场强度成正比,由此引起的相位延迟和 $E \cdot L$ 成正比,$E \cdot L$ 的表式为

$$E \cdot L = (c/d) \cdot L = c(L/d) \tag{3-7-19}$$

式中,d 为电极间距离;c 为光速。由此可见,电感应相位的延迟量与调制器的几何纵横比(L/d)成正比。显然,强度调制器更适合制作低驱动电压的高效调制器。电光调制除利用固定电场外,还使用行进的微波电场来驱动,这种行波驱动的调制器叫做行波调制器,它的优点是具有高的调制中心频率,且可获得很大的调制带宽。为了得到较好的电光调制性能,要求晶体有大的电光系数和电阻率,且对所用波长透明。

3. 磁光效应光调制器

磁光效应又称法拉第效应。图 3-7-12 是利用磁光效应构成的磁光调制器的示意图。调制原理如下:经起偏器的光信号通过磁光晶体,其偏转角与调制电流有关。由于起偏器与检偏器的透光轴相互平行,当调制电流为零时,透过检偏器的光强

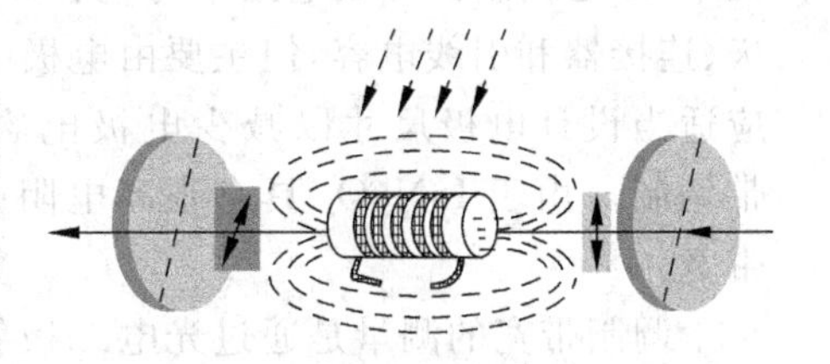

图 3-7-12 磁光调制器

最大；随电流逐渐增大，旋转角加大，透过检偏器的光强逐渐下降。利用这一原理既可制作光调制器也可制作光开关。

4. 光调制器的主要参数

(1) 调制深度(η_1)

调制深度也称调制效率，用符号 η_1 表示，定义为

$$\eta_1 = \begin{cases} |I - I_0| / I_0 & I_0 > I_m \\ |I - I_0| / I_m & I_m > I_0 \end{cases} \tag{3-7-20}$$

式中，I 为施加某一调制信号时的调强波光强；I_0 为没有调制信号时的光强；I_m 为施加最大调制信号的光强。

当起始相位差$(\Delta\varphi)_0=0$时，其调制深度为

$$\eta_1 = \frac{4A_1A_2}{(A_1+A_2)^2}\sin^2\left(\frac{\Delta\varphi}{2}\right) \tag{3-7-21}$$

由此可见，调制深度取决于相位差，且当 $A_1=A_2$ 和 $\Delta\varphi=(2m-1)\pi(m=1,2,3,\cdots)$ 时可实现100%调制深度。在模拟强度调制中，为保证调强波的光强与调制信号的线性关系，以避免光信号畸变，起始相位差应选为$(\Delta\varphi)_0=\pi/2$。

(2) 调制指数(η_φ)

调制指数 η_φ 可表示为

$$\eta_\varphi = \frac{2\pi}{\lambda}\cdot\Delta N_{eff}\cdot L \tag{3-7-22}$$

式中，ΔN_{eff}是导模受外电场作用而产生的折射率增量；L 是电极长度。

(3) 半波电压(V_π)

半波电压是调制器的调制指数 $\eta_\varphi=\pi$ 时的调制电压，用符号 V_π 表示。换句话说，半波电压是调制器从关态到开态的驱动电压，如图3-7-13所示。图中 P_{Laser} 是激光器的输出功率，P_{outmax} 是光调制器的最大输出功率，P_{outavg} 是调制器的平均输出功率。

(4) 调制带宽

调制带宽定义为

$$\Delta f_m = (\pi RC)^{-1} \tag{3-7-23}$$

式中，R 是调制器等效电路中与电容 C 并联的负载电阻；C 是调制器的集总电容，包括电极、连接器和引线电容，但主要由电极电容确定。当 $R=50\Omega$，$C=2pF$ 时，$\Delta f_m=3.2GHz$。应适当设计电极尺寸以减少电极电容。另外，调制器的晶体电阻率越高，越易实现宽带调制。由于 $LiNbO_3$ 具有很高电阻率，故利用 $LiNbO_3$ 制作的调制器可获得大的调制带宽。

调制带宽的测量是通过光电二极管之后接收的射频(RF)电功率和测得的相应于驱动调制器的RF电功率的频响，该频响是以某个频率值(如130MHz)为基准的。

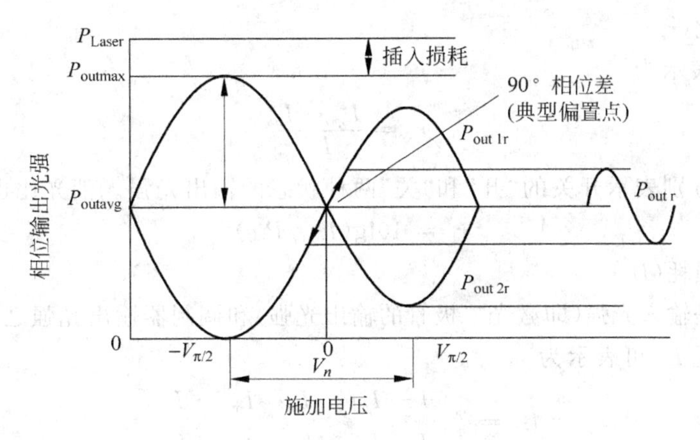

图 3-7-13 调制器的半波电压

(5) 最大调制频率

把 $\omega_{\mathrm{m}}\tau_{\mathrm{d}}=\pi/2$ 时调制频率定义为调制器的最大调制频率,可表示为

$$(f_{\mathrm{m}})_{\max}=c/4nL \tag{3-7-24}$$

式中,c 为真空中的光速;n 为导模的有效折射率;L 为电极长度。

调制带宽的上限就是最大调制频率,通常可达几千兆赫兹。为了进一步提高调制带宽,必须使用行进波的电场。光波导行波调制器是把光波导插入微波波导中或调制电极的两端分别与微波发生器和匹配终端相连而构成。它的最大调制频率为

$$(f_{\mathrm{m}})_{\max}=\frac{c}{4Ln_{\mathrm{L}}(1-n_{\mathrm{m}}/n_{\mathrm{L}})} \tag{3-7-25}$$

式中,n_{L} 和 n_{m} 分别是导模光束和调制行波的有效折射率。因此,行波调制器的带宽受到光波和调制波的相位匹配程度的限制,通过适当设计调制器结构,可实现 10GHz 以上的调制带宽。

(6) 单位带宽驱动功率

无论相位调制或是强度调制,要把一定数量的信息加在光载波上就要消耗一定的功率。强度调制器的功耗可用单位带宽的驱动功率 $P_1/\Delta f$(其量纲为 mW/MHz)来描述,P_1 为实现某一调制深度(η_1)所需的驱动功率。相位调制器的功耗可用 $P_\varphi/\Delta f(\eta_\varphi)^2$(其量纲为 mW/MHz·rad^2)来描述,$P_\varphi$ 是实现某一调相指数 η_φ 所需的驱动功率。

为了比较强度调制器和相位调制器的驱动功率,取它们之间的等效关系,即 84%的调制深度(η_1)对应于 2rad 的调相指数(η_φ),然后比较它们的功率即可。

$P_1/\Delta f$ 与调制区域的长度 L 和横截面积 S 的关系为 $P_1/\Delta f\propto S/L$。

(7) RF 增益

RF 增益可表示为 $RF_{\mathrm{in}}/RF_{\mathrm{out}}$。

(8) 消光比(r_s)

消光比可表示为

$$r_s = \frac{I_{op} - I_o}{I_{op}} \tag{3-7-26}$$

式中,I_{op}和 I_o 分别表示开关的“开”和“关”两种状态的输出光强。消光比也可写成

$$r_s = 10\lg(P_{off}/P_{on}) \tag{3-7-27}$$

(9) 插入损耗(L_s)

插入损耗是输入光强(即激光二极管的输出光强)和调制器输出光强之差,如图 3-7-13 所示。插入损耗 L_s 可表示为

$$L_s = \begin{cases} |I - I_m| / I_{in} & I_m \geqslant I_0 \\ |I - I_0| / I_{in} & I_0 > I_m \end{cases} \tag{3-7-28}$$

式中,I 为施加某一调制信号的调强波的光强;I_0 为没有调制信号时的光强;I_m 为施加最大调制信号时的光强;I_{in}为进入调制器的光强。插入损耗用分贝(dB)表示,一般要求它小于 1dB。

3.8 小　　结

本章在回顾光纤基本理论和特性(包括光纤结构、类型、弯曲、损耗和色散等)的基础上,针对光纤工艺中的常用技术(耦合技术、封装技术及光纤中光波的控制技术),从理论分析和实际应用两方面进行了较详细的阐述,并列举了大量实例供参考。这些都是光纤应用中的一些重要而又实际的问题。在有关光纤的工作中应予以重视。

思考题与习题

3.1　要使光纤对光线有聚焦作用,其折射率分布应满足何种规律?

3.2　试说明模式的含义及其特点,并比较光纤中的模式和自由空间的场解。

3.3　何谓截止和远离截止?试说明这两种情况下光纤中光场分布和传输的情况。

3.4　试说明特征方程的物理意义,分析其重要性。

3.5　试比较多模光纤和单模光纤的结构和传输特性的差别。

3.6　试分析比较纤芯半矩 a 和模场半径 s_0 的差别,以及定义两个参量的必要性。

3.7　试比较多模光纤和单模光纤色散产生的原因和大小。

3.8　减小光纤中损耗的主要途径是什么?

3.9　试分析影响单模光纤色散的诸因素,如何减小单模光纤中的色散?

3.10　分析影响光纤中双折射的诸因素。

3.11 干涉型光传感器的特点是抗干扰能力差。试分析其原因。试提出一个用于振动测量的干涉型光传感器的封装设计。

3.12 试分析比较各种光纤偏振器的基本原理。要制作一个光纤偏振器主要难点何在？试分析比较现有的各种解决方法。

3.13 试分析比较各种光纤偏振控制器的基本原理。制作光纤偏振控制器的主要难点何在？试分析比较现有各种解决方法。

3.14 制作全光纤型光纤隔离器的主要困难是什么？试设想可能的解决途径。

3.15 详细说明偏振无关的光隔离器的构造原理。

3.16 试分析比较各种光纤滤波器的基本原理及其优缺点。制作光纤滤波器的主要难点何在？试分析比较现有的各种解决方法。

3.17 试分析光纤 *M-Z* 干涉仪具有滤波和光交换功能的原理。

3.18 试分析光纤光栅的基本原理，由此讨论用光纤光栅可以构成哪些器件？分析其优缺点及应用前景。

3.19 试说明用光纤光栅能产生窄线宽的原理。

3.20 试分析比较光纤光栅几种制作方法的优缺点。

参考文献

[1] 叶培大. 光纤理论. 北京：知识出版社，1985

[2] Jeunhomme Luc B. Single-Mode Fiber Optics: Principles and Applications. Marcel Dekker, lnc. ,1993

中译本：周洋溢译. 单模纤维光学原理与应用. 南宁：广西师范大学出版社，1988

[3] 大越孝敬等著，刘时衡等译. 通信光纤. 北京：人民邮电出版社，1989

[4] 刘德森等. 纤维光学. 北京：科学出版社，1987

[5] Nye J F. Physical Properties of Crystals. Clarendon Press，1985

[6] Azzam R M A and Bashara N M. Ellipsometry and Polarized Light. North-Holland Publishing Company，1977

[7] 陈国霖. 单模光纤应力双折射及干涉型光纤传感器器件的研究：[博士学位论文]. 北京：清华大学，1989

[8] 叶培大等. 光波导技术基本理论. 北京：人民邮电出版社，1981

[9] Snyder A W and Love J D. Optical Waveguide Theory. Chapman and Hall，1983

中译本：周幼威等译. 光波导理论. 北京：人民邮电出版社，1991

[10] Born M and Wolf E. Principles of Optics. Pergamon Press，1993

中译本：杨葭荪等译. 光学原理. 北京：电子工业出版社，2005

[11] Marcuse D. Light Transmission Optics. Van Nostrand Reinhold Company，1972

[12] Marcuse D. Theory of Dielectrical Optical Waveguides. Academic Press，1974

中译本：刘弘度译.介质光波导理论.北京：人民邮电出版社,1982
[13] 廖延彪.光纤光学.北京：清华大学出版社,2000
[14] 虞丽生.光导纤维通信中的光耦合.北京：人民邮电出版社,1979
[15] 胡永明.保偏光纤偏振器研究：[博士学位论文].北京：清华大学,1999
[16] 王向阳.光纤布拉格光栅制作及其传感特性研究.[博士学位论文].北京：清华大学,1997

4 光传感信号处理技术

4.1 概　　述

光传感信号处理技术是光传感技术中的关键技术之一，它直接关系到光传感系统的性能。至于一个光传感器(或光传感系统)应采用何种信号处理技术，应对具体传感系统做具体分析。如前所述，光传感系统在原理上可分为强度调制型、相位调制型、偏振调制型和波长调制型等几类。但光传感器实际上能直接测量的物理量是光强度。各种调制类型的光传感器直接测量的都是光的强度。只是引起光强变化的原因不同。因此光传感信号处理单元就应根据引起光强变化的原理(振幅、相位等不同调制方式)，具体分析各种误差因素。再采用相应减少误差的方法，以获得高可靠、高精度的测量结果。其过程如图 4-1-1 所示。

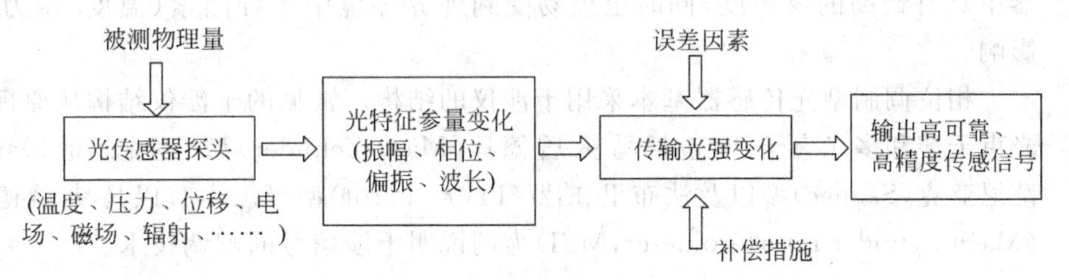

图 4-1-1　信号处理技术

1. 强度调制型光传感器

强度调制型光传感器是直接测量被测量引起的光强变化。此时应考虑光源、光探测器。光传输过程中所用的光器件(光纤、光耦合器、光开关等)所引起的光强变化。为此可采用双光路补偿、双波长补偿以及四端光网络等信号处理技术。

2. 相位调制型光传感器

相位调制型光传感器是通过光波相位的变化来检测被测量(温度、压力等)。但光波相位的变化只能通过光波的干涉进行测量。为此,这类光传感器的信号处理技术应考虑光波干涉的原理以及影响干涉的各种因素,是光传感信号处理中比较复杂的一类。本章将对此进行分析讨论。

3. 偏振调制型光传感器

偏振调制型光传感器主要是检测光波偏振态的变化。实质上是检测光波通过偏振器件后光强的变化。因此其信号检测技术和强度调制型光传感器类似。用四端光网络是一种较好的信号处理办法。

4. 波长调制型光传感器

光纤光栅用于光传感是一种典型的波长调制型光传感器。这类传感器信号检测的关键是波长微小位移的检测和弱光信号的检测。所以这类信号检测的关键技术之一是选择和设计高性能的波长位移检测器件。对此可参看有关光纤光栅检测的参考文献。

4.2 相位调制型光传感器的信号解调技术

与强度调制型、波长调制型等其他类型光纤传感技术相比,相位调制型光纤传感器以光纤中光的相位变化来表示被测物理量,而传感场中物理量的微小扰动就会引起光纤中光相位的明显变化,在采用理想相干光源和不考虑偏振问题的前提下,理论上这种相位检测可达 10^{-6} rad 的高灵敏度。因此这种基于相位调制的光纤传感器在各类光纤传感器中具有最高的灵敏度,同时也极易受到外界环境中多种因素(温度、压力、震动等)的影响。

相位调制型光传感器基本采用干涉仪的结构。常见的干涉仪结构从原理上可分为双光束干涉和多光束干涉,包括马赫-曾德耳(Mach-Zehnder)型、迈克尔逊(Michelson)型、萨尼亚克(Sagnac)型以及法布里-珀罗(Fabry-Perot)型等。本节以马赫-曾德耳型干涉仪(Mach-Zehnder interferometer,MZI)为例说明干涉信号的解调技术。

4.2.1 双光束干涉理论

光纤马赫-曾德耳型干涉仪属于双光束干涉类型,其典型结构如图 4-2-1 所示。由光源、光接收器、两个耦合器和两路光纤臂组成。相位信息的提取是通过测量两路光纤臂中传输光的相位差获得。在图 4-2-1 中,光源发出的光经过耦合器后分成两束,分别进入干涉仪的两臂。两臂间存在一个随被测量调制的相位差 $\Delta\phi$,其中一臂为参考臂,而另一臂则受到传感量(声场、压力等)的影响,称为信号臂。两束光经过第二个耦合器后发生干涉。干涉信号被光探测器接收后转化为电信号，再通过解调电路，即可得相位差 $\Delta\phi$，最终得出需要测量的传感量。

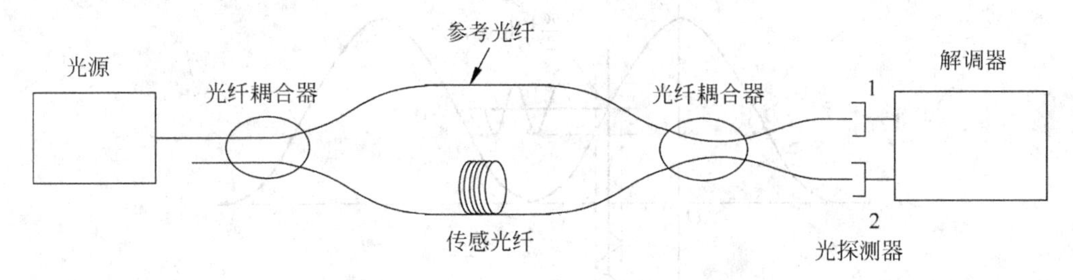

图 4-2-1　光纤 Mach-Zehnder 干涉仪

现考虑图 4-2-1 中光探测器 1 的输出，干涉仪的输出光强可写成

$$W_{\text{out}} = \frac{1}{2}W_0 10^{-\alpha l}[1 + V\cos(\Delta\phi + \phi_0)] \tag{4-2-1}$$

式中，W_0 表示光源的输出功率；α 和 l 分别表示光纤的损耗和一路光纤干涉臂的长度；V 表示干涉仪的可见度，它和光源的谱线形状、干涉仪的光程差以及光纤中光波的偏振态有关。ϕ_0 为初始相位差，它包括两个部分：一是干涉仪的光程差引入的相位差，由被测量决定；二是环境噪声(环境温度，振动等)引入的相位差，是一个缓变信号。在制作干涉仪时应该对干涉仪进行必要的封装，以减少此缓变信号对干涉仪输出信号的影响。当 $V=1$ 时，光纤干涉仪输出光强 I 与相位角 ϕ 关系见图 4-2-2。此外，公式中的系数 1/2 和干涉仪的类型有关，对于只有一个输出端的干涉仪，此系数为 1。

从式(4-2-1)可以得出干涉仪的如下两条重要特性：

(1) 干涉仪的灵敏度

干涉仪的灵敏度定义为 $\Delta\phi$ 微小变化引起的干涉仪输出 W_{out} 的变化。从图 4-2-2 中可以看出，对于不同的初始相位 ϕ_0，干涉信号对相位变化的灵敏度不同。当 $\phi_0=0$ 时灵敏度为 0；而当 $\phi_0=\pi/2$ 时灵敏度最大。为了达到最大的灵敏度，需要将 ϕ_0 稳定在 $\pi/2$。此条件称为正交工作条件，此工作点称为正交工作点。

(2) $\Delta\phi$ 的变化范围

$\Delta\phi$ 的变化范围不能超过 π(由于余弦函数的周期性)。为此需要采取信号处理的方法来扩展 $\Delta\phi$ 的变化范围，或者适当的设计干涉仪结构，确保在测量范围内，$\Delta\phi$ 的变化范围不能超过 π。这时初始相位工作点也决定了可检测的相位变化范围，见图 4-2-2。

当传感臂上的相位差 $\Delta\phi$(即传感信号)以正弦形式变化时，即

$$\Delta\phi = \phi_s\sin(\Omega t) \tag{4-2-2}$$

式中 ϕ_s 为声信号所致的相位差的大小(设此干涉仪用于测量声振动)；Ω 为声信号的频率。此处已将 $\Delta\phi$ 的直流分量归入 ϕ_0 中。

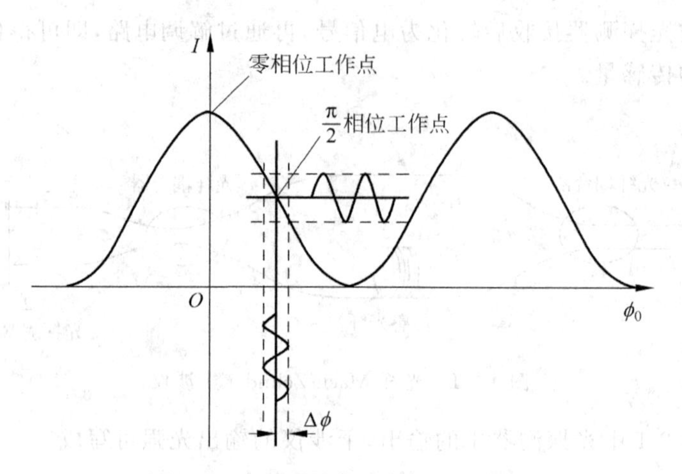

图 4-2-2　光纤干涉信号与相位角的关系

将式(4-2-2)代入式(4-2-1),可得此时干涉仪的输出为

$$\begin{aligned}W_{\text{out}} &= \frac{1}{2}W_0 10^{-\alpha l}[1+V\cos(\Delta\phi+\phi_0)] \\ &= \frac{1}{2}W_0 10^{-\alpha l}\{1+V\cos[\phi_s\sin(\Omega t)+\phi_0]\}\end{aligned} \tag{4-2-3}$$

对式(4-2-3)进行频谱分析,由于

$$\begin{aligned}\cos[\phi_s\sin(\Omega t)+\phi_0] = &\left[\mathrm{J}_0(\phi_s)+2\sum_{n=1}^{\infty}\mathrm{J}_{2n}(\phi_s)\cos(2n\Omega t)\right]\times\cos\phi_0 - \\ &\left[2\sum \mathrm{J}_{2n+1}(\phi_s)\sin(2n+1)\Omega t\right]\times\sin\phi_0\end{aligned} \tag{4-2-4}$$

式中 J_n 表示整数阶的贝塞尔函数。将式(4-2-4)代入式(4-2-3),有

$$\begin{aligned}W_{\text{out}} = &\frac{1}{2}W_0 10^{-\alpha l}\left\{\begin{array}{l}1+V\left[\mathrm{J}_0(\phi_s)+2\sum\limits_{n=1}^{\infty}\mathrm{J}_{2n}(\phi_s)\cos(2n\Omega t)\right]\times\cos\phi_0 - \\ V\left[2\sum\limits_{n=1}^{\infty}\mathrm{J}_{2n+1}(\phi_s)\sin(2n+1)\Omega t\right]\times\sin\phi_0\end{array}\right\} \\ = &\frac{1}{2}W_0 10^{-\alpha l}[1+V\mathrm{J}_0(\phi_s)\cos\phi_0] + \\ &W_0 V 10^{-\alpha l}\left\{\begin{array}{l}\left[\sum\limits_{n=1}^{\infty}\mathrm{J}_{2n}(\phi_s)\cos(2n\Omega t)\right]\times\cos\phi_0 - \\ \left[\sum\limits_{n=1}^{\infty}\mathrm{J}_{2n+1}(\phi_s)\sin(2n+1)\Omega t\right]\times\sin\phi_0\end{array}\right\}\end{aligned} \tag{4-2-5}$$

上式包含两项,第一项和时间 t 无关,是直流项,第二项是交流信号。因此,光探测器接收到的光电流的交流部分为

$$i_s = W_0 V 10^{-\alpha l} \frac{qe}{h\gamma}\left[\begin{array}{l}\sum_{n=0}^{\infty} J_{2n+1}(\phi_s)\sin(2n+1)\Omega t \times \sin\phi_0 \\ -\sum_{n=0}^{\infty} J_{2n}(\phi_s)\cos(2n\Omega t) \times \cos\phi_0\end{array}\right] \tag{4-2-6}$$

其中 h 是普朗克常数(6.626×10^{-34} J · S)；γ 是光频；e 是电子电量(-1.602×10^{-19} C，负值)；q 是光探测器的量子效率。

从式(4-2-6)可以看出，在这种工作方式下，干涉仪的光程差必须保持稳定，即要保持 ϕ_0 的稳定性。由于频率 Ω 处的信号幅度正比于 $\sin\phi_0$，为了使这个信号的幅度最大(灵敏度最大)，ϕ_0 应该尽可能接近 $\pi/2$，即干涉仪应该工作在正交工作点处。

当干涉仪工作在正交工作点时($\phi_0=\pi/2$)，式(4-2-6)中信号 Ω 的偶次分量均为 0，此时光电流可以简化为

$$i_s = W_0 V 10^{-\alpha l} \frac{qe}{h\gamma}\sum_{n=0}^{\infty} J_{2n+1}(\phi_s)\sin(2n+1)\Omega t \tag{4-2-7}$$

现再考虑小信号的情况，如果 ϕ_s 很小，式(4-2-7)中信号 Ω 的基波分量将成为主要分量，且 $J_1(\phi_s)\approx\frac{1}{2}\phi_s$，式(4-2-7)可再简化为

$$i_s = W_0 V 10^{-\alpha l} \frac{qe}{2h\gamma}\phi_s \cdot \sin(\Omega t) = W_0 V 10^{-\alpha l} \frac{qe}{2h\gamma}\Delta\phi \tag{4-2-8}$$

式(4-2-8)表明，光探测器接收到的光电流正比于干涉仪传感光纤上的相位变化 $\Delta\phi$。式(4-2-8)的精度和 ϕ_s 的大小有关，也就是说，和 $J_1(\phi_s)\approx\frac{1}{2}\phi_s$ 的精度有关。图 4-2-3 中画出了贝塞尔函数 $J_1(\phi_s)$(图中的实线)和它的近似表达式 $\phi_s/2$(图中的虚线)。当 $\phi_s<\frac{\pi}{6}(\approx0.524)$时，$J_1(\phi_s)$和 $\phi_s/2$ 之间的误差小于 3.5%(如图 4-2-3 中右下角的插图所示)；而当 $\phi_s<\frac{\pi}{30}(\approx0.105)$时，这个误差将降至 0.14%(如图 4-2-3 中左上角的插图所示)。

4.2.2 干涉仪的信号解调

从 4.2.1 小节可以看出，需要采用信号处理的方法从干涉仪输出的变化光强中解调出相位变化信号，从而进一步得出传感信号。根据参考臂中光频率是否改变，可将这些解调技术分成两大类：一类是零差方式(homodyne)，另一类是外差方式(heterodyne)。

在零差方式下，解调电路直接将干涉仪中的相位变化转变为电信号。零差方式又包括主动零差法(active homodyne method)和被动零差法(passive homodyne method)。

在外差方式下，首先通过在干涉仪的一臂中对光进行频移，产生一个拍频信号，干涉

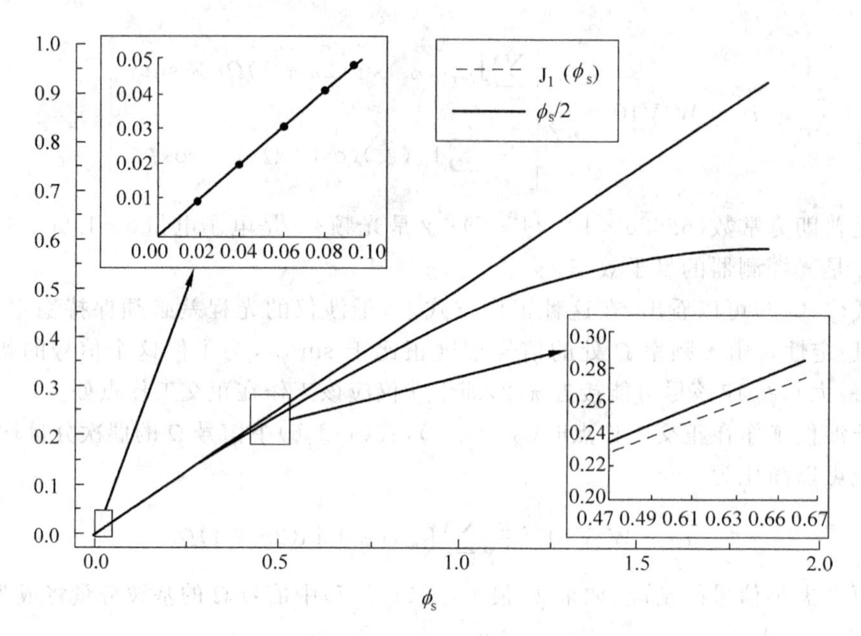

图 4-2-3　一阶贝塞尔函数的线性近似

仪中的相位变化再对这个拍频信号进行调制，最后采用电子技术解调出这个调制的拍频信号。外差方式包括普通外差法（true heterodyne）、合成外差法（synthetic heterodyne）和伪外差法（pseudo-heterodyne method）。

一般情况，和零差法相比，外差法的相位解调范围要大很多，但是解调电路也要复杂得多。下面对各种解调方法做一简单介绍。

1. 主动零差法

普通的光纤干涉仪如果不附加额外的相位控制部分，其初始相位工作点会由于外界环境的微扰处于不断的随机变化中，这种相位工作点的漂移给检测受被测物理量调制的相位信号造成了极大困难。

在主动零差法中，需要“主动”地控制干涉仪参考臂的长度，使得干涉仪工作在正交工作点处，即 $\phi_0=\pi/2$。常见的主动零差法包括两种，即主动相位跟踪零差法（active phase tracking homodyne，APTH）和主动波长调谐零差法（active wavelength tuning homodyne，AWTH）。

（1）主动相位跟踪零差法

此法通常在干涉仪的参考臂中引入一个相位调制器，干涉仪的输出信号经过一个电路伺服系统的处理后，反馈控制相位调制器，动态改变参考臂的相位，从而保持干涉仪两臂的相位差 $\phi_0=\pi/2$。常用的相位调制器如压电陶瓷（PZT），可利用压电效应，用电信号改变缠绕在 PZT 上的光纤长度。

(2) 主动波长调谐零差法

主动波长调谐零差法和主动相位跟踪零差法略有不同，前者干涉仪的输出信号经过处理后，反馈控制光源的驱动电路，使得光源的波长发生改变。这种零差解调方案要求干涉仪两臂存在一定的非平衡性。假设光源的波长为 λ，干涉仪两臂长度差为 l，光纤折射率为 n，则当光源波长改变 $\Delta\lambda$ 时，干涉仪两臂的相位差将改变：

$$\Delta\phi = \frac{2\pi nl}{\lambda^2} \cdot \Delta\lambda \tag{4-2-9}$$

对于常用的半导体激光器，可以通过改变工作电流的方法来改变光源波长。和主动相位跟踪零差法相比，主动波长调谐零差法更容易受到光源相位噪声的影响。

主动零差法的优点是结构简单、易于实现、受外界噪声影响小。但传感器的动态范围受到反馈电路的限制，而传感器的相位解调范围仍然受到限制，如 4.2.1 小节中对式(4-2-8)的讨论。采用的相位调制器对传感系统的频率响应等有一定影响，PZT 等电的有源补偿器件也是一般光纤探头设计所不希望的。

2. 被动零差法

在被动零差法中，不控制干涉仪的工作点。此时干涉仪两臂的相位差 ϕ_0 将不断改变，从而引起干涉仪两个输出的不断改变。当干涉仪一个臂的输出完全减弱时，干涉仪另一臂的输出将最强。若使用这两个信号进行信号的解调，则可使系统始终保持最佳灵敏度。

被动零差法也有很多种实现的方式。现介绍其中最常用的微分交叉相乘法。仍然令 $\Delta\phi$ 和 ϕ_0 分别代表干涉仪的相位变化和初始相位。如果可以通过某种方法，得到如下的两个正交分量：

$$W_1 = A\cos[\Delta\phi(t) + \phi_0] \tag{4-2-10}$$

$$W_2 = A\sin[\Delta\phi(t) + \phi_0] \tag{4-2-11}$$

其中的 A 是一个代表幅度的常数。

再分别对 W_1 和 W_2 进行微分，有

$$\frac{\mathrm{d}W_1}{\mathrm{d}t} = -\frac{\mathrm{d}\Delta\phi(t)}{\mathrm{d}t} A\sin[\Delta\phi(t) + \phi_0] \tag{4-2-12}$$

$$\frac{\mathrm{d}W_2}{\mathrm{d}t} = \frac{\mathrm{d}\Delta\phi(t)}{\mathrm{d}t} A\cos[\Delta\phi(t) + \phi_0] \tag{4-2-13}$$

将式(4-2-10)～式(4-2-13)交叉相乘，有

$$W_0 = W_1 \frac{\mathrm{d}W_2}{\mathrm{d}t} - W_2 \frac{\mathrm{d}W_1}{\mathrm{d}t} = A^2 \frac{\mathrm{d}\Delta\phi(t)}{\mathrm{d}t} \tag{4-2-14}$$

将式(4-2-14)的两边分别积分，最终得到

$$\Delta\phi(t) = \frac{1}{A^2}\int W_0 \mathrm{d}t + K \tag{4-2-15}$$

其中的 K 为积分常数。可以看出，此时得到的 $\Delta\phi$ 是一个相对相位，这在通常的应用中都是可以接受的。

有多种方法可以得到如式(4-2-10)和式(4-2-11)的项。常见的方法包括相位载波生成法(phase generated carrier，PGC)和 3×3 耦合器法。相位载波生成法利用对光源进行调频，或者对干涉仪的一臂进行相位调制，在干涉信号中引入相位载波信号，最终完成信号的解调。详细的过程本章以下各节将分别介绍。

现以 3×3 耦合器法为例进行说明。此法的思路比较简单，其光路如图 4-2-4 所示。这是一个光纤 M-Z 干涉仪，它和一般的光纤 M-Z 干涉仪的差别是其输出端为 3×3 耦合器。

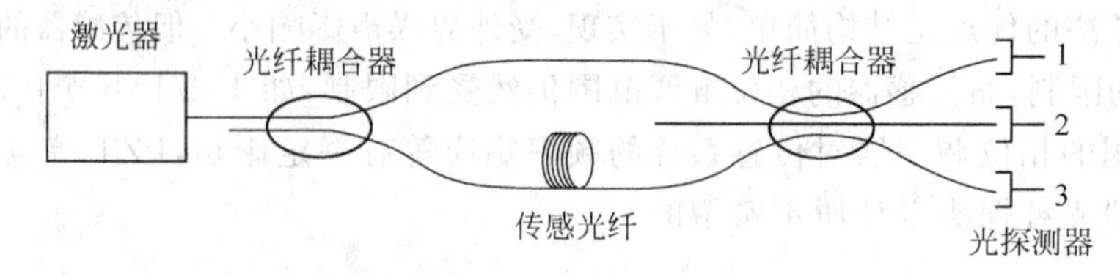

图 4-2-4　使用 3×3 耦合器的被动零差法

此时在 3 个探测器处的信号为

$$\begin{aligned} V_1 &= a + b\cdot\cos(\Delta\phi + \phi_0) + c\cdot\sin(\Delta\phi + \phi_0) \\ V_2 &= -2b[1 + \cos(\Delta\phi + \phi_0)] \\ V_3 &= a + b\cdot\cos(\Delta\phi + \phi_0) - c\cdot\sin(\Delta\phi + \phi_0) \end{aligned} \tag{4-2-16}$$

其中的 a，b，c 是和耦合器性能相关的常数。容易看出，通过将式(4-2-16)中的 V_1 和 V_3 分别进行加、减运算，就可以得到式(4-2-10)和式(4-2-11)。

被动零差法的动态范围仍然受到解调电路的限制，但传感器的相位解调范围大大增加，理论上没有限制，而且被动零差法对光源的相位噪声不敏感。不过被动零差法的解调电路要比主动零差法的复杂得多。

3. 普通外差法

普通外差法的系统如图 4-2-5 所示。

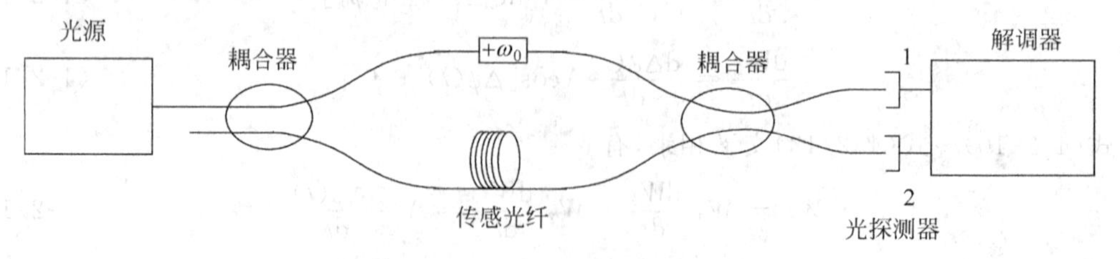

图 4-2-5　外差解调法

在外差解调中，干涉仪的参考臂中引入了一个移频器（例如布拉格盒）。此时干涉仪的输出信号可以写成

$$W_{\text{out}}=\frac{1}{2}W_0 10^{-\alpha l}[1+V\cos(\omega_0 t+\Delta\phi+\phi_0)] \tag{4-2-17}$$

和式(4-2-1)相比，式(4-2-17)中多了代表频率移动的 $\omega_0 t$ 项。通过鉴频器或者锁相环，可以解调出其中的相位变化 $\Delta\phi$（参考 4.3 节）。

4. 合成外差法

普通外差法中的关键器件是移频器，常用的布拉格盒移频器难以集成到光纤系统中。合成外差法和伪外差法都可以避免移频器件的使用，以简化系统。

在合成外差法中，干涉仪的参考臂中引入了一个相位调制器，并且用高频大幅度的正弦信号控制相位调制器。设调制信号的振幅为 ϕ_m，频率为 ω_m，则干涉仪的输出为

$$W_{\text{out}}=\frac{1}{2}W_0 10^{-\alpha l}\{1+V\cos[\phi_m\sin(\omega_m t)+\Delta\phi+\phi_0]\} \tag{4-2-18}$$

由于相位的调制幅度 ϕ_m 很大，因此在上式中 ω_m 的谐波分量将十分显著。利用和式(4-2-3)相同的分析方法，可以得到干涉仪输出的一次谐波分量和二次谐波分量分别为

$$W_1 \propto -\sin(\Delta\phi+\phi_0)J_1(\phi_m)\cdot\sin(\omega_m t)$$

$$W_2 \propto \cos(\Delta\phi+\phi_0)J_2(\phi_m)\cdot\cos(\omega_m t) \tag{4-2-19}$$

式中的正比符号∝表示省略了前面的常系数。这两个谐波分量可以利用带通滤波器，从干涉仪的输出信号中产生。两个谐波分量分别再和频率为 $2\omega_m$ 和 ω_m 的本振信号相乘，并取出其中频率为 $3\omega_m$ 的分量如下：

$$W_3 \propto -\sin(\Delta\phi+\phi_0)J_1(\phi_m)\cdot\sin(3\omega_m t)$$

$$W_4 \propto \cos(\Delta\phi+\phi_0)J_2(\phi_m)\cdot\cos(3\omega_m t) \tag{4-2-20}$$

如果适当的选取调制幅度，使得 $J_1(\phi_m)=J_2(\phi_m)$，则式(4-2-20)中两信信号的差为

$$W_3-W_4 \propto \cos[3\omega_m t-(\Delta\phi+\phi_0)] \tag{4-2-21}$$

此合成外差信号可通过鉴相器或者锁相环电路加以解调。

5. 伪外差法

伪外差法可以不用移频器件。在伪外差法中，常用一个锯齿波调制激光器的工作电流，而相应的干涉仪则必须是非平衡的，即保证一定的光程差。电流调制的作用是为了调制激光器的频率。光源频率的改变造成干涉仪中的相位变化为

$$\Delta\phi_s=2\pi l\Delta f/c \tag{4-2-22}$$

当锯齿波处于上升沿阶段时，频率的线性改变导致干涉仪中相位的线性改变。通过调整锯齿波的波形，可使在一个锯齿波调制周期内，干涉仪相位改变 m 个整周期，从而在干涉仪中引入了所需要的外差载波。在干涉仪的输出部分需要使用带通波滤器提取调制频率的第 m 次谐波信号，并可消除锯齿波信号回扫部分（即锯齿波从最大值回到最小值

的部分)对解调信号的影响。第 m 次谐波信号为

$$W_m \propto \cos\left[2\pi mft + \Delta\phi + \phi_0\right] \tag{4-2-23}$$

根据式(4-2-23),可以用鉴相器或者锁相环电路提取出最终所需的相位调制信号。伪外差法也可以使用正弦波对工作电流进行调制,此时的分析略有不同,可参考文献[13]。

在三类外差法中,普通外差法的相位解调范围最大,在理论上没有限制,但需要特殊的移频器件;合成外差法的相位解调范围也很大,但是解调电路的复杂性也最高;伪外差法在各方面的性能比较平衡,是现在常用的外差解调方法。三种外差解调方法都对激光器的相位噪声很敏感。

干涉测量法是一种高灵敏度的方法,因此由于环境的影响,必然引入很大的噪声。这些噪声不仅影响干涉仪输出信号的幅度(偏振噪声),更多地体现于输出信号的相位(相位噪声)。如何从噪声中更好地提取信号,这主要是一个信号处理问题,一直都是光纤干涉型传感器研究的重要课题之一。如上所述,目前已有多种检测方法见诸报道,如光纤锁相环法、相位生成载波法、外差法、交流相位跟踪法、定向耦合器法、合成外差法等。

下面将依次较详细地介绍在实际应用中广泛使用的三种方法:光纤锁相环法、相位生成载波法和外差法。其他方法读者可参考有关文献。各种检测方法各有利弊,需根据实际需要进行选择。

随着数字信号处理技术的迅速进步,在各类电子系统中应用数字处理技术的范围越来越多,本章将结合相位生成载波和外差法,讨论将数字处理技术引入干涉仪信号处理时的一些主要问题。

在很多情况下,单个传感器很难获得足够多的信息。为此必须采用各种复用技术构成传感器阵列。能否通过对光源、光纤及探测器的复用,用较少的组件构成低成本的分布式传感器阵列,是干涉型光纤传感器走向实用的又一重要研究课题。因此对传感器阵列的调制解调将在技术上引入新的问题,其中研究较多的是频分复用(FDM)、时分复用(TDM)和波分复用(WDM)的方法。目前最有希望实用化的方法是 TDM+WDM 的方式,本章对这些方法也将分别进行介绍。作为对所述内容的典型例,最后给出了一个已报道的水听器试验系统。

4.3 光纤锁相环法

光纤锁相环法用于光纤干涉仪的解调,其优点在于结构简单,电路复杂性低,信号畸变小,系统处于线性状态等。这对单个传感器信号的解调是一种很好的方案。本节首先介绍光纤锁相环的原理,然后依次讨论锁相环系统由开始工作到进入稳定的非线性过程,系统达到稳定后的相位跟踪过程以及系统在特定条件下失稳的过程,最后介绍如何使系统从失稳状态恢复稳定的一种方法。

4.3.1 光纤锁相环的原理

为充分理解光纤锁相环原理，首先对相位漂移引起的干涉信号衰落现象进行描述。

双光束光纤干涉仪输出的光强可表示为

$$I = A + B\cos[\phi(t) + \phi_N] \tag{4-3-1}$$

式中 $\phi(t)$表示待测信号；ϕ_N 代表干涉仪噪声；$B=kA, k<1$ 代表干涉信号可见度。将式(4-3-1)展开后，考虑到 $\phi(t)$很小，$\cos\phi(t)\approx 1, \sin\phi(t)\approx\phi(t)$，所以有

$$I = A + B[\cos(\phi_N) - \phi(t)\sin(\phi_N)] \tag{4-3-2}$$

当干涉仪处于正交工作点，即满足

$$\phi_N = 2m\pi \pm \frac{\pi}{2} \tag{4-3-3}$$

$$I = A \pm B\phi(t) \tag{4-3-4}$$

时，灵敏度最大。随着两臂相位的随机漂移，干涉仪偏离正交工作点，造成输出信号的衰落。当 ϕ_N 等于 π 的整数倍时，已无法探测到信号。所以，为了得到高灵敏度的测量结果，需要将干涉仪输出信号的相位锁定，以满足正交工作状态，这就是光纤锁相环法名称的由来。

为锁定干涉仪输出信号的相位，需要在干涉仪参考臂上加入一个相位反馈装置。图 4-3-1 是光纤锁相环的系统框图，其中相位反馈装置使用压电陶瓷(PZT)。它是利用PZT 的压电效应，即在其上加电压时产生形变的效应。此形变传递到光纤干涉仪的参考臂上，引起参考臂光程改变，从而改变干涉仪的输出相位。如何控制加到 PZT 上的电压使正交工作条件得到满足，以及其后系统如何稳定工作，是光纤锁相环研究的重点。

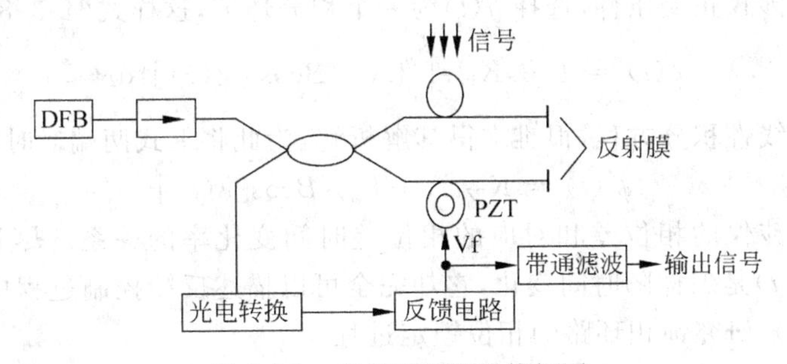

图 4-3-1 光纤锁相环系统框图

4.3.2 光纤锁相环系统的理论分析

光纤锁相环的理论分析包括相位锁定和相位跟踪两方面的内容。

(1) **相位锁定**。系统工作之初，干涉仪输出信号的相位是随机值，显然不能满足正交

条件。同时待测信号反映了干涉仪输出信号的相位，因此是一个非线性系统，需要用非线性系统分析的方法。只有在满足正交条件下，干涉仪检测系统才可作为线性系统进行分析。

(2) **相位跟踪**。经相位锁定过程后，干涉仪工作于正交状态。此时系统可作为一个线性系统进行分析。实用化的光纤锁相环系统需要对其工作特性进行分析。

1. 光纤锁相环非线性系统分析

观察图 4-3-1。设干涉仪输出信号初始相位为 ϕ_0，将式(4-3-1)改写为

$$I = A + B\cos[\phi(t) + \phi_0] \tag{4-3-5}$$

$B=kA, k<1$。这是因为干涉仪中偏振态变化，两臂光强差异等因素的存在，造成干涉仪可见度的降低。在经过光电转换之后，直流项和交流项的幅度都会有变化。在光纤锁相环系统中，由于需要去除干涉仪的直流项，此时 $B>A$，且 $A\approx 0$。

干涉仪信号通过线性反馈系统后作为 PZT 的控制信号。设反馈电路脉冲响应函数为 $h(t)$，根据线性系统理论，加到 PZT 上信号为

$$v_{\text{FB}}(t) = h(t) * I(t) = h(t) * \{A + B\cos[\phi(t) + \phi_0]\} \tag{4-3-6}$$

式中 $*$ 表示卷积运算。

设 PZT 电压变化所引起的干涉仪相位改变为

$$\phi_{\text{FB}}(t) = K_{\text{PZT}} v_{\text{FB}}(t) = K_{\text{PZT}} h(t) * \{A + B\cos[\phi(t) + \phi_0]\} \tag{4-3-7}$$

式中 K_{PZT} 为 PZT 电压响应。

干涉仪输出信号总的相位可表示为

$$\phi(t) = \phi_0 + \phi_{\text{FB}}(t) = \phi_0 + K_{\text{PZT}} h(t) * \{A + B\cos[\phi(t) + \phi_0]\} \tag{4-3-8}$$

为了满足干涉仪正交条件，选择 $h(t)$ 为一个积分环节，这样式(4-3-8)可以化为

$$\phi(t) = \phi_0 + K_{\text{PZT}} \int_0^t \{A + B\cos[\phi(\tau)]\}\mathrm{d}\tau \tag{4-3-9}$$

这是一个非线性积分方程，很难求得其解析解，为此将上式两端对时间 t 求导得

$$\phi'(t) = K_{\text{PZT}} A + K_{\text{PZT}} B\cos[\phi(t)] \tag{4-3-10}$$

上式表示干涉仪的相位差和对应的相位差时间变化率的关系。尽管式(4-3-10)没有表示相位差 $\phi(t)$ 是怎样随时间变化，它却完全可以描述反馈控制过程中 $\phi(t)$ 的变化情况。因此可用它来研究锁相环路的相位锁定过程。

由于式(4-3-10)是一个代数方程。为简化分析，现以相位 $\phi(t)$ 为横坐标，$\phi'(t)$ 为纵坐标，据式(4-3-10)画出 ϕ'-ϕ 曲线，如图 4-3-2 所示。

由图 4-3-2 可得如下特点：

(1) 曲线上的任何一点都表示系统的一个状态，即该时刻光纤干涉仪的相位差值及其随时间的变化率。

(2) 曲线具有方向性，在横轴的上方，$\phi'(t)>0$ 表示相位差的值将随时间的增加而增

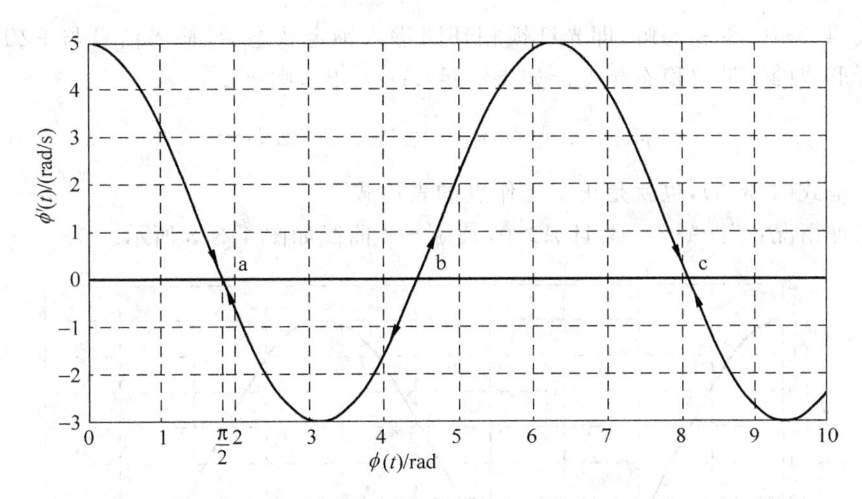

图 4-3-2　光纤锁相环相位锁定过程示意图($A<B$)

加。在横轴的下方，$\phi'(t)<0$ 表示相差的值将随时间的增加而减小。在曲线与横轴的交点 a,b,c,…处，$\phi'(t)=0$，表示系统达到平衡，相位不再变化。对于平衡点 b，当有一正扰动时，由于 $\phi'(t)>0$，$\phi(t)$将继续增加，直到 c 点。若 $\phi(t)$再增加，则 $\phi'(t)<0$，使$\phi(t)$向减小的方向变化，又回到 c 点。类似地，当有一负扰动时，由于 $\phi'(t)<0$，则 $\phi(t)$将减小，直到 a 点。若 $\phi(t)$再减小，则 $\phi'(t)>0$，使 $\phi(t)$向增加的方向变化，又回到 a 点。因此 b 点是系统的不稳定平衡点，a、c 是系统的稳定平衡点。

(3) 曲线与横轴相交的情况决定于 A,B 的值。

利用图 4-3-2 的特点，可对光纤锁相环路的特性分析如下：

第一种情况：当$|A|<|B|$且 $A>0$，其 $\phi'\sim\phi$ 曲线如图 4-3-2 所示。这时不论起始$\phi(t)$为何值，环路总能达到稳定点。例如，当起始 $\phi(t)$位于 b 和 c 之间时，环路最终将稳定在 c 点。这就是说，只要满足$|A|<|B|$，环路就能进入锁定状态。

环路的锁定过程有如下特点：

① 干涉仪输出相位单调的趋向稳定点。

② 从起始 $\phi(t)$值到达稳定点，$\phi(t)$值的变化不会超过 2π。

③ 在某一起始 $\phi(t)$值 $\phi_d(t)$确定时，状态点将沿箭头所指方向移动至稳定点 c，如图 4-3-2 所示。但因随着 $\phi(t)$变化，$\phi'(t)$也变化，所以状态点向 c 移动的速度是变化的，而且越接近稳定点，移动速度越慢。因此在理论上，光纤锁相环路达到稳定点的时间为无穷长。在实际应用时，只要相差 $\phi(t)$小于某一给定的值后，即可认为系统已达到稳定。

④ 稳定点的表达式为

$$\phi_s=\arccos\frac{A}{B}+\frac{\pi}{2}+2m\pi, m=0,\pm1,\pm2,\cdots \tag{4-3-11}$$

此即为式(4-3-10)的稳态解,即光纤锁相环路进入锁定状态后,输入信号与 PZT 反馈信号叠加所形成的干涉仪稳态相差。如果满足$|A| \ll |B|$,则有

$$\phi_s \approx \frac{\pi}{2} + 2m\pi, m = 0, \pm 1, \pm 2, \cdots \tag{4-3-12}$$

这正是式(4-3-3),也就是正交工作点的表达式。

第二种情况:当$|A| > |B|$且$A>0$,其$\phi' \sim \phi$曲线如图 4-3-3 所示。

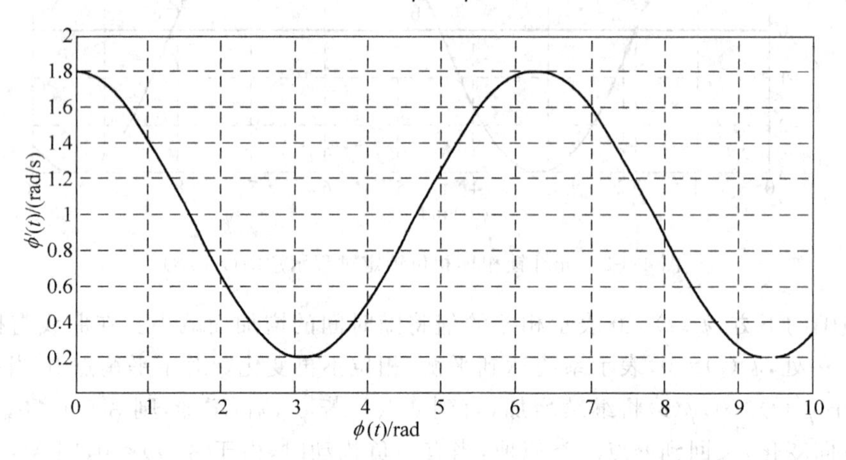

图 4-3-3　光纤锁相环相位锁定过程示意图($A>B$)

从图 4-3-3 中可以看出,在这种情况下,没有$\phi'(t)=0$的稳定点,因此环路永远不能进入锁定状态。

从上面的分析知道,A 和 B 的相对大小在锁相环相位锁定过程中起着重要作用。A 和 B 的相对大小与干涉仪的干涉可见度有关,同时和电路中为了消除干涉仪直流项而设置的直流偏置有关。为了满足干涉仪正交工作的条件,必须在环路中设置合适的直流偏置。在满足锁定的条件下,A 和 B 的相对大小对系统进入稳态之后的信号失真以及系统的稳定程度都起着关键的作用。

上面已经解决了系统之所以能够稳定以及如何稳定在正交工作点的问题,下面将讨论系统进入稳定状态之后的工作情况。

2. 光纤锁相环稳态分析

式(4-3-10)所表示的环路方程是一个非线性方程,非线性的来源是干涉仪的非线性特性。但在分析环路的某些特性,如频率特性、跟踪特性、稳定条件等时,系统已处于锁定状态,干涉仪处于正交工作状态,因而可以认为干涉仪是线性,从而可以将环路作为一个线性系统分析。

图 4-3-4 给出了光纤锁相环的线性模型示意图。图中 K_1 表示干涉仪输出信号经光电转换的系数,单位是 V/rad,取负号是为了抵消后面积分器的负号,使系统负反馈条件

得到满足。K_2 表示经负反馈系统输出到 PZT 后引起参考臂相位改变的转换系数，单位是 rad/V。图中右上部加法器表示干涉仪输出信号中叠加有直流项；左上部减法器表示干涉仪两臂光程相减的过程；虚线框中的减法器表示去除干涉仪输出信号直流项的过程，此处相减的理想程度决定了 A,B 的值；$-g/s$ 为积分，用其拉普拉斯变换式表示，g 表示积分的幅度，负号是因为一般电路都接成反向工作的原因；V_f 表示反馈系统输出信号，它同时被作为整个检测系统的输出信号。

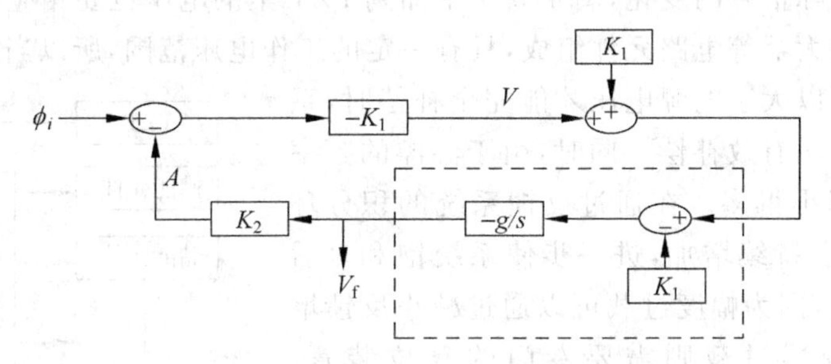

图 4-3-4　光纤锁相环的线性模型

从图 4-3-4 可以得到系统进入稳态之后的相位跟踪情况。设待测信号引起信号臂光程变化，致使光波相位变化 $\phi_i(t)$；PZT 上加电压 V_f 引起参考臂光程变化，致使光波相位变化 $\phi_f(t)$。图 4-3-4 的闭环系统可以表示为

$$\begin{cases}\phi(t) = K_1[\phi_i(t) - \phi_f(t)] \\ V_f(t) = K_2 g\int(\phi(t) + K_1 - K_1)\mathrm{d}t\end{cases} \tag{4-3-13}$$

整理并取拉普拉斯变换得

$$\frac{\phi(s)}{\phi_i(s)} = \frac{-K_1 s}{s + K_1 K_2 g} \tag{4-3-14}$$

式(4-3-14)表示待测信号与干涉仪输出信号之间的关系，称为环路的误差传递函数，它表示一个截止角频率为 K_1K_2g 的一阶高通滤波器。

下面给出 ϕ_i 到 V_f 的转移函数：

$$\frac{V_f(s)}{\phi_i(s)} = \frac{K_1 g}{s + K_1 K_2 g} \tag{4-3-15}$$

式(4-3-15)表示 PZT 信号与待测信号之间关系，称为环路的闭环传递函数。它表示的是一个截止角频率为 K_1K_2g 的一阶低通滤波器。

由式(4-3-14)和式(4-3-15)可以看出，当信号的角频率 ω 远小于 K_1K_2g 时，$\left|\frac{\phi(\mathrm{j}\omega)}{\phi_i(\mathrm{j}\omega)}\right|$ 近似为零，而 $\left|\frac{V_f(\mathrm{j}\omega)}{\phi_i(\mathrm{j}\omega)}\right| = \frac{1}{K_2}$。这是一个重要的结果。它表明参考臂可以对信号臂引起的相位变化进行有效的补偿，使小信号近似条件得以维持，同时输出电压 ϕ_f 与信号之间满足线性关系。

3. 系统稳定性

干涉仪实际应用时,系统失稳的原因主要有如下两点。

(1) 温度漂移和有限电源电压

对光纤干涉仪,一般的石英质单模光纤,环境温度每升高 1℃,其相位漂移 104rad 左右。而一般工作时待测信号幅度不超过 10rad。在温度漂移很大时,为了能够使反馈信号真实地反映实际信号的变化,图 4-3-1 中加到 PZT 上的电压也要相应增加。因为反馈网络是由运算放大器等电路元件组成,具有一定的工作电压范围,所以当温度漂移的幅度使反馈系统必须以大于电源电压才能完全补偿时,系统将饱和导致无法有效补偿。同时,由于温漂的频率往往比信号频率小得多。在通过反馈系统的积分环节时,积分结果会持续增加,进一步使系统饱和。后者往往更为严重,因为幅度过载可以通过减小反馈增益,而由于积分器过载则需要专门的复位装置。图 4-3-5 给出一个复位系统框图。

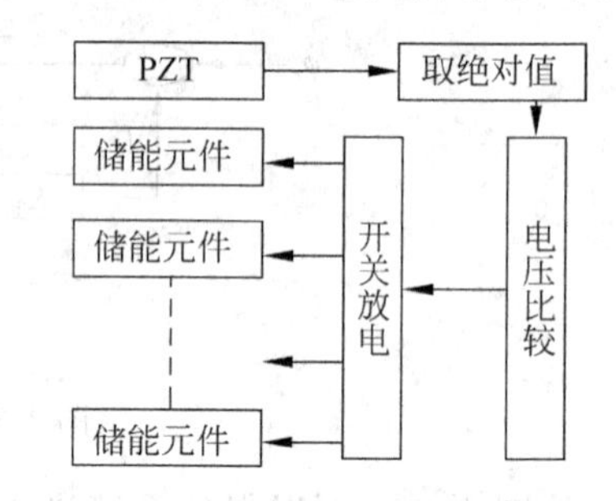

图 4-3-5　光纤锁相环复位系统框图

该系统的基本想法是当温度漂移积累到超过一定值就将电路复位。在此图中,将加到 PZT 上的信号引出,然后将其取绝对值,以保证信号为正。同时将绝对值电路输出信号和一个固定电压(略低于电源电压)进行比较,比较的结果是一个二进制的高低电平,用以控制一系列开关,使电路中容易积累电荷的电容放电,就可以使系统复位重新进入正常工作状态。

(2) 光源功率波动

光源功率波动主要是因为在实际工作环境中,光源的输出尾纤有可能出现弯曲造成图 4-3-4 中的抵消直流不理想,以致不能满足式(4-3-3),系统无法锁定,或者能够满足,但是锁定范围大大减小。这种情况必须通过对光纤仔细布线解决。同时,还可以通过在 PZT 上间续地以三角波驱动,同时采集干涉仪输出的直流项然后反馈,用以抵消直流项影响,不过这种方式实现起来较为复杂。

4.3.3　小结

本节分析了干涉仪信号处理的光纤锁相环法,其中包括系统从初始状态到相位锁定,以及其后的相位跟踪过程。前者是一个非线性过程,正交工作点是系统锁定的稳态值,这在光纤锁相环的研究中具有重要意义;后者是一个线性过程,是干涉仪的工作状态。

值得指出的是,在以上的分析中,为了突出概念、简化分析,将反馈系统选择为一个简单的积分环节。这确实可行,尤其在进行非线性分析时,它反映了实际的物理现象。但是这种简单系统的性能不是最佳。为了获得更好的性能，有必要对该系统进行改进。当然，这些系统的本质都一样，所以本节的介绍具有普遍意义。

光纤锁相环的方法简洁明了。由于系统工作时基本是一个线性系统，可以充分发挥干涉仪测量微弱信号能力强的特点，在使用单个或者少量传感探头的情况下，可以完全消除光源波动引起的不稳定因素。但是对大规模传感器阵列，光源强度波动难以调节。同时每个传感器一个电路，会使整个系统安装复杂，不利于成阵。在这种情况下，通常使用下面讨论的相位生成载波方法。

4.4 相位生成载波方法

4.4.1 概述

光纤锁相环的方法具有电路简单、检测精度高的特点，但由于它需要进行反馈控制，必然需要将电路引入传感单元，不利于成缆(即构成复用系统)。尤其不适合全光阵列，因此只能用于(由少量传感器构成)小规模传感器阵列的情况。为了实现大的传感阵列，相位生成载波(phase generation carrier，PGC)技术是干涉仪解调的一种有效方法，可以通过直接调制光源，无须外加的反馈器件。由于 PGC 动态范围大，同时能够利用多种复用技术实现大规模传感器阵列，自从 20 世纪 80 年代提出之后[14~16]，一直受到广泛关注[17~19]。本节介绍 PGC 方法的原理，并讨论在其实用化方面需要考虑的一些具体因素。

4.4.2 PGC 方法原理

PGC 方法的基本思想是通过在干涉仪输出相位中生成一个相位载波，使输出信号可以分解为两个正交分量，通过对二者分别处理，可以得到信号的线性表达式。对 PGC 原理的讨论，主要包括调制和解调两个部分。

1. 调制

光纤干涉仪输出光波相位差为 $\phi=\frac{2\pi nlv}{c}$，相位差变化为

$$\Delta\phi = \frac{2\pi nlv}{c}\left(\frac{\Delta n}{n}+\frac{\Delta l}{l}+\frac{\Delta v}{v}\right) \tag{4-4-1}$$

式中，c 为光在真空中的速度；n 为光纤纤芯折射率；l 为干涉仪两臂长度差；v 为光频。从上式可以得到两种通常的调制方法。

一种是在两臂等长的干涉仪的一臂用数匝光纤缠绕 PZT 元件，把载波信号加到 PZT 上。利用其在载波信号的驱动下产生电致伸缩效应，从而引起干涉仪一臂光纤长度、折射率发生变化，导致最后输出的光波相位随载波信号有规律的变化，从而实现了相位调制。

通常把这种调制方式叫外调制。

另一种方式就是直接调制半导体光源。其基本机理是：某些光源，其输出激光波长与其注入激励电流有关，具有独特的调制特性。在一定发光功率范围内光源输出的光频随调制电流的变化而近似线性变化，每个光源都有自己特有的调制指数。显然光频的变化同光程差的变化一样会等效地引起相位差变化，从而实现相位调制，一般称这种调制方式为内调制。

两种调制方式主要差别在于：用 PZT 实现相位载波调制，可以实现零光程差。这无疑对降低由光源频率随机漂移造成干涉仪输出的相位噪声有利。但这种方式对于用干涉型光纤传感器构成传感器阵列有困难，而且传感器结构复杂，尺寸增大，不利于实现全光纤化和大规模组阵。

在直接调制光源的 PGC 零差检测方案中，干涉仪两臂必须是非平衡的。也就是说具有非零的光程差，因此增加了干涉仪的相干噪声。同时光源受到载波信号调制后，输出光功率不再稳定不变，而是在稳定光功率上有一个随调制信号规律变化的纹波。但经试验证实，该效应通常是可以忽略的。

2. 解调

经过外调制或者内调制之后，在待测信号作用下的干涉仪输出信号具有如下形式：

$$I = I_1 + I_2 + 2\sqrt{I_1 I_2}\cos(C\cos(\omega_c t) + \Phi) = A + B\cos(C\cos(\omega_c t) + \Phi) \qquad (4\text{-}4\text{-}2)$$

其中 $B=kA$，$k<1$ 称为干涉仪的可见度，取决于干涉仪的两臂光强和偏振特性；C 为调制引入的相位载波幅度；ω_c 为载波频率；Φ 为待测信号。为了从式(4-4-2)解调出待测信号 Φ，通常有微分交叉相乘法和反正切法两种不同的 PGC 方案。下面分别讨论。

(1) 微分交叉相乘法

微分交叉相乘法，既可以用一套硬件电路，也可以用一个计算机算法软件来实现，其原理框图如图 4-4-1 所示。

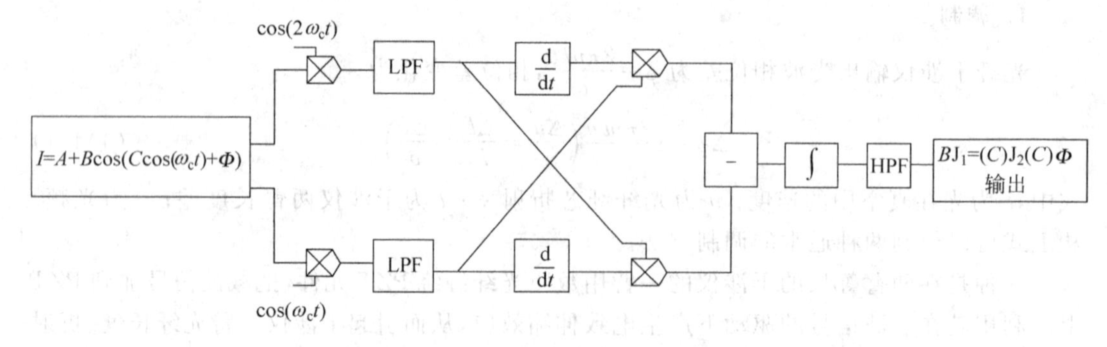

图 4-4-1　微分交叉相乘法原理框图

式(4-4-2)可用贝塞尔函数展开为

$$I = A + B\left\{\left[J_0(C) + 2\sum_{k=1}^{\infty}(-1)^k J_{2k}(C)\cos(2k\omega_c t)\right]\cos\Phi - 2\left[\sum_{k=0}^{\infty}(-1)^k J_{2k+1}(C)\cos((2k+1)\omega_c t)\right]\sin\Phi\right. \quad (4\text{-}4\text{-}3)$$

将式(4-4-3)乘以 $\cos(\omega_c t)$后经过低通滤波得

$$I = BJ_1(C)\cos\Phi \quad (4\text{-}4\text{-}4)$$

将式(4-4-3)乘以 $\cos(2\omega_c t)$后经过低通滤波得

$$I = BJ_2(C)\sin\Phi \quad (4\text{-}4\text{-}5)$$

注意到,式(4-4-4)和式(4-4-5)表示的是两个正交信号,其实质为干涉信号的两个正交分量,正因为这两个正交分量的独立存在,使 PGC 方法可以检测相位超过 2π 的情形。

对式(4-4-4)求导得

$$I = -BJ_1(C)\sin(\Phi)\Phi' \quad (4\text{-}4\text{-}6)$$

对式(4-4-5)求导得到

$$I = BJ_2(C)\cos(\Phi)\Phi' \quad (4\text{-}4\text{-}7)$$

然后由式(4-4-4)×式(4-4-7)－式(4-4-5)×式(4-4-6),得

$$I = B^2 J_1(C)J_2(C)\Phi' \quad (4\text{-}4\text{-}8)$$

对式(4-4-8)积分得到

$$\int_{t_0}^{t} B^2 J_1(C)J_2(C)\Phi'(\tau)\mathrm{d}\tau = B^2 J_1(C)J_2(C)\Phi(t) + B^2 J_1(C)J_2(C)\Phi(t_0) \quad (4\text{-}4\text{-}9)$$

这就是待测信号的线性表达式。注意到在式(4-4-9)中,除了待测信号之外,还有一个 $\Phi(t_0)$项,这是待测信号的初始值。

(2) 反正切法

反正切法和微分交叉相乘法的相同点是用上述相同的方法得到式(4-4-4)和式(4-4-5)两个正交分量;不同点是随后的处理。图 4-4-2 是反正切法原理框图。在得到式(4-4-4)和式(4-4-5)两个正交分量之后,用此两式相除,可得

$$\frac{BJ_2(C)}{BJ_1(C)}\tan\Phi \quad (4\text{-}4\text{-}10)$$

求反正切可得

$$\arctan\left[\frac{BJ_2(C)}{BJ_1(C)}\tan\Phi\right] \quad (4\text{-}4\text{-}11)$$

当 $J_2(C) = J_1(C)$, $-\frac{\pi}{2} < \Phi < \frac{\pi}{2}$时,从式(4-4-11)即可得到待测信号 Φ 的值。

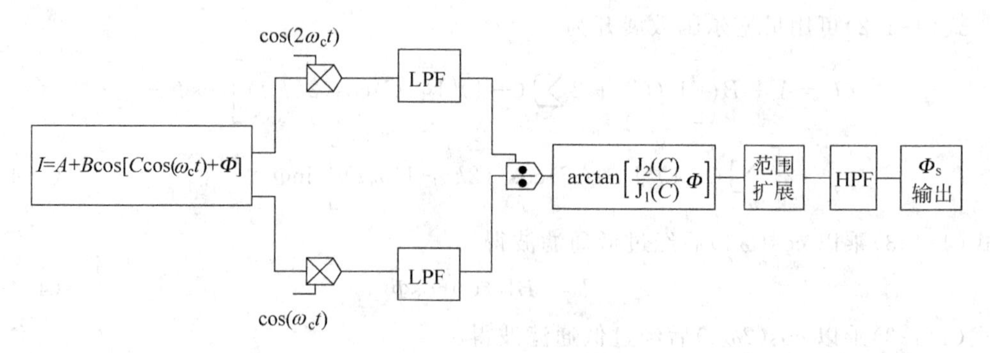

图 4-4-2　反正切法原理框图

4.4.3　PGC 方法注意事项

1. 共同注意事项

下面讨论微分交叉相乘法和反正切法共有的问题：相位调制的幅度、混频的频差和相位差、低通滤波器参数。

(1) 相位调制的幅度

所谓相位调制的幅度，指的是式(4-4-2)中 C 的大小。在外调制情况下，C 取决于 PZT 上所加电压的大小和 PZT 的压电响应；在内调制的情况下，C 的大小取决于光源注入驱动电流的大小，以及激光器在载波频率处的调制指数。调制指数的表达式如下：

$$\mathrm{d}v = \left.\frac{\mathrm{d}v}{\mathrm{d}i}\right|_{\omega=\omega_c} \cdot \mathrm{d}i \tag{4-4-12}$$

式中 v 是激光的频率；i 是激光的调制电流。每个激光器都有特定的调制指数。选择激光器时，要求在需要的频率 ω_c 处，激光器频率随电流呈线性变化，而且要能够达到一定的幅度，这样才能满足载波幅度和频率的要求。

优选的载波幅度对 PGC 方法很重要。从微分交叉相乘法的输出表达式可见，为了得到稳定的输出，使调制深度波动所造成的输出误差最小，同时使输出幅度最大。光源调制幅度必须满足两个贝塞尔函数乘积幅度最大且最稳定，即满足：

$$\begin{cases} \mathrm{J}_1(C) = \mathrm{J}_2(C) \\ \dfrac{\mathrm{d}(\mathrm{J}_1(C)\mathrm{J}_2(C))}{\mathrm{d}C} = 0 \end{cases} \tag{4-4-13}$$

通过贝塞尔函数的性质看出，满足这个条件的 $C=2.37$。这就是 PGC 方法中最佳的载波幅度。为了得到最佳的解调效果，应该仔细调整驱动电流的大小，使载波幅度要求得到满足。

在反正切法中，对 C 的要求更加严格。因为从式(4-4-11)中可以看出，只有在 $\mathrm{J}_2(C)=\mathrm{J}_1(C)$ 得到满足时，求反正切才不会导致信号失真。

(2) 混频的频差和相位差

在对干涉仪输出信号进行混频的过程中，如果本振频率和载波频率不完全相同，则混频滤波后，式(4-4-4)和式(4-4-5)分别变为

$$BJ_1(C)\cos(\Delta\omega_{c1}t+\Delta\varphi_{c1})\cos\Phi \tag{4-4-14}$$

$$BJ_2(C)\cos(2\Delta\omega_c t+\Delta\varphi_c)\sin\Phi \tag{4-4-15}$$

当 $\Delta\omega_{c1,2}$，$\Delta\varphi_{c1,2}$ 等于零，即本振信号和载波频率成理想的一倍和二倍关系，且干涉仪不对载波信号引入任何相位延时时，式(4-4-14)和式(4-4-15)退化为式(4-4-4)和式(4-4-5)。否则，频率差异将在输出信号中产生一个差频信号输出。相位差异将使解调信号幅度下降。当相位差达到 $\frac{\pi}{2}$ 时，输出衰减为零，无法检测到信号。在多传感器阵列复用光源时，由于传感器距离不同，相位延时将造成每个传感器幅度出现不一致。

为了消除频差，需要使本振信号和载波信号频率严格相同及倍频。这对 ω_c 比较容易实现，但对 $2\omega_c$ 则较为困难。因为严格倍频的信号通常用基频信号平方得到。这受电路影响较大，且会引入随机相移。当使用数字技术时，这个问题可以得到较好的解决。只要使用同一个晶振，由于晶振的高频率稳定度，可以严格保证基频和倍频信号频率与相位的正确关系。

为了消除相位差引入的信号衰落，需要通过仔细测量信号经过光纤回路之后的延时，在电路上采取相应的补偿因子。通常相位延时以光从光源发出，经过传感器后到达 PIN 管的时间为主，而对本振信号延时可以不考虑。这时可满足以下关系：

$$\tau=\frac{l}{c},\Delta\varphi=\omega_{c1}\tau,\Delta\varphi=2\omega_{c2}\tau$$

(3) 低通滤波器参数

为了确定滤除载波的低通滤波器参数，需要仔细分析 PGC 信号频谱。这将在 4.4.4 小节中结合频谱分析进行介绍。

以上三点是微分交叉相乘法和反正切共有的问题，下面分别讨论属于二者各自的问题。

2. 微分交叉相乘法的注意事项

(1) 微分器的高频信号饱和现象

将式(4-4-4)和式(4-4-5)微分得到：$-BJ_1(C)\sin\Phi\Phi'$ 和 $BJ_2(C)\cos\Phi\Phi'$。再忽略随机漂移，并设 $\Phi=M\sin(\omega_s t)$，则式(4-4-6)和式(4-4-7)化为

$$\Phi=-BJ_1(C)M\omega_s\sin(M\sin(\omega_s t))\cos(\omega_s t) \tag{4-4-16}$$

$$\Phi=BJ_2(C)M\omega_s\cos(M\sin(\omega_s t))\cos(\omega_s t) \tag{4-4-17}$$

显然，上两式均和频率成正比。因此在一个有限动态范围的解调系统中，有可能出现中间结果的溢出。为了保证低频信号有足够的幅度，不可能将整个系统增益无限降低。

在用模拟电路实现时,就会造成运算放大器的饱和,而整个系统的增益很难调整。在数字系统中,饱和的结果是造成数据溢出。但是在数字技术中,由于微分使用差分实现,而一次减法造成的位宽只增加一位,因此只要能够保证微分前的信号不溢出,那么只需要在微分结果中加一位保护位,即可消除微分结果的饱和。

(2) 交叉相乘后信号幅度不平衡

交叉相乘的目的用下式表达:

$$\begin{aligned}&BJ_1(C)\cos(M\sin(\omega_s t))\cdot[-BJ_2(C)M\omega_s\cos(M\sin(\omega_s t))\cos(\omega_s t)]-\\&BJ_2(C)\sin(M\sin(\omega_s t))\cdot BJ_2(C)M\omega_s\sin(M\sin(\omega_s t))\cos(\omega_s t)\\&=-B^2J_1(C)J_2(C)M\omega_s\cos(\omega_s t)\end{aligned}\tag{4-4-18}$$

通过交叉相乘再相减,可以消去表征非线性特性的三角函数。但是由于微分器不理想,造成微分后信号不能恰好满足 $\sin^2 x+\cos^2 x=1$,以致造成输出失真。用模拟技术实现时,这要求两路正交信号分别经过两个增益完全相同的微分电路。由于电路阻容元件的不理想,这是很苛刻的要求。在用数字技术实现时,增益永远都相同,因而可有效去除信号幅度的不平衡。

(3) 积分器初值及噪声累计效应

将式(4-4-8)积分,如果初值为零,则可得

$$I=-B^2J_1(C)J_2(C)M\sin(\omega_s t)\tag{4-4-19}$$

这就是信号的线性表达式。但是如果信号初值不为零,也就是具有初始相位 ψ,则

$$\begin{aligned}&\int_0^t -B^2J_1(C)J_2(C)M\omega_s\cos(\omega_s\tau+\psi)\mathrm{d}\tau=-B^2J_1(C)J_2(C)M\sin(\omega_s\tau+\psi)\Big|_0^t\\&=-B^2J_1(C)J_2(C)M\sin(\omega_s t+\psi)+B^2J_1(C)J_2(C)M\sin(\psi)\end{aligned}\tag{4-4-20}$$

其中 ψ 是由于信号源本身及采集系统有限速率造成。和强度型传感器比较,PGC 方法中的积分环节造成输出信号直流项和信号的初值成正比关系。在传感器的长期工作过程中,受采集系统速率限制,以致一些高速跳变信号的跳变沿往往采集不到,这样就很容易造成积分时的非零初值。表现在输出信号上为一个一个陆续的阶跃信号。这些阶跃信号叠加在待测信号上,在通过后续的高通滤波器时,由于高通滤波器具有微分特性,所以会在跳变处留下一个脉冲波形,造成一部分数据失真。失真的程度和高通滤波器的阶数有关。这种现象在待测信号为简谐正弦波时观察不到,只有在脉冲信号作用于系统时才变得明显。这是该现象经常被人忽视的原因,而脉冲信号往往正是实际的工作情况。检测方法依赖于信号类型,这是微分交叉相乘法的最大弱点。

在数字信号处理过程中,用直接累加方法实现积分器,可以等效于一个 IIR 低通滤波器,这种滤波器在单位圆上有一个极点。该极点的存在使数字系统的量化噪声累加而放大,这是实际应用中应该重视的一个问题。在数字计算方法中有多种实现积分器的方法,其性能的提高一般和复杂度成正比,在应用时可折中考虑。

(4) 高通滤波器参数

高通滤波器主要为了滤除温漂和待测信号初始相位造成的低频噪声。对于偏振态噪声,以及混频造成的差频噪声无能为力。当采用数字技术时,差频噪声可以忽略不计,偏振态噪声则是需要采用引言中所提出的方法解决。

高通滤波器参数主要取决于待测信号动态范围和温度漂移的快慢程度,在指定动态范围时,高通滤波器阻带衰减根据工作环境的温度变化情况设置。对微分交叉相乘法和反正切法都有同样的要求。

3. 反正切法的注意事项

(1) 用反正切法的原因

为何用反正切而不直接在输出端用反余弦?其原因如下。反正切法在得到两个正交信号分量的方法和微分交叉相乘法完全相同,但是在得到式(4-4-4)和式(4-4-5)两个正交分量后,反正切法不用微分求导的方法,因而避免了后续的积分过程。这意味着前面讨论的信号初值对解调结果的影响不复存在。当$-\frac{\pi}{2}<\Phi<\frac{\pi}{2}$时,正切函数是单调的,可以直接用反正切的方法求出原始信号。但超出这个范围时,需要附加范围扩展手段。反正切法既然不能够实现完全的单调信号,为何不用原始的未加调制的干涉信号直接求反余弦?其主要原因有二:

一是直接求反余弦时,因为干涉信号有直流项,使所得到的干涉信号难以求出反余弦。且该直流项不能直接用低通滤波器滤除,因为干涉信号的交流项本身也带有直流分量。如果将其通过低通滤波器,所得到的信号将是失真的余弦信号。

二是余弦函数无突变性,即余弦信号在 $0\sim\pi$ 之间是单调函数。但是在该区间的端点,余弦函数不具有突变性,因此很难判断其是否越界。同时通常的信号都是交流信号。这意味着理想情况下,干涉项应该是在$-\frac{\pi}{2}<\Phi<\frac{\pi}{2}$之间变化,这进一步增加了求值的难度。而反正切法则克服了这些缺点,在$-\frac{\pi}{2}<\Phi<\frac{\pi}{2}$边界有突变,使判决系统相对简单,因此正切法所做的处理是必要的。

(2) 如何扩展范围

在反正切法中加入范围扩展的必要性是:因为即使干涉仪工作在小信号状态,即信号幅度在$-\frac{\pi}{2}<\Phi<\frac{\pi}{2}$之内,但是温度漂移往往远大于这个范围。如果直接输出,必然造成信号的完全失真。因此必须在高通滤波器之前加入范围扩展器。扩展单元的框图如图 4-4-3 所示。其工作程序如下。

反正切的输出由跳跃检测模块检测两相邻时刻的 Φ 值之差,检测规则为

$$\Delta\Phi(k)=\Phi(k)-\Phi(k-1) \tag{4-4-21}$$

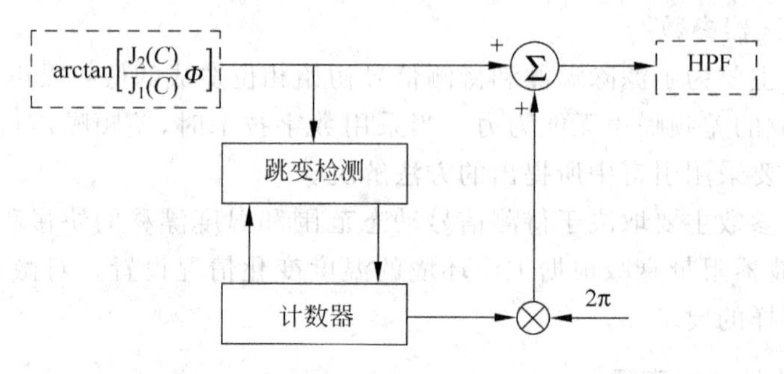

图 4-4-3 扩展单元的框图

若$|\Delta\Phi(k)|>\pi$,则有一个跳跃发生；若$|\Delta\Phi(k)|<\pi$,则无跳跃发生。利用检测的结果对ϕ_s进行校正,校正的规则如下：

若$|\Delta\Phi(k)|>\pi$,且$\Delta\Phi(k)>\pi$,则有正跳跃发生,它使计数器减计数,即从n变为$n-1$,其中n为检测前计数器的数值。

若$|\Delta\Phi(k)|>\pi$,且$\Delta\Phi(k)<-\pi$,则有负跳跃发生,它使计数器增计数,即从n变为$n+1$,其中n为检测前计数器的数值。

将计数器数值乘以2π,并将其附加至Φ上,即

$$\Phi=\Phi+2n\pi$$

按上述规则对Φ进行校正,就可以在较大的信号和温漂范围内得到无失真的解调输出。

4.4.4 PGC 信号频谱分析

上面讨论的都是针对理想的 PGC 信号情况。在应用数字信号处理技术实现 PGC 算法时,必须对 PGC 信号频谱进行完整的分析。这样才能保证数字化之后的信号和原始的 PGC 信号保持一致,不失真地解调出待测信号。

由于干涉仪产生干涉信号是一个非线性过程,叠加原理不能用。当待测信号是比较复杂的时间函数时,PGC 频谱分析很烦琐。在此,主要分析待测信号为单频正弦信号的情形。这样可以避免过于复杂的计算。同时,所得结果揭示的 PGC 信号的基本性质也具有一般性。

为此,首先需要将干涉仪输出信号进行展开,重写式(4-4-3)如下：

$$I=A+B\left\{\left[J_0(C)+2\sum_{k=1}^{\infty}(-1)^k J_{2k}(C)\cos(2k\omega_c t)\right]\cos\Phi-2\left[\sum_{k=0}^{\infty}(-1)^k J_{2k+1}(C)\cos((2k+1)\omega_c t)\right]\sin\Phi\right\}\tag{4-4-22}$$

当待测信号具有$\Phi=\sin(\omega_s t)$的形式时,式(4-4-22)可进一步展开为

$$
\begin{aligned}
I=&A+B\left\{\left[\mathrm{J}_0(C)+2\sum_{k=1}^{\infty}(-1)^k\mathrm{J}_{2k}(C)\cos(2k\omega_c t)\right]\cos\Phi-\right.\\
&\left.2\left[\sum_{k=0}^{\infty}(-1)^k\mathrm{J}_{2k+1}(C)\cos((2k+1)\omega_c t)\right]\sin\Phi\right\}\\
=&A+B\left\{\left[\mathrm{J}_0(C)+2\sum_{k=1}^{\infty}(-1)^k\mathrm{J}_{2k}(C)\cos(2k\omega_c t)\right]\times\right.\\
&\left[\mathrm{J}_0(M)+2\sum_{k=1}^{\infty}(-1)^k\mathrm{J}_{2k}(M)\cos(2k\omega_s t)\right]\cos\psi(t)-\\
&2\left[\sum_{k=0}^{\infty}(-1)^k\mathrm{J}_{2k+1}(M)\cos((2k+1)\omega_s t)\right]\sin\psi(t)\Bigg]-\\
&2\left[\sum_{k=0}^{\infty}(-1)^k\mathrm{J}_{2k+1}(C)\cos((2k+1)\omega_c t)\right]\times\\
&\left[\left[2\sum_{k=0}^{\infty}(-1)^k\mathrm{J}_{2k+1}(M)\cos((2k+1)\omega_s t)\right]\cos\psi(t)+\right.\\
&\left.\left.\left[\mathrm{J}_0(M)+2\sum_{k=1}^{\infty}(-1)^k\mathrm{J}_{2k}(M)\cos(2k\omega_s t)\right]\sin\psi(t)\right]\right\}
\end{aligned}
\tag{4-4-23}
$$

式(4-4-23)表明干涉仪输出信号中所包含不同频率分量的状况。据此可以对 PGC 频谱分析如下：

(1) 多倍频分量

PGC 的频谱中，除了载波频率分量外，还包含载波的无穷多个倍频分量。各倍频分量之间的距离是信号频率 ω_c，各倍频分量的幅度由贝塞尔函数 $\mathrm{J}_k(C)$ 决定，C 通常取为 2.37。图 4-4-4 所示为当 $C=2.37$ 时，PGC 的频谱示意图。

(2) C 值和频谱结构有关

PGC 频谱结构和调制指数 C 密切相关。C 越大，则具有一定幅度的倍频数目越多。PGC 频谱所占带宽理论上是无穷宽。但实际上，在调制指数一定时，超过某一阶数的贝塞尔函数的值已经很小。如果在干涉仪输出加上低通滤波器，进一步衰减高频分量，使其影响可以忽略，这时可认为 PGC 频谱是有限的。

(3) C 值和功率分配有关

因为干涉仪输出信号是一个等幅波，所以它的总功率为常数，不随调制指数的变化而变化，并且等于未调制的功率。调制后，已调波出现载波及其许多倍频分量。这个总功率就分配到各分量。C 不同，各频率分量之间功率分配的数值也不同。

(4) 滤除高频

PGC 频谱中，有用信息包含在载波的基频和二倍频中。因此为了限制 PGC 频谱，理论上需要将三倍频及以上频谱全部滤除。

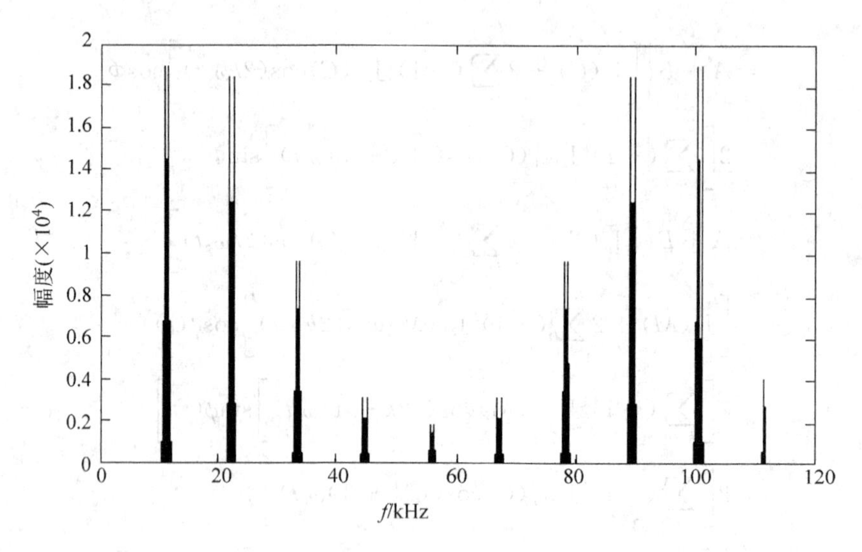

图 4-4-4　PGC 频谱示意图($C=2.37$)

（5）信号频带可有效分开

待测信号经过三角恒等式分解，同时经过贝塞尔展开，出现和载波类似的频谱特点。但其每个频率分量间隔为 ω_s，同时，信号及其各次倍频分量作为旁频分布到载波及其各次倍频分量的两侧。以基频为例，将图 4-4-4 中载波基频分量放大，可以得到如图 4-4-5 所示载波基频及其边带分量，其中载波频率两旁即为信号频谱。待测信号作为一个整体满足和载波相同的功率分配关系，且其频带理论上也是无限的。但是在满足 $M<\frac{\omega_c}{2\omega_s}-1(M\leqslant 10)$ 时，可以认为载波的两个倍频分量可以将信号频带有效分开而不发生混淆。

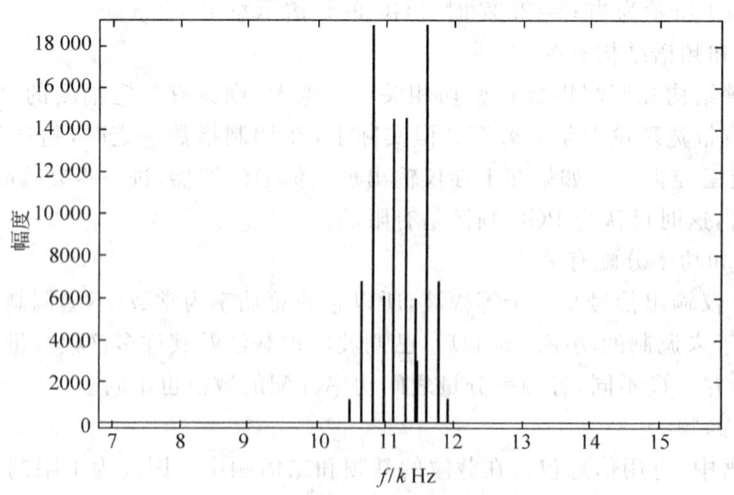

图 4-4-5　载波基频及其边带分量示意图

上述低通滤波器的设计恰好需要此处的结论。从式(4-4-23)可以看出,待测信号部分也能展开成一个无穷级数。为了得到完整的待测信号信息,通常将滤波器的通带频率和阻带频率中点设置为待测正弦信号最高频率和一倍载波频率的中点;选择载波频率和待测信号频率之差的一半为滤波器的过渡带宽。从贝塞尔函数的性质可知,这实际上是对系统幅值的动态范围上限进行限制。同时,也限制了特定动态范围下的信号频带范围。

另一个重要参数是滤波器的阻带衰减。过大的阻带衰减会大大增加系统的难度,衰减不够则会在输出信号中引入载波噪声。这需要根据系统指标折中选择。

(6) 系统可在较低采样率下工作

在将 PGC 连续信号离散化时,所得到的频谱由原信号频谱以采样频率为周期延拓而成。由于 PGC 输出信号具有无限宽的频谱,因此在理论上,为了实现无混叠采样,需要的采样频率为无穷大。但是当指定了系统指标之后,可以根据需要的精度来滤除不需要的高次载波倍频及其边带信号,使系统可以在较低的采样率下工作。详细的内容可参考有关资料。

4.4.5 PGC 两种方案的比较

交叉相乘法是在 PGC 方法应用过程中最早提出的方法。正切法则是作为其改进的方法而提出,两者各有优缺点,需要根据实际情况进行取舍。现在从以下几方面对二者进行比较。

(1) 可操作性

从上述讨论中可见,交叉相乘法是一种非常直接的处理方法,具有很好的可操作性;正切法则需要在信号超过边界$-\frac{\pi}{2}<\Phi<\frac{\pi}{2}$时加入判决,同时对式(4-4-11)求解通常采用级数近似或者采用查表的方法,这些都意味着更加复杂的算法和硬件系统。

(2) 对调制深度的要求

从上述讨论可见,满足式(4-4-13)的 C 值同样也满足正切法中式(4-4-11)的要求,但是这种要求更加严格。因为如果式(4-4-13)不能满足,所得出的是 $K\tan\Phi$,其中 K 表示由于 C 值不满足式(4-4-13)时,式(4-4-4)和式(4-4-5)相除的非单位增益。这时再对其进行反正切运算必然要引入较大误差。因此在应用正切法时,需要在调制器部分加入反馈控制,使调制深度 C 得到满足。在交叉相乘法中,C 值的误差只是影响检测结果的幅度,这是可以通过标定来解决的。

(3) 对信号的适应性

如上所述,微分交叉相乘法是一种依赖于信号的方法,当信号具有快变的前沿时,该方法检测不出正确的前沿信号;而正切法则无此问题。在牺牲简洁性的基础上,对任何信号都可以不失真的恢复。这也是反正切法在绝大部分现代系统中替代微分交叉相乘法的原因。

4.4.6 小结

PGC方法具有动态范围大,稳定性好等优点,其实现比光纤锁相环方法更加复杂。本节讨论了PGC方法的原理,对在实际应用中遇到的问题进行总结,并给出了可能的解决方法。

4.5 外 差 法

4.5.1 概述

锁相环和相位生成载波统称零差法(homodyne),它们的特点是光源近似为单频光。本节介绍外差法(heterodyne)。如前所述,这也是光纤干涉仪信号处理的一种重要方法。外差法的介绍类似于PGC,首先介绍外差法的调制、解调原理;然后介绍其应用中的一些注意事项。外差法通常也建立在数字技术基础上,所以也将对其频谱进行分析。

4.5.2 外差法原理

工作于外差方式的干涉仪,其输出信号具有如下形式:

$$I = A + B\cos[\omega_c t + \Phi(t) + \Phi_n] \tag{4-5-1}$$

其中 ω_c 为载波频率;$\Phi(t)$表示待测信号;Φ_n 代表干涉仪噪声;$B=kA$,$k<1$ 代表干涉信号可见度。该式具有经典相位调制信号的形式。为了得到如式(4-5-1)所示的输出信号。首先需要产生 ω_c 这个频率,然后可以利用经典相位调制信号解调的方法进行处理。

ω_c 频率的存在是外差法名称的由来,有两种主要的产生方法。

1. 声光移频调制

最早的声光移频调制是采用移频器件将干涉仪一臂的光频移动,使其从 ω_1 变为 ω_2。图4-5-1是基于光纤M-Z干涉仪结构的外差法原理框图。

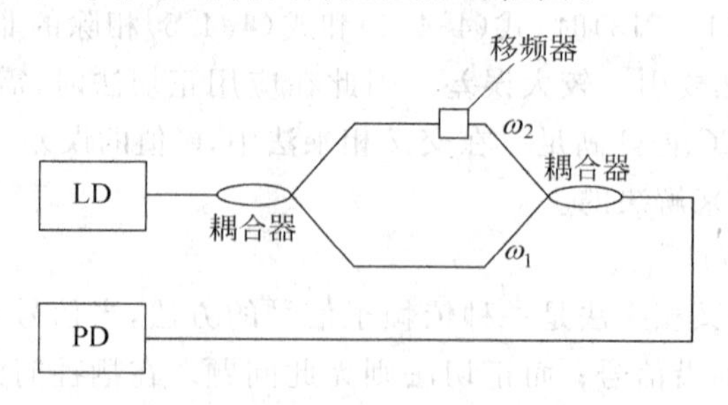

图4-5-1 基于光纤M-Z干涉仪结构的外差法原理框图

这时,在干涉仪中同时进行了差拍和干涉现象,其电场矢量可表示为

$$E = e^{j\omega_1 t + jkr_1} + e^{j\omega_2 t + jkr_2} \tag{4-5-2}$$

干涉仪输出光功率为

$$I = I_0(1 + \alpha\cos(\Delta\omega t + k\Delta r)) \tag{4-5-3}$$

在式(4-5-3)中以 A、B 代替 I_0、$I_0\alpha$,用 ω_c 替代 $\Delta\omega=\omega_1-\omega_2$,并将干涉效应 $k\Delta r$ 用待测信号代替就得到式(4-5-1)。

2. 合成外差调制

合成外差法的提出是为了避免使用声光移频器件。目前已报道的方案有多种。图 4-5-2 所示为合成外差法的一个典型示例。在图中,载波的调制和 PGC 方法完全相同,即可以用外调制,也可以用内调制。但是在得到如式(4-5-1)所示的干涉输出后,并非直接使用 PGC 方法解调,而是按下式变换得到一个外差信号:

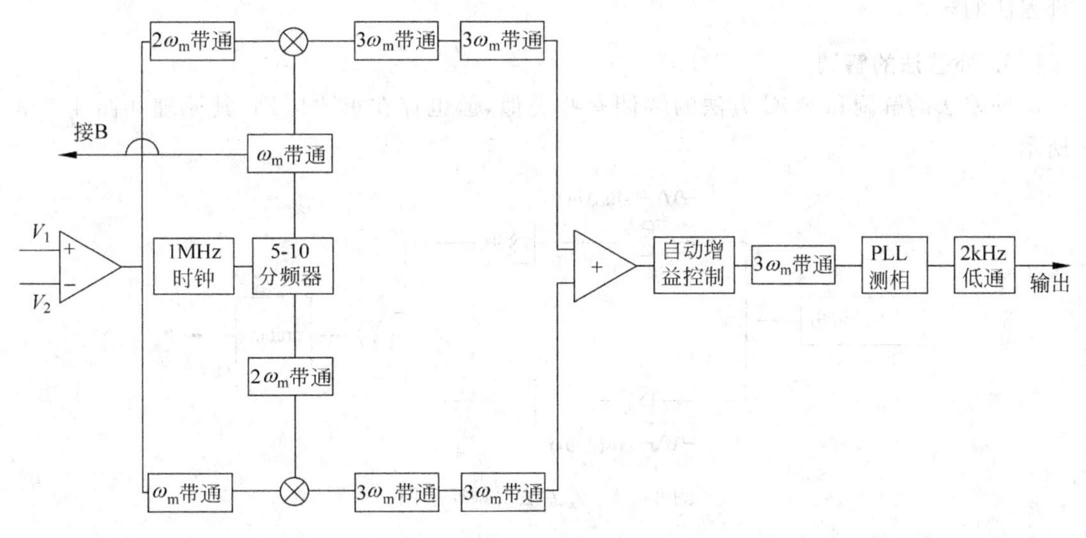

图 4-5-2 合成外差法的一个典型示例

$$I = A + B\left\{\left[J_0(C) + 2\sum_{k=1}^{\infty}(-1)^k J_{2k}(C)\cos(2k\omega_c t)\right]\cos\Phi - 2\left[\sum_{k=0}^{\infty}(-1)^k J_{2k+1}(C)\cos((2k+1)\omega_c t)\right]\sin(\Phi)\right\} \tag{4-5-4}$$

采用中心频率为 $2\omega_c$ 的带通滤波器从式(4-5-4)中取出

$$-2BJ_2(C)\cos(2\omega_c t)\cos\Phi \tag{4-5-5}$$

采用中心频率为 ω_c 的带通滤波器从式(4-5-4)中取出

$$2BJ_1(C)\sin(\omega_c t)\sin\Phi \tag{4-5-6}$$

将式(4-5-5)与 $\cos(\omega_c t)$ 混频后通过中心频率为 $3\omega_c$ 的带通滤波器得到

$$-2BJ_2(C)\cos(3\omega_c t)\cos\Phi \tag{4-5-7}$$

将式(4-5-6)与 $\cos(2\omega_c t)$ 混频后通过中心频率为 $3\omega_c$ 的带通滤波器得到

$$2BJ_1(C)\sin(3\omega_c t)\sin\Phi \tag{4-5-8}$$

在满足 $J_2(C)=J_1(C)$ 的情况下，将式(4-5-7)与式(4-5-8)相加得到

$$2BJ_1(C)\cos(3\omega_c t+\Phi) \tag{4-5-9}$$

这是一个以 $3\omega_c$ 为载频的外差信号，对该信号用外差法处理即可得待测信号 Φ。

合成外差法还有多种调制方法，例如在非平衡干涉仪中用锯齿波或正弦波对激光器进行调频，再对输出信号进行带通滤波等处理就可以得到外差输出。还有所谓双波长外差干涉技术，即采用两种不同波长的光源交替激励干涉仪，经过一定的信号处理电路便得到一个等效的外差干涉输出。有兴趣的读者可参考有关文献，此处不再赘述。下面介绍外差法的解调。

3. 外差法的解调

外差法的解调和PGC方法的解调有些类似，但也存在重要区别，其原理如图4-5-3所示。

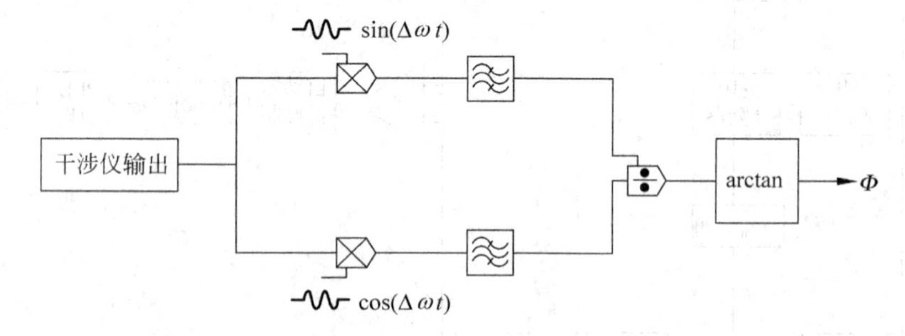

图 4-5-3　外差法解调原理图

干涉仪的输出信号式(4-5-1)和 $\sin(\omega_c t)$ 相乘，可以表示为

$$\begin{aligned} I_i &= [A+B\cos(\omega_c t+\Phi(t))]\times\sin(\omega_c t) = A\sin(\omega_c t)+B\sin(\omega_c t)\cos(\omega_c t+\Phi) \\ &= A\sin(\omega_c t)+\frac{1}{2}B\cos(2\omega_c t+\Phi)+\frac{1}{2}B\sin\Phi \end{aligned} \tag{4-5-10}$$

低通滤波滤除 ω_s 及更高频率分量后可以得到

$$I_i=\frac{1}{2}B\sin\Phi \tag{4-5-11}$$

干涉仪的输出信号式(4-5-1)和 $\cos(\omega_c t)$ 相乘可以表示为

$$\begin{aligned} I_q &= [A+B\cos(\omega_c t+\Phi)]\times\cos(\omega_c t) = A\cos(\omega_c t)+B\cos(\omega_c t)\cos(\omega_c t+\Phi) \\ &= A\cos(\omega_c t)+\frac{1}{2}B\cos(2\omega_c t+\Phi)+\frac{1}{2}B\cos\Phi \end{aligned} \tag{4-5-12}$$

低通滤波滤除 $\Delta\omega$ 及更高频率分量后可以得到

$$I_q = \frac{1}{2}B\cos\Phi \tag{4-5-13}$$

将式(4-5-11)和式(4-5-13)相除得到

$$I = \tan[S(t) + \Phi_n] \tag{4-5-14}$$

式中 $S(t)$ 为所求信号,Φ_n 为干涉仪噪声。对式(4-5-14)求反正切后即可得到所求信号。再经高通滤波,即可滤除因为温度和应力造成的低频漂移。

4.5.3 外差法频谱分析

和 PGC 方法一样,当待测信号是比较复杂的时间函数时,外差法的分析也很烦琐。这是因为干涉过程是一个非线性过程,叠加原理不适用。在本节中,主要分析待测信号为单频正弦波的情况,这样可避免过于复杂的计算。同时,所得结果揭示的外差法的基本性质也具有一般性。

假设待测信号具有 $M\sin\omega_s t$ 的形式,将式(4-5-4)做如下展开:

$$\begin{aligned} I(t) &= J_0(M)\cos\omega_c t + J_1(M)[\cos(\omega_c+\omega_s)t - \cos(\omega_c-\omega_s)t] + \\ &\quad J_2(M)[\cos(\omega_c+2\omega_s)t - \cos(\omega_c-2\omega_s)t] + \\ &\quad J_3(M)[\cos(\omega_c+3\omega_s)t - \cos(\omega_c-3\omega_s)t] + \\ &\quad \cdots \\ &= \sum_{n=-\infty}^{\infty} J_n(M)\cos(\omega_c+n\omega_s)t \end{aligned} \tag{4-5-15}$$

从式(4-5-15)可清楚看出:

(1) 输出有旁频分量

外差法输出的干涉信号频谱中,除了载波频率分量之外,还包含无穷多个旁频分量。各旁频分量之间的差是待测信号频率 ω_s,各频率分量的幅度由贝塞尔函数决定。

(2) 频谱结构和 M 有关

干涉信号的频谱结构与待测信号幅度 M 关系密切。M 越大,具有一定幅度的旁频数目就越多。

(3) 频带宽度有限

干涉信号所占的带宽,理论上说是无穷宽,因为它包含有无穷多个频率分量。但实际上,在信号幅度一定时,超过某一阶数的贝塞尔函数的值已经相当小,其影响可以忽略。这时可以认为干涉信号所具有的频带宽度是有限的,通常有如下近似:

$$2\pi BW \approx 2n\omega_s \approx 2(M+1)\omega_s$$

(4) 频率分量之间的功率分配不同

因为干涉信号是一个等幅波,其总的功率是一个常数,不随待测信号幅度的变化而变化，并且等于无干涉时的功率。干涉发生后，出现了多个频率分量，这个总功率就分配到各分量。随着信号幅度的大小不同，各频率分量之间功率分配的数值不同。

(5) 采集速率要求不同

当用数字处理技术实现外差解调时，对直接外差法和合成外差法，系统采集速率有各自不同的要求。在用直接外差法的声光调频方案中，干涉仪输出信号直接为外差信号，由于外差信号的频谱由载频和一系列信号倍频分量组成。根据奈奎斯特采样定理，采集系统的采集速率应该满足

$$F_s > 2f_{\text{max\_heterodyne}} = 2[f_c + (M+1)f_s]$$

例如，在 $f_c=10\text{kHz}$，$f_s=1\text{kHz}$，$M=9\text{rad}$ 的情况下，所需的采样频率为 $F_s>40\text{ksps}$(kilo-sample per second)。小于此速率时，外差法的信号数字化后将出现频谱混叠。对于合成外差法，由于采用和 PGC 方法相同的调制手段，干涉仪的输出和 PGC 具有相同形式，因此合成外差法的采集系统参数和 PGC 系统完全相同。

4.5.4 外差法的优缺点和注意事项

1. 外差法的优点

(1) 强抗干扰

外差法的最大优点是对光源光强波动、光纤传输损耗、干涉仪两臂分光比、偏振态波动等因素都不敏感。这从外差解调过程可以清楚地看到。以上所有因素都表现在式(4-5-13)的 $B=kA$ 中。在求得外差信号的两个正交分量时，无论外界因素如何变化，这两个正交分量幅度自然相等，因此在进行正切运算时可以相互抵消。这既克服了功率波动，同时还使反正切运算更加理想。

(2) 高信噪比

对比外差法和 PGC 方法可以看到，外差法的频谱中没有载波的高次谐波，而 PGC 信号频谱则出现了载波的高次谐波。这使外差法的频谱利用效率更高，能量都集中在有用频段，系统的信噪比更高。同时，在声光调频的方案中，相对更窄的频带可以降低对采集速率的要求。合成外差法由于采用和 PGC 相同的调制方式，二者具有相同的采集速率。

2. 外差法的缺点

除上述优点之外，外差法的缺点也很明显。

(1) 系统复杂

在声光调频方案中，为了实现对光频的调制，需要外加声光调制器。如果采用连续光源输出，该调制器必须加到干涉仪的一个臂上，因而增加了系统的复杂度。同时，调制器在调频的同时不可避免地要改变该臂的光程，这相当于引入了一个和载频同频率的相位载波，极大地降低了系统的信噪比。因此声光调频的外差法往往应用于脉冲工作方式，这样可以避免寄生的干涉效应。

(2) C 值要求高

在合成外差法中，为了使模拟得到的外差信号更为理想，对调制度 C 的要求更为严格。当 $J_1(C) \neq J_2(C)$ 时，解调得出的信号会受光强和偏振噪声的影响，从而丧失外差法的一些优点。

外差法和 PGC 方法是最新报道的系统中使用最为广泛的两种方法。相比而言，二者各有自己的优点和缺点，在实际使用时要仔细权衡。

4.5.5　小结

外差法和 PGC 方法一样，是目前使用最为广泛的两种方法之一。根据不同应用场合，外差法有合成外差法和声光移频法两种实现形式。

其中合成外差法采用和 PGC 方法相同的调制手段，因此可以用于任何 PGC 方法适用的场合。和 PGC 方法相比略显复杂，但合成外差法有自己的优势，如它对光强、偏振不敏感等。

声光调频法同样具有对光强、偏振不敏感的优点，而且其解调系统更加简单。但是由于其调制方式的特殊性，使其不适合连续光输出的情况。在后面将介绍的时分复用系统中，脉冲工作的声光调频法具有独特的优势而得到应用。

4.6　干涉型光纤传感器复用解复用方法

4.6.1　概述

干涉型光纤传感器研究的一个重要领域是光纤水听器，应用于水声和海洋地震测量技术。在此类应用中，无论是岸基阵还是拖曳阵，都需要大量的传感器组成阵列(实用的系统有时需要上千个传感器)。目前广泛应用的压电晶体型传感器，由于需要大量的电源线和通信电缆，在重量、成本和可靠性方面很难得到进一步提高。目前光纤水听器的研究重点集中于利用光纤水听器的传感合一特性，实现水下全光阵列，将所有电子设备从水下移到岸上。这时灵敏度通常不是最重要的考虑因素。因为在通常情况下，干涉型光纤传感器可以轻易达到并超过压电传感器的小信号性能。

用于军工的声纳系统和民用的地震探测系统具有不同的工作指标和要求。表 4-6-1 给出的水听器工作指标，涵盖了绝大多数应用场合的要求。

为了实现全光阵列，应注意两个关键技术：传感器的复用和解复用技术；阵列成缆技术。二者不可偏废，本节只讨论复用和解复用技术。由于后者主要是生产工艺的问题，已超出了本书范围，不予讨论，但其重要性丝毫不亚于前者。任何一个试图实用化的系统，都必须在方案论证阶段就细致考虑成缆的工艺，否则会出现意想不到的损失。

表 4-6-1 水听器工作指标

参 数	典 型 要 求
频率范围	5Hz～10kHz
系统噪声本底	深海环境波动：～100μPa/$\sqrt{Hz}$@500Hz
动态范围	10^6
阵列规模	100～10 000 单元
单元间串扰	<－40dB
工作深度	1000m

已报道的复用和解复用方法主要有以下 5 种：空分复用(space division multiplex, SDM)，相干复用(coherent division multiplex, CDM)，频分复用(frequency division multiplex, FDM)，时分复用(time division multiplex, TDM)，波分复用(wavelength division multiplex, WDM)。其中空分复用是一种效率很低的方法，并不能使阵列得到实质性精简，所以此处不作介绍。表 4-6-2 结合不同的单元解调方法，给出了几种复用技术的研究概况。在表中，频分复用是最早使用的方法，但是在阵列规模上不够理想；利用 PGC 的时分复用可以组成最大规模阵列，但是其噪声特性不够理想；最新研究的重点是时分/波分相结合的方法，这得益于近年来光纤器件的发展，但是目前的研究结果离实用还有相当的距离；相干复用由于其复用能力太弱，已经很少有人研究。

表 4-6-2 复用技术研究概况

解调方法	复用方法	阵列规模	串扰/dB	噪声(μrad/$\sqrt{Hz}$)
PMDI/FM	相干复用	2	－40	70/100
PGC	频分复用	4	－60/－55	18
CDMA	时分复用	3	－60	40
PGC	时分复用	3	－47	20
Homodyne	时分复用	10	－67	12
PGC	时分复用	64	－67	200
Homodyne	时分复用	10	－67	6
PMDI/Heterodyne	时分/波分	12	－47	100

本节将依次介绍频分和时分两种方法，并介绍将时分和波分相结合的一个典型例。随着光纤器件的进步，这是有希望实用化的研究方向。

4.6.2 频分复用

频分复用方法是在 PGC 方法基础上，利用不同频率的载波信号对光源进行调制，使传感探头从频率上被分隔识别的方法，其原理可以用图 4-6-1 表示。

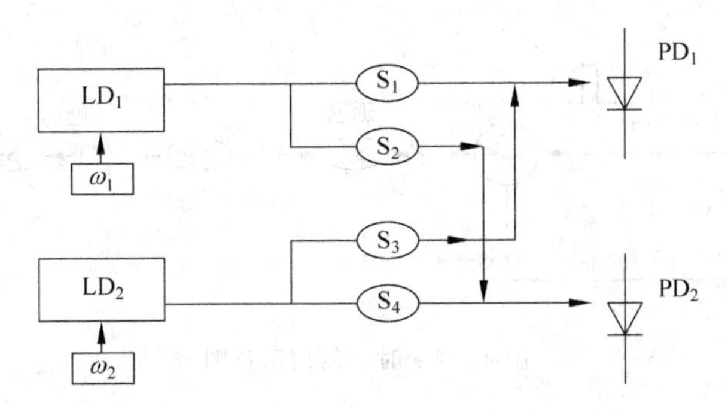

图 4-6-1 频分复用法原理图

图 4-6-1 表示一个由 4 个传感器构成的阵列。它使用两个光源和两个探测器，其中 LD_1 使用频率 ω_1 进行调制；LD_2 使用频率 ω_2 进行调制。探测器 PD_1 探测到 S_1、S_3 两个传感器输出的信号；PD_2 探测到 S_2 和 S_4 两个传感器输出的信号。现以 S_1 的解调为例进行说明。

PD_1 接收到的信号为

$$I = A_1 + B_1\cos(C_1\cos(\omega_1 t) + \Phi_1) + A_3 + B_3\cos(C_3\cos(\omega_3 t) + \Phi_3) \quad (4\text{-}6\text{-}1)$$

在 PGC 算法中，使用 ω_1 和 $2\omega_1$ 作为本振信号对式(4-6-1)进行混频后，通过滤波将基带信号取出，即可由后续的信号处理得到信号 Φ_1 的值。

从表 4-6-2 可以看出，频分的方法复用能力非常有限。这主要源于调制频率的限制。从 PGC 的原理可知，对 $2\omega_1$ 进行混频时，为了使 $2\omega_1$ 不与 ω_3 混叠，必须满足 $\omega_3 > 2\omega_1$；当复用规模增大时，调制频率将呈指数增加。如复用 10 个探头时，按 $\omega_3 > 2\omega_1$ 的理论最低要求，最高调制频率将至少大于最低调制频率的 1000 倍，这将使数字采集系统难以实现。因此频分复用方法只能用于小规模的阵列，很难进入实用化阶段。为了实现更大规模的复用，人们提出了时分复用的方法。

4.6.3 时分复用

1. 时分复用的类型

时分复用的方法是通过在传感阵列中引入时延，将不同的信道在时间上进行分隔的复用方法，其原理可用图 4-6-2 表示。在图中，光源用频率 ω 进行调制。此调频连续光通过光开关 SW 变换成脉冲光，脉冲光通过后续的传感器阵列时，由于延时线的作用，不同位置的探头的干涉信号在不同时刻按时序脉冲形式陆续回到接收端。

在实用中，时分系统有两种分类方式。按干涉仪结构可分为非平衡干涉仪和平衡干涉仪；按阵列结构可分为反射型和透射型。图 4-6-3 给出各种不同的时分复用结构的示意图。

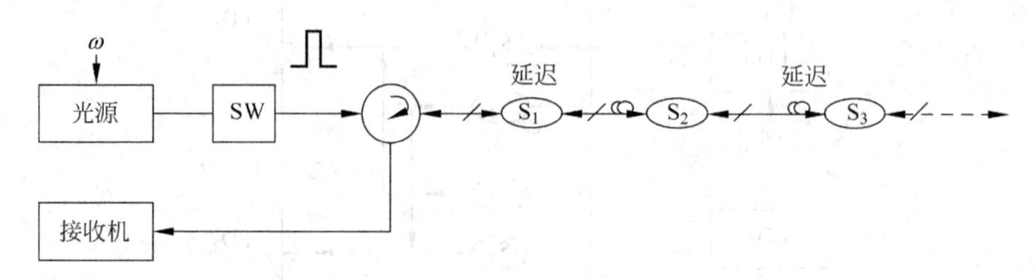

图 4-6-2 时分复用示意图

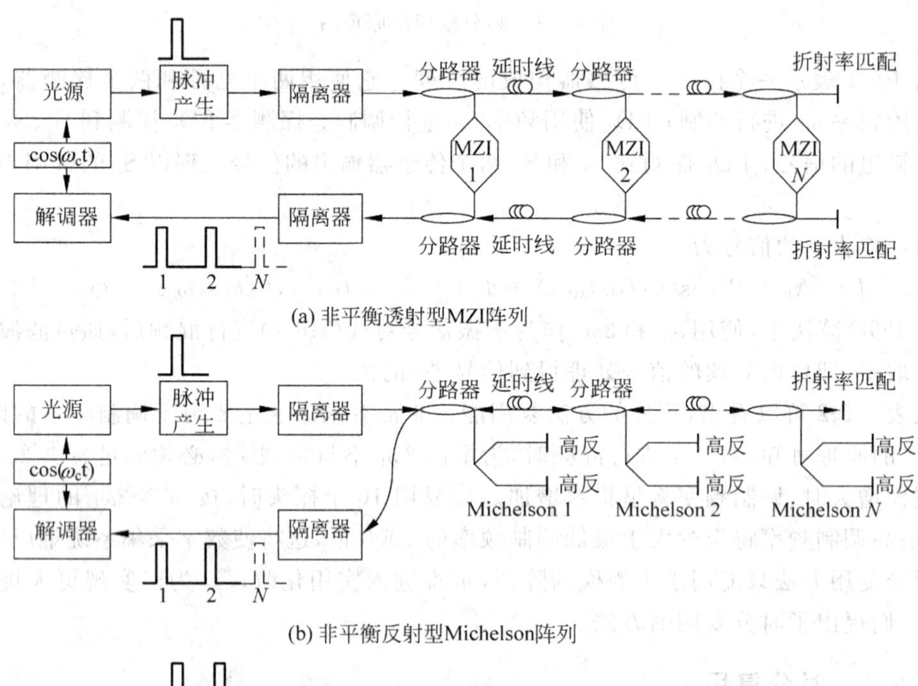

(a) 非平衡透射型MZI阵列

(b) 非平衡反射型Michelson阵列

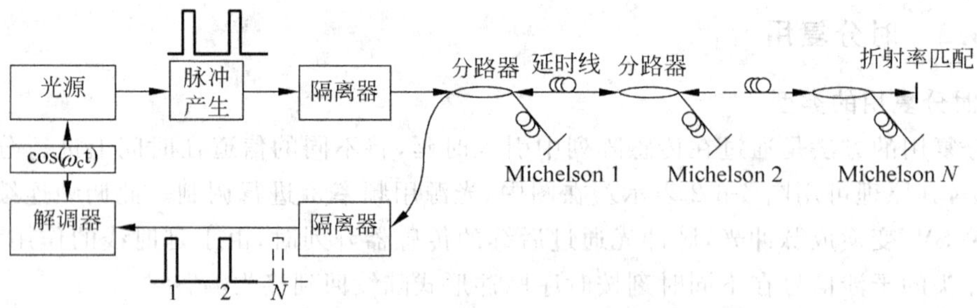

(c) 非平衡反射型单纤匹配Michelson阵列

图 4-6-3 各种时分复用结构示意图

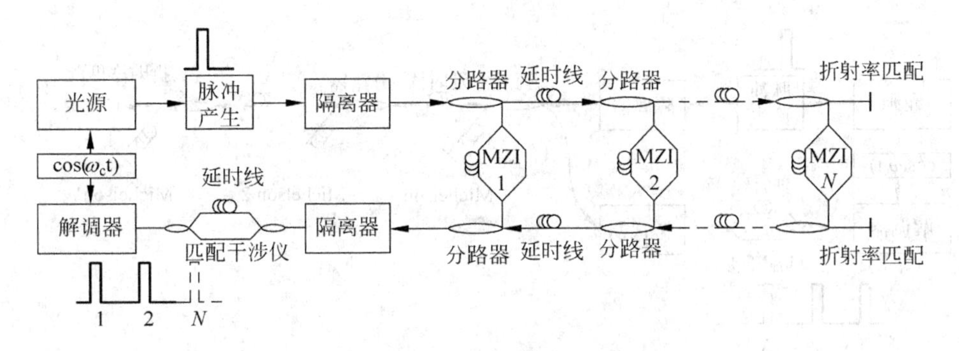

(d) 平衡透射型MZI匹配的MZI阵列

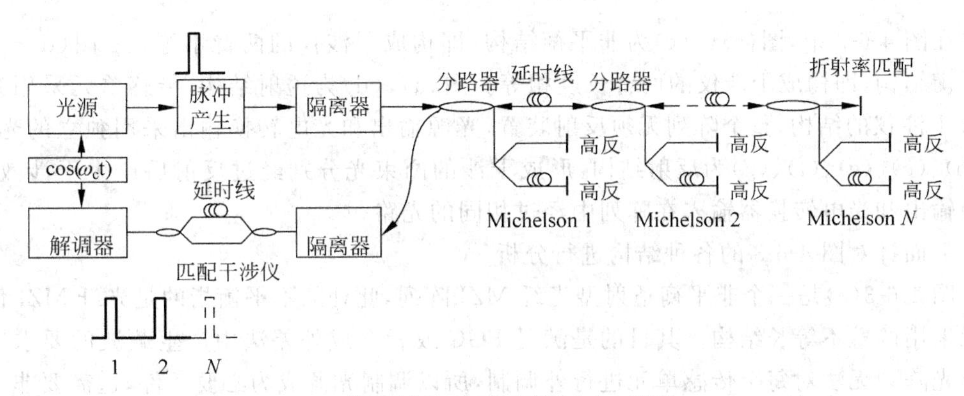

(e) 平衡反射型MZI匹配的Michelson阵列

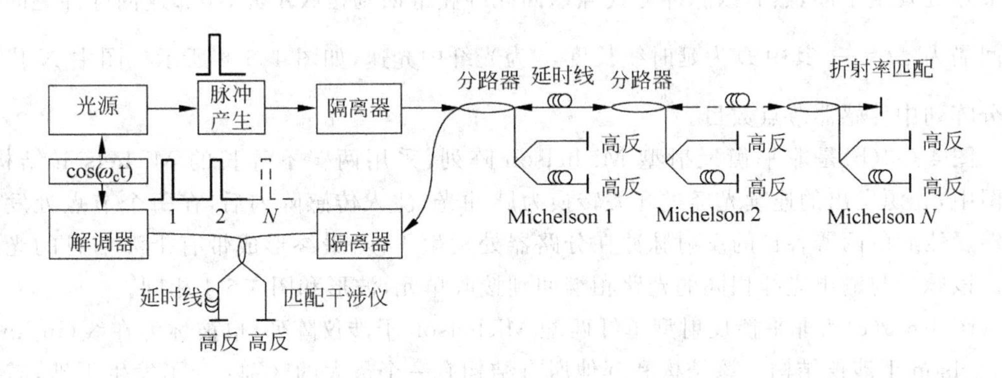

(f) 平衡反射型Michelson匹配的Michelson阵列

图 4-6-3(续)

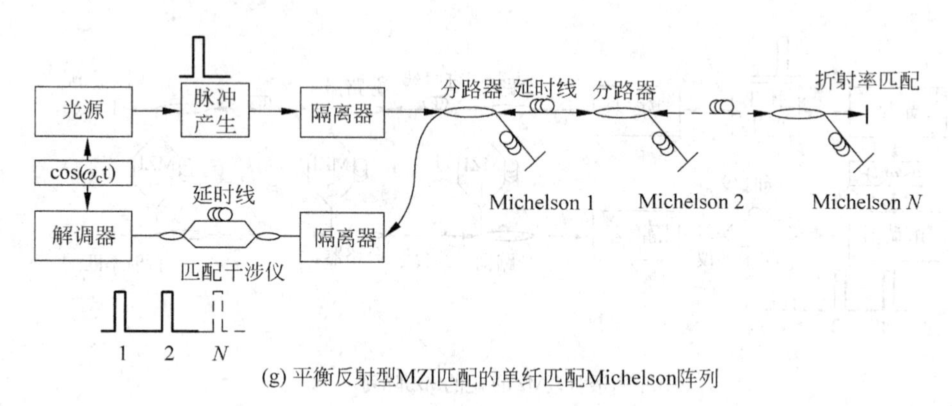

(g) 平衡反射型MZI匹配的单纤匹配Michelson阵列

图 4-6-3(续)

在图 4-6-3 中,图(a)～(c)为非平衡结构,即构成干涉仪的两臂不等长;图(d)～(g)为平衡结构,即构成干涉仪的两臂长度相等。图(a)、(d)为透射结构,传感单元采用光纤 M-Z 干涉仪的结构,整个阵列无须反射装置,光源输出和光电转换输出采用独立的光路;图(b)、(c)、(e)、(f)、(g)为反射结构,形成干涉的两束光分别经过反射后产生干涉效应,光源输出和光电转换器输入在阵列中经过相同的光路。

下面针对图 4-6-3 的各种结构进行分析。

图 4-6-3(a)是一个非平衡透射型光纤 MZI 阵列,此处的不平衡指的是光纤 MZI 传感单元采用两臂不等长结构。其目的是满足 PGC 或者合成外差法中产生载波的要求。由于全光阵列无法对每个传感单元进行外调制,所以调制光源成为必要条件,这需要非平衡干涉仪作为传感单元。在图 4-6-3(a)中,光源发出的连续光经过开关转换为脉冲光,在每个节点处发生干涉,然后以脉冲方式经返回光纤相继回到接收单元,相邻返回脉冲之间时间间隔为 $\Delta t=\frac{L}{c}$,其中 L 为延时线长度,c 为光纤中光速,如图 4-6-4 所示。图中 N 代表时分阵列中传感器节点数目。

图 4-6-3(b)是非平衡反射型 Michelson 阵列,采用两臂不等长的 Michelson 结构。在图中,光源发出的连续光经过开关转换为脉冲光,注入传感阵列后,在每个节点处发生干涉。然后由两臂各自的反射脉冲在分路器处发生干涉,最终形成带有干涉信息的光脉冲。该脉冲与输出光纤相同的光路相继回到接收单元,波形和图 4-6-4 相同。

图 4-6-3(c)为非平衡反射型单纤匹配 Michelson 干涉仪阵列,也被称为在线(in-line) Michelson 干涉仪结构。该结构和其他所有结构有一个最大的区别:为了发生干涉,需要在阵列中注入两个相邻的脉冲光。传感的信号臂在传感探头内部,而参考臂直接用延时线代替。图 4-6-5 给出了这种结构的波形示意图。

在图 4-6-5 中,光源输出两个相继的脉冲 1 和脉冲 2,这两个脉冲之间的间隔在输出

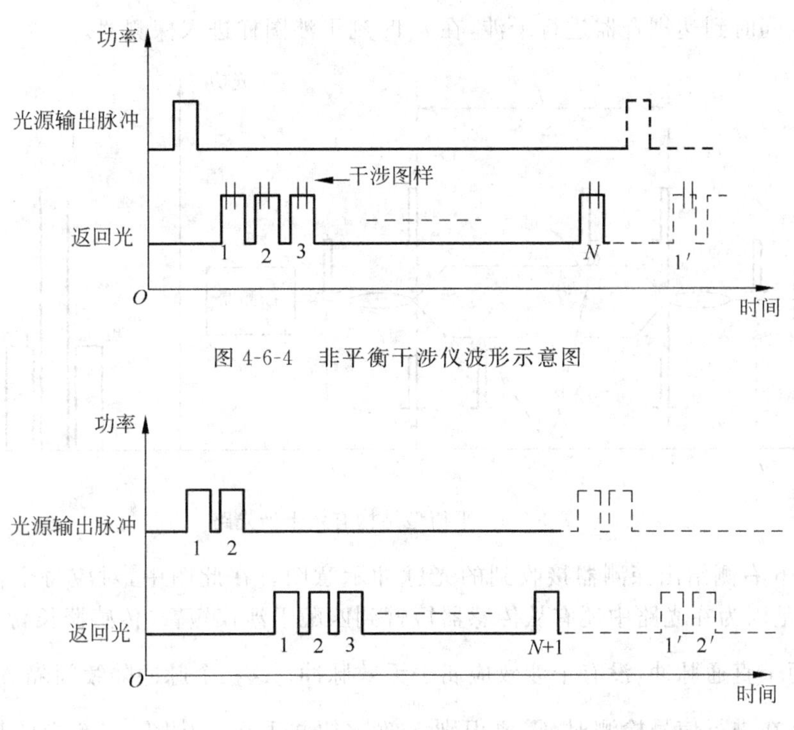

图 4-6-4 非平衡干涉仪波形示意图

图 4-6-5 非平衡 in-line Michelson 干涉仪结构的信号示意图

端通过延时线实现，并且在延时线上加上声光移频器改变第二个脉冲的光频，因此注入到阵列的是两个频率有差异的光脉冲，适合于外差法解调。

当脉冲 1 进入传感单元 1 时，由于参考臂没有光返回，该脉冲自信号臂反射后直接返回而不会产生干涉，这是返回光波形中的脉冲 1；经过时间 $\Delta t=\frac{2L}{c}$后，第二个脉冲自单元 1 的信号臂返回，第一个脉冲自单元 2 的信号臂返回。这两个脉冲在单元 1 的分路器处进行干涉，该干涉信号返回接收端，形成返回光中的脉冲 2。同理，返回光中的脉冲 3 是由输出脉冲 1 在单元 3 处的反射光与输出脉冲 2 在单元 2 处的反射光干涉形成的。返回光的脉冲 $N+1$ 由输出脉冲 1 在阵列末端的反射镜的反射信号和输出脉冲 2 在单元 N 处的反射光干涉而成。

图 4-6-3(d)是平衡透射型 MZI 匹配的 MZI 阵列，此处的每个平衡结构分别由两个非平衡干涉仪构成。一个是作为传感器的 MZ 干涉仪，另一个是位于信号处理部分的匹配干涉仪。这两个干涉仪具有完全相同的结构，且都具有很大的两臂长度差，其有效干涉光路如图 4-6-6 所示。在 t_0 时刻光源发出的光脉冲于 t_1 时刻分为两路进入传感器。由于传感干涉仪两臂长度差很大，在 t_2 时刻，较短一臂的光脉冲逸出干涉仪进入匹配干涉仪较长一臂，而较长一臂的光脉冲依然在延时线中传输。在 t_3 时刻，两路光分别通过两段等

长的延时线同时到达耦合器进行干涉，在 t_4 时刻干涉图样进入探测器。

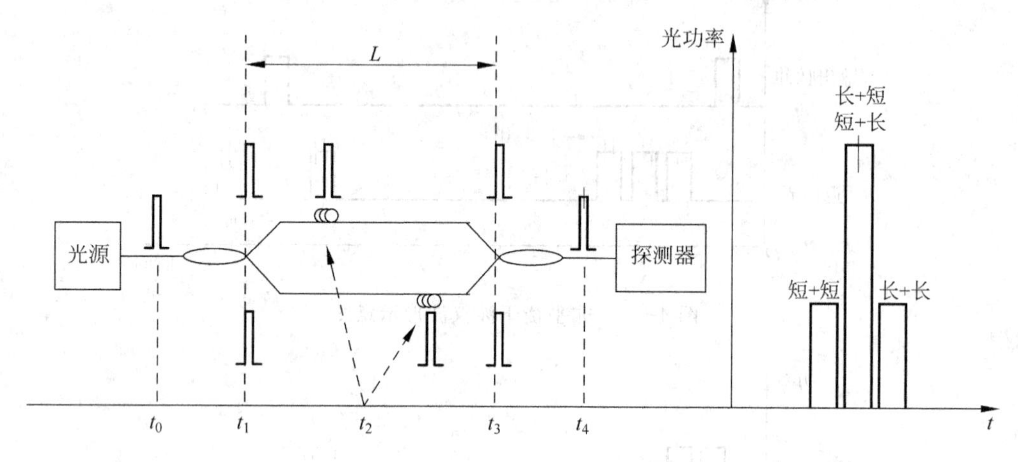

图 4-6-6　平衡型结构有效干涉光路

图 4-6-6 右侧给出探测器接收到的光脉冲示意图。在此图中，对应每个传感器有三个脉冲，这是因为在光路中还有从传感器短臂到匹配干涉仪短臂、传感器长臂到匹配干涉仪长臂的两个直通脉冲，没有干涉效应属于无效脉冲；这三个脉冲陆续间隔 $\Delta t=\frac{L}{c}$，L 为长臂长度。在进行信号检测时，需要识别无效脉冲并丢弃。从图 4-6-6 中的接收光脉冲示意图可以看到，为了从时间上区分不同传感器，最短延时线长度为两倍干涉仪长臂长度，这样可以保证重叠区间为两个无效脉冲。

图 4-6-3(e)是平衡反射型光纤 MZI 匹配的光纤 Michelson 干涉仪阵列。和图 4-6-3(d)的区别在于每个传感器可节省两个耦合器，同时传输光纤减少一半，变为一根。这对成缆很有利。

图 4-6-3(f)是平衡反射型光纤 Michelson 干涉仪匹配的光纤 Michelson 干涉仪阵列。它和图 4-6-3(e)基本相似，只是将匹配干涉仪改为 Michelson 干涉仪结构。

图 4-6-3(g)是平衡反射型光纤 MZI 匹配的单纤匹配 Michelson 干涉仪阵列。阵列结构和图 4-6-3(c)相同。但是由于采用了匹配干涉仪，使该结构只需要一个脉冲激励就可以产生干涉。该结构将阵列延时线也作为干涉仪一部分，而相邻两个传感器信号臂部分等长，因此匹配干涉仪长臂延时线长度和阵列延时线长度相等。

2. 不同结构比较

通过上面对各种结构的介绍，可以总结出不同结构的若干异同点如下。

(1) 两臂等长

平衡干涉仪两臂等效长度相同，因此可以减小由于光源有效相干长度造成的相干噪声。

（2）便于外调制

平衡干涉仪的匹配干涉仪位于信号处理单元，这使对干涉仪臂长调制的外调制法得以应用。采用外调制可以消除内调制的寄生调幅效应，同时可以减小光源模块设计难度。而且由于载波调制集中于匹配干涉仪，使调制深度一致性（$C=2.37$）较易保证。在内调制方法中，由于不同探头之间的差异会造成调整深度的较大不一致性。

（3）有无效脉冲

平衡型结构在探测器端会产生两个无效脉冲，这增加了阵列所需的延时线长度，同时增加了检测系统的脉冲识别工作。

（4）可降低延时线长度

非平衡干涉仪阵列可以降低延时线长度。由于所有有效脉冲都是依次到达，减少了脉冲识别工作。但是非平衡结构对光源相干长度要求更高，同时该结构只能采用调制光源的内调制方式。

（5）透射型结构和反射型结构的差异

透射型结构每个传感器需要4个耦合器，而反射型结构只需要一个（in-line）或两个耦合器；透射型结构不需要反射镜，反射型结构每个传感器需要1个（in-line）或两个反射镜；透射型结构需要两根传输光纤，反射型结构只需要一根；在相同灵敏度情况下，透射型结构所需光纤长度比反射型结构长一倍；在同样输入光强情况下，透射结构功率利用效率好于反射结构；透射和反射结构所需传输延时线长度相同。由于透射结构需要两根光纤，所以体积更大。

3. 需考虑的问题

上面总结了不同结构的几点异同。下面再介绍从信号处理角度看，需要考虑的一些问题：

1）光源输出光强

随着阵列规模的增大，为了使整个阵列都能够获得一致的增益，需要对阵列中光分路器的分光比进行综合考虑。要求既不会在近端产生非线性效应，又不会使远端传感器光强过弱而造成信噪比下降。为此人们提出了多种解决方案，如分布式的光放大器和远程泵浦的EDFA等。

2）光开关的开关速率

为了使不同传感节点返回的信号不致混叠，输入到阵列的光脉冲宽度必须满足一定的要求。在图4-6-4所示信号中，N个传感器的信号对应N个顺序的脉冲。每个脉冲之间的时间间隔取决于阵列中延时线的长度。图4-6-4中两个相邻返回脉冲之间时间间隔为$\Delta t=\frac{L}{c}$。以200m延时线为例，$\Delta t\approx 1\mu s$，即光脉冲的宽度必须小于$1\mu s$才能够保证每个传感器的返回信号不发生混叠。必须强调的是，这只是一个必要条件，另外还需要考虑下面所述的待测信号因素。

3）不同信道间的串扰

在大规模阵列中，信道间的串扰会降低系统性能。在时分系统中，信道间的串扰主要来源如下。

(1) 传输光纤的串扰

在平衡型结构中，传感部分是非平衡结构，干涉仪两臂有很大的长度差。当两个相继的脉冲通过返回光纤回到探测端时，返回光纤的波动对两个脉冲并非完全等效，因此不同位置的扰动会引起串扰。随着阵列规模的扩大，远端传感器受到的串扰越发增加。对臂长差为 L 的光纤 Michelson 干涉结构，串扰有如下近似表达式：

$$A = 20\log\left(\frac{4\pi n}{c} f_L L\right) \tag{4-6-2}$$

其中 A 为相对于真实信号的串扰值(dB)；f_L 为返回光纤扰动点的波动频率；L 为非平衡部分的臂长差。

(2) 光开关的有限消光比

由于光开关的有限消光比，使注入阵列的光脉冲在“暗”状态时依然有残留光的存在，这就导致其他传感器的“暗”光和工作传感器的“明”光产生干涉。

(3) 延时线的瑞利散射

延时线的瑞利散射同样会造成“明”光和“暗”光之间的干涉。

(4) 相邻信道间的串扰

对图 4-6-3(c)的结构，由于两相邻单元间延时线被作为参考臂，两个发生干涉作用的脉冲分别经过两个单元的信号臂，造成相邻信道间的串扰也大大增加。

4）待测信号范围

待测信号范围包括了幅度和频率两个因素。因为 PGC 和外差法已经成为光纤干涉仪最常用的两种解调方法，为了使解调过程中不至于出现频谱混叠，载波信号频率和待测信号的幅度和频率必须满足一定的关系。

5）采集系统的时序对准

对采集系统，每一个有效脉冲对应每一个信道的一个数据点。在实际工作过程中，数据是连续不断的一个脉冲流。为了将这个脉冲流和信道一一对应，采集系统必须设置一个非常可靠的基准信号(相对于激励脉冲)。同时时钟必须具有很高的频率和相位稳定性，既不能丢数，也不能错位。

6）信号采集系统的采集速率

在实用系统中的信号处理工作毫无例外地采用数字方法。为了不失真地采集到时分系统的干涉信号，要求信号采集单元具有足够的采集速率。该速率取决于两个因素，即光脉冲宽度和待测信号的范围。满足第一个要求可以保证不漏掉任何一个传感节点的信号，满足第二个要求则是为了保证信号处理时不会发生频谱混叠。在图4-6-4的基础上，采集速率可以这样理解：图中1和1′这两个返回脉冲代表了第一个传感单元的两个相继的脉冲。在信号采集时，如果在这两个脉冲中分别采样一个点，就构成了该传感单元的一个两点的数组。随着时间的推移，更多的点被采集进来，形成一个连续不断的数据流。该数据流和其他传感单元的数据在时间上交错排列。信号处理的时候，将该数据流按照时间顺序提取后，形成每个单元各自的数据流。考虑 N 个单元的阵列，设采集频率为 F_s，对各单元数据解复用(数据提取重排)后，等效于每个单元采集速率为 $\frac{F_s}{N}$，这个速率必须满足PGC或者外差法中要求的采集速率。

如采用PGC方法对非平衡光纤Michelson干涉仪结构解调。待测信号为1kHz，载波频率为10kHz，脉冲宽度为1μs，进行10倍过采样，AD采集速率为1Msps(16bit)。则此阵列规模 N 约为10单元。所需延时线为 $\frac{c\Delta t}{n}\approx 200$m，传输光纤数目为一根，是一个比较有吸引力的方案。如果采用平衡结构，在提高系统信噪比的基础上，所需延时线长度增加为400m。

4.6.4 时分-波分复用

时分复用的方法可以提高阵列规模，但是信号处理系统的有限采集速率限制了时分系统的规模上限。为了进一步提高阵列规模，人们提出了波分复用的方法。随着光纤通信技术的发展，各种光纤器件性能不断提高，品种不断增加，使得利用波分复用技术组阵成为可能。

波分复用是通过使用不同波长的光源，利用ODM和OAM使不同的传感器实现复用的方法。为了最大限度地扩展系统性能，通常与时分复用结合使用，已报道的TDM-WDM系统已经实现了96单元的传感器阵列。

时分-波分复用的原理可以用图4-6-7表示。图中分为岸上设备和水下设备两部分。根据阵列规模选择光源数量，图中显示了 N 个不同波长的光源。它们各自产生符合时分阵列要求的光脉冲，经过1个波分复用器(MUX)后送入光放大器(EDFA)。这是为了增加输入到阵列的光功率，使之满足阵列规模。经过在传输光纤中的衰减后，再经过EDFA进行二次放大，以补偿传输光纤的功率损耗。然后多个波长的光经过波分解复用器(DMUX)后分为 N 路不同波长的光，进入相应的时分阵列。在每个时分阵列的输出端，所有的 N 个波长经过波分复用器重新组合成一路后经放大传送到岸上。再经过 N 个光带通滤波器，滤出所需要波长的光。同时抑制其余波长的光，以及由于EDFA引入的受激自发辐射(ASE)。每个不同波长的光进入对应的TDM接收机，利用PGC或者外差法进行信号处理得到待测信息。设波长数为 N，时分阵列规模为 M，则总的阵列规模为

NM。图4-6-7中EDFA的引入可以有多种方式,如分布式EDFA、远程泵浦的EDFA等。由于时分-波分复用所需传输光纤数量很少,因此还可考虑在图4-6-7的基础上再加空分复用,也就是将系统简单地复制一倍。

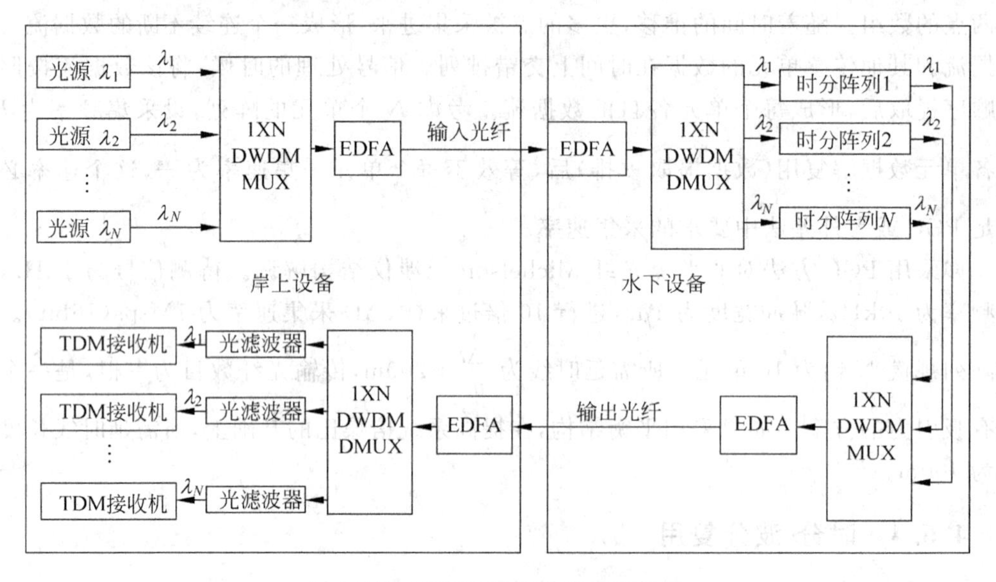

图4-6-7 TDM-WDM阵列原理框图

时分-波分复用是目前的研究热点,是一个很有希望实用化的复用方案,还有很多重要的问题尚待解决,本章仅仅给出极为简单的介绍,更多内容读者可以参阅有关文献[15,28]。

4.7 小 结

本章主要介绍光纤锁相环方法、PGC和外差法三种常用的干涉仪信号处理方法,同时简要介绍了干涉型传感器的复用和解复用技术。这是紧密联系的两部分内容。干涉型传感器主要应用于光纤水听器这一近年来得到广泛研究的领域。

思考题与习题

4.1 试分析综述强度调制型光传感器的信号处理技术。

4.2 试分析综述偏振调制型光传感器的信号处理技术。

4.3 试分析综述波长调制型光纤传感器的信号处理技术。

4.4 试分析相位调制型光传感器信号处理的难点和可能解决的方法。

4.5 试由式(4-2-16)推导式(4-2-10)和式(4-2-11)。

4.6 式(4-2-16)下一段是："被动零差法的动态范围仍然受到解调电路的限制，但传感器的相位解调范围大大增加，理论上没有限制，而且被动零差法对光源的相位噪声不敏感。"试说明为什么"理论上没有限制"和"对光源的相位噪声不敏感"。

4.7 分析比较图 4-3-2 和图 4-3-3 的差别。

4.8 试分析比较几种解调方法的差别。

4.9 试说明 PGC 方法中 C 取值为 2.37 的原因及其重要性。参考式(4-4-13)。

参考文献

[1] 靳伟，廖延彪等. 导波光学传感器：原理与技术. 北京：科学出版社，1998

[2] Giallorenzi T G, Bucaro J A, Dandridge A, et al. Optical fiber sensor technology. IEEE Journal of Quantum Electronics, Vol. QE-18, No. 4, pp 626-634, 1982

[3] Grattan K T V, Meggitt B T. Optical Fiber Sensor Technology. Chapman & Hall, London, 1995

[4] Dakin J, Culshaw B. Optical fiber sensors Ⅱ: Systems and applications. Artech house, Boston and London, 1996

[5] Lee B. Review of the present status of optical fiber sensors. Optical Fiber Technology, 2003, Vol. 9: 57～79

[6] Jarzynski J, Hughes R, Hichman T R, Bucaro J A. Frequency response of interfero-metric fiber-optic coil hydrophones. Journal of Acoustic Society of America, 1981, Vol. 69, No. 6: 1799～1808

[7] Pechstedt R D, Jackson D A. Design of a compliant-cylinder-type fiber-optic accelerometer: theory and experiment. Applied Optics, 1995, Vol. 34, No. 16: 3009～3017

[8] Wilkens V, Ch Koch. Fiber optic multiplayer hydrophone for ultrasonic measurement. Ultrasonics, 1999, Vol. 37: 45～49

[9] Dandridge A, Tveten A B, Giallorenzi T G. Homodyne demodulation scheme for fibre-optic sensors using phase generated carrier. IEEE. Journal of Quantum. Electronics, QE-18: 1647～1653

[10] Koo K P, Tveten A B and Dandrideg A. "Passive stabilization scheme for fibre interferometers using(3×3) fibre directional couplers". Applied Physics. Letters, Vol. 41, pp 616, 1982

[11] Cole J H, Danver B A, Bucaro J A. Synthetic heterodyne interferometric demodulation. IEEE Journal of Quantum Electronics, QE-18, 694, 1982

[12] Jackson D A, Kersey A D, Corke M, Jones J D C. Pseudoheterodyne detection scheme for optical interferometers, Electronics Letters, 1982, 18(25): 1081～1083

[13] Butter C D, Hocker G B. Fiber optic strain gauge. Applied Optics, 1978, 17(18): 2867～2869

[14] Dandridge A, etc. Homodyne demodulation schemes for fiber optic sensors using phase generated carrier. IEEE J Quantum Electron, 1982, (18): 1647～1653

[15] Geoffrey A Cranch, etc. Large-Scale Remotely Interrogated Arrays of Fiber-Optic Interferometric Sensors for Underwater Acoustic Applications, IEEE Sensors Journal, 2003, 3(1)

[16] 匡武. 光纤干涉型传感器若干重要问题的研究：[博士系统论文]. 北京：清华大学电子工程

系,2005

[17] Bucaro J A,Cole J H. Acoustic-optic sensor development. in Proc. EASCON'79,IEEE Publication 79CH1476-1 AES 572,1979

[18] Cole J H, etc. Synthetic-heterodyne interferometric demodulation, IEEE J Quantum Electron, 1982,QE-18(4): 694～697

[19] Jackson D A. Pseduo-heterodyne detection scheme for optical interferometers,Electronics Letters, 1982,18(25): 1081～1083

[20] Sirkis J S. Extended range pseudo-heterodyne demodulation for fiber optic sensors, Experimental Mechanics,1996,June: 1350141

[21] Kersey A D, etc. Phase noise reduction in coherence multiplexed sensors using laser frequency modulation techniques, in Proc. 4th Int. Conf. Opt. Fiber Sens. ,Tokyo ,Japan,Oct. 1986,55～58

[22] Dandridge A, etc. Multiplexing of interferometric sensors using phase generated carrier techniques,J. Lightwave Technol. No. 7,July 1987

[23] Kullander F, etc. Crosstalk reduction in a code division multiplexed optical fiber sensor system, Opt. Eng. ,1988,37(7): 2104～2107

[24] Kersey A D, etc. Time-division multiplexing of interferometric fiber sensors using passive phase generated carrier interrogation. Opt. Lett. ,1987,12(10): 775～777

[25] Kersey A D, etc. Ten-element time-division multiplexed interferometric fiber sensor array, in Optical Fiber Sensors Conf. Berlin, West Germany,1989,486～490

[26] Kersey A D, etc. 64-element time-division multiplexed interferometric sensor array with EDFA telemetry, in Opt. Fiber Commun. Tech. Dig. Series. Washington, D. C. : Optical Co. Amer. , 1996,270～271

[27] Hodgson C W, etc. Large-scale interferometric fiber sensor arrays with multiple optical amplifiers, Opt. Lett. ,1997,22(21): 1651～1688

[28] Wu-Wen Lin, etc. System design and optimization of optically amplified WDM-TDM hybrid polarization-insensitive fiber-optic Michelson interferometric sensor. J. Lightwave Technology. Vol 18, No. 3, March 2000

[29] 靳伟等. 光纤传感技术新进展. 北京: 科学出版社,2005

5 光传感器的封装技术

5.1 概　　述

光传感器的封装是光传感技术的重要内容之一。封装质量的好坏,将直接影响传感器的性能,封装不好甚至会导致传感器失效,最常见的是温度效应导致光传感器在使用中失效。许多光传感器在室外环境中应用,如用于电力变电站的电流互感器和电压互感器(或称光电流传感器和光电压传感器),由于室外环境温度的变化(日夜温度的变化以及一年四季温度的变化)使传感器各部件发生移位,甚至松动(由于各元件的温度系数不同而引起的热膨胀或收缩的差异);另外,材料性能也会因温度的不断起伏而老化。由于光传感器的对准精度要求很高,所需的对准精确可能度达微米量级甚至更高,所以对光传感器中各元件之间的固定要求很高。再如,有些光传感器要长期置于水或油中使用,这时就要求对光传感器采取专门的水密封或油密封措施。

光传感器封装是指把经过组装的光传感器件,相应的光器件、电器件等封入一个特别设计的管壳或容器内,使光传感器成为一个整体,并与外部可进行电连接和/或光连接。

1. 光传感器封装的目的

(1) 固定

通过封装(机械固定,高温焊接,胶粘等方式)使光传感器的各部件的相对位置保持不变,光传感器成为一个整体,以消除由振动、温度变化、机械碰撞等因素引起的部件松动。

(2) 保护

通过封装(采取油封、水封、气封以及高压绝缘等措施)使光传感器可用于多种恶劣环境,防止外界有害气体、液体(油、水、酸等)以及高压电场或高压环境（深油井中和深海下的数百甚至上千个大气压）对光传感器的损伤。

(3) 使用

通过封装，可提高光传感器的光学和电学性能，使其精度提高，长期稳定性得到改善（不致于因温度起伏、振动、渗漏等因素使光传感器性能下降），便于使用（保护传感器，减少在使用中的损坏）。通过封装还可为光纤传感器提供安装以及与其他部件连接的过渡配合。

2. 光传感器封装的要求

(1) 足够的机械强度

光传感器封装后应该是结构牢固可靠，能承受机械振动、机械冲击（例如从高处落下）高频振动等各项试验（按国家标准或军用标准进行）。外引线与管壳之间的连接、尾纤与壳体之间的连接应坚固可靠。按标准经过试验后不应出现断裂或机械损伤，光器件和/或光纤的耦合处不应出现错位。

(2) 良好的密封性

光传感器封装后应该满足使用中的密封要求，亦即光传感器封装后，在需要时应具有防渗漏性和抗高压性。对于不同使用环境有不同的防渗漏要求：有的要求气密（用于有害气体环境），有的要求油密（用于有油的环境），有的则要求水密，有的则要求耐高压力（高气压、水压、油压等）或高电压。传感器封装后，应能符合使用环境的密封性要求和通过相应的检测。

(3) 可靠的热稳定性

光传感器封装后要求具有良好的热稳定性，其中包括：①良好散热性，例如可通过85℃高温存放试验，以及高温85℃和低温-40℃循环温度冲击试验（20次）后，仍保持性能稳定。②良好的热传导性或绝热性。例如对于光纤干涉型传感器，要求两支光纤通路处于相同的温度且其热传导的速度相近。这样当外界温度变化时，两支光纤通路有近于相同的温度变化梯度，以免两光纤通路之间有温度差而引起附加的相位变化。所以设计光纤干涉型传感器时，要考虑封装材料的热传导性。

(4) 封装步骤的标准化

对光传感器的封装结构设计时，应考虑其外形尺寸尽可能符合通用标准，这有利于产品的标准化、通用化和系列化。加工工艺也应尽可能简便、以降低成本、便于批量生产。

(5) 其他

有些器件应考虑尽可能减小端面的反射损耗，为此可采取镀减反射膜，端面与光轴成$6^\circ \sim 8^\circ$斜角等办法。有些器件应减小对光波偏振态的影响，为此可采用高偏振性能器件或消偏振的方法（例如光路中插入半波片等）。

5.2 光传感器的封装方式

光传感器封装方式有多种。由于光传感器仍处于发展中，其封装方式尚未规范。下面简要介绍几种主要的封装方式。

5.2.1 机械固定式

这是光传感器最常用的一种封装方式。它主要是按光传感器的性能和使用要求，设计一定的容器(外壳)和相应的紧固件，将各部件组装固定成一个整体。只要设计合理，这种封装方式完全可以满足长期稳定的使用要求。这种固定方式也便于工艺的标准化、规范化。此外，采用相应的密封措施，才能满足密封要求。例如，利用各种型号的真空垫圈、垫片等可构成满足气密要求封装结构，而利用耐油的垫圈、垫片等，则可满足防油(油密)的要求。若对所用部件的导热性能、结构特点以及所用材料的导热性，则可构成热稳定的封装结构。例如，各机械部件的热膨胀系数若不相同，则因环境温度的变化，会引起各机械部件的错位，从而使光传感器的性能下降，(其中包括光功率的起伏、光偏振态的变化、光波相位的变化等)。

5.2.2 胶粘固定式

胶粘固定式是光传感器又一种最常用的封装方式。它和机械固定式的差别主要是：传感器各部件之间的固定是用各种黏结剂(胶)。用胶粘固定各部件对光传感器进行封装的优点是：简便易行，灵活快捷，适用面广，尤其适用于光传感器的试验阶段。

胶粘的不足之处如下：

(1) 温度稳定性较差

原因是黏结剂和被粘结构(光传感器各部件，如光纤、金属部件等)的热膨胀系数不同。

(2) 有附加应力

黏结剂在固化过程会产生附加的应力。这种应力的后果是：降低元件的对准精度(固化过程会产生微小位移)；使光学元件产生附加的各向异性，引起传输光波特性的改变。一般情况是胶的固化时间愈短，产生的附加应力愈大。因此对偏振特性要求高的场合应慎用黏结剂。另外，为提高各元件对准精度，在黏结剂的固化过程中应实时监测对准的情况，并随时进行微调，以补偿因胶的固化而产生的移位。

(3) 难于拆卸

用黏结剂封装的各部件一般难于拆卸而进行重新组装，所以用黏结剂封装的光传感器，一般都无法拆卸。例如，用环氧固化后的封装件就很难拆卸。

5.2.3 焊接固定式

对于光传感器，焊接固定式是一种优于胶粘的封装方式。这种封装方式的优点是长期稳定性好，尤其是热稳定性较好。其不足之处是需专用焊接装置，需针对不同部件采用不同的工艺(焊接功率的大小、焊接时间的长短、焊接部位的确定等)，以及难于拆卸。所以，这种方法适用于工艺成熟、稳定，处于批量生产阶段的产品。对光学元器件的焊接一般是采用激光焊接，即加热源为激光束(例如 CO_2 激光)。目前，光纤法-珀干涉仪是激光焊的典型成功例之一。因为光纤法-珀干涉仪是两段裸光纤插入一细毛细管中构成(参看第1章)。为此，在两光纤间距精密调整后，需将裸光纤和玻璃毛细管固定。以前多用胶粘方式固定，其缺点是热稳定性差，现改用 CO_2 激光焊接方式封装使热稳定性大为改善，可使光纤法-珀干涉仪在200℃高温环境仍能长期稳定工作。

5.2.4 金属焊固定式

金属焊固定是又一种较好的封装方式。它和上述焊接固定方式的差别是：需在被焊接的光学元器件(一般是非金属材料，例如玻璃、石英光纤等)上先用特种工艺涂敷一层金属薄膜，再用锡焊方式进行金属焊接。例如：用自聚焦透镜和光纤连接的自准直光纤以及光纤和LD(或LED)的连接等多采用这种方式。这种封装方式的优点是热稳定性好，寿命长；不足之处是工艺较复杂(光学元器件上镀金属的工艺较难)，因而成本高，需专用设备。

光传感器目前尚无规范化和标准化的封装工艺。另外，由于光传感器的品种多样化，目前也无较通用的封装工艺。但是构成光传感器的基本组件之一的：光源(LD，LED)、光探测器以及它们与光纤、电线的封装方式和光传感器的封装有共同之处，而光源、光探测器等光电子器件的封装已有较规范和标准的封装方式。为此下面三节介绍几种典型的光电子器件封装技术作为光传感器封装技术的实例[1]。下面几节介绍的封装技术也适用于光传感器的封装。

5.3 光器件封装实例

根据不同性能、不同器件、不同用途的要求，光电子器件封装结构和方式也不同。并且由于技术的发展，封装结构正趋向于小型化和多功能模块化。目前主要有同轴封装、双列直插式封装、蝶形封装、带射频接口的封装以及正在发展中的各种微型封装。

5.3.1 同轴封装

根据与外部的光学连接方式不同，同轴封装又分为插拔式封装和带尾纤的全金属化耦合封装两种。前者是利用外部连接头插入管壳体,经过内部光学对准系统与光源或探测器管芯实现光耦合输出/输入;后者则是用全金属化的光纤耦合。

同轴管壳所用材料主要是不锈钢。整个结构由 TO 管座、内套、透镜座、外套以及内部光学系统组成,结构上下部有一致的同心度。各部件之间采用环氧胶粘接。环氧胶固化后具有黏合力强,收缩性、稳定性和机械强度好的特点,加上在关键的结合部位实施激光点焊,完全能承受各种实用环境的机械力,而且寄生参数小、工艺简单、成本低。因此这种结构广泛用于 LED、LD、光接收器件及组件和组件封装。

1. 插拔式同轴封装

图 5-3-1 是 LED 组件插拔式封装结构剖面示意图。

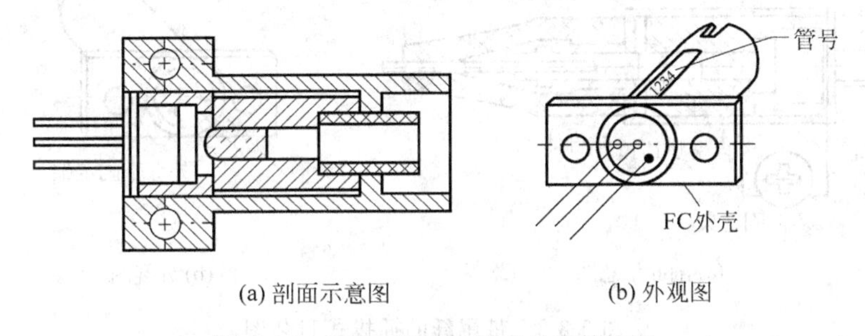

(a) 剖面示意图　　(b) 外观图

图 5-3-1　LED 组件插拔式封装结构图

封装过程如下:

(1) 固定管座

在装有 LED 管芯的 TO 管座周边涂上环氧胶,将 LED 内套套入管座,内套松紧适中。

(2) 固定透镜

经固化后,将自聚焦透镜黏合,再把透镜子座黏结在 LED 内套上。操作中,透镜必须与 LED 输出端对准,以便获得最大耦合效率。

(3) 激光点焊

为了稳定 LED 输出与透镜之间的耦合对准,对内套与透镜座之间的结合缝外部用激光点焊。

(4) 固定套筒

在陶瓷套筒周围涂胶,然后轻轻插入透镜座,转动几圈,使其与透镜座黏结良好。

(5) 成品检查

固化后,可把 SC 连接头插入组装好的陶瓷套筒内,试插拔应轻松自如,否则应对陶瓷套筒内部进行清理。

2. 带尾纤的同轴封装

带尾纤的同轴封装结构主要部分与插拔式相同。图 5-3-2 是光接收组件(PIN+

FET)带尾纤的同轴封装示意图。封装过程是先将装好的探测器管芯和FET和TO管帽周边涂上环氧胶,套上绝缘套,经100℃左右温度烘烤固化后,装配上环,在确保管帽、绝缘套和上环套之间黏结紧凑、同心后,再组装下环。装好下环后进行激光点焊。点焊过程需光学对准。点焊后是尾纤的封装。事先把镀金属膜的光纤一端剥出裸纤,插入点有环氧胶的插针体内,经固化和光纤端面磨、抛光后,再进行耦合封装。在耦合封装过程中,把带光纤的插针体插入下环,压紧,并置于约100℃的加热台固化。最后套上橡胶套以保护尾纤,并装上金属外套,外套带有不同形状的固定架。

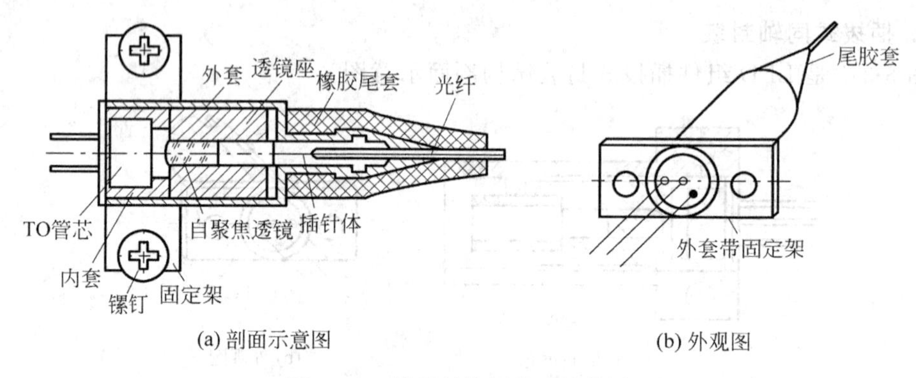

(a) 剖面示意图　　(b) 外观图

图 5-3-2　带尾纤的插拔式封装图

5.3.2　蝶式封装

1. 蝶式封装的特点

(1) 结构紧凑

把管脚和陶瓷电路板分布在管壳腔体两旁的边壁上,充分利用腔内空间,节省使用面积,为内部组装电路设计与布局留下更大的空间和灵活性。

(2) 性能提高

利用多层陶瓷板增加线路布局与功能,提高封装器件的电学和光学性能。如利用陶瓷基板厚膜电路的微带线提高电路的频响特性,可用于高速光收发组件与模块封装。

(3) 使用方便

管脚引线从两侧引出,减少连接线长度,且改作扁平形状,方便使用时的连接、检测和安装焊接。

2. 管壳材料与结构

蝶形封装管壳仍用可伐材料,结构主要由四部分组成,见图5-3-3。它们是钨铜材料底板、腔体、连接管脚和厚膜电路的陶瓷板以及盖板。整个管壳结构组装过程大致如下:

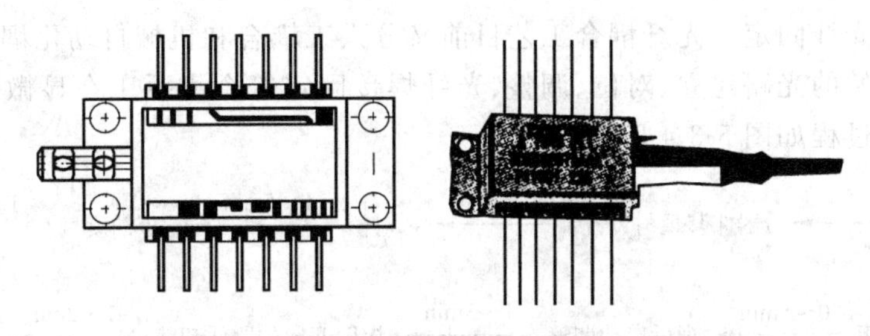

图 5-3-3 蝶形封装内部结构示意图

(1) 金属化

对加工好的多层陶瓷板进行金属化,以增加管脚和内部电路引线的可焊性。

(2) 固定管脚

把管脚插入陶瓷体,在 780℃用银铜(2/8)钎焊固定。

(3) 装模

把陶瓷板插进腔体,用同样温度进行密封性钎焊,即装模。

(4) 检验

对管脚间绝缘性能进行检验。

(5) 钎焊

在 840℃温度下对腔体与底板、腔体与尾纤导管进行钎焊。

(6) 气密性检漏

对整个管壳进行气密性检漏。

(7) 金属化电镀

3. 封装工艺

现以 980nm LD 泵浦组件为例介绍相关封装过程。工作波长为 980nm 的 LD 组件的封装过程从 14 针蝶式管壳开始,这是一个用钨铜作底板的可伐镀金盒(长约 20mm)。具体步骤如下:

(1) 固定致冷器

把热电致冷器(TEC)置于管壳底部,并用黏结技术固定。

(2) 组装光电组件

在 TEC 顶上组装光电组件,光电组件以小型化 AIN 支架为基础(含 LD 管座、LD 芯片、PD 以及 LD 工作需要的其他元器件)。这些元器件先焊接在金属化图形表面,然后用引线完成内部电互连和与管壳两侧输出管脚的外连接(典型情况下,光电子组件在管壳外完成),再作为一个整体器件移入管壳内。

(3) 耦合

耦合是指固定光纤引出线。光纤引出是组装的关键工艺,它包括光纤与 LD 管芯输出波导对位和光纤固定。光纤耦合工艺目前又分人工耦合和机械自动化耦合。人工耦合包括从耦合开始的光路建立、对位、调整、光纤焊接固定等全靠手工在显微镜下进行。自动化光纤耦合过程如图 5-3-4 所示。

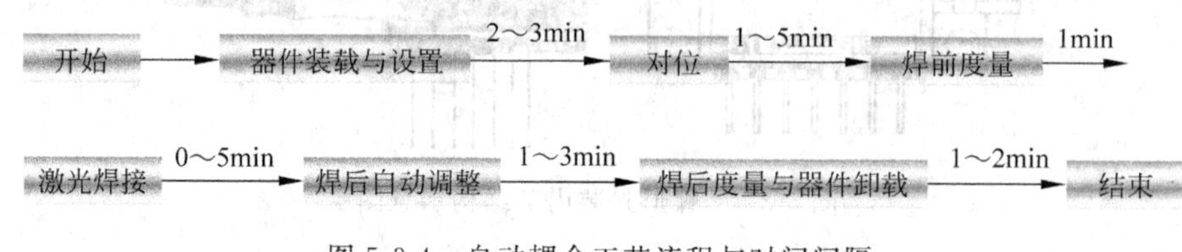

图 5-3-4　自动耦合工艺流程与时间间隔

自动化光纤耦合工艺如下：

（1）开始

自动耦合以组装完成后管壳进入自动耦合平台并接通精密机械电源开始。

（2）器件定位

LD 组件进入耦合的固定槽后，机械卡手将其安全卡紧固定。再装载金属化光纤的专用探针，最后将光纤从管壳的套管送入壳内，安置在 LD 芯片前预定的安全距离处。此时，光纤除已金属化外，还套上一圆柱形金属套管，便于耦合时焊接固定。

（3）对位

用一气动镊子伸进管壳抓住导管，将负载光纤的专用探针拉出管壳，整个过程可通过 CCD 摄像系统在监视屏幕上观察到。镊子抓住光纤套后，将在 x,y,z 方向移动光纤，使其对准 LD 芯片的输出波导，直至其耦合效率达到最大。

（4）激光焊接

对位完成后，由两束激光从两个相对的方向焊接马鞍形架，再把光纤套管焊接在马鞍形架上。由于激光溶化的金属在凝固后将产生收缩力，引起焊后偏差，导致光纤失准，耦合效率下降。为此可用多束强度相等的激光从两个方向同时焊接，以抵消横向平移。

（5）焊后微调

在垂直方向根据焊接的能量和所用焊点数，有 5～30μm 净位移，再采用“激光敲打”工艺校正。这种利用激光的热效应使光纤微微移动的工艺称为“激光敲打”。光纤的移动量通过输出功率的大小可自动控制。它可实现 0.2μm 对准误差。在完成光纤耦合工艺后，采用传统的平行缝焊接封装盖板。

5.3.3　带尾纤全金属化封装

带尾纤的收发一体模块通常采用金属化封装结构，图 5-3-5 是结构剖面图。电路板的安装过程与双 SC 插拔式塑封相同，只是光发射和接收器件的封装形式要适合带尾纤的金属化封装形式。现以激光二极管为例做简要介绍。

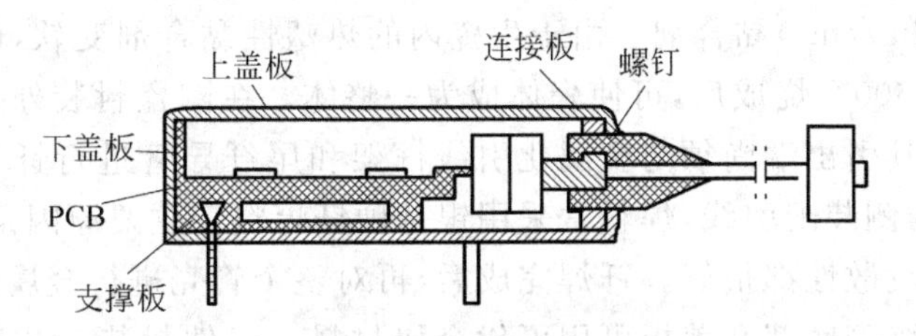

图 5-3-5 带尾纤的金属化封装收发一体模块结构剖面图

(1) 发射光耦合

给带球透镜的 TO 激光器管芯放好内套，然后在耦合台进行同轴发射光耦合。在接通光路的条件下，将带插针体的光纤端插入光纤座，调节 z 向，使管芯内套与光纤座之间完全吻合。再仔细调节耦合器上 x，y 方向及光纤夹头所提供的 z 方向上的调节旋钮，使耦合光功率达到最大。

(2) 胶粘

将胶点于光纤插针体与纤座之间的接缝上。胶干后用手术刀在垂直于内套与光纤座的缝隙的方向上划一记号。取下管芯和与光纤黏在一起的光纤座。

(3) 激光器耦合

在同轴耦合台的 xOy 平面夹具上夹好与光纤永久固化的光纤座，在 z 轴方向夹持臂上夹好管芯。通光后，仔细调节耦合台 x，y，z 方向的调节旋钮，使同轴耦合光功率达到最大，而且管芯内套边沿与透镜座上边沿完全吻合(缝隙最大不得超过 0.05mm)。此时用胶固定，松开夹具后观察输出光功率应是点胶前的 80%以上，否则要重新耦合。

(4) 发射组件的外套组装和激光点焊

光接收组件的封装类似一般同轴封装。在完成光发射和接收组件的封装后，采用和双 SC 插拔式同样方式组装过程。将 LD(或 LED)和 PD 组件的管脚剪至适当长度并弯成适当的角度，把尾纤从管壳的导管穿出，然后将管脚焊接到 PCB 上的相应地点。最后是封盖。

5.3.4 Mini-DiL 封装

Mini-DiL 是 2×4 小型双列直插封装结构，广泛用于光发/收组件。它的特点是体积小、易安装，在电路板上无须弯曲引线，无须附加热沉，插针与工业标准 14 针组件兼容。其封装形式为双层埋线黑陶瓷封装技术(黑陶瓷为 95%氧化铝瓷粉中加入 3%的二氧化钛)。管壳制作首先将未烧结的生瓷片按设计尺寸进行冲切，同时在两层之间制作出线路通道孔和尾纤导管孔，用于金属化埋线与管壳内外进行电互连。然后利用丝网漏印进行金属化浆料的图形印刷，用金属化浆料将每个线路通道孔填充完整。

金属化浆料为铜锰膏。当瓷片金属化加工完成后，按照程序把两个瓷片叠加，适当加热加压(80℃,180kg/cm^2)黏合剂。由于生瓷内的热塑性黏合剂变软,而使各层之间紧密熔合。经1500～1600℃烧成后,可使瓷体成为一整体。在陶瓷封装外壳中经过铜锰金属化后的陶瓷基体,其引出端尚须与金属化引线框架和尾纤导管进行钎焊。双列直插式封装都是在瓷体的两侧装配引线,焊料常采用银基硬钎焊料。主要原因是此种焊料导电性、导热性、抗蚀性和流散性都很好。钎焊完成后,再对整个管壳进行金属化,以提高可焊性。为了方便散热,陶瓷壳底部和盖板可用可伐金属材料。组件封装工艺过程类似于一般双列直插式,不同的是电子元器件和管芯不是组装在制冷器上,而是陶瓷基板上,通过光纤耦合,最后封盖。其外形尺寸只有一般14针双直插器件的二分之一。

5.3.5 无源对准技术

所谓无源对准就是在非工作状态下实施耦合封装的技术。在光电子技术中,这种无源对准是与器件的位置调整、安装相关的一种新的封装技术。在长期实施的有源对准技术中,发光与接收器件是在工作状态下进行光轴等的对准。而在无源对准技术中,发光与接收器件未工作,系统的校准是通过某些指示标记进行的。这和微电子技术领域的LSI、电阻、电容等基本元器件在往印刷电路板上安装工艺类似,都是无源对准。

1. 有源对准存在的问题

图5-3-6是早期用于长途通信的LD组件的基本封装结构形态。A～I是各种焊接和黏结工艺,(1)～(18)是各种组装元件。由图中可见,LD与光纤之间的光耦合是一种高效耦合的系统结构:LD光束尺寸与光纤的芯尺寸、两个球透镜的直径比都经精心选择。这种封装设计在技术上已接近理想的封装形态。但作为批量产品却有不可避免的弱点:①需充氮气,为保证组件的可靠性,需采用氮(N_2)作为气密性保护气体;

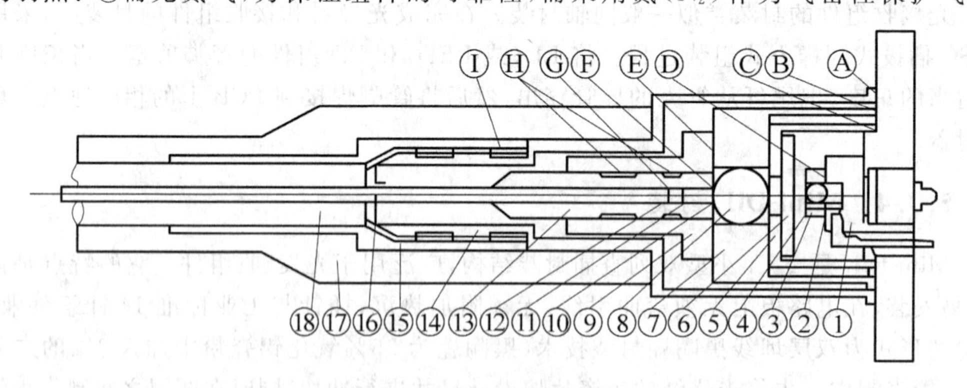

图5-3-6　LD组件剖面图

A、B、C—凸焊;D—高频加热;E—YAG激光焊;F、G、H、I—粘接;1—支柱,2—热沉;3—第1个透镜架;4—第1个透镜;5—气密封玻璃支架;6—气密封玻璃;7—第2个透镜架;8—第2个透镜;9—防反射板支架;10—防反射板;11—陶瓷导管;12—毛细管;13—导管;14—光缆支架;15—光缆固定外套;16—光纤;17—橡胶套;18—光缆

②难于检测，事前由于半导体器件的加速试验单独进行，不易判断 LD 管芯的好坏；③效率低下，在光学对准时各部件都要进行调整、校正光轴，并进行固定，工作效率低，不适合大规模生产。

2. 无源对准的特点

无源对准由于是在非工作状态下，根据事先设计和加工的各种定位标记进行对准，因此有以下优点：

(1) 可减少组装设备。由于不需调整和校正光轴，所以固定和调整各部件的设备、夹具、工具类都不需要。

(2) 大量减少组装工序。

(3) 容易实现自动化生产。

3. 光纤无源对准

光纤由硅平台上形成的 V 沟槽的位置精度决定，图 5-3-7 示出其固定结构。它利用 V 形槽限制光纤的横向移动，再用一刻有同样沟槽的盖板卡紧(用胶)粘牢光纤，以加强固定光纤的位置。

无源对准是一高精度确定位置并进行固定的技术。它利用一次工艺，完成布线、散热、光耦合、同时完成连接，是一种高效而优质的技术。

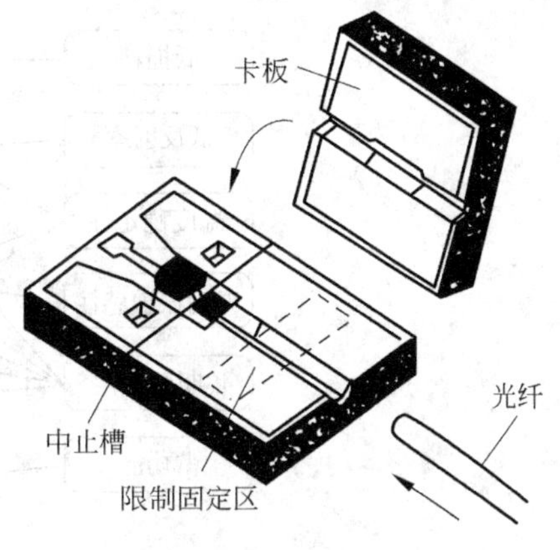

图 5-3-7 光纤固定结构图

5.4 石英平面光路器件的封装技术

石英平面光路(PLC)器件是在硅基板上由石英玻璃光波导形成的光集成器件。光波导回路由石英玻璃膜淀积技术与 LSI 微细加工技术相结合制作。淀积技术用火焰水解淀积(FHD)或类似光纤制作的轴向淀积(VAD)工艺，通过设计光波导回路，可实现各种不同的功能回路。迄今为止，不仅构成耦合器、分路器、开关、滤波器等光波导无源器件，还可构成多功能化混合集成产品。例如，在 PLC 上组装半导体光电子器件的光收/发组件，即构成多功能化混合集成器件。这是一种新型的 PLC 系列组件。向 PLC 掺铒元素，还能实现光放大功能。用作光系统管理的波长不敏感耦合器正相继进入商品阶段。

5.4.1 PLC 封装技术

图 5-4-1 是 PLC 封装技术与相关开发技术之间的关系。PLC 损耗与光纤连接损耗十分低，稳定性连接是其关键。在 PLC 与带状光纤的连接中，是在玻璃上形成精确的 V

形沟槽固定，可获得亚微米尺寸精度的光纤阵列。在接收模拟信号的系统中要求PLC连接处反射低，为此把PLC端面研磨成8°，可获50dB的反射衰减量。无偏振依赖性在实际应用中非常需要。在硅基板上形成的PLC，由于热膨胀系数各不相同，存在双折射现象。它对光滤波器与光合/分波器等器件，对利用光频率特性的阵列波导光栅（AWG）型合/分波器影响显著。为此，可把聚合物膜的1/2波片插入阵列波导的沟内，可构成偏振不敏感器件。

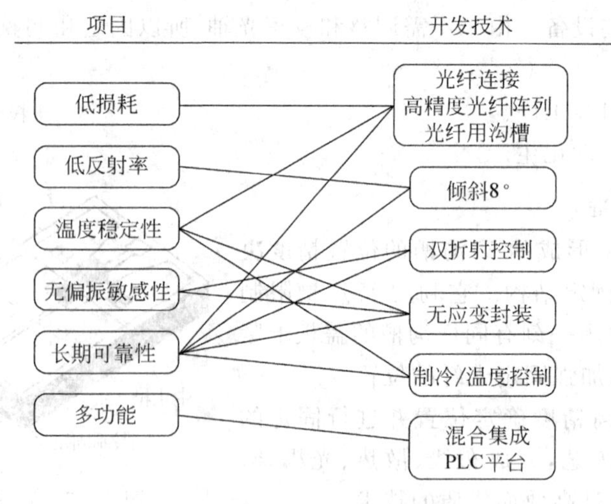

图 5-4-1　PLC封装技术

关于温度稳定性，有光纤连接部稳定性和回路连接部稳定性。由于PLC的折射有温度敏感性，在AWG等干涉次数多的回路中，外部温度变化会引起透射率改变。为此，应用珀耳帖致制冷器件与隔热盒组件实现恒温。此外，正在开发无应变封装法，以减小PLC芯片中的封装应变。大规模矩阵光开关是由多个2×2热光开关集成，开关用加热器驱动。为避免过度升温，在陶瓷基板上有固定散热片用于散热。关于长期可靠性，在光纤连接部由紫外光（UV）固化树脂固定，能满足Bellcore的标准。

5.4.2　各种PLC组件封装技术

1. 小规模PLC组件

现以用于小规模PLC $1\times N$，$2\times N$（$N=8\sim32$）分支器组件的封装技术为例，介绍PLC封装技术。光分支器是把一路光信号分成若干路的器件，已在用户接入系统、光图像分配系统以及光传感网络中广泛应用。图5-4-2是1×8分支组件的封装结构，组件由PLC芯片与阵列光纤构成。在PLC芯片上面的光纤连接部位，为了确保连接的机械强度和长期可靠性，玻璃板整体用胶粘。光纤阵列是用机械方法在玻璃基板上以250μm间距加工形成V沟槽，然后将阵列光纤固定在槽中。制作8芯光纤阵列的最高累积间隔误差平均为0.48μm，精度极高。在PLC芯片与光纤阵列的连接以及各部件的组装中，为了减少组装时间和工艺，采用紫外(UV)固化黏结剂。光纤连接界面是保持长期可靠的重点，应用耐湿、耐剥离性高的氟化物环氧树脂与硅烷链材料组合的黏结剂。为降低连接界面的反射，采用斜8°研磨技术。连接光纤阵列的PLC芯片被封装在金属管壳内，1×8分支器组件外形尺寸约7mm×8mm×80mm。

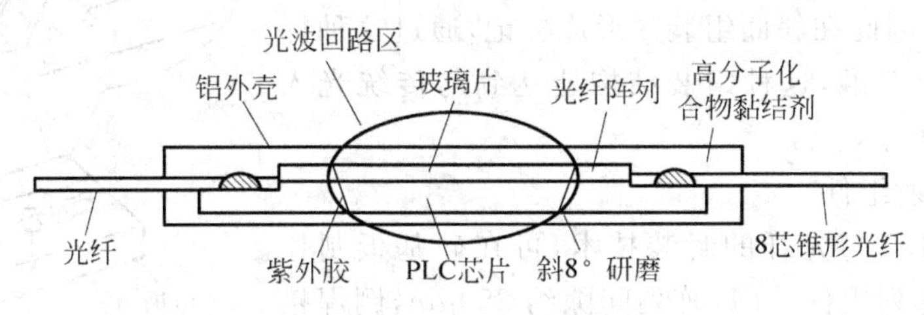

图5-4-2 1×8分支器组件封装结构

2. WDM光收发组件封装

1) LD和光纤组装

光发射组件的封装是利用在硅基板上形成的位置标记对LD(或LED)倒装，与V沟槽中的光纤对位实现光耦合。这种结构使光轴对位从6轴降到3轴(y,z,θ_x)，而且省去了中间光学部件。整个过程由标记设置、硅平台加工、LD组装、光纤组装、LD组件的封装等步骤构成。LD组装在显微镜下与硅基板上的标记位置重合后焊接。LD的封装精度主要取决于横向调整精度。

封装后的LD与光纤耦合，由于光对位的V沟槽用Si晶格各向异性，精度和重复性都非常高，LD组装偏差引起的光耦合损耗增加限定在1dB以下。光纤组装中为提高组件可靠性，采用金属固定，图5-4-3是封装示意图。把光纤对位用沟槽的部分扩大，将此区域作为光纤控制固定区。通过对位与固定区分开，提高光纤位置确定精度。将光纤插入定位的V沟槽，前端到达挡板，然后在固定区配置限制板，通过同样形成固定沟槽的限制基板对光纤进行热固定。然后，将带光纤的平台装入双列直插式金属管壳，经焊接和固定尾纤即构成光发射组件。

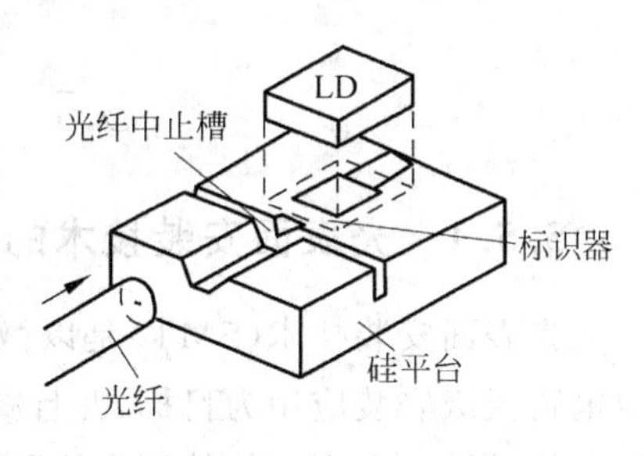

图5-4-3 硅平台结构

2) 光接收组件

(1) 组件的结构

图5-4-4是Si基板无源对准PD组件结构图。结构是在异向Si基表面得到的斜面

上形成电极和支撑板，并在此板上倒装背照式PD组件。由于在倾斜部位组装，PD聚光透镜下移30μm置于光接收部位的中心。封装光纤的V沟槽与组装PD的斜面同时形成。

(2) 组件制作

由于在背照式PD的背面形成直径80μm的透镜，光耦合中响应度为0.9A/W以上的耦合容差范围达±25μm以上。因此在斜面组装区形成标记，通过这种标记与PD的外形对准，这种组装结构能达到与传统光入射组件同样的水平。

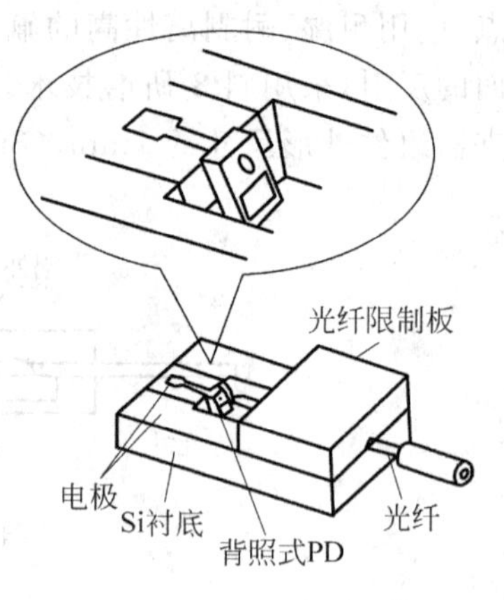

图 5-4-4　PD组件的结构

3) 阵列发射组件

采用上述LD与光纤的封装技术，可在硅基板制作混合封装LD阵列组件。LD阵列间隙约250μm，倒焊接在Si基板上形成的控制区。光纤为单模阵列，用V沟槽阵列对位，并用固定板固定。组件尺寸可减小到6mm×4mm×2mm。组件温度从25℃变化到150℃，各路光耦合损耗变化在1dB范围内。

4) PLC平台收发一体组件封装

PLC平台封装技术和V沟槽平台封装存在较大差别，主要原因是：一般PLC波导下限制层太厚，不能用作光器件热沉；光电子器件与波导耦合存在高度差。所以应将正常的平面硅基板设计成凹凸不平的形状，再在这种基板上形成石英PLC平台。

5.5　光表面安装技术

5.5.1　光表面安装技术的基本结构与特点

光表面安装技术(SMT)是以微电子电路表面安装为基础发展起来的封装技术。它以电路板级安装应用为目标，并且减少生产现场调整和组装工序，进而可望适应各种系列的产品设计和个别部件的预先检测。光SMT要求必须具备以下基本条件：

(1) 部件规范

主要的结构部件采用各种OEIC和微型光电子器件，进而和电子电路一起组装的光电子表面封装器件，以及由光波导和电气布线构成的光电子印刷电路板两种结构。

(2) 不需调整

只需把表面封装器件插入和固定在光电子印刷基板上，进行光与电连接，无须调整工艺。

(3) 基板规范

光电子印刷基板上有光路和电布线；基板的主要材料是非结晶材料，可望降低成本，以及在合成玻璃或有机材料基板上制作光路，并在有机材料基板上设置光路和电路。

图 5-5-1 是以上述条件为基础的光 SMT 的示意图。在组装了各种 OEIC、微型光电子器件与电子电路等光表面封装器件的底面上，带有标明位置用相应的导引插针，插入光电子印刷基板的导引插针配合孔，表面封装器件的光输入输出端子与电输入输出端子就可分别与光电子印刷基板的光波导和电路印刷布线实现互连。

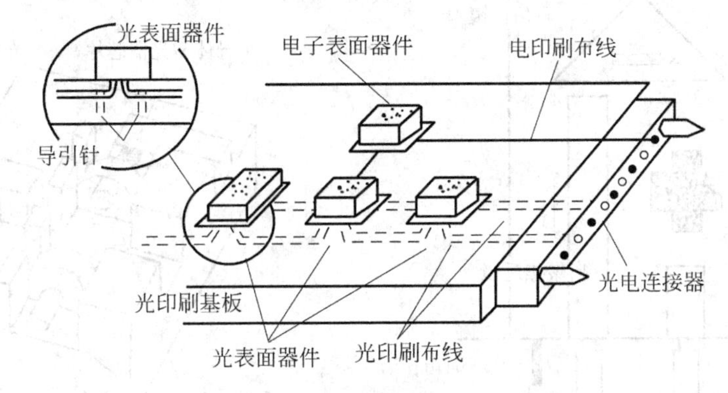

图 5-5-1 光表面安装技术(SMT)概念

5.5.2 光表面安装技术的研究进展

1. 45°全反射面光电子印刷基板

在二次离子交换玻璃光波导上用微细加工装置切进 45°即可形成全反射面，如图 5-5-2 所示。反射面的光损耗平均值为 0.25dB，几乎接近全反射值。

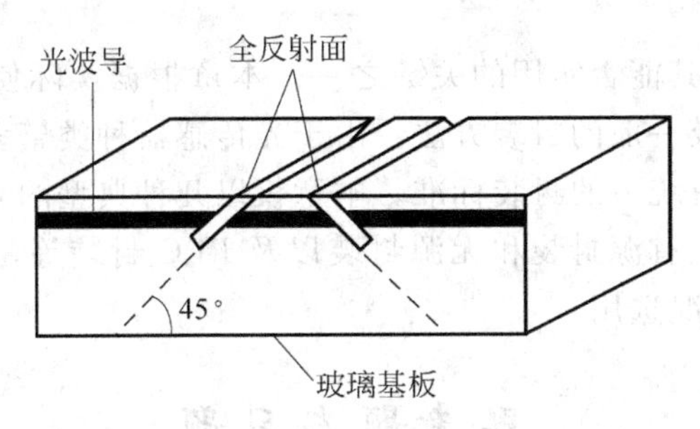

图 5-5-2 在光印刷基板上加工 45°全反射面

2. 内置光隔离器的光表面封装器件(SMD)

根据光 SMT 概念，只需在光电子印刷基板上插入和固定表面封装器件，不需进行调整和光电耦合。对于电连接，可应用现有的电子电路表面封装技术。为实现精确的光学耦合，可用图 5-5-3 所示平行光束封装，组装成光偏振不敏感光隔离器的表面封装器件。

图 5-5-4 是含有 LD 和 PD 的收发光表面封装器件(SMD)的结构。在接收端，300μm InGaAs 光电二极管与基板的耦合损耗约 0.7dB；在发射端，LD 与多模光纤的耦合损耗为 1.99dB。

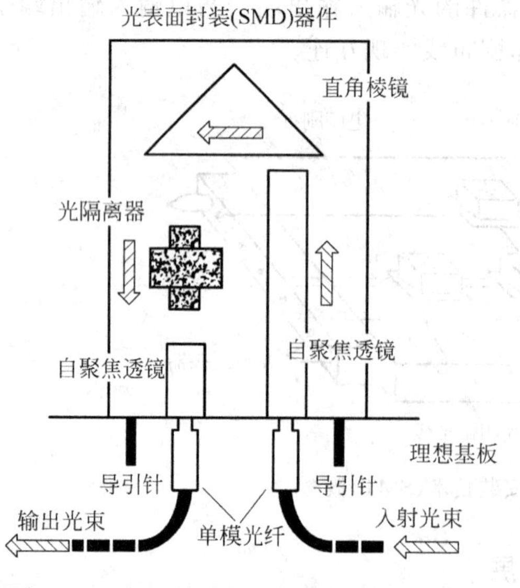

图 5-5-3　内置光隔离的光表面封装器件结构

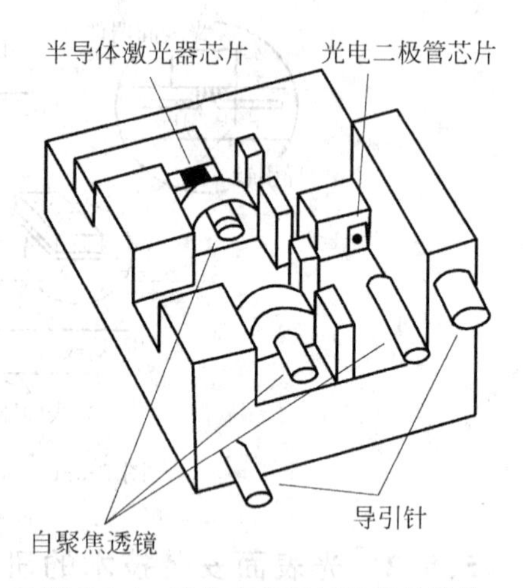

图 5-5-4　光收发表面封装器件结构

5.6　小　　结

光传感器的封装是其能否实用的关键之一。本章根据实际使用的需要，给出光传感器封装的目的、要求以及一般的封装方法。由于光传感器种类繁多、用途各异且尚处于发展阶段，所以目前还没有统一的封装标准。本章仅以几种典型的光电器件为例，说明光传感器也适用于同轴封装、有源封装和无源封装以及 PLC 封装等，这些封装方法在光传感器的设计中可按实际情况选用。

思考题与习题

5.1　撰写一份关于光传感器封装的综述报告。

5.2　试举例说明光传感器对封装的目的和要求。

5.3 试分析比较有源封装和无源封装的差别。

5.4 说明 PLC 封装技术的特点。

5.5 试说明光纤和光纤的封装、光纤和激光器的封装的特点、差别和关键。

参考文献

[1] 黄章勇.光纤通信用光电子器件和组件.北京：北京邮电出版社，2001

多传感器信息融合技术

6.1 概　述

多传感器信息融合，又称多传感器数据融合(multisensor data fusion，MSDF)，是20世纪70年代迅速发展起来的一门新兴学科，在现代C^3I(指挥、控制、通信与情报，command，control，communication and information)系统、各种武器平台和许多民事领域得到了广泛的应用。多传感器信息融合技术的提出和发展得益于超大规模集成和超高速集成电路、高精度数控机床、计算机辅助设计和制造以及其他设备和生产的改进。现代科学技术的发展使得传感器性能大大提高，各种面向复杂应用背景的军用或者民用多传感器系统也就随之大量涌现。由于在多传感器系统中，信息表现形式具有多样性，信息容量庞大，信息处理速度要求高，已经大大超出了人脑的信息综合能力，信息融合技术应运而生。

1. 多传感器信息融合的定义

多传感器信息融合针对不同的应用对象和应用领域，有着不同的解释。它们大致可以概括为：利用计算机技术对按时序获得的若干传感器的观测信息在一定准则下加以自动分析、综合以完成所需的决策和评估而进行的信息处理过程。可以认为多传感器系统是信息融合的硬件基础，多源信息是信息融合的加工对象，协调优化和综合处理是信息融合的核心。

2. 多传感器信息融合的优点

利用多传感器信息融合技术解决实际问题有如下优点：

(1) 增强生存能力

在多传感器系统中，当有几个传感器失效或者受到干扰时，总有部分传感器可以提供信息，使传感系统仍能继续运行，从而弱化故障，并增加可靠检测的概率。

(2) 扩展空间范围

利用多传感器，可使传感系统的空间和时间的覆盖范围扩展。

(3) 提高可信度

利用多传感器，可使传感系统的可信度提高，并减少信息的模糊性，从而改善系统探测稳定性和可靠性。

(4) 增加空间维数

利用多传感器，可增加测量空间的维数，提高空间分辨率，改善系统的可靠性。

3. 多传感器融合系统的目的

实际的系统是复杂的。由单个的传感器给出的监测结果，难以对系统的整体性能做出符合实际的判断。例如，一架飞机是否符合安全飞行的要求，是需要对数十种传感器监测的结果进行综合分析，才能得出正确的判断。所以多传感器融合系统的最终目的是以提供精确的趋势估计，进而采取适当的措施，提高系统的容错能力以及系统整体的性能。

4. 多传感器融合系统的不足

与单传感器系统相比，多传感器系统的复杂性大大增加，由此会产生一些不利因素，如系统成本提高，设备的尺寸、重量、功耗增大等，因此在实际应用中，必须将多传感器融合的优势与由此带来的不利因素进行权衡。

6.2 多传感器信息融合的基本原理

多传感器信息融合的基本原理是模仿人类或者其他生物系统，对所得信息进行综合分析，以处理复杂问题。人类与生俱来地能够把人体各个器官(眼、耳、鼻、四肢等)获得的信息(景物、声音、气味、触觉等)进行综合，再利用先验知识去估计、理解周围环境和正在发生的事情。在这个系统中，各种传感器得到的信息具有不同的特征：实时的或者非实时的，快变的或者缓变的，模糊的或者确定的，互相支持或者互相矛盾的。多传感器信息融合就是要通过对这些传感器及其观测信息的合理支配和使用，把多个传感器在空间和时间上的冗余或者互补信息依据某种准则来进行组合，以获得被测对象的一致性解释或者描述。多传感器信息融合与所有单传感器信号处理或低层次的多传感器数据处理方式不同，也与经典的信号处理方式有区别，其关键在于多传感器信息融合所处理的信息具有更加复杂的形式，而且可以表现在不同的信息层次上。按照现代信息理论，可以把信息融合抽象并细分为五个层次，即检测级融合、位置级融合、属性(目标识别)级融合、态势评估和威胁评估。在目标识别级融合中又有三个融合层次，即数据层(即像素层)、特征层和决策层(即证据层)。

6.3 多传感器信息融合的系统结构

多传感器信息融合系统模型可以从功能、结构和数学模型等几方面来研究和表示。功能模型是从融合过程出发,描述信息融合包括哪些主要功能、数据库以及进行信息融合时系统各组成部分之间的相互作用过程;结构模型从信息融合的组成出发,说明信息融合系统的软硬件组成、相关数据流、系统和外部环境的人机界面;数学模型则是信息融合算法和综合逻辑。

依据多传感器信息融合分级方式的不同,信息融合的功能模型可以有多种形式,图 6-3-1 是一种广义的信息融合的功能框图。图中,在第一级属于低级融合,是经典信号

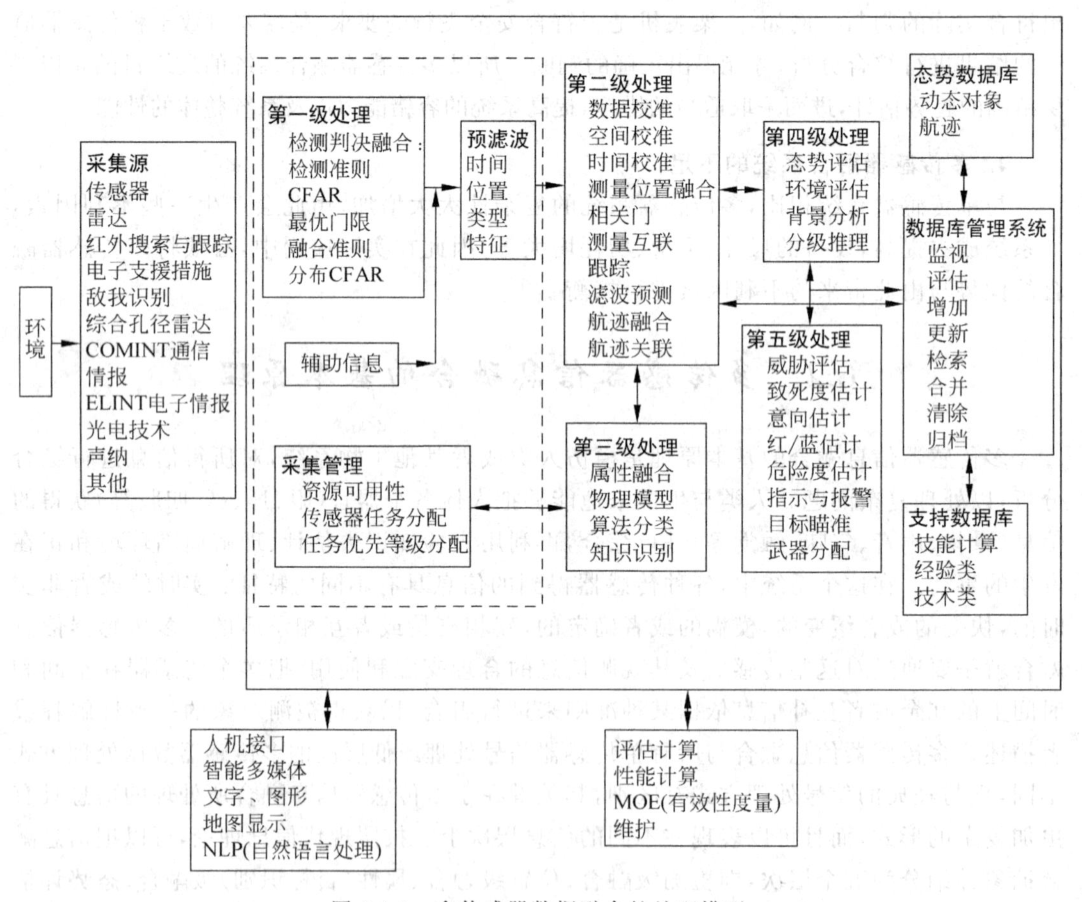

图 6-3-1 多传感器数据融合的处理模型

检测理论的直接发展，是近十几年才开始研究的领域。目前大多数多传感器信息融合系统还不存在这一级，仍然保持集中式，而不是分布式检测，但是分布式检测是未来的发展方向。第二和第三级属于中间层次，是最重要的两级，是进行态势评估和威胁估计的前提和基础。实际上融合本身主要发生在前三个级别上，而态势评估和威胁估计知识在某种意义上与信息融合具有相似的含义。第四和第五级是决策级融合，即高级融合，它们包括对全局态势发展和某些局部形式的估计，是 C^3I 系统指挥和辅助决策过程的核心内容。

多传感器信息融合过程中的一个重要的系统结构问题是传感器的配置组合结构问题。在多数情况下，采用的结构由实际应用决定，并且与是否能够执行有密切的联系。由于融合主要发生在检测、位置和属性级，因此结构模型也主要讨论这三级的融合结构。

6.3.1 检测级融合结构

检测级融合的结构模型主要有五种，即分散式结构、并行结构、串行结构、树状结构和带反馈并行结构。

(1) 分散式空间结构可以看做是把多个分离的子系统按照某种规则联系起来的一个大系统，并遵循某种最优化准则来确定每个子系统的工作点。图 6-3-2 是分散式空间结构的框图。图中 $S_1, S_2, \cdots$ 是子传感系统；$Y_1, Y_2, \cdots$ 是每个子系统相应的信号提取通路；$u_1, u_2, \cdots$ 是每个子系统相应的信号处理单元。

(2) 并行结构是多个传感器并行连接，构成的分布检测系统。其中，N 个局部节点的传感器在收到未经处理的原始数据后，在局部节点分别做出局部检测判断，然后再在检测中心通过融合得到全局判断。图 6-3-3 是并行结构的框图。

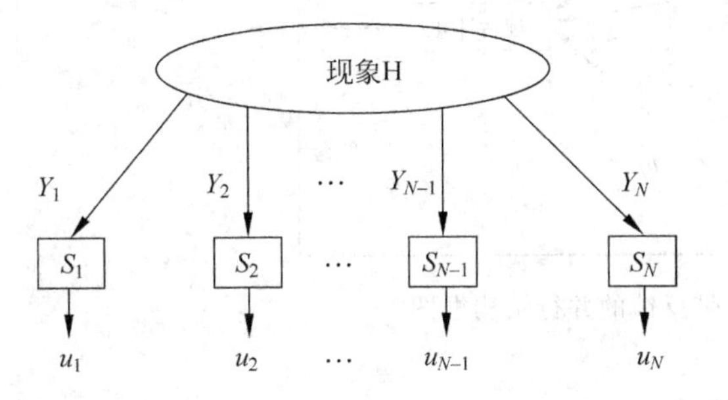

图 6-3-2 分散式空间结构框图

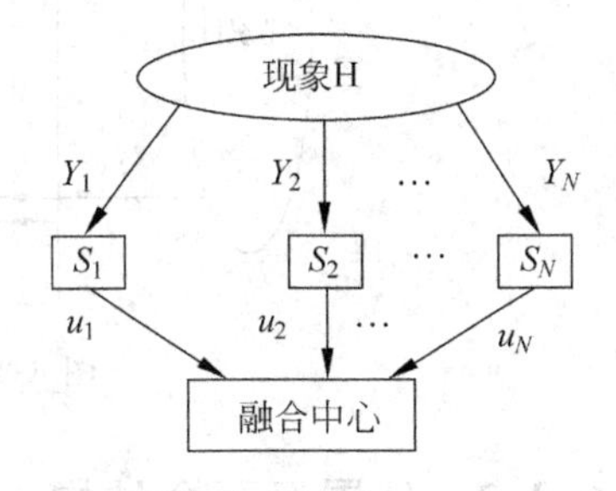

图 6-3-3 并行结构框图

(3) 串行结构是多个传感器串行连接。如图 6-3-4 所示，其中各局部节点分别接收各自的检测后，首先由节点 S_1 做出局部判决 u_1，然后传送到节点 S_2；而 S_2 将它本身的检测与 u_1 融合形成自己的判决 u_2，之后重复前面的过程；直至最后的节 S_N，输出最后的判决 u_N。

(4) 树状结构是多传感器连接成树状。其中，信息传递处理流程是从所有的树枝到树根，最后在树根即融合节点处，融合从树枝传来的局部判决和自己的检测，做出全局判决。图 6-3-5 是树状结构框图。

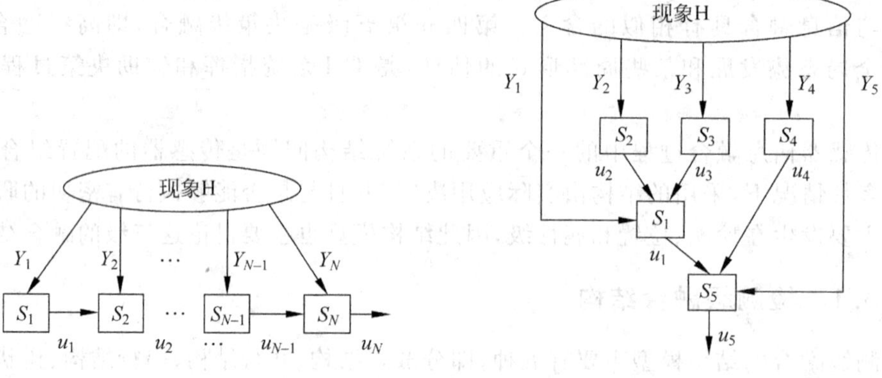

图 6-3-4　串行结构框图　　　　图 6-3-5　树状结构框图

(5) 带反馈的并行结构是并行结构的改进，差别是其中每个传感器都带有反馈单元，如图 6-3-6 所示。图中 N 个局部检测器在接收到观测之后，把它们的判决送给融合中心，中心通过某种准则组合 N 个判决，然后把获得的全局判决分别反馈给各局部传感器作为下一刻局部决策的输入，这种系统可以明确改善各局部节点的判决质量。

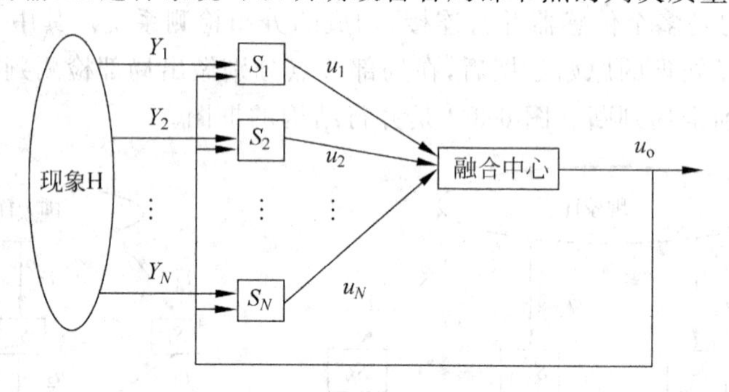

图 6-3-6　带反馈的并行结构框图

6.3.2　位置级融合结构

从多传感器系统的信息流形式和综合处理层次上看，位置级融合的系统结构模型可以分为集中式、分布式、混合式和多级式。

图 6-3-7 是集中式位置融合结构系统模型框图。集中式的优点是信息损失最小，但数据互联较困难，并且要求系统具备大容量，计算负担重，生存能力较差。

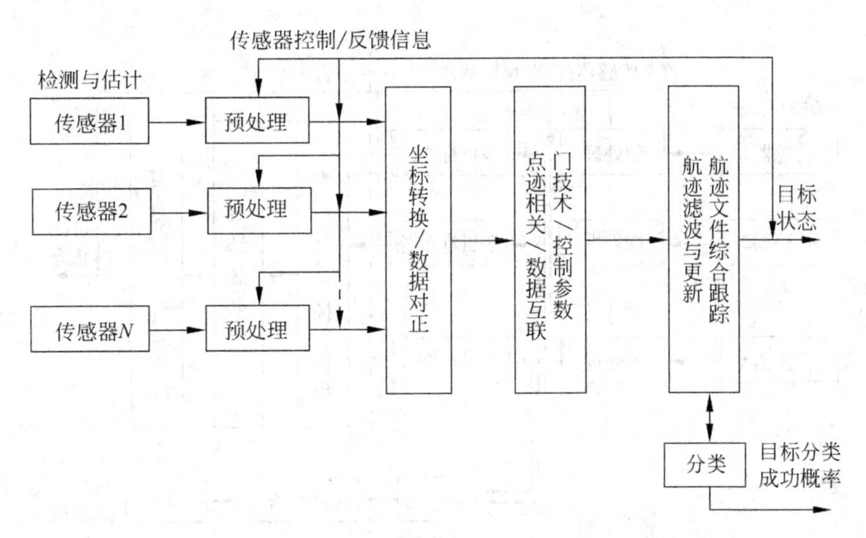

图 6-3-7　集中式位置融合系统结构模型框图

图 6-3-8 是分布式位置融合结构系统模型框图。分布式的特点是每个传感器的检测报告在进入融合之前,先由它自己的数据处理器产生局部多目标跟踪航迹,然后把处理后的信息送至融合中心。中心根据各节点的航迹数据完成航迹关联和航迹融合,形成全局估计。该结构既有局部独立跟踪能力,又有全局监视和评估特征的能力。

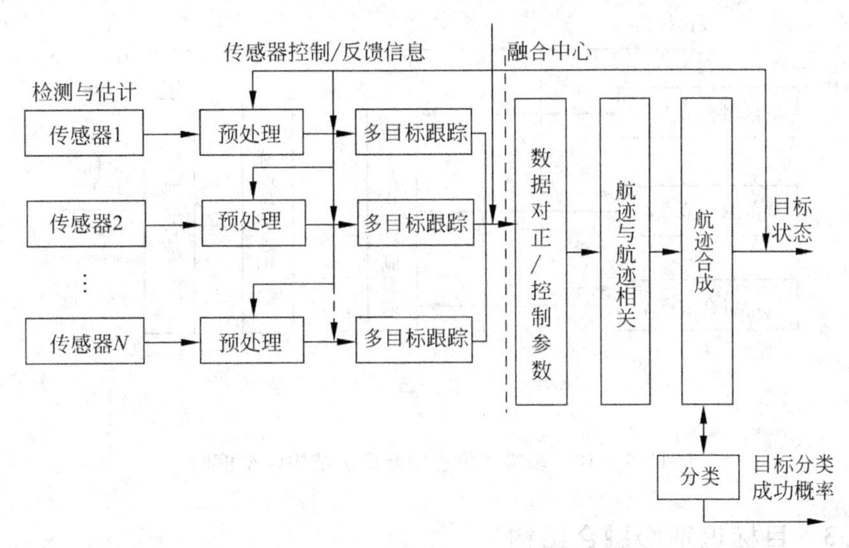

图 6-3-8　分布式位置融合系统结构模型框图

图 6-3-9 是混合式位置融合结构系统模型框图。混合式同时传输探测报告和经过局部节点处理后的航迹信息,它保留了上两类系统的优点,但在通信和计算上付出的代价高。

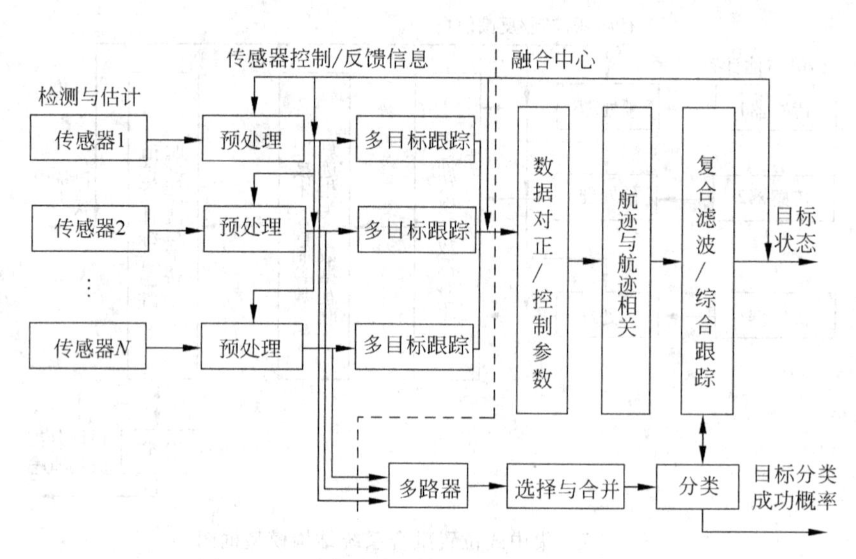

图 6-3-9　混合式位置融合系统结构模型框图

图 6-3-10 是多级式位置融合结构系统模型框图。在多级式结构中，各局部节点可以同时或分别是集中式、分布式或混合式的融合中心，目标的检测报告要经过两级以上的位置融合处理。

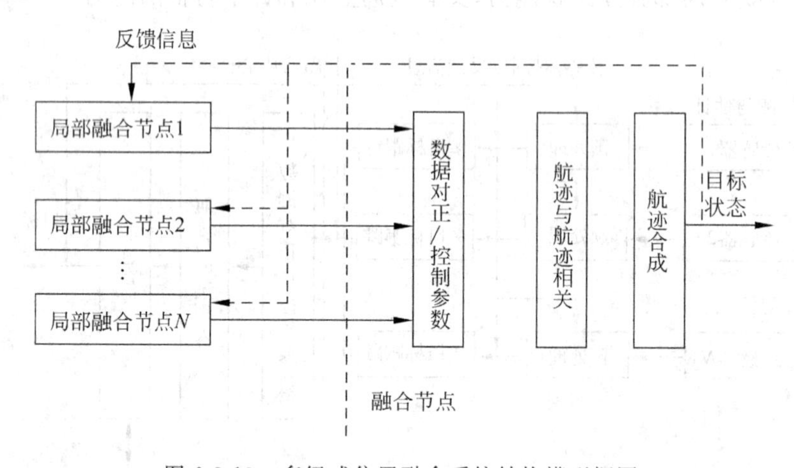

图 6-3-10　多级式位置融合系统结构模型框图

6.3.3　目标识别级融合结构

目标识别的数据融合主要有数据层、特征层和决策层三种属性融合。

图 6-3-11 是数据层属性融合的系统结构模型框图。在数据层融合中，直接融合来自

同类传感器的数据,然后是特征提取和来自融合数据的属性判断。要求传感器是相同的或者同类的。为了保证被融合的数据对应于相同的目标或客体,关联要基于原始数据完成。

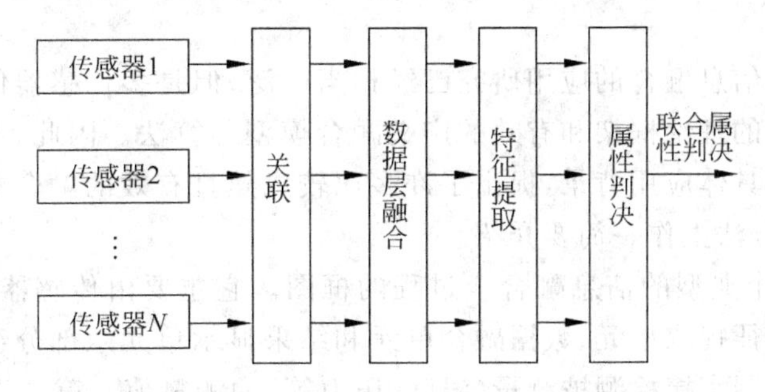

图 6-3-11　数据层属性融合的系统结构模型框图

图 6-3-12 是特征层属性融合的系统结构模型框图。在特征层融合中,每个传感器观测一个目标,并完成特征提取,产生特征向量,然后融合这些特征向量,并基于联合特征向量做出属性判决。

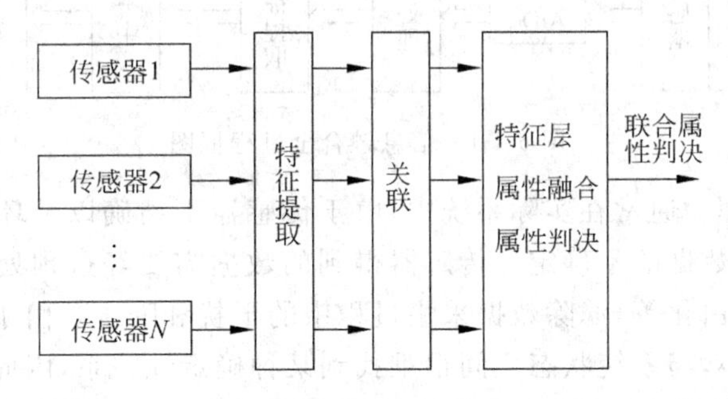

图 6-3-12　特征层属性融合的系统结构模型框图

图 6-3-13 是决策层属性融合的系统结构模型框图。在决策层融合中,每个传感器为了获得一个独立的属性判决要完成一个变化,然后依次融合来自每个传感器的属性判决。

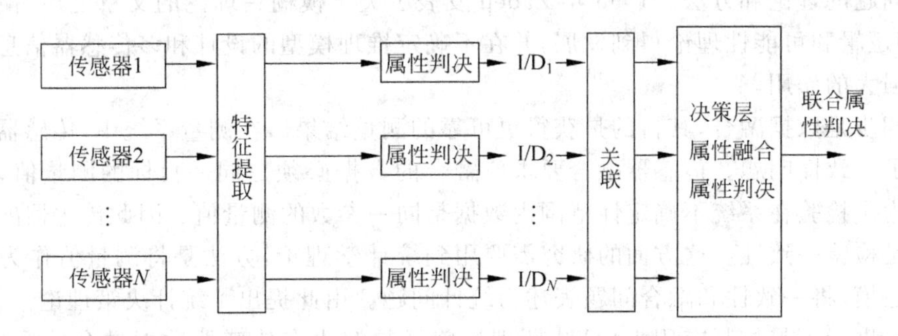

图 6-3-13　决策层属性融合的系统结构模型框图

6.4 多传感器信息融合的理论方法

虽然多传感器信息融合的应用研究已经相当广泛，但是多传感器信息融合问题本身至今尚未形成基本的理论框架和有效的广义融合模型与算法。因此，不少应用领域的研究人员依据各自的具体应用背景，提出了许多比较成熟且有效的融合方法。在此无法一一列举，仅从一般方法上作一简要介绍。

图 6-4-1 是一个典型的信息融合全过程的框图。它主要由传感器单元、模数转换单元、预处理单元、特征提取单元、数据融合单元和结果显示单元六部分组成。系统运行时第一步是由各传感器直接检测被测量(温度，压力等)的测量值。第二步是测量值的 A/D 变换。由于被测对象多为具有不同特征的非电量，如温度、压力、声音、色彩和灰度等，所以先要将其转换为电信号，经过 A/D 变换后，才是能由计算机处理的数字量。

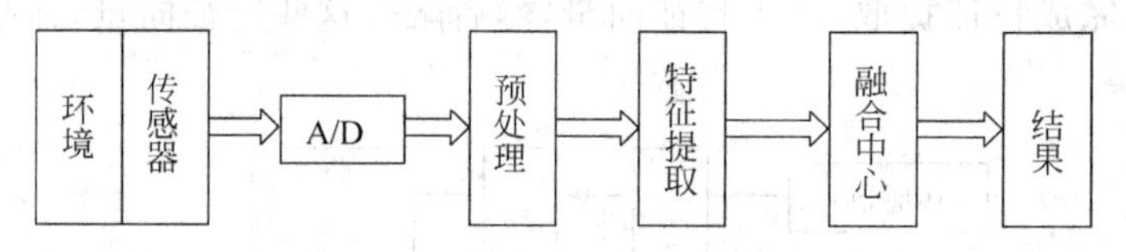

图 6-4-1 信息融合全过程框图

第三步是预处理。通常在实际系统中，由于传感器不精确以及环境噪声和人为干扰等因素，造成被融合数据的不确定。传感器得到的数据需要经过预处理，如信号的放大、预滤波、去均值和预白化等，滤除数据采集过程中的干扰和噪声。由于预处理后的这些数据的信息密度还很小，与系统状态之间很难找到某种确定性关系，因此需要对它们进行某些变化和运算，以提取能反映系统状态的信号特征。这个过程就是信号的分析和建模。由于被融合数据的不确定性是影响系统性能的主要原因。因此在多传感器融合中，确定性方法将不适用，而是需要讨论系统中的各种不确定性。为此，专家们提出了各种解决不确定性问题的理论和方法。1965 年 Zadeh 发表了关于模糊集理论的文章之后，模糊集理论、模糊逻辑和可能性理论得到发展，并在不确定推理模型的设计和多传感器信息融合中显示了强大的作用。

第四步是数据融合，其目的是获得更可靠的测量结果。在测量系统中，传感器融合却又引发了一致性问题。传感器融合要求所融合的数据必须是同一目标的测量值，一致性问题是为了检验在系统不确定性范围内数据是同一参数的测量值。因此传感器融合的第一步就是检验一致性。这方面的研究需要用到统计学理论，方法是将测量值作为随机变量进行建模，将一致性和融合问题表述为统计问题。由此提出了统计决策理论。

在军事指挥与控制应用上，贝叶斯理论曾经是解决多传感器数据融合的最佳方法。之后作为贝叶斯推理扩充的 D-S 推理理论在多传感器数据融合中得到了广泛应用，并形成了处理不确定信号的证据理论。

由上述过程可见,直接测量数据的处理(它包括测量数据的预处理,特征提取和数据融合等步骤)对获得正确可靠的最终结果至关重要。下面对此做进一步说明。

6.4.1 模型建立

在实际工作过程中,技术人员和工程师的一个主要任务是研究和改变实际对象或系统的特性。从系统描述和建模角度出发,传感器和执行器既可以作为复杂的系统,也可以作为简单的子系统。一个实际系统的数字模型就是借助于数学方法的描述,近似地再现实际系统的特性。这意味着必须用一种合适方式进行近似和分类,以获取系统的主要特性。为此,它既可基于实验所获取的数据,也可基于对系统的组成的数学分析(例如电路中的回路方程和节点方程分析)。前者称为特性值提取。作为一个系统,当它不再能以预定的方式和一定的质量完成其既定任务时,该系统的"生命"就终结,当一个传感器的灵敏度小于预定值时(例如由于污染),该传感器在这种意义上就已经"失效"。这时传感器本身仍可存在。元件的寿命是由系统变量(输入变量和输出变量)的特性所确定。

1. 传感器系统辨识及其特征值获取

系统变量经过合适的归一化后可以转变成无量纲变量。为了分析实际系统的特性,可以通过检测实验、数学实验(计算机仿真)和直接询问等方式获取数据。这些数据可按不同方式获取和组合,因而具备完全不同的特性。例如,按各种大小和形式的集合,则构成数据集合;而按密集型(准连续),离散型(抽样)或连续结果的采样数据,则形成按时间排列的组合,由此可进一步做出模糊论断(询问)、较好或很好的估计,甚至可以只是推测。

对于以上所有类型的数据,都可以对所研究的系统建模。其关键问题是如何借助函数、算法规则和规定将所获取的数据和信息以合适方式联系起来。这恰恰是建模过程中最困难的问题之一。为解决该问题,技术人员必须具备较强的创造性和丰富的基础知识。显然在这方面没有普遍适用的方法,但仍有规可循。下面介绍一些有关的基础知识。

2. 子系统和结构

一个实际系统以何种方式对其他系统(或环境)的作用进行响应,将由系统的内部规律即由子系统性能和子系统之间的内部联系形式确定。子系统间连接的整体结构称为系统结构。系统的子系统又由下一级的子系统组成。系统、子系统以及子系统的子系统均可用相应的模型进行描述。

为构成此模型,并定量描述传感系统的性能。一般用输入和输出矢量来表征系统的特性。系统变量通常为标量(如电流、电压、压力和温度),它们可以构成输入矢量和输出矢量。式(6-4-1)分别给出输入矢量和输出矢量的表达式:

输入矢量

$$x(t)=(x_1(t)\cdots,x_n(t)) \quad 或 \quad x(t)=(x_s(t)),\quad s=1,2,\cdots,n \tag{6-4-1a}$$

输出矢量

$$y(t)=(y_1(t)\cdots,y_m(t)) \quad 或 \quad y(t)=(y_r(t)),\quad r=1,2,\cdots,m \tag{6-4-1b}$$

另外，系统变量如非标量，则可通过矢量（如电场强度）、矩阵（如压电张量）或高一级的张量来表示其物理特征。

3. 模型方程

目前已有以下三种系统模型：传递函数模型（输入输出模型）、状态模型和性能模型。下面对此分别简要介绍。

(1) 传递函数模型

传递函数模型描述输入变量（原因）和输出变量（响应）之间的关系。一般称其为系统端口特性。另外还经常使用多输入/多输出概念，传递函数 F 的模型方程如下：

$$y(t)=f(x(t))=Fx(t) \tag{6-4-2}$$

其中，输入矢量

$$x(t)=(x_s(t)),\quad s=1,2,\cdots,n$$

输出矢量

$$y(t)=(y_r(t)),\quad r=1,2,\cdots,m$$

传递矩阵

$$F=(F_{rs}),\quad s=1,2,\cdots,n;\ r=1,2,\cdots,m$$

(2) 状态模型

状态模型和传递函数模型的差别是：在状态模型中，除了有输入输出变量外，还包括一些系统内部变量和状态变量。状态模型在控制技术中有很广泛的应用。状态模型方程如下：

$$\begin{aligned}\frac{\mathrm{d}}{\mathrm{d}t}z(t)&=Az(t)+Bx(t)\\ y(t)&=Cz(t)+Dx(t)\end{aligned} \tag{6-4-3}$$

其中，输入矢量

$$x(t)=(x_s(t)),\quad s=1,2,\cdots,n$$

输出矢量

$$y(t)=(y_r(t)),\quad r=1,2,\cdots,m$$

状态矢量

$$z(t)=(z_u(t)),\quad u=1,2,\cdots,n$$

系统矩阵（状态矩阵）

$$A=(A_{pq}),\quad p=1,2,\cdots,\upsilon;\ q=1,2,\cdots,\upsilon$$

控制矩阵

$$B=(B_{us}),\quad u=1,2,\cdots,v;\ s=1,2,\cdots,n$$

观测矩阵(测量矩阵)

$$C=(C_{ru}),\quad r=1,2,\cdots,m;\ u=1,2,\cdots,v$$

输入输出矩阵

$$D=(D_{sr}),\quad r=1,2,\cdots,m;\ s=1,2,\cdots,n$$

(3) 性能模型

性能模型的主要特点是通用性和概括性。它适用于描述所有类型的系统。该模型的主要特点有三：一个系统可以分解为结构型子系统；每个子系统本身都可以作为一个子系统处理；每个系统或子系统都可以通过它的输入变量、输出变量或输入输出变量进行描述。

6.4.2 实际系统的性能优化工具和方法

用于描述和分析以及优化系统性能的工具和方法如下[2]：

1. 子系统性能的拟合方法

在简单情况下,所感兴趣的系统性能可以由两个系统变量 x 和 y 进行描述,其中一个可以是时间 t。以下假设具体的系统性能可由 N 对数据描述。

设所获得的数据对,例如通过实验获取的数据对为

$$y(i)\ 和\ x(i),\quad i=1,2,\cdots,N \tag{6-4-4}$$

数据对之间的关系可以通过一个适当的数学关系描述。这同样适用于具有 K 个系统变量的情况。

2. 标准函数的拟合方法

标准函数拟合的任务是通过使用已知的标准函数,找出尽可能简单的数学描述,以获得一条合适的曲线,可按所选择的品质判据最优地拟合实验数据 $y(i)$、$x(i)$。具体的步骤是：①选择拟合函数的类型；②根据数据数据对 $x(i)$、$y(i)$,$i=1,2,\cdots,N$ 获取该函数的未知数系数。

常用的拟合函数如下：

幂多项式

$$y(x)=\sum_s a_s x^s,\quad s=0,1,2,\cdots,M \tag{6-4-5}$$

指数多项式

$$y(x)=\sum_s a_s \exp(bx),\quad s=0,1,2,\cdots,M \tag{6-4-6}$$

三角函数多项式

$$y(x)=\sum_{s}a_{s}f(x)\quad s=0,1,2,\cdots,M \tag{6-4-7}$$

傅里叶级数(这是一个广泛使用的拟合函数)

$$y(x)=\frac{a_0}{2}+\sum_{s}(a_s\cos(sx)+b_s\sin(sx))\quad s=0,1,2,\cdots,M \tag{6-4-8}$$

分段有理函数

$$y(x)=\frac{\sum_{s}a_{s}x^{s}}{\sum_{p}b_{p}x^{p}}\quad \begin{matrix}s=0,1,2,\cdots,M\\ p=0,1,2,\cdots,M\end{matrix} \tag{6-4-9}$$

除此之外还有许多用于拟合多项式的函数,如:切比雪夫多项式、贝塞尔函数(圆柱函数)、勒让德多项式(球函数)、埃米特多项式、几何函数等。由于这些函数使用不多,加之要求读者具有一定的数学基础,所以此处不介绍这些函数。有兴趣的读者可以参看有关数学参考书。

3. 模糊方法

前面已说明,如果系统变量是以估计或模糊描述的形式出现,一般仍然可建立模型方程。和随机变量的情况一样,可通过适当的形式获取拟合系统性能,并使用确定的算法、规则和规定以建立系统模型。模糊集合理论和模糊逻辑可以完成上述工作,例如:

(1) 信息压缩

对实验数据进行统计处理时,必须首先进行数据压缩,以便删除不重要的信息(视具体情况而定),简化复杂系统的处理和描述。众所周知,人类的思维就建立在这样的基本原理上。所以,确定性描述方法、概率理论方法、模糊逻辑和神经网络方法之间不存在竞争。因为任何一个理论本身不能单独完整地描述一个系统,它只能描述其中的一个方面。对于每个具体问题,将上述方法正确地加以组合是非常重要的。

(2) 模糊集合

模糊集合由其隶属函数描述,该函数的取值范围介于0和1之间。与此相反,清晰事件的隶属度只有两个值,即1和0,对应事件的发生与不发生。从这种意义上讲,清晰集合是模糊集合的一个特例。在模糊集合里事件发生的隶属度可以介于0和1之间。由于模糊集合的边界是模糊的,所以人们不能确定一个事件发生还是没有发生。例如,事件“天冷”是一个主观感觉。尽管在随机变量和模糊变量两种情况下不确定性发生的原因完全不同,但在任何情况下总可以使用其中合适的方法。

模糊集合的类型可以用合适的函数近似。使用最多的函数是直线函数。当然在解决具体问题时,也可以使用前面所述的所有函数和方法。尤其常见的是模糊集合可以由分段连续多项式函数描述(样条拟合)。

(1) 水平截集

人们常常采用关键的量来描述一个模糊集合。通过检验模糊集合的阈值,可以形成清晰集合。通过对一个事件特性的描述,就可以确定所讨论的是确定性分类。具有位于给定灵敏度范围的传感器属于水平截集。

(2) 模糊集合衔接

参考清晰集合中的关系,可定义模糊集合的相等、集中、减弱、模糊交、模糊并及模糊补。同样还可以定义构成模糊集合的算法,如加法、减法、乘法和除法。至此可以用模糊变量建立一个系统的模型方程。

6.4.3 传感器系统及其神经网络学习算法的应用

在传感器系统中应用学习算法的目的是在多传感器实际应用中,研究数学方法应用的可能性,其中包括神经网络的学习算法。因此在应用中应注意以下几个方面的问题:

(1) 是否具有神经元结构的特性

根据目前的研究水平,常见的传感器既不具备神经元的结构,也不具备神经元的特性。只有和相应的电子线路(无论是分散的或集成的)结合后,这样的子系统才有可能具有神经元结构的特性。

(2) 是否具有学习功能

随着元素数量的增加,神经网络的学习方法和可能性也很多。用许多(相同的)传感器元件构成的排列更接近于神经网络,然后才有可能出现具有学习功能的装置(仪器)。

(3) 工作效率如何

应注意在技术上,神经网络也有很多缺点,如它只能通过学习获得系统特性,这在实际应用中将受到一定的限制,因为靠学习获取系统性能要消耗大量的学习时间。

(4) 是否具有多功能及自适应等性能

相应地也存在很多可能性,如训练具有自学习功能的自适应传感器系统。当传感器和电子线路之间高度集成的极限突破以后,在不远的未来将会出现这种系统。由于这里涉及的理论很多,有关神经网络学习方法的更多内容,有兴趣的读者可参考有关文献。

6.5 多传感器数据融合的典型应用

6.5.1 基于传感器融合的反潜战

现代作战中,反潜战对于海军战斗力的生存具有决定性意义。为了使敌方攻击潜艇不能进入本方的外层防御区,必须通过多传感器监视系统的密切协调工作,和对大量传感系统的有效管理和协调,才能及时检测或者识别进入防御区域的敌方潜艇。如图 6-5-1 所示,舰载或陆基飞机为舰艇编队提供了反潜战的超视距感知能力。为了检测和跟踪潜艇,还使用了空降声呐浮标和无音响传感器检测、跟踪雷达。在作战部队周边,反潜作战驱逐舰使用拖挂配置和安装在舰体上的声呐形成了外围监视屏障。系统中一些信息融合节点处理传感器的检测数据，并与其他节点交换传感器的检测数据和目标数据，其中包括：

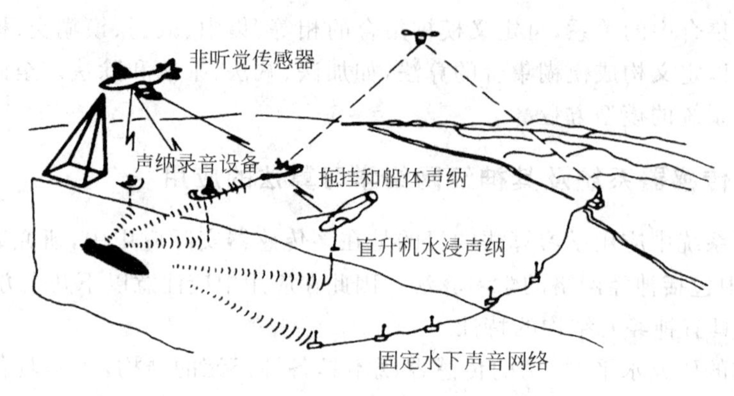

图 6-5-1　反潜战指挥控制作战任务

(1) 陆基中心的信息融合节点

陆基中心接收来自卫星和其他信息源数据，以为此对潜艇在港口或者在海上预期的作战任务和开机时间等信息的舰队级估计。布置在必经航线上的固定水下声呐系统提供确认潜艇出入港口的航线检测。把这些数据与所有信号源确认的观测和检测信息进行融合，以维持监视范围内舰队的最高态势估计。就融合结构而论，陆基监视中心一般是分布式或混合式结构。

(2) 指挥舰上的信息融合节点

海上舰艇编队的指挥舰上建立一个海上信息融合中心，收集来自其他附近海域舰艇、潜艇和飞机的数据，为海上编队提供一个地区性态势估计。由其他海上部队和陆基中心观察到的目标航迹可以用来预测正在接近外围周界的威胁。这个融合中心提供了海上指挥员所关心区域内所有目标的(空中一水面一水下面)的全部情况，是一个多级式结构。

每个独立的舰艇、飞机和潜艇都需要对各自平台上的局部传感器进行信息融合。舰艇和攻击潜艇采用安装在舰体上的和拖挂配置的声呐及 ESM 传感器进行被动侦察。单平台的信息融合主要采用分布或者集中式结构。

6.5.2　在线水质监测

最近几年，地下水资源状况变坏有普遍趋势。越来越多干净的饮用水源受到有机和无机有害物的侵害。为此，必须以一定的时间和空间间隔对地下水进行试验。传统的检测方式是每次现场取样以后进行复杂和费时的化学实验分析。这意味着一些污染不能在取样时及时发现。只有当水的质量极坏时，才能确定有污染。因此迫切希望对饮用水源进行连续的或准连续的在线监测，以便及早发现水污染的原因和及时用相应措施排除这些污染。为了进行合适的在线监控，在选择地下水和表面水测量探头的物理和化学参数时，除了考虑结构因素外，还应考虑分析化学因素，如对硝酸盐、pH 值、氯、氨、电导率以及温度进行综合检测。

实现这一综合检测要求的测量系统是地下水在线测量系统。地下水在线测量系统(水-硝酸盐探测和分析)是基于一个可在线工作的地下水测量探头，它可与另外一个系统进行测量数据通信和处理，进而进行大范围监控，并可以进行快速及广泛的数据采集。图 6-5-2 是地下水在线测量系统示意图。

根据要求，测量探头的一个典型值是总长度大约为 1m，直径为 80mm，因此，它很容易在直径为 10cm 以上的测量点上使用。测量探头用于在线测量温度、电导率和水的静压力，以及测量地下和地表水中溶解的重要离子。数据通过 RS485 现场总线接口传输到测量中心。测量探头在地下水的使用中从测量点上不定期地抽取水试样。在垃圾及废品堆放的环境，地下水在线测量系统可以及时发现最小有害物质污染的情况。目前已有用光传感器构成水质检测系统的报道。

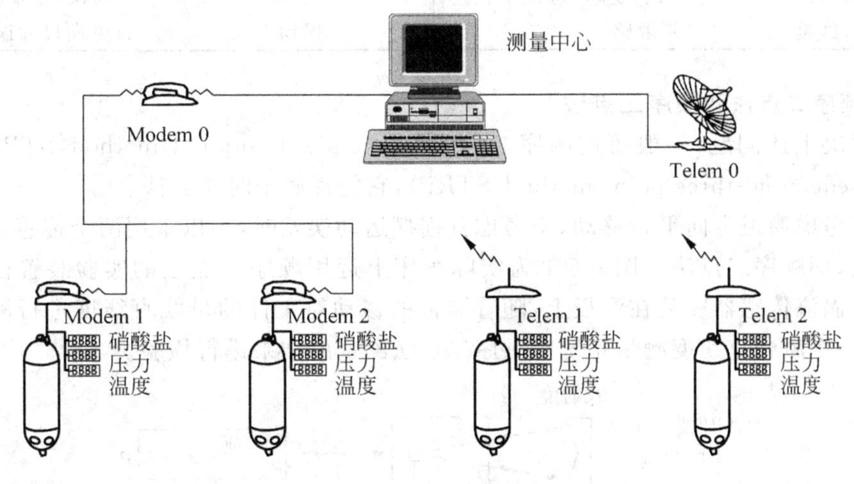

图 6-5-2 地下水在线测量系统示意图

6.5.3 多传感器直线度误差测量与分离技术

在超精密金刚石切削车床上对圆柱形工件进行加工时，加工过程中切削动力学模型十分复杂。因此车床的加工误差通过刀具的运动传递到工件上，其过程复杂，并形成工件母线不直。溜板的不精确运动不仅取决于导轨的几何形状，还取决于切削条件、切削负荷、热变形和运动方向等。判断此车床加工误差的方法是：在适当位置安装一定数量的传感器，再对传感获得的测量数据进行分析，最终得到加工误差。例如，在线测量工件直线度的方法通常是把传感器装在溜板上。这时溜板运动误差会引入测量数据之中，并且溜板运动的不确定性还会影响测量的重复性。由于机床导轨本身的制造误差，溜板与导轨的相对滑动可能有6个自由度。对于超精车床的运动溜板，该6个自由度运动的误差和对工件精度的影响可分别由图6-5-3和表6-5-1来说明。为此利用多传感器融合的方法，例如采用2个或3个传感器进行测量，就可分离出工件(或被测平尺)的直线度误差和溜板运动的直线度误差从而提高加工精度。下面以此为例做较详细的分析，以说明多传感器融合的具体做法和优点。

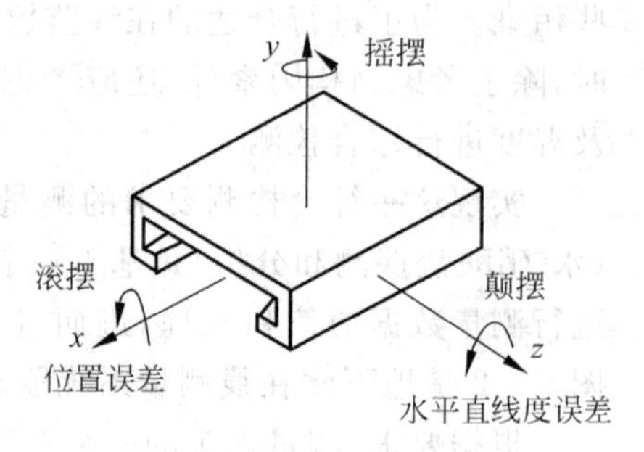

图 6-5-3　溜板运动的自由度

表 6-5-1　运动误差引起的工件误差

运动误差	工件误差	运动误差	工件误差
x方向位置误差	x方向尺寸误差	颠摆	非敏感
水平直线度	z向误差(-母线不直)	滚摆	z向误差-母线不直
垂直直线度	非敏感	摇摆	x方向尺寸误差

1. 顺序二点法和顺序三点法

为解决上述问题，一般可用顺序二点法(sequential-two-point method，STP)和顺序三点法(sequential-three-point method，STRP)，它们都属于时域方法。

当只考虑溜板径向平行移动，不考虑其摇摆运动误差时，可以采用两个传感器来进行误差分离，即顺序二点法。图6-5-4为实际车床上运用顺序二点法的实验装置框图。图中两个电涡流传感器安装在溜板上，随着溜板的移动对工件的母线直线度进行测量。另外，再用一个激光直线度测量系统对顺序二点法测量的结果进行检验。

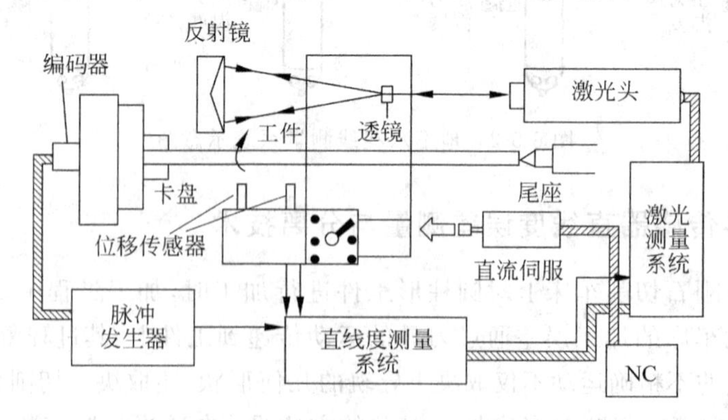

图 6-5-4　顺序二点法用于车床的实验装置框图

图 6-5-5 表示两个间隔为 l 的传感器 A,B 的测量原理。在 K 点处溜板直线运动误差 X_K 和工件直线度误差 Y_K 可以用下式表示：

$$\left.\begin{aligned} X_K &= X_{K-1} + D_{K-1,\mathrm{B}} - D_{K,\mathrm{A}} - \delta_1, \quad K = 0,1,2,\cdots,N-1 \\ Y_K &= X_K + D_{K,\mathrm{A}} - D_{0,\mathrm{A}}, \quad K = 0,1,2,\cdots,N-1 \end{aligned}\right\} \tag{6-5-1}$$

其中,$D_{K,\mathrm{A}}$,$D_{K,\mathrm{B}}$分别表示传感器 A、B 在 K 点处的测量值；N 为测量点数；δ_1 为两传感器初始校准时的位置误差。

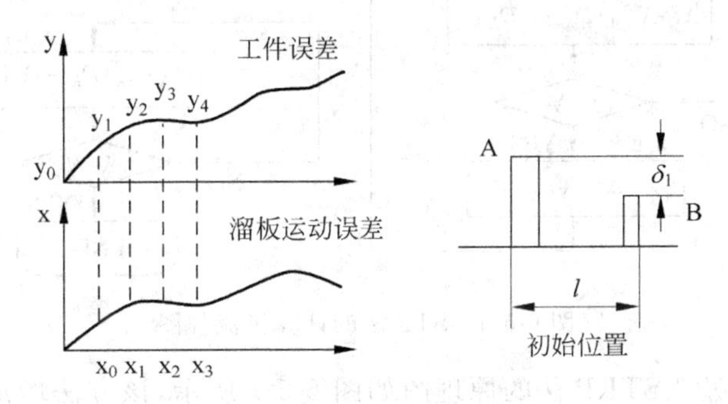

图 6-5-5　顺序二点法测量原理

由于超精密直线度在线测量场合中,传感器初始位置的校准是直接对准工件进行调整,它不可能用其他标准量块或仪器预先调整,即传感器校准误差 δ 是不可知的。为了求解式(6-5-1),引入一个不含 δ 的中间变量 X_K^c,令测量起点处

$$X_0^T = X_0^c = Y_0 = 0 \tag{6-5-2}$$

定义

$$X_K^c = X_{K-1}^c + D_{K-1,\mathrm{B}} - D_{K,\mathrm{A}} \tag{6-5-3}$$

实际的测量值 X_K^T 为

$$X_K^T = X_{K-1}^T + D_{K-1,\mathrm{B}} - D_{K,\mathrm{A}} - \Delta \tag{6-5-4}$$

再以测量起点为坐标原点,进行旋转变换,使得测量终点 X_N^T 变换后为零,从式(6-5-2)和式(6-5-4)可知

$$X_K^T = X_K^c - K \cdot \Delta, \quad K = 0,1,\cdots,N \tag{6-5-5}$$

将 $K=N$ 代入上式得

$$\Delta = X_N^c / N \tag{6-5-6}$$

式中,Δ 为整个直线度曲线各点的平均直线度误差。求出 Δ 之后,可用式(6-5-4)得到 X_K^T,并可求出 Y_K,即

$$Y_K = X_K^T + D_{K,\mathrm{A}} - D_{0,\mathrm{A}} \tag{6-5-7}$$

图 6-5-6 为 STP 法的计算机流程图。

如果考虑到溜板的偏摆(yaw motion),用顺序三点法(STRP 法)还可分离出溜板运

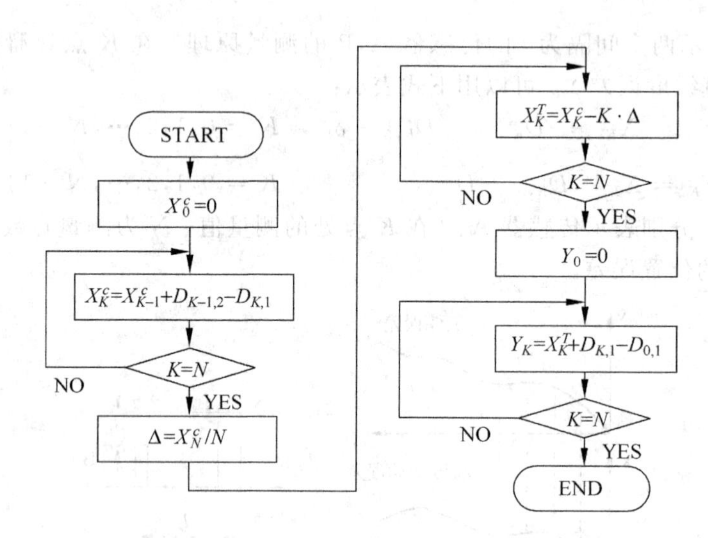

图 6-5-6　STP 法的计算机流程图

动的摆角误差曲线 θ_K^T。STRP 法的原理图如图 6-5-7 所示，该方法增加了一个传感器 C，其间隔 $l_{A,B}=l_{B,C}$。从图 6-5-7 分析中可以得到下列等式：

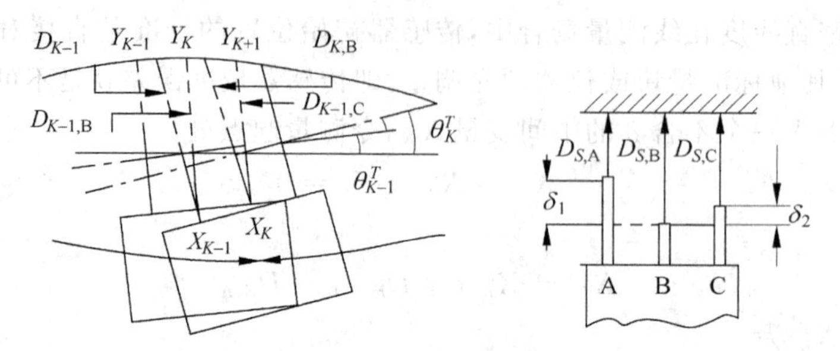

图 6-5-7　STRP 法的测量原理

$$X_K^T = X_{K-1}^T + D_{K-1,B} - D_{K,A} + l \cdot \theta_K^T - \delta_1 \tag{6-5-8}$$

$$X_K^T = X_{K-1}^T + D_{K-1,C} - D_{K,B} + l \cdot \theta_{K-1}^T - \delta_2 \tag{6-5-9}$$

$$X_K^c = X_{K-1}^c + D_{K-1,B} - D_{K,A} + l \cdot \theta_K^c \tag{6-5-10}$$

$$X_K^c = X_{K-1}^c + D_{K-1,C} - D_{K,B} + l \cdot \theta_{K-1}^c \tag{6-5-11}$$

用消元法将式(6-5-8)～式(6-5-11)中 X_K^T, X_{K-1}^T, X_K^c 和 X_{K-1}^c 消去，可得

$$\theta_K^T = \theta_{K-1}^T + (D_{K,A} - D_{K-1,B} - D_{K,B} + D_{K-1,C} + \delta_1 + \delta_2)/l \tag{6-5-12}$$

$$\theta_K^c = \theta_{K-1}^c + (D_{K,A} - D_{K-1,B} - D_{K,B} + D_{K-1,C})/l \tag{6-5-13}$$

从式(6-5-12)和式(6-5-13)再作消元法，消去测量值 D，可得到

$$\theta_K^T = \theta_K^c + \theta_0^T - \theta_0^c + K(\delta_1 + \delta_2)/l \tag{6-5-14}$$

从式(6-5-8)～式(6-5-11)可以推出

$$X_K^T - X_{K-1}^T = X_K^c - X_{K-1}^c + L(\theta_K^T - \theta_K^c) - \delta_1 \tag{6-5-15}$$

令起点处 $X_0^T = X_0^c = 0, \theta_0^c = \theta_0^T = 0$，将式(6-5-14)代入式(6-5-15)得

$$X_K^T - X_{K-1}^T = X_K^c - X_{K-1}^c + \delta_1(K-1) + K\delta_2 \tag{6-5-16a}$$

将上式写成如下递推形式：

$$\left.\begin{aligned} X_1^T &= X_1^c + X_0^T - X_0^c + \delta_2 = X_1^c + \delta_2 \\ X_2^T &= X_2^c + X_1^T - X_1^c + \delta_1 + 2\delta_2 = X_2^c + \delta_1 + 3\delta_2 \\ X_3^T &= X_3^c + X_2^T - X_2^c + 2\delta_1 + 3\delta_2 = X_3^c + 3\delta_1 + 6\delta_2 \\ &\vdots \\ X_K^T &= X_K^c + K(K-1)\delta_1/2 + K(K+1)\delta_2/2 \end{aligned}\right\} \tag{6-5-16b}$$

由于 δ_1 和 δ_2 实际上是无法测得的，为此仍采用适当旋转变换，使 $X_N^T = 0$，则 δ_1 和 δ_2 对应于等效平均误差 Δ_1 和 Δ_2，它包括了斜度平均误差，于是式(6-5-16b)可改写为

$$X_K^T = X_K^c + K(K-1)\Delta_1/2 + K(K+1)\Delta_2/2 \tag{6-5-16c}$$

从图 6-5-4 可以推出

$$\Delta = 2d_{S,B} - D_{S,A} - D_{S,C} \tag{6-5-17}$$

$$\Delta = \Delta_1 + \Delta_2 \tag{6-5-18}$$

从式(6-5-16)可推出

$$\Delta_1 = [X_N^c + N(N-1)\Delta/2]/N \tag{6-5-19}$$

由式(6-5-14)可推出

$$\theta_K^T = \theta_K^c + K\Delta/l \tag{6-5-20}$$

由此可见，增加一个传感器，即可分离出溜板运动的摆角误差曲线 θ_K^T。

STP 和 STRP 是时域分析方法，其最大的优点是算法简单、实时性强。其缺点有三：

(1) 采样点少。由于传感器本身尺寸要求及位置空间的限制，传感器间隔 l 不可能很小，这样其采样点也必须间隔 l，所以不可能做到很密集的测量。例如 $l=15$mm，测量 60mm 长工件，STP 只能测出 3 个有效点，显然不足以描述误差曲线的情况。

(2) 信息量少。由于传感器初始校准误差不可测，而上述两种方法都忽视溜板运动的斜度误差。在 STP 法中，传感器初始校准误差是线性累积的，因此直线度误差曲线的轮廓形状不受影响，所得结果对直线度评价也不受影响。但不能获得工件锥度的测量值，即获得的信息量少。

(3) 误差非线性积累。在 STRP 法中，传感器初始校准误差是非线性累积的，随着分离点数的增加，累积会越来越严重，累积的误差是与点数的平方成正比。这样，分离曲线的轮廓会产生较大的畸变。传感器测量的其他误差也会呈非线性的积累，造成分离误差增大。所以 STRP 法对误差过于敏感，必须加以注意。

在实际应用中，为了解决误差曲线加密问题，又有精密三点法(fine sequential-three-point method，FSTRP)，为了解决短工件的测量问题，又有优化误差分离法(OSET)。精

密三点法 FSTRP 的原理是 STP 法基本原理的一种推广。和 STP 法一样，如果溜板运动中的摇摆角度很小，可以忽略不计，则利用三个传感器的虚镜像原理可以实现中间点插值加密。对此，本书不再介绍，有需要的读者可参考有关资料。

2. 广义两点法与 STP、STRP 方法的融合

1）广义两点法

为解决两点法存在的问题，Satoshi Kiyono 和 Wei Gao 使用一种广义两点法（generalized two-point，GTP），并把它与 STP 方法相组合，可以充分利用两个传感器测得的信息。

图 6-5-8 所示为广义两点法的原理。A，B 点之间的相对高度为

$$\begin{cases} y_a(n) = R(n) - S(n) \\ y_b(n) = R(n+m) - S(n), \quad n = 1,2,\cdots \end{cases} \tag{6-5-21}$$

$$\Delta y(n) = y_b(n) - y_a(n) = R(n+m) - R(n) \tag{6-5-22}$$

式中，$y_a(n)$、$y_b(n)$分别是 A、B 点的相对高度。用 A、B 两点间的连线近似代替这两点间的 $R(n)$，即近似认为 n 点处 $R(n)$的斜率为

$$R'(n) \approx y'(n) = \frac{\Delta y(n)}{m} = \frac{R(n+m) - R(n)}{m} \tag{6-5-23}$$

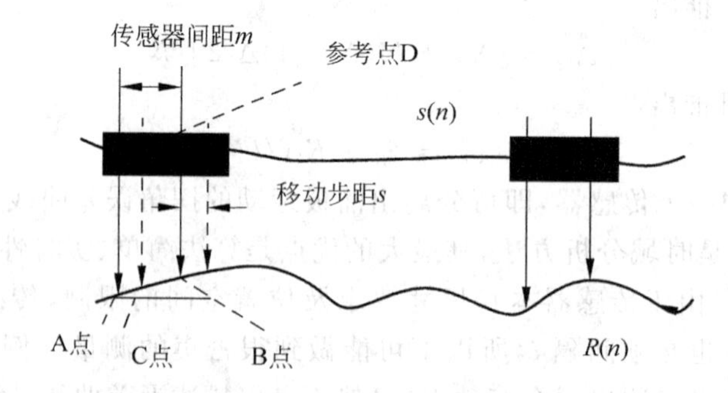

图 6-5-8　广义两点法 Y 原理示意图

$y'(n)$的积分就近似代表了 $R(n)$的形状。记为 $z(n)$，则有

$$z(n+1) = \sum_{i=1}^{n} y'(n) \cdot s = z(n) + y'(n) \cdot s \tag{6-5-24}$$

如果测量时的移动步距 s 等于传感器间距 m，则有

$$z(n+1) = z(n) + y_b(n) - y_a(n) \tag{6-5-25}$$

这与 STP 方法的公式完全一样，称为广义两点法。当参考点 D 的坐标与 A 的坐标一致时，测量装置的每次移动测得的是距 A 点为 s 的 C 点的相对高度（见图 6-5-8）。最后得到的 EST 结果各点之间的间隔也为 s，这样测得的点数就远远多于 STP、STRP 和 FSTRP 方法，可以更真实地反映被测工件和导轨的轮廓。

$z(n)$只是对 $R(n)$的近似，其近似误差由处理过程中的两个步骤引入：一个是在式(6-5-23)中以 $y'(n)$近似 $R'(n)$；另一个是在式(6-5-24)中以数值积分代替积分。使用数字滤波器技术，可以得到近似误差相对于空间频率的传递函数。把式(6-5-23)和式(6-5-24)当作两个独立的系统。在式(6-5-23)中，以 $R(n)$为输入，$y'(n)$为输出。在式(6-5-24)中，以 $y'(n)$为输入，$z(n)$为输出。那么，$z(n)$对于 $R(n)$的相对误差可以由上述两式的传递函数在频域表达。

求一个线性时不变系统的传递函数时，可假设其输入为特征函数-复指数函数。此处假设 $R(n)=e^{j\omega n}$，$\omega=2\pi f$，f 是空间频率，其单位可以是 μm^{-1}、mm^{-1}等。把它代入式(6-5-23)，得到传递函数为

$$\begin{aligned}H_1(\omega)&=y'(n)/R(n)=\{(e^{j\omega(n+m)}-e^{j\omega n})/m\}/e^{j\omega n}\\&=(\cos\omega m-1+j\sin\omega m)/m\end{aligned}\tag{6-5-26}$$

同样，也可以得到式(6-5-24)的传递函数为

$$H_2(\omega)=z(n)/y'(n)=s/(\cos\omega s-1+j\sin\omega s)\tag{6-5-27}$$

相对误差为

$$\begin{aligned}\Delta E(\omega)&=1-z(n)/R(n)=1-H_1(\omega)H_2(\omega)\\&=1-\frac{s(\cos\omega m-1+j\sin\omega m)}{m(\cos\omega s-1+j\sin\omega s)}\end{aligned}\tag{6-5-28}$$

以 m 为参数，$\Delta E(\omega)$与空间频率 ω 之间的关系如图 6-5-9 所示。$s=1mm$ 时，奈奎斯特(Nyquist)频率为 $0.5mm^{-1}$，因此在图 6-5-9 中，高于此频率的部分就不再示出。图中从左到右依次为 $m=20mm$，$15mm$，$10mm$，$5mm$，$1mm$ 的情况。可以看出当空间波长为传感器间距 $m\Delta L$ 的 5 倍以上时，误差仅为百分之几。当 $m\Delta L=s$ 时，则没有误差，即为标

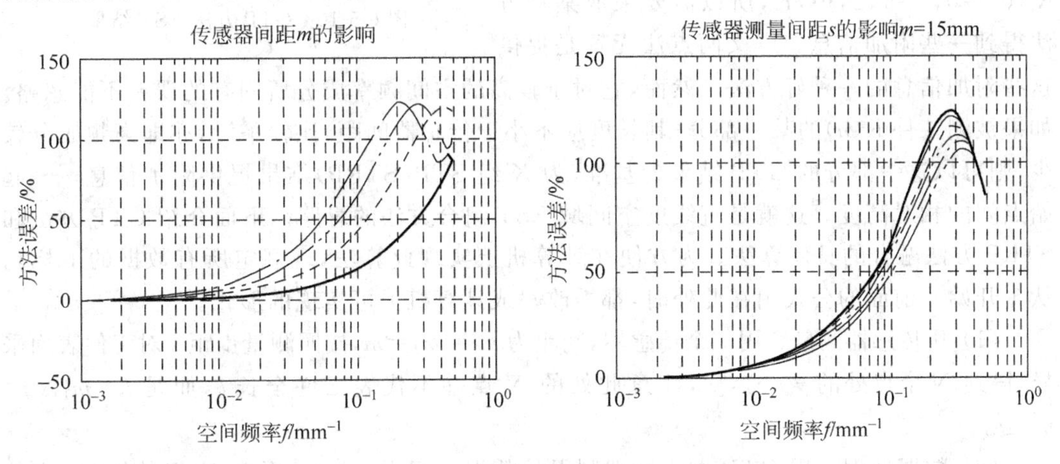

图 6-5-9 s、m 对 GTP 方法的影响

准的逐次两点法。图 6-5-9 的左图中，从上至下依次为 $s=0.5$mm，1mm，2mm，3mm，4mm，5mm 的曲线。可见，测量间距 s 的改变对于 GTP 方法的影响比较小。表 6-5-2 给出了 $m=15$mm；$s=1$mm，3mm 时的具体误差数值。

表 6-5-2　s、m 对于广义两点法的影响

空间波长/mm	$s=1$mm 对应的误差/%	$s=3$mm 对应的误差/%
10	66	57.1
25	22.7	23.8
50	14.9	11.9
75	6.5	7.7

图 6-5-10 为广义两点法的仿真结果，工件长 121mm，传感器间距 15mm，测量时移动步距 $s=1$mm，其结果优于 STP 和 STRP 的结果。但它对包含高频成分的阶梯形状反映得不够理想。

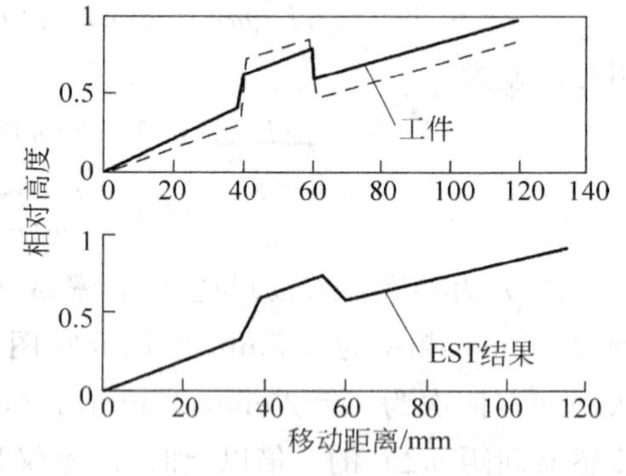

图 6-5-10　GTP 方法 EST 结果

2）广义两点法与 STP、STRP 方法的融合

STP 方法可以得到准确的测量点之间的相对高度，但是它得到的点数在大多数情况下都太少。如前所述：对于一个工件，在一次测量中，采用较小的移动步距 s，可有 N/s 个点，用做 $K=m_1\cdot\Delta L/s$ 组 STP 误差分离，得到 K 条曲线 R_i，$i=1,2,\cdots,K$。然而它们之间的相互关系是不知道的，在做 STP(STRP)时，都假设 $R_i(0)=0$，$i=1,2,\cdots,K$，所以需要采取某种方法得到一些附加信息。广义两点法无疑是提供这些附加信息的一种好方法。然而，它对于较高的空间频率成分所固有的误差不能忽略。如果被测工件 $R(n)$ 的某一部分(其长度应不小于传感器间距)比较平滑，亦即高频成分较少，则可以这一部分的 GTP 结果为基准，为 K 组 STP(STRP)结果提供附加信息——起始点间的相对高度。这就是直线度空间域 EST 组合方法的思路。下面介绍 GTP 方法和 STRP 方法融合的具体算法。为方便在计算机上实现此算法，现规定所有数据的下标均从 1 开始。前面的公式用在此处时，都需改写成计算机上可实现的形式。

(1) 用传感器测量。用三个传感器，间距为 $m_1=m_2=m$，按照测量步距 s 对工件表面采样，得到 N 个点处的 y_a，y_b，y_c，注意此处的 N 点并不代表工件全长 l，而是 $l-m_1\Delta l-m_2\Delta l$。

(2) 数据处理。用 GTP 方法处理测得的数据。假设 $s=\Delta l$，得到 K 组数据(K 为整数)，每组有 N/K 个点。设 $z(1)=0$，使用所有的数据作广义两点法，有

$$z(n)=z(n-1)+\frac{y_b(n-1)-y_a(n-1)}{m}=\sum_{k=1}^{n-1}\frac{y_b(k)-y_a(k)}{m}$$

式中，$n=2,3,\cdots,N$

(3) 做 STP。分别对 K 组数据做 STP，得到 K 条轮廓 p_{ij} 的前两个点。

第 i 组，第 j 个点的坐标为

$$x_{ij}=i\cdot s+j\cdot m-s-l+1,\quad i=1,2,\cdots,K;\ j=1,2,\cdots,N/K \tag{6-5-29}$$

式中，i 为数据的组号；j 为数据在每组中的序号。对于某一个 i 来说，使用一组测量数据得到一个轮廓 p_{ij} 的第二个点

$$p_{i2}=y_b(x_{i1})-y_a(x_{i1}) \tag{6-5-30}$$

而且有

$$p_{i1}=0,\quad i=1,2,\cdots,K$$

(4) 用 STRP 方法。分别对 K 组数据做修正后的 STRP 方法。

$$p_{ij}=y_c(x_{i,j-2})-2y_b(x_{i,j-2})+y_a(x_{i,j-2})+2p_{i,j-1}-p_{i,j-2} \tag{6-5-31}$$

将(3)中计算出来的 p_{i1}、p_{i2} 代入上式，就可以得到修正后的 K 组轮廓 p_{ij}。

(5) 用组合方法。使用组合方法得到轮廓 R_{ij}。此处 R_{ij} 与 p_{ij} 具有相同的坐标，但 R_{ij} 仅表示一条轮廓曲线。如前所述，可选取工件上较为平滑的一个区域(这个区域所包含的高频成分较少)作为校准区域，把这个区域中的点处的 $z(n)$ 与 p_{ij} 相比较，应有如下关系：

$$R_{ij}=b_i+p_{ij} \tag{6-5-32}$$

为减小误差，使用最小二乘方法做如下计算：

$$E_i=\sum_j\{z(x_{ij})-R_{ij}\}^2=\sum_j\{z(x_{ij})-b_i-p_{ij}\}^2 \tag{6-5-33}$$

式中，需满足条件 $\partial E_i/\partial b_i=0$。

图 6-5-11 所示为广义两点法和修正后的空间域逐次三点法的融合仿真结果。图(a)上半部分为仿真的工件和导轨，下半部分为广义两点法的结果和 $R(n)$ 相比较。图(b)为组合方法中第(4)步的结果，即修正后的 STRP 结果；图(c)为最后的组合结果(下面的曲线)。可见它和工件的 $R(n)$ 非常相似，这样的结果是令人满意的。$R(n)$ 直线度误差为 0.117，组合方法的结果为 0.126。

此处仿真数据 $R(n)$ 及 $S(n)$ 为

$$\left.\begin{aligned}R(n)&=\sin\left(\frac{\pi n}{2.5N}\right)+0.02\sin\left(\frac{2\pi n}{54}\right)+0.02\sin\left(\frac{2\rho n}{34}\right)\\S(n)&=\sin\left(\frac{0.75\pi n}{2.5N}\right)+G\end{aligned}\right\} \tag{6-5-34}$$

其中，$G=\begin{cases}0.4, & N/1.5\leqslant n\leqslant N/2.7,\quad n=1,2,\cdots,N\\0, & \text{其他}\end{cases}$

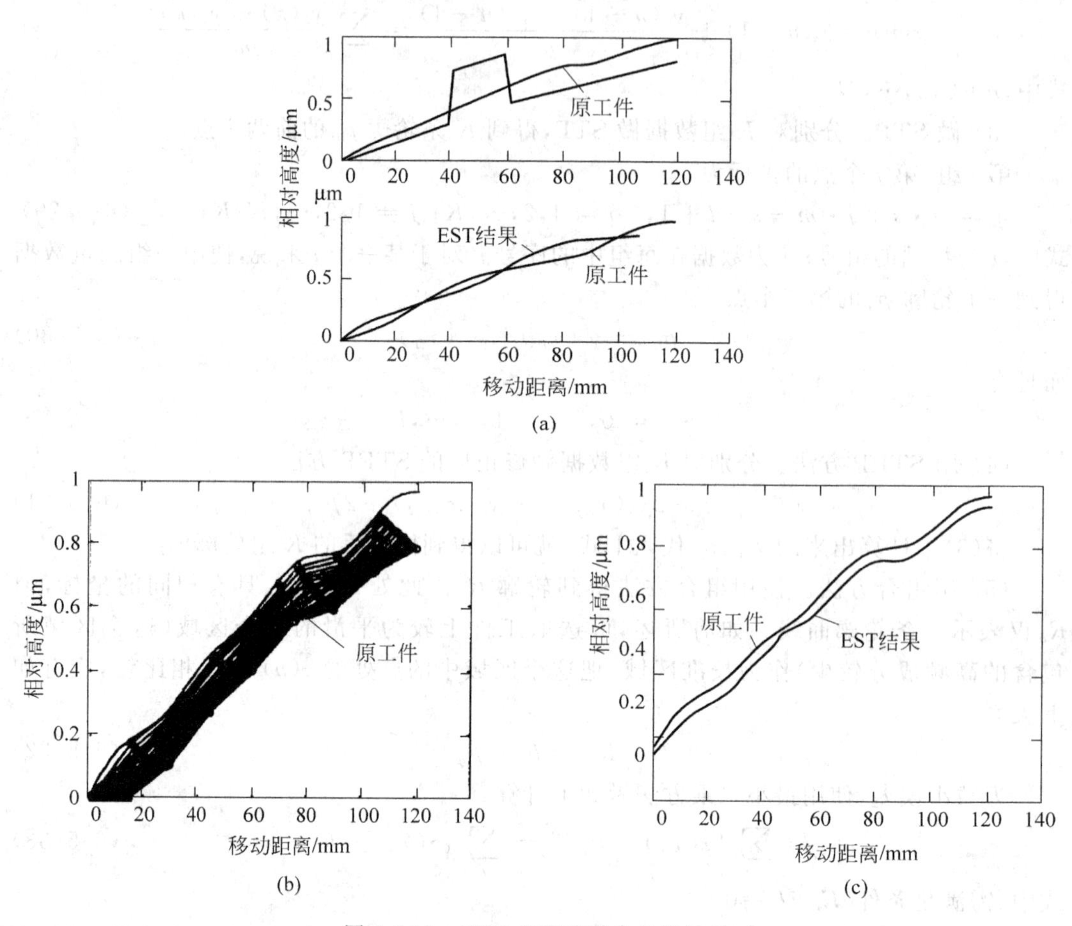

图 6-5-11 GTP、STRP 融合仿真结果

广义两点法与空间域逐次两点法的融合与上面的步骤类似。只是在具体算法中，取消第(4)步，而且在第(3)步中用 STP 方法得到工件全长的 K 个轮廓 P_{ij}，而不只是前两个点。GTP 和 STP 组合方法抗干扰能力比 GTP、STRP 组合方法要强一些。因为测量点数有限，三个传感器的误差不会完全互相抵消，因而产生比 STP 方法大得多的误差累积。

由于上述空间域误差分离的算法是采用离线批处理的加、减运算。不同传感器中的相同误差成分(如同方向温漂振动等)和同一传感器的干扰噪声(如均值为 0 的白噪声信号)都可以不同程度地抵消。这样，先行分离出的误差曲线相对精度高些。上述分离方法是先分离工件误差，这对工件测量而言是适当的。如果强调对导轨精度或直线度运动误差进行测量，则可改变分离顺序。

例如，在 STP、GTP 及其组合方法中，先分离 $S(n)$ 的公式为

$$S(n+m)=S(n)+y_b(n)-y_a(n+m)$$

$$z(n+1)=z(n)+y_b(n)-y_a(n+m\Delta L)\cdot s/(m\Delta L)$$

在 STRP 方法中，设 $m_1=m_2=1$，则先分离 $R(n)$ 和先分离 $S(n)$ 的公式分别为

$$R(n+1)=R(n)$$

直线度误差的融合技术可以用图 6-5-12 来表示。

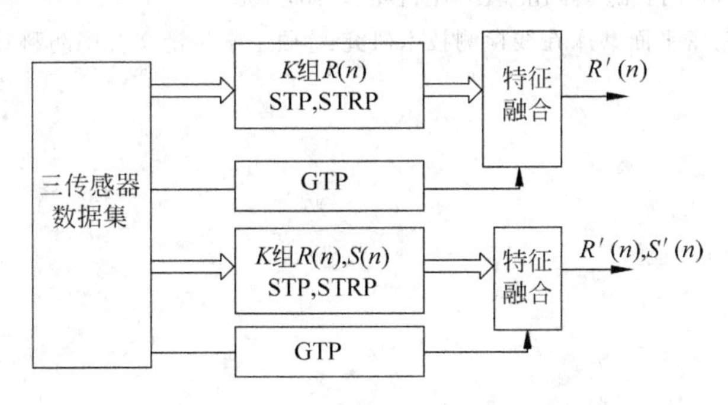

图 6-5-12 直线度误差分离的融合原理

6.6 小 结

本章简要介绍了数据融合的概念和数据融合的基本结构及方法，并列举了多传感器数据融合技术的实际应用。由于不同的应用背景对数据的要求各不相同，因此在实际应用中需要结合具体的应用环境、技术要求和系统结构来分解数据的层次、融合的层次以及具体实现的方法，并建立相应的判断准则。

思考题与习题

6.1 试说明多传感器融合的基本原理和用途。

6.2 试说明多传感器融合的基本结构。

6.3 通过调研，撰写一篇在光纤传感器领域应用多传感器融合的综述报告。

6.4 通过调研，举例说明多传感器融合的应用。

6.5 试分析说明 6.5.3 小节中应用多传感器融合测量误差的优点。

参考文献

[1] Horst Ahlers(Hrsg.) 著. 王磊，马常霞，周庆译. 多传感器技术及其应用. 北京：国防工业出版社，2001

［2］ 何友，王国宏，陆大琻，彭应宁著. 多传感器信息融合及应用. 北京：电子工业出版社，2000
［3］ 李圣怡，吴学忠，范大鹏著. 多传感器融合理论及在智能制造系统中的应用. 长沙：国防科技大学出版社，1998
［4］ Koichi Tozawa，Hisayshi Suto. A new method for measurement of the straightness of machine tool and machined work，J. of Machanical Design，July 1982，104：507
［5］ Tanasaka H，Sato H，Extensive analysis and development of straighness measurement by segeential-Two Points method，Tran. Of the ASME，1986，176：108
［6］ 葛根焰. 大型超精密平面磨床在线检测技术研究：［硕士学位论文］. 国防科技大学，1996

光电传感技术在电力系统的应用

7.1 概　　述

7.1.1 电力系统对传感器的要求

电流、电压和电功率是反映电力系统中能量转换与传输的基本电参量，是电力系统计量的重要内容。随着电力工业的迅速发展，一次仪表与二次仪表之间的电气绝缘和信息传递的可靠性和准确性问题使得传统的电磁测量方法日益显露出其固有的局限性，如电绝缘问题、电磁干扰问题、磁饱和问题、长期稳定问题等。由于电力系统的在线设备必须长期稳定、可靠，电力供应即使是很短时间的停顿，其后果也非常严重。主要问题集中表现为如何满足电力系统的以下要求：

(1) 高可靠，易维护

电力系统使用的各种传感头需要经常加以维护，但是可能位于非常难接触到的位置，比如在真空、气体或油箱中等，也可能在变压器的绕组之间或在远方的电站中。

(2) 小体积，低功耗

在大多数情况下，传感器的体积必须很小，而且应是被动式的，即能够在低能耗状态下工作。

(3) 高绝缘，低成本

传感及控制系统的绝缘等级要求非常高，而这一要求对基于电的传感器，意味着价格昂贵、结构庞大。

(4) 抗干扰，低噪声

由于电厂与电站的电磁噪声环境，要求传感器及信号线具有高的抗电磁干扰的能力。

为此人们一直在努力寻找测量电流、电压和电功率的新方法。光纤传感器具有灵敏度高、响应速度快、抗电磁干扰、耐腐蚀、电绝缘性能好、防燃防爆、体积小、结构简单以及便于与光纤传输系统组成遥测网络等特点。近年来,光纤传感技术迅速发展,并已经在电力系统中获得了成功的应用。

在电力系统中,光传感器方案致力于解决对庞大而复杂的大容量、超高压和特高压传输系统进行电参量快速、准确、在线、实时监测、设备隐患的报警和排除以及安全防护及网络自动化控制等问题。

7.1.2 电力系统用光传感器的主要类型

电力系统所涉及的传感器主要包括:电参数测量、系统中电量量值传递及计量检定、虚拟仪器、网络化仪器、电能计量技术仪器、电气设备在线监测技术、高压电气设备现场测试技术、电气绝缘局部放电测试技术、谐波影响的测试及分析、变压器绕组变形测试技术以及绝缘油色谱分析及判定等。表 7-1-1 列举了电力系统光传感器的主要类型。

表 7-1-1 主要的电力系统传感器类型

传感器类型	符号	主要类型	物理原理	特　　点
电流传感器	OCT	全光纤型 光电混合型	Faraday 效应	(1) 不含油、无爆炸危险; (2) 与高压线路完全隔离,安全可靠; (3) 不含铁心,无磁饱和、磁共振和磁滞现象; (4) 响应频域宽、便于遥测遥感
电压传感器	OVT	220kV 以上级	Pockels 效应	
电功率传感器	OPT		Faraday 效应和 Pockels 效应	
温度(报警)传感器			吸收型,FBG 等	
电力测控网络				

7.2 光纤电流传感器

光纤电流传感器分为两大类:电光-磁光型,亦称 POCT(passive OCT)和辐射内调制型,亦称 AOCT(active OCT)。

7.2.1 辐射内调制型光纤电流传感器

AOCT 是以传统的电磁式互感器(CT)作为传感头,将感应信号通过光电转换变为光信号,再将载有被测电量的光信号,通过光纤传输至信号检测和处理系统。由于采用 LED 作为光源,AOCT 具有长期稳定性好和成本较低的优点。但是由于没有根本解决传统 CT 的固有缺点,所以并不是一种根本意义上的新型光传感器。在实用上这类传感器目前存在的主要问题是如何给高压端的光电器件供电。现在的供电方式有两种:一是用电磁感应方式在高压端直接供电;二是用光电方式在高压端把从低压输送的光能变成电能。这两种方式各有缺点：前者稳定性较差，后者成本高。目前，这两者都在试用，从实用角度看，都不能令人满意。

7.2.2　电热型和磁光型光纤电流传感器

1. 基于电热效应的温度型光纤电流传感器

这是利用电流的热效应和光纤干涉仪的高灵敏度测温的原理构成的测量小电流的光纤电流传感器，其结构如图 7-2-1 所示。干涉仪的一臂为被覆铝的单模光纤，待测电流 i 直接通过铝被覆层，产生热量为 i^2R，R 为铝层的电阻抗。测量臂在电流的热效应作用下，随温度升高其长度和折射率发生变化，引起干涉仪两臂的光程差改变，由此可以测量电流 i 的大小。这是一种安培级（或更小电流）的光纤电流传感器。此方法在现场实用时，要解决传感器（即光纤干涉仪）的长期稳定性问题。

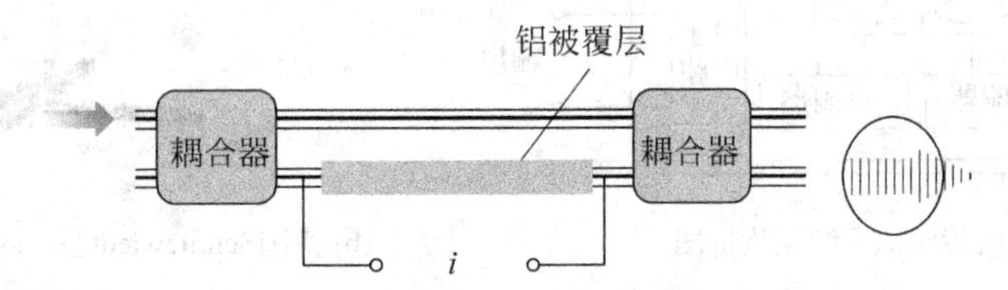

图 7-2-1　热效应光纤电流传感器

2. 基于法拉第磁光效应的磁光电流传感器

基于法拉第效应的磁光光纤电流传感器，是通过测量光波在通过磁光材料时其偏振面由于电流产生的磁场的作用而发生的旋转角度来确定被测电流的大小。与传统的电磁感应式电流互感器相比，在高电压大电流测量的应用中采用光纤电流传感器具有明显的优越性：

① 本质安全——不含油，无爆炸危险，属本质安全型传感器。

② 高绝缘——与高压线路完全隔离，满足绝缘要求，运行安全可靠、抗电磁干扰。

③ 无磁饱和——不含铁心，无磁饱和、铁磁共振和磁滞现象。

④ 交直流两用——不含交流线圈，不存在输出线圈开路危险，可用于测量直流。

⑤ 频响宽——响应频域宽、便于遥感和遥测。

⑥ 易安装——体积小、重量轻、易安装等。

法拉第效应的磁光传感头可分为三种类型：电光混合型（集磁器）探头、玻璃块型探头和全光纤型探头。现以全光纤型探头为例进行介绍。

光纤电流传感器系统如图 7-2-2 所示。在纵向磁场的作用下，光纤中传输的偏振光的偏振面旋转角 θ 由下式确定：

$$\theta = \int_L H \cdot \mathrm{d}L = VNi$$

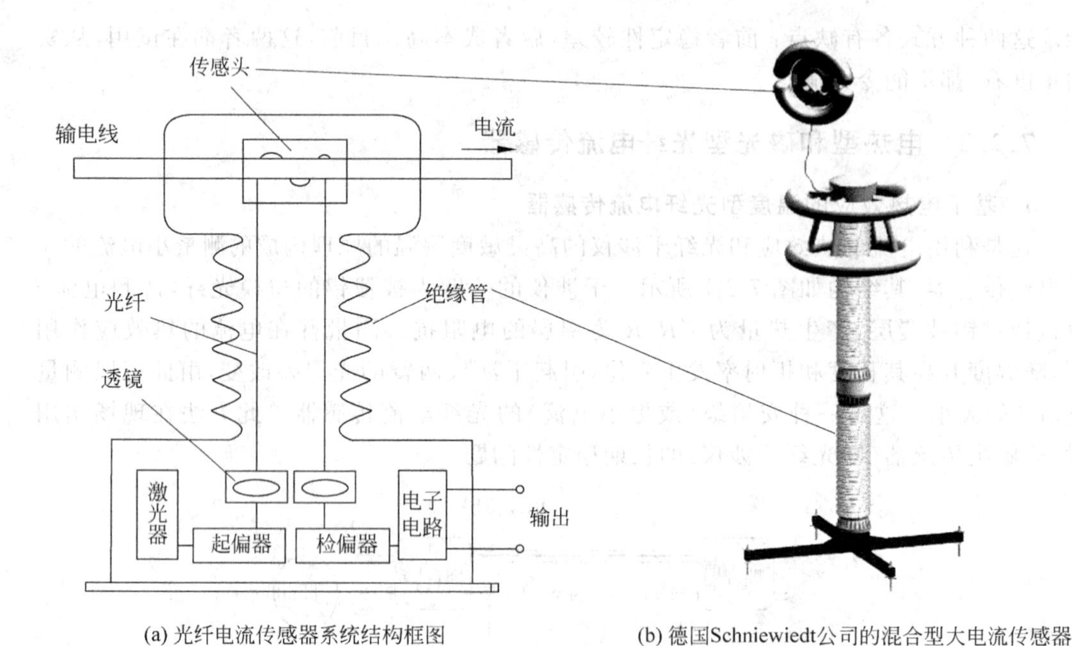

(a) 光纤电流传感器系统结构框图　(b) 德国Schniewiedt公司的混合型大电流传感器

图 7-2-2　光纤电流传感器

式中，V 是光纤材料的 Verdet 常数，表示光波通过单位长度的磁光材料时，单位电流产生的磁场引起的旋转角的大小；H 是磁场强度；L 是磁场中的光纤长度；N 是光纤绕载流导体的圈数；i 是穿过光纤环的被测电流。

3. 线性双折射的影响

文献[2]中给出了既有 Faraday 效应又有线性双折射时，电流传感头的琼斯(Jones)矩阵，依据这一理论可以计算得到图 7-2-2 中检偏器输出光信号的光强为

$$I_0 = \frac{1}{2}\left(1 + 2\theta\,\frac{\sin\Delta}{\Delta}\right)$$

式中，$\left(\frac{\Delta}{2}\right)^2 = \left(\frac{\delta}{2}\right)^2 + \theta^2$；$\delta$ 反映了由线性双折射在两个偏振本征模之间引入的相位延迟；θ 为受被测电流 i 调制的光纤中光波的 Faraday 旋转角。线性双折射效应将直接对光纤电流传感器产生严重的影响，是光纤电流传感器实用化的最大障碍，详见第 1 章。

7.2.3　光纤光栅电流传感器

光栅电流传感器是利用电流产生的磁场对涂敷于光纤外部的磁致伸缩材料的作用，对光纤光栅进行调制，从而通过测定光栅布拉格波长的变化来测量电流。最近有利用电磁铁带动光栅进行电流测量的报道，系统传感灵敏度为 1.55×10^{-2} nm/mA。

光纤光栅电流传感器存在以下问题：①输出响应的非线性；②材料的磁滞性对调制性能的影响；③测量误差和动态范围。因而它与实际应用还有相当的距离。

7.2.4　三相光纤电流传感器系统的研究

在电力系统的电流保护中，传统电磁式电流互感器的接线方式主要有四种：三相星形、两相不完全星形、两相电流差和两相三继电器接线方式。分析这些接线方式的特点可知：

(1) 为实现电流保护，至少需要检测电力系统三相电流中的两相电流。仅检测一相电流，其测量结果对电流保护而言毫无意义。

(2) 同时检测电力系统三相电流是最为可靠的电流保护接线方式。有鉴于此，文献提出了一种全新的三相光纤电流传感器结构(图 7-2-3)，并分析了系统的工作原理和线性双折射问题。

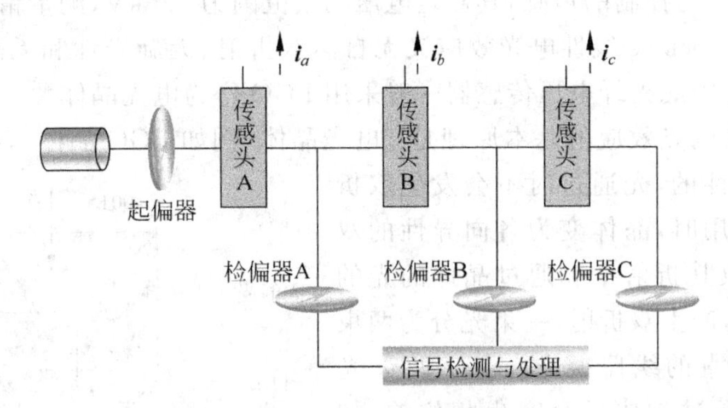

图 7-2-3　三相光纤电流传感器系统

三相光纤电流传感器是利用一路输入光和一套检测系统，以电力系统三相电流(包括不对称三相电流)作为测量对象的光纤电流传感器。显然，三相光纤电流传感器的测量结果对电力系统运行状态的评价更全面、更具系统性，特别是在系统故障和不对称运行时。

7.3　光学电压传感器

电压的精确测量对于电力系统中为数众多的高灵敏度、价格昂贵的设备来说极为重要。目前广泛应用于电力系统中的传统电磁感应式电压互感器，在高电压情况下，存在易受电磁干扰、绝缘结构复杂、造价高、铁磁饱和和铁磁谐振、有潜在的爆炸危险等缺点。如果通过电容分压来测量高电压，又会引起电压波形的畸变。光纤电压传感器是近年发展起来的一种新型电压测量设备。它使用光纤完成信号的传输，利用晶体特定的物理效应敏感电压，不但克服了电磁感应式电压互感器的缺点，还同光纤传输网联网可以实现系统的遥测和遥控，具有较宽的通频带，易满足小型化、智能化、多功能的要求，既可以测交流电压也可以测直流电压和脉冲电压。这些都是传统的电压测量设备所无法比拟的。

7.3.1　主要类型、原理与结构

光纤电压传感器(OPT) 的基本工作原理基本是依据存在于某些功能材料中的物理效应，如泡克尔斯(Pockels) 效应、电光克尔(Kerr) 效应以及逆压电效应等。

1. 基于电光效应的 OPT

(1) Pockels 晶体为敏感元件的 OPT

目前所研究的光纤电压传感器大多是基于 Pockels 线性电光效应。常用于 OPT 的 Pockels 晶体主要有铌酸锂($LiNbO_3$，简称 LN)、硅酸铋($Bi_{12}SiO_{20}$，简称 BSO) 和锗酸铋($Bi_4Ge_3O_{12}$，简写为 BGO)。例如，以锗酸铋晶体作为传感头，用于直流电压的传感或直流输电系统的保护与控制的传感，其额定电压测量范围为 125kV，测量精度约为 2%。锗酸铋是一种具有 Pockels 线性电光效应又无自然双折射、无旋光性和无热释电效应的理想电压敏感材料，因此光纤电压传感器一般采用 BGO 作为电光晶体。

Pockels 线性电光效应的基本原理是：电光晶体(例如 BGO 晶体)，在没有外加电场作用时是各向同性的，光通过时不会发生双折射。当有电场作用时，晶体变为各向异性的双轴晶体，从而导致其折射率和通过晶体的光的偏振态发生变化，产生双折射，一束光分为两束偏振方向互相垂直的线偏振光。由于两束光相速不同，因此通过晶体后会产生相位差，如图 7-3-1 所示。图中 z' 为光轴方向，X' 和 Y' 为加外电场后，晶体中的两个特征方向。类似双折射晶体的晶轴。

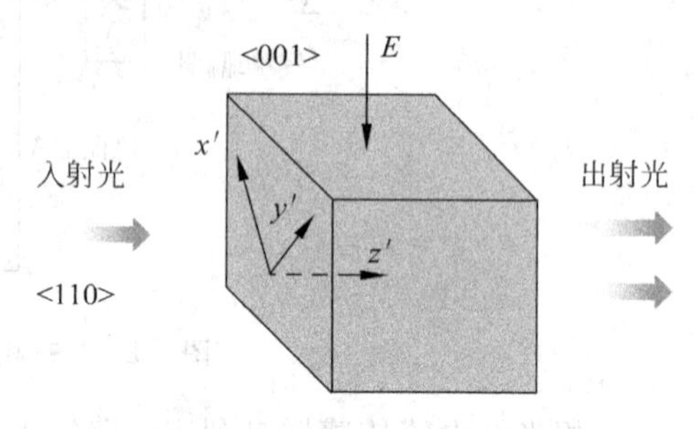

图 7-3-1　Pockels 效应原理

若外加电场沿折射率椭球的〈001〉方向，当光通过长度为 l 的晶体时，出射的两束线偏振光产生了相位差：

$$\Delta\phi = \frac{2\pi}{\lambda} n^3 \gamma_{41} \frac{l}{d} U$$

式中，λ 为光波波长；n 为晶体的折射率；l 为晶体通光方向的长度；d 为晶体的厚度；γ_{41} 是晶体材料的电光系数；U 是待测电压。定义能使出射的两束光相位差为 180°的电压为半波电压 U_π，即 $U_\pi = \frac{\lambda}{2n^3\gamma_{41}}\left(\frac{d}{l}\right)$，则有 $\Delta\phi = \pi\frac{U}{U_\pi}$。所以，只要测出相位差 $\Delta\phi$，就可测出被测电压 U 的大小。这就是基于 Pockels 电光效应的光纤电压传感器的基本原理。

在现有的技术条件下，要对光的相位变化进行精确的直接测量是不可能的，通常都采用干涉的方法——偏振光干涉。由于出射的两束线偏振光的偏振方向互相垂直，它们不能直接产生干涉，因此必须首先用偏振器来使它们的偏振方向一致才能产生干涉。用检偏器把从晶体中检出来的偏振方向垂直的两束光变成偏振方向相同的光，结果这两束光就变成相干光束，产生干涉。把相位调制光变成振幅调制光，从而把相位测量变为光的强度测量。令起偏器和检偏器的偏振轴垂直，则可以计算得到干涉光强为

$$I = I_0 \sin^2 \frac{\Delta\phi}{2}$$

式中，I_0 是经过起偏器后的线偏振光的光强。该式表明干涉光强与相位差的关系是非线性的。为了获得线性响应，可以在晶体和检偏器之间增加一个 $\lambda/4$ 波片，$\lambda/4$ 波片可以使两束线偏振光之间的相位差增加 $\pi/2$。此时输出的干涉光强为

$$I=I_0\sin^2\left(\frac{\pi}{4}+\frac{\Delta\phi}{2}\right)=\frac{1}{2}I_0(1+\sin\Delta\phi)$$

当 $\Delta\phi$ 很小，即 $U\ll U_\pi$ 时，就可以得到线性响应

$$I = \frac{1}{2}I_0(1+\Delta\phi) = \frac{1}{2}I_0\left(1+\pi\frac{U}{U_\pi}\right)$$

由此可知通过测量干涉光强就可以得到被测电压的值。

基于石英晶体反压电效应的光纤电压传感器是利用地与高电势间电场的线积分来测量高电压(≥420kV)的，这种传感器可用于空气绝缘室外电力系统。图 7-3-2 是加拿大 NxtPhase 公司的高压光学电力传感器的典型结构。

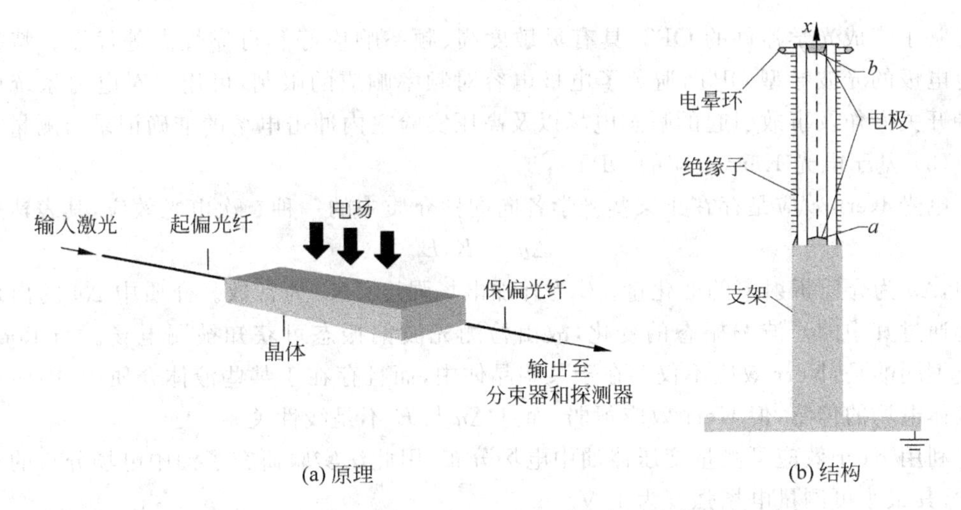

图 7-3-2　NxtPhase 公司的光纤高电压传感器

(2) 基于集成光学器件的 OPT

集成光学器件主要用于光纤通信领域，但已在光纤传感领域中被用于制作光纤陀螺、

光纤压力传感器和光纤电压(或电场)传感器。其中用于 OPT 的主要是以铌酸锂晶体为衬底的光波导器件,它所依据的物理效应仍然是 Pockels 效应。

一种利用 Ti:$LiNbO_3$ 光波导调制器研制的 OPT 传感头结构如图 7-3-3(a)所示,被测电场由平板型金属天线引入调制器电极,作用于光波导上从而产生光传感信号。它可用于频率为 60Hz~100kHz 电场测量的光学传感,其场强测量范围是(0.1~60)V/cm,测量灵敏度与天线形状有关。当采用 10mm×10mm 平板天线时,对于 60Hz,0.1V/cm 的被测电场,可获得 0.01mV 的传感信号输出电压。此外,文献[23]报道了一种没有天线和电极的光波导型 OPT,其传感头结构如图 7-3-3(b)所示。这种 OPT 的频率响应不受电极电容的影响,而只取决于光波导的渡越时间。其理论频率响应上限为 618GHz,实际测量的频率响应为 1GHz,测量灵敏度为 0.22V/(m·$\sqrt{\text{Hz}}$)。

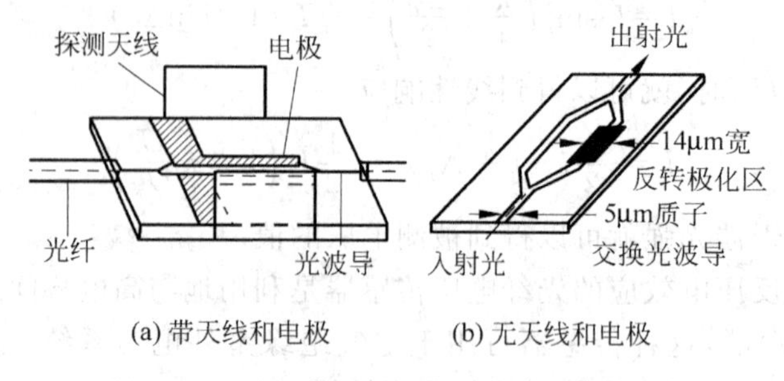

图 7-3-3　基于集成光学的 OPT 传感头结构

基于集成光学器件的 OPT 具有灵敏度高、频率响应好和可靠性高等优点。特别是没有电极的光波导型 OPT,避免了电极电容对频率响应的限制,可用于对电力系统中因各种开关操作及事故引起的瞬态电场以及高压实验室内冲击电场的准确记录与测量。

(3) 基于电光 Kerr 效应的 OPT

电光 Kerr 效应是存在于某些光学各向同性介质中的一种二次电光效应,其表达式为

$$\Delta n = K_2 E^2$$

式中,Δn 为介质折射率的变化量;E 为外加电场强度;K_2 为常数。介质中 Δn 的出现将引起通过其中的光波偏振态的变化,故由检测光波偏振态可获知被测电场。与 Pockels 效应不同的是,Kerr 效应不仅存在于某些晶体中,而且存在于某些液体介质中,因而可用于液体电场的传感,但 Kerr 效应很弱,而且 Δn 与 E 不是线性关系。

利用 Kerr 效应可测量变压器油中电场分布,用此法实验研究了油中电场分布的非均匀性,其最小可测量电场强度为 10V/cm。

2. 基于逆压电效应的 OPT

当压电晶体受到外加电场作用时,晶体除了产生极化现象以外,其形状也将产生微小变化,即产生应变,这种现象称为逆压电效应。若将逆压电效应引起的晶体形变转化为光

信号的调制并检测光信号，则可实现电场（或电压）的光学传感。

利用压电陶瓷（PZT）和单模光纤可构成 Fabry-Perot 干涉型 OPT。具体方法是将单模光纤固绕在压电陶瓷圆柱上（匝数为 N），被测电压（U）施加于圆柱两端，则它的横向应变将引起光纤中传输光的相位移（$\Delta\phi$），且有 $\Delta\phi = K_3 NU$，式中 K_3 为与光波长、光纤及压电陶瓷有关的常数。可见，测量 $\Delta\phi$ 即可获知被测电压 U。用此 OPT 实验测量 1～7kV 工频电压的非线性误差为 1.07%。

利用压电石英的逆压电效应和双模传感光纤实现 GIS 中高电压的测量，其传感头如图 7-3-4 所示。将双模传感光纤依次固绕在四个石英圆盘上，并将被测工频电压同时施加于各圆盘的端面。石英圆盘在电压作用下产生同频振荡并实现对传感光纤的调制。这种 OPT 最小可测 0.1V 工频电压，用它对 220kV 高压母线进行 24 小时电压监测，监测结果与常规方法比较，最大偏差为 0.3%。基于逆压电效应的 OPT 不需要电光晶体，可避免若干不利光学效应对传感信号的干扰，而且成本低。

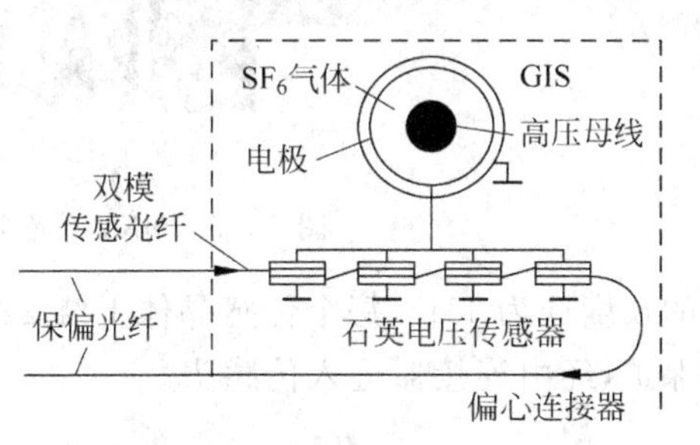

图 7-3-4 利用压电石英和双模光纤研制的 OPT 传感头

7.3.2 典型应用

1. 高电压传感器

NxtPhase 的电场传感器是基于 Pockels 效应光学的电压互感器。传感器采用掺钛波导与光纤集成的工艺。线偏振光以与晶体偏振轴呈 45°角入射，在无外加电场情况下为圆偏振，当有外加电场时，变成椭圆偏振光，通过测量椭圆偏振度即可以精确测量外加电场的大小。NxtPhase 的光纤模块最大的优点是电极距离远、无须电容隔离器或 SF6 绝缘气体。图 7-3-5 为 NXVT 的测试与工程现场的图片。

图 7-3-6 所示为 420kV 电压传感器的结构，输电线上的电压加到长 150mm、直径 30mm 的 4 个串联石英晶体上，晶体的 x 轴与圆柱的纵向轴重合，4 个石英晶体的压电形变由公用双模光纤探测。直径为 64mm 的电极与石英晶体的表面相连接以使沿晶体的电场分布相对均匀。高压电势的电晕放电环可进一步减少电场梯度。相邻晶体的电接触以及与地和高压电势的电连接由铝管提供。绝缘管的长度为 3.2m，内径和外径分别为 80mm 和 92mm。电晕放电环的内径为 880mm，截面直径为 360mm。

此 420kV 电压传感器所用光纤为椭圆芯双模光纤，波群折射率之差 Δn_g 的光谱最大值位于工作波长附近。当实际工作波长为 791nm 时，平行于光纤主、副偏振轴的波群折射率之差分别为 3.472×10^{-3} 和 3.496×10^{-3}。当光波偏振态平行于接收光纤的副轴时，传感光纤中的光波偏振态平行于光纤的主轴，因此可减少传感晶体上的压降。双模光纤

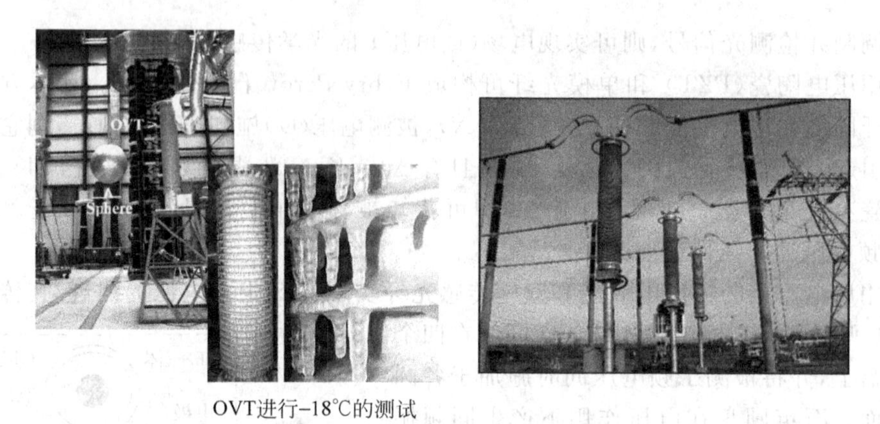

OVT进行-18℃的测试

图 7-3-5　NXVT 光学电压传感器实际测试与现场应用

的长度选为 11m，每个传感晶体上绕 22 匝。传导光纤为长 10m 的单模光纤，用电缆加以保护，经由连接器进入传感头。

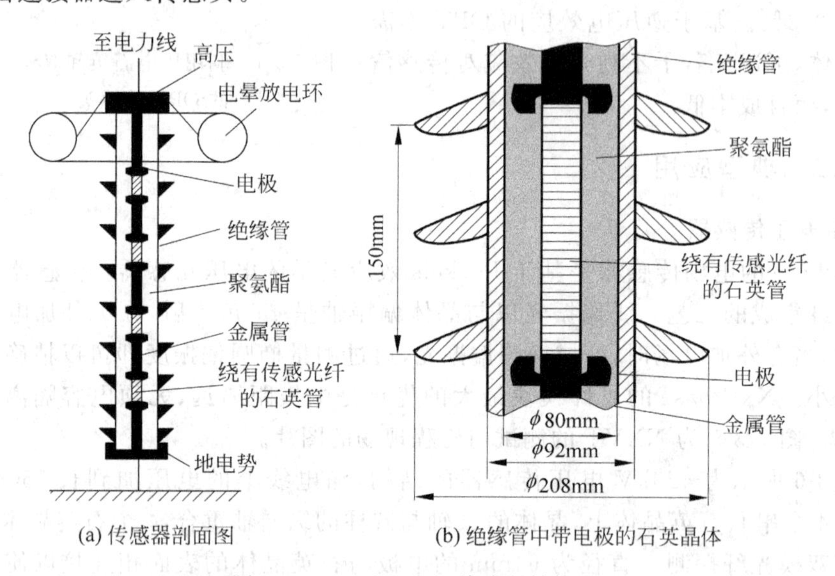

(a) 传感器剖面图　　(b) 绝缘管中带电极的石英晶体

图 7-3-6　420kV 电压传感器结构图

用于 420kV 电力系统的光纤电压传感器是利用石英晶体的反压电效应通过电场的线积分来测量电压。待测电压均分在 4 个圆柱形长 150mm 的石英晶体上，晶体的压电形变由双模传感光纤探测，光纤两模的相位差调制与外加电压成正比。传感器的绝缘强度在下述三种情况下均呈现出良好性能：①交流电压 520kV(rms)①；②启动脉冲电压

① rms，root-mean-square，有效值。

±1425kV；③转换脉冲电压±1050kV。传感器可探测的最小电压为 16V(rms)，最大测量电压为 545kV(rms)。探测信号随温度的变化率为-1.54×10^{-4}℃$^{-1}$，可实现自动温度补偿。

基于单模光纤光弹效应的光纤电压传感器温度漂移小，可安装在同轴电缆上，应用于高压电力系统。实验结果表明这种光纤电压传感器可无畸变地再现输入电压波形，而且在直到 300V 的电压范围内传感器输出都是线性的。只要利用较厚的压电材料便可测量高电压。这种传感器的突出特点是功耗低、结构简单、安装容易、不受温度与振动的影响，实用性好。

2. 电力系统继电保护

光纤电压互感器频带宽，响应快、延时短、动态性能好，其输出为模拟电压信号，适合于微机采样和信号分析，实现微机继电保护，有利于提高电力系统的保护质量。

一种用于 SF_6 气体绝缘高压开关的光纤电压传感器原理如图 7-3-7 所示。170kV 高压直接加到圆柱形石英晶体上，石英晶体因压电效应产生伸缩，引起缠绕在石英晶体表面的椭圆双模光纤中两个模式间的相位差的变化，这种相位差的变化由另一段双模光纤通过弱相干干涉方式检测。石英晶体的长度为 100mm。当交流电压加到晶体的 x 轴方向时，因逆压电效应石英晶体沿 y 轴方向产生张力的变化，因而引起石英晶体的周长的变化：

$$\frac{\Delta l_t}{l_t}=-\left(-\frac{1}{2}\right)d_{11}E_x$$

其中，E_x 是电场沿 x 轴方向的电场强度；弹光系数 $d_{11}=2.31\times10^{-12}$m/V。

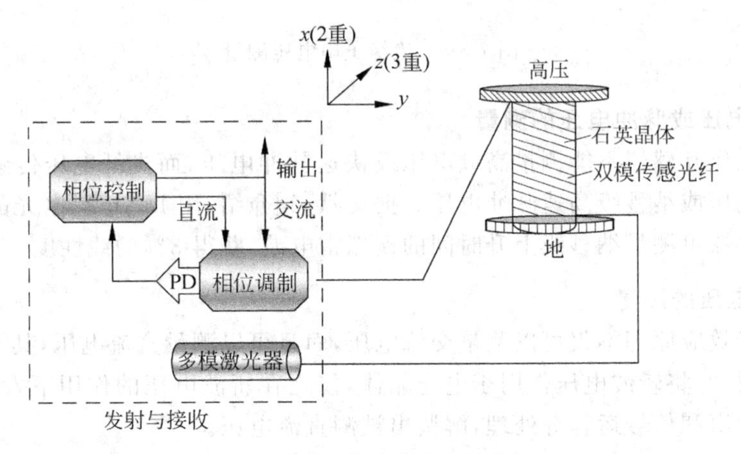

图 7-3-7　传感器装置结构

这种传感器最大的优点是：结构简单，除了石英晶体外，传感器是全光纤结构；在整个系统中不需要准直及起偏/检偏装置和 1/4 波片；传感头检测装置(transducer interrogation)

采用双模光纤代替传统的MZ干涉仪，减少了传感头对温度噪声的敏感性。石英晶体具有良好的特性，电阻值达$7.5\times10^{17}\Omega$；x轴方向绝缘系数为4.5；而且具有相当低的温度系数，优异的长期稳定性。

实验证明，这种传感器的绝缘可靠性为400kV，可耐±825kV雷电冲击。动态范围包括四级磁场；精确度为±0.2%；信号随温度变化系数为$2.12\times10^{-4}℃^{-1}$，这和石英晶体的电光系数对温度的依赖性是一致的；温度对传感器的影响可以从信号中分离出来，因此可以采取措施对温度进行补偿。

3. 空间电场测量

光纤电压传感器体积小，方向性强，适合于空间电场的测量，尤其是狭小空间电场的测量。利用光纤电场传感器可对高压绝缘子的劣化进行在线监测。图7-3-8为检测绝缘子串电压的原理框图。在正常情况下，高压母线悬垂绝缘子串从高到低的电压分配是平缓的，但当某一绝缘子绝缘损坏或劣化时，该绝缘子的电压分配将发生突变，由此可判断绝缘子串工作是否正常。

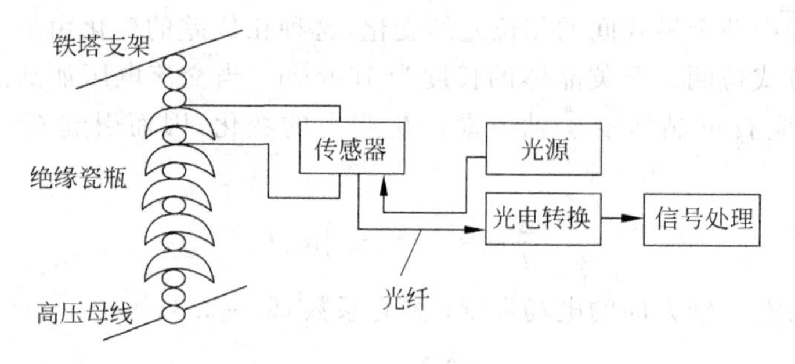

图7-3-8　绝缘子串电压测量

4. 高频电压或脉冲电压的测量

电磁式电压互感器不能测量高频电压或快速脉冲电压，而光纤电压传感器可以测量兆赫级高频电压或纳秒级高速脉冲电压。据文献[3]介绍，用$LiNbO_3$电光晶体等构成的光纤电压传感器可测量纳秒级上升时间的模拟雷电波，获得3%的线性度。

5. 直流电压的测量

利用电光效应原理不仅可以测量交流电压，而且可以测量直流电压，其方法是将直流电压进行斩波，并将斩波电压作用于电光晶体，使之在斩波电压的作用下发生电光效应，通过双光路输出和信号运算等处理，解调出被测直流电压。

6. 高压密封容器中气体放电特性的研究

高压密封容器内部的气体压力与气体的放电行为（或电场分布）密切相关，测量容器外部电场的变化就能间接分析容器内部气体的压力和放电特性，图7-3-9为高压开关真空灭弧室示意图。当灭弧室真空度下降到某一阈值时，由于空气飞弧而不能实现断路状态，从而导致开关装置失效。光纤电场传感器监测电场的相对变化即可判断灭弧室的失效程序。此外，可利用荧光光纤传感器（气体放电产生的紫外光可激发荧光光纤产生可见光，由此可检测是否发生气体放电），光纤声传感器（检测气体放电产生的声音）监测高压密封容器内部的气体放电行为。

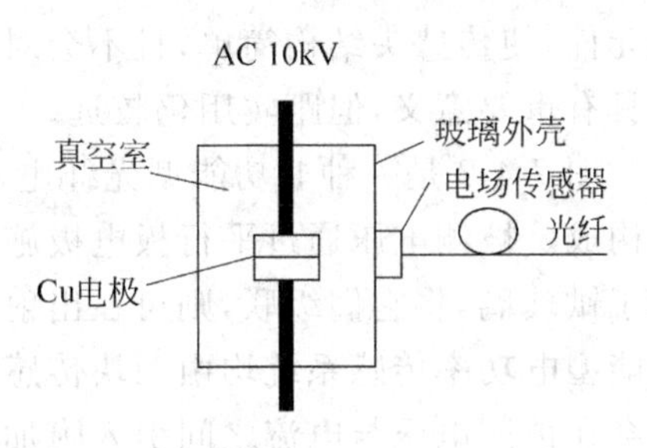

图 7-3-9　测量高压开关灭弧室外电场

新材料、新技术的出现将为 OPT 研究提供新途径。某些新型电光晶体及电光有机聚合物可作为非功能型 OPT 的敏感元件，晶体光纤和极化光纤可用于研制功能型 OPT。功能型 OPT 使传感器的组成及加工工艺大大简化，且易于连接，可靠性高，是未来 OPT 发展的主要趋势之一。

对于强度调制型 OPT，光源及光路上光功率的干扰性波动是影响 OPT 测量准确度的主要原因之一，为此，除了采用上述各种补偿方法以外，还可采用信号转换法，即将被测模拟电压信号转换为频率信号或其他数字信号，可以有效避免光功率波动而引起的测量误差。在信号检测与处理方面，可以采用小波分析方法和单片机技术来提高传感信号的信噪比、检测精度并实现 OPT 的智能化。

随着功能材料科学、光纤技术及其他相关技术的不断发展，性能稳定、准确度高且成本低的新型 OPT 将取代传统的电磁式测量仪器而广泛应用于电力工业中。

7.4　光纤电功率传感器

图 7-4-1 是利用低双折射保偏光纤作为敏感元件的功能型光纤电功率传感系统。将被测电流穿过由低双折射保偏光纤绕制的光纤圈，由于此光纤具有 Faraday 效应，光纤中的光波偏振态将随被测电流周围磁场而变化；将被测电压通过电极施加于同一根光纤侧面，由于此光纤同时具有电光克尔效应，外加电压也将引起光纤中光波偏振态的变化。由

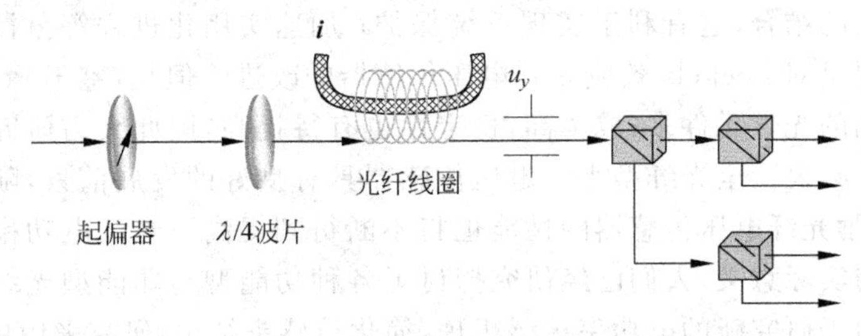

图 7-4-1　功能型光纤电功率传感系统

低双折射保偏光纤出射的光传感信号经过一个分束器和两个偏振分光棱镜，可同时分离出其四个偏振分量，并由此检测出被测电压和电流。由于采用单根光纤作为电压、电流敏感元件，使传感头结构简单，且不会对被测电压、电流引入附加相位差，这对交流电功率传感具有重要意义，但距实用仍较远。

图 7-4-2 是一种非功能型光纤电功率传感系统，图中的电功率传感头由两块传感介质构成。被测电压通过平行板电极施加于铌酸锂晶体，被测电流由空芯线圈产生磁场作用于铽玻璃，将它们级联，则可在出射光传感信号中直接检测到被测电功率信号。这种非功能型电功率传感系统均由两块传感介质分别传感电压和电流，传感头结构复杂，而且可能会在被测电压与电流之间引入附加相位差，这对电功率传感非常不利。

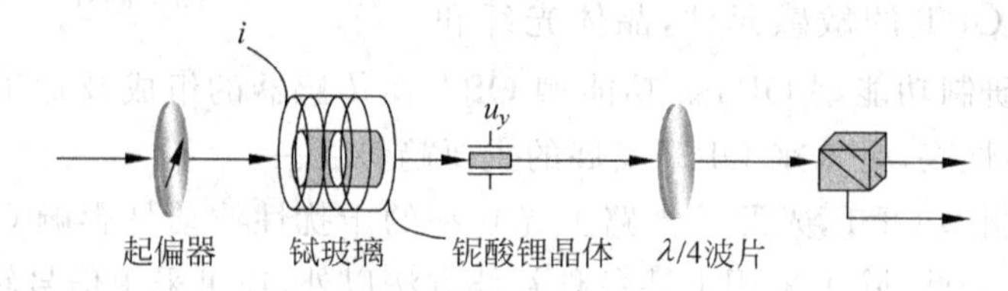

图 7-4-2 非功能型光纤电功率传感系统

在光纤电功率传感器中应尽可能采用单一传感介质作为敏感元件。图 7-4-3 是这种电功率传感头的一例，其特点是：采用单一铌酸锂电光晶体乘法器传感电功率，将被测电压、电流分别转换成铌酸锂晶体的匹配电压，同时施加于铌酸锂晶体侧面的两对横向电极，则通过铌酸锂晶体的出射光波偏振态中将直接包含电功率信号。

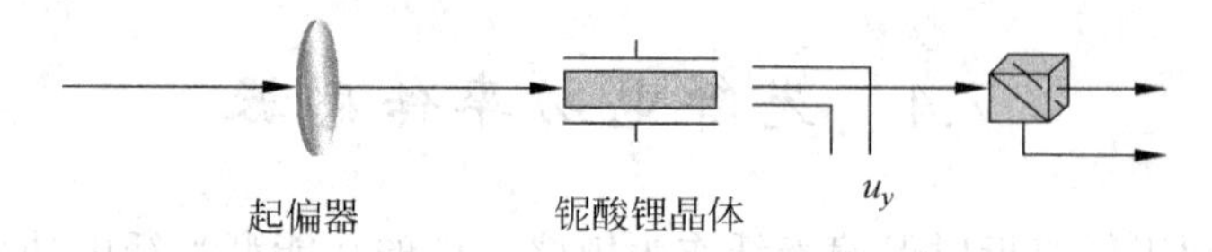

图 7-4-3 具有电功率传感头的光纤电功率传感系统

光纤电流传感器的进一步研究将集中于以下几方面：研制传感头用新的光学材料；设计新型的传感头结构；采用现代信息处理技术，实现系统建模和数据处理的智能化；实现与光纤通信的结合，这有利于实现系统保护；加速实用化进程等。目前光纤电压传感器的研究主要是对 Pockels 效应光纤电压传感器的改进。但是，鉴于 Pockels 效应光纤电压传感器使用的光学元件多，成本高，稳定性也有待提高，因此大力研究新类型的光纤电压传感器非常必要。全光纤型光纤电压传感器具有良好的发展前景，随着集成光学的大发展，集成光学光纤电压传感器的性能也将不断得到提高。光纤电功率传感器研究具有重要的理论与实际意义，人们已经研究探讨了各种功能型与非能型光纤电功率传感方法。今后应致力于研究新的电功率传感机理，简化传感头结构，研究采用单一传感介质作为光纤电功率传感器的传感头。

7.5　开关设备的传感器——非电量传感器

传感器可以将运行中开关设备的电量和非电量转换成可以测量的电量，再经过分析处理，使开关设备具有保护功能并高可靠地运行。非电量转换为电量的光传感器包括：温度、压力/密度、位移或旋转角度、弧光、湿度、位置。

7.5.1　光纤超声波传感器——局部放电定位

光纤超声波传感器是一种检测超声波的新方法，利用光弹效应——由于声压作用，光纤被压缩，从而使作为光纤材料的石英玻璃的折射率发生变化。此折射率的变化可用光纤干涉仪的原理来检测。

光纤超声波传感器的原理如图 7-5-1 所示。将光纤传感器伸入到变压器油中，当变压器内部发生局部放电时，将产生超声波，超声波在油中传播。这种机械压力波挤压光纤，引起光纤变形，导致光折射率和光纤长度的变化，使光波受到调制，通过适当的解调器即可测量出超声波，进而可实现放电定位。此类传感器已在试用，预计会有实际应用价值。

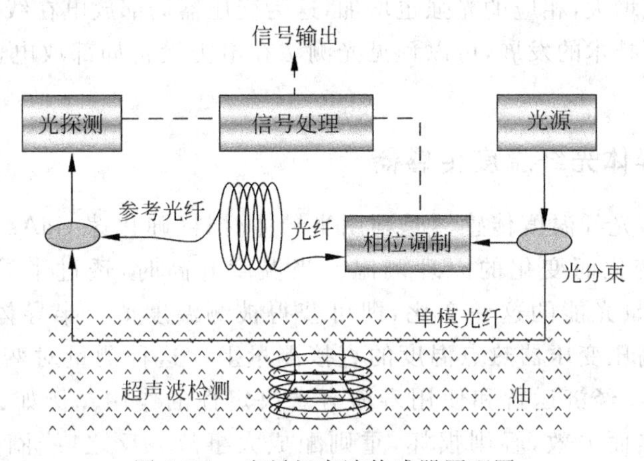

图 7-5-1　光纤超声波传感器原理图

7.5.2　光纤探针传感器

光测法的测量过程如图 7-5-2 所示。利用光纤探头(探针型光传感器)收集从被测对象发出的光，再用光电元件检测其光特性的变化，即可获得被测对象的相关信息。电力变压器在变压器油中，各种放电发出的光波长不同。研究表明通常在 500～700nm 之间。目前，该传感器已广泛用于电力设备(电力变压器、GIS、电机等) 局部放电的光测法中。

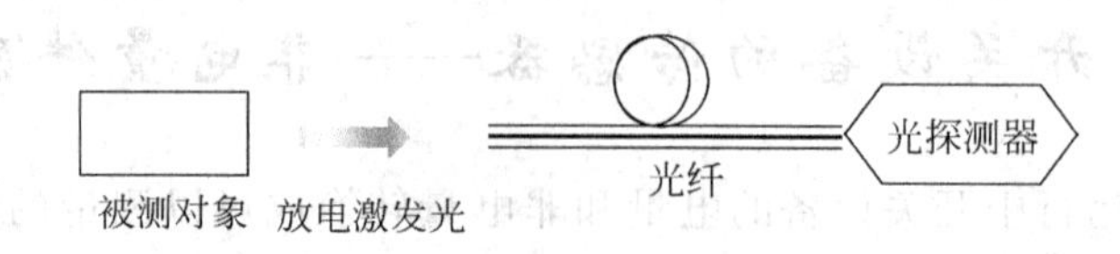

图 7-5-2　光纤探针传感器原理简图

7.5.3　光纤荧光传感器

光纤荧光传感器是利用光纤材料中的荧光效应进行传感。当外界的入射光(例如局部放电发射的光)处于荧光材料的吸收光谱范围内时,就能在光纤中激发荧光。测量此荧光的变化,即可获得外界被测量的信息。由于荧光光纤的吸收光谱范围与局部放电发射光的光谱范围大部分重叠,且荧光物质对放电所产生的微弱光线有较强的敏感性。因此,可利用荧光光纤构成测量放电的光纤传感器。测量时将光纤探头伸入变压器油中,以接收光信号,再通过传输光纤将此光信号传送到控制室,经光电倍增管进行光电转换后得到放电信号,通过检测光电流的特性可以实现局部放电的识别。目前,在实验室中利用光测法来分析局部放电特征及绝缘劣化机理等方面取得了很大进展,随着放电的加强,光纤传感器提取的光电流增大,相应的光强也增加,这为变压器局部放电在线检测提供了一种新的思路。随着光纤技术的发展,可以预见光测法在电力设备局部放电监测中必将发挥重要作用。

7.5.4　半导体光纤温度传感器

半导体吸收型光纤温度传感器是利用半导体材料(砷化镓 GaAs 或磷化铟 InP)的光吸收随温度的变化而变化的原理测温。当温度升高时,透过半导体材料的光能减少,用光电元件测量光能的这一变化,即可获得被测温度值。半导体吸收型光纤温度传感器可用在超高压变压器热点温度的直接测量上。这种测量对变压器、高压开关柜等电力设备的安全、经济运行和使用寿命有着决定性的作用。例如:变压器线圈最热点的绝缘会因过热而失效,轻则损坏,重则酿成大事故。反之,线圈热点的温度过低,变压器的能力没有得到充分利用,将降低其经济效益。因此,对变压器热点温度的监测是变压器绝缘监测的重要组成部分,它可使变压器处于最佳运行状态,从而提高变压器的使用寿命。过去由于高电压的隔离问题不能很好解决,所以直接测量很困难。采用光纤温度传感器(包括半导体吸收型、荧光型以及分布式等光纤传感器)后,可以进行远距离遥测,这个问题可望得到很好的解决。目前,分布式光纤温度计已在电力系统中试用,并取得了良好效果。

7.6 典型应用及产品实例

7.6.1 光电式高压电流传感器

差分干涉式高压光纤电流传感器不仅突破了常规电磁式电流互感器的工作原理，而且还突破了国内外普遍采用的法拉第磁光式、混合式或马赫-曾德光纤干涉式电流互感器的局限性。关键技术和工艺及特点为：①传感头部分采用罗戈夫斯基(Rogowski)线圈，因为无铁心，所以不存在磁饱和、磁滞效应和铁磁谐振问题，可提高互感器的线性度；②不采用磁光晶体，因而消除了磁光材料的费尔德常数及双折射率受温度变化的影响，提高测量精确度；③信号光束和参考光束在同一根光纤中传播，提高了系统的稳定性；④利用两光束之间的相位变化率之差(即相位差的微分)实现干涉，使系统线性及动态范围扩大数百倍；⑤可与光通信系统兼容。

图 7-6-1 所示为 ABB 公司的有源电子式 CT 的结构示意图，图 7-6-2 为 ABB 公司的有源电子式 CT 的照片。感应被测电流的线圈为 Rogowski 线圈，Rogowski 线圈的骨架为非磁性材料。若线圈的匝数密度 n 及截面积 S 均匀，则 Rogowski 线圈输出的信号 e 与被测电流 i 有如下关系：

$$e(t)=-\frac{\mathrm{d}\Phi}{\mathrm{d}t}=-\mu_0 nS\frac{\mathrm{d}i}{\mathrm{d}t}$$

进行光电变换及相应的信号处理，便可输出供微机保护和计量用的电信号。

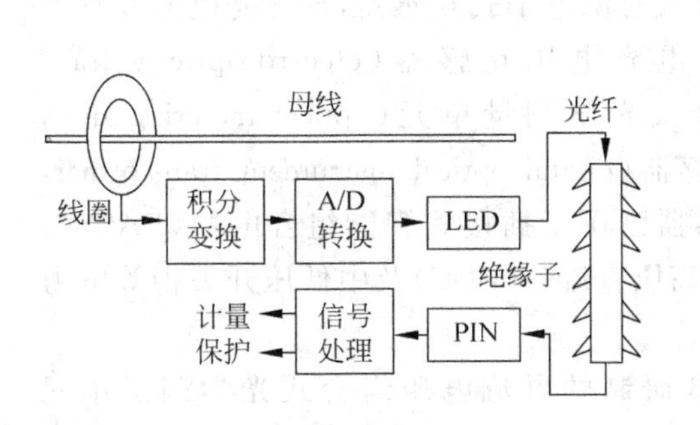

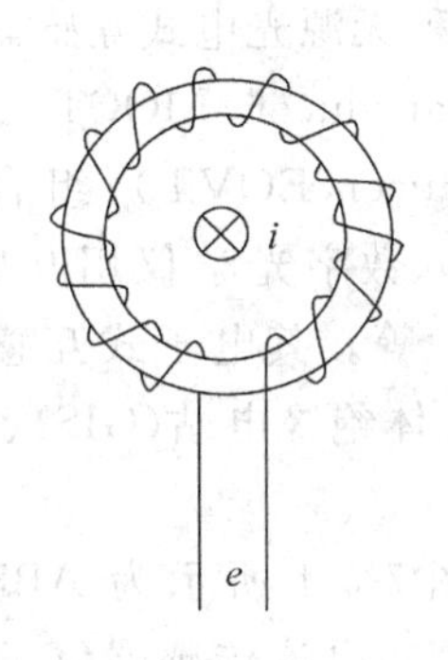

图 7-6-1 有源电子式 CT 结构示意图(左)Rogowski 线圈(右)

图 7-6-2 ABB 公司有源电子式 CT

以氮气熔合的石英玻璃为基础的光纤光导向装置具有一系列独特性能，与传统光纤相比，其最大特点是耐电离辐射。这一特性为新型光纤在航空和航天工业、核电站和其他辐射危险设施以及医院的应用打开了广阔前景。新型传感器可用来解决测量各种物理量(温度、机械应力、压力)的宽频谱问题。这种独特的光纤传感器由俄罗斯科学院普通物理学研究所光纤光学科学中心研制。

7.6.2 NxtPhase 的高压电流传感器

NxtPhase 的光学电流传感器是用于 1～63kA(rms)范围的产品。其轻质的干性绝缘材料和窗口设计为总线安装提供便利；体积和质量的减小是这种新型光纤传感器优于传统注油型设备的关键，并且可安放在紧凑的场所。图 7-6-3 为安装于加拿大某变电所的产品照片。表 7-6-1 给出了 NxtPhase 的光学高压电流传感器的参数。

图 7-6-3　NxtPhase 产品安装测试现场

表 7-6-1　NxtPhase 高压电流传感器的参数

额定电压/kV	138	230	345	500
BIL/kV	650	1050	1300	1800
柱高度/m	2.06	2.79	3.28	5.27
蠕动距离/m	3.22	5.44	6.40	10.29
重量/kg	69	72	80	103
可承受静力/N	3000	4000	4000	只悬挂应用

7.6.3 ABB 公司的电压互感器

ABB 公司已研制出多种无源光电式互感器及有源电子式互感器，如磁光电流互感器(magneto-optic current transducer, MOCT)、电光电压互感器(electro-optic voltage transducer, EOVT)、组合式光学测量单元(optical metering unit, OMU)、数字光学仪用互感器(digital optical instrument transformer, DOIT)等。其电子式互感器已用于插接式智能组合电器(PASS)、SF_6 气体绝缘电站(GIS)、高压直流(HVDC)及中低压开关柜等电力设备。

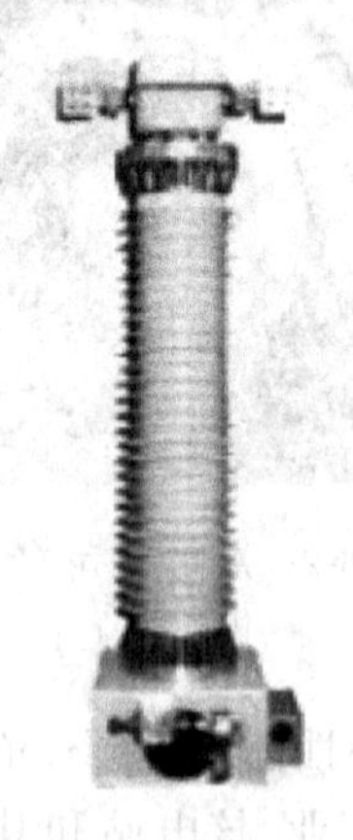

图 7-6-4　ABB 研制的 OMU

图 7-6-4 所示为 ABB 研制的电流电压组合式光学测量单元(OMU)，电流传感器位于 OMU 的顶部，电压传感器位于 OMU 的中部，硅橡胶复合绝缘子内充 SF_6 绝缘气体。电流传感器的工作基于 Faraday 磁光效应，电压传感器的工作基于纵向调制 Pockels 电光效应。图 7-6-5(a)和(b)分别为电流传感器和电压传感器的结构。OMU 可方便地分解为磁光电流互感器及电光电压互感器。242kV OMU 的重量为 142.9kg，550kV OMU 的重量为 276.7kg。

ABB 研制的 OMU 的有关技术参数如表 7-6-2 所示。

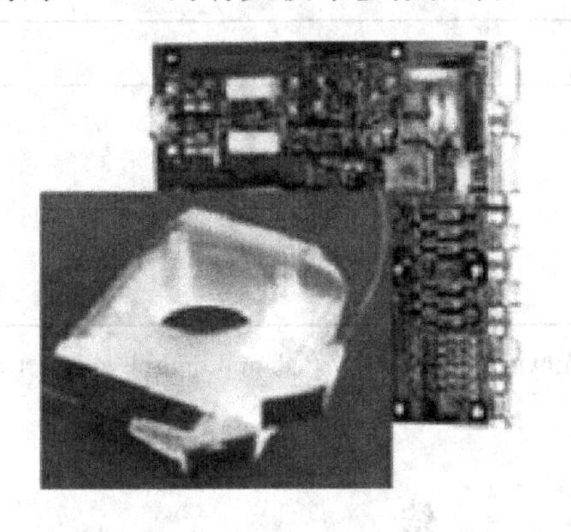

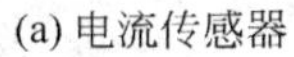

(a) 电流传感器

(b) 电压传感器

图 7-6-5　电流传感器和电压传感器

表 7-6-2　OMU 的有关技术参数

参 数 名 称	数　　据
系统电压/kV	115～550
绝缘水平/kV	750～1800
额定一次电流/A	＞2000
额定二次电流/电压/A/V	1(MOCT)/120(EOCT)
精度(级)	＞0.2

7.6.4　数字光学仪用互感器

图 7-6-6 所示为 ABB 研制的数字光学仪用互感器(DOIT)。DOIT 是一种有源电子式电流电压组合互感器。光源 PLD 一方面可将波长为 λ_1 的光转换为电能供高压侧电路工作，另一方面可将经高压侧电子电路处理后载有被测电流信息的数字电信号转换为波长为 λ_2 的数字光信号。DOIT 测量电压的原理是利用复合绝缘子内的电容分压器进行分压，然后用与测量电流类似的电子装置进行处理。DOIT 的有关技术参数列于表 7-6-3 中。

图 7-6-6　ABB 研制的 DOIT

表 7-6-3　DOIT 的有关技术参数

参数名称	数据
系统电压/kV	72～765
额定电流/A	50～4000
工作温度/℃	−50～+40
保护精度	5P(DOCT)/3P(DOVT)
计量精度(级)	0.5

* DOCT，digital optical current transducer，数字式光电流传感器；DOVT，digital optical voltage transducer，数字式光电压传感器。

7.7　小　　结

本章介绍了电力工业使用的主要光传感器，即光纤电流传感器、光纤电压传感器和光纤温度传感器等；给出了这几种光传感器的主要类型、性能参数和应用情况。

思考题与习题

7.1　请扼要列举光纤电力传感器的类型及其原理。

7.2　试分析比较几种光纤电流传感器的优、缺点。

7.3　试分析比较几种光纤电压传感器的优、缺点。

7.4　试分析比较几种光纤电功率传感器的发展前景。

7.5　通过调研，试论述目前光纤电流传感器的主要代表产品及其应用领域。

7.6　通过调研，举例说明当前最有潜力的光纤电压传感器产品，并预测其市场前景。

7.7　通过学习，试探讨除电流、电压、电功率传感器外，电力系统中光纤传感器的可能应用。

参考文献

[1]　Ning Y N，Wang Z P，Palmer A W，et al. Recent Progress in Optical Current Sensing Technique，Rev. Sci Intrum，66(5)：3097～3111，1995

[2]　刘晔. 三相光学电流互感器系统的理论及智能补偿方法研究. 西安交通大学，2001

[3]　吴兴惠，王彩君. 传感器与信号处理. 西安交通大学，1998

[4]　刘晔，邹建龙，王采堂等. 基于神经网络逆建模的三相光学电流互感器. 电工电能新技术，2001，20(4)：5～8

[5]　刘晔，苏彦民，王采堂. 基于 BP 网络的三相光学电流互感器的补偿. 西安交通大学学报，2000，

34(6)：1～5

[6] 刘晔，苏彦民，王采堂等. 用径向基函数网络实现光学电流互感器线性双折射效应的补偿. 仪表与技术传感器，2000(4)：3～5

[7] 刘晔，王采堂. 三相光学电流互感器，中国，ZL00261363，8，2001

[8] Liu Ye，Zhang Yun，Zou Jianlong，et al. Optical coupler in three - phase optical current transducer. ACTA PHOTONICA SINICA，30(4)：501 ～504，2001

[9] 邹建龙，刘晔，王采堂. 电力系统适用光学电压互感器的研究进展. 电力系统自动化，25(9)：64～67，2001

[10] Wang Z，Liao Y，Lai S，et al. Fiber sensor for simultaneous measurement of current and voltage by single Lo - Bi fiber. In：Kim D Bennett，eds. Fiber，Optic Sensors，Washington：SPIE，26-32，1996

[11] 董孝义，盛秋琴，张建忠. 多功能光纤传感器的研究. 压电与声光，1988，10(3)：12～16

[12] 姚若亚. 应用于电力系统的光纤电场磁场传感系统的研究. 华北电力大学，1995

[13] 李长胜，崔翔. 电光晶体乘法器及其应用. 中国激光，1997，A24(12)：1079～1084

[14] 李长胜. 光学电功率传感机理及光传感信号检测方法. 华北电力大学，1996

[15] 刘晔，王峰等. 光纤电参量传感器的研究. 湖南工程学院学报，12(1)，1～5，2002

[16] Cruz J L，Diez A. Fiber Bragg grating funed and chiped using magnetic field. Electron. Lett.，33(3)，235，1997

[17] Cavaleiro P M，Araujo F M. Metal-coaled fiber Bragg grating sensor for electric current metering. Electron. Lett.，34(11)，1133-5，1998

[18] 李莉，张星天，光纤电流传感器及其研究现状. 光电子技术与信息，2002，15(2)，37～41

[19] 赵立明，钦天鹤. 利用电磁铁的光纤光栅电流传感实验. 沈阳工业大学学报，2005，27(5)，538～540

[20] 李开成，姜德长. 光纤电压传感器在电力系统和电器设备中的应用. 仪表技术与传感器，2001(4)：45～6

[21] 靳伟，廖延彪，张志鹏等著. 导波光学传感器：原理与技术. 北京：科学出版社，1998

[22] Choi Y K，Sanagi M，Nakajima M. Measurement of low frequency electric field using Ti：LiN bO3 optical modulator. IEE Proceedings J，1993，140(2)：137

[23] David H N，Josedh T B，Howard E，et al. An integrated photonic Mach- Zehnder interferometer with no electrodes for sensing electric fields. Light wave Technology，1994，12(6)：1092

[24] Takashi Maeno，Yasuhide Nonaka，Tatsuo Takada. Determination of electric field distribution in oil using the Kerr-effect technique after application of DC voltage. IEEE T rans EI，1990，25(3)：475

[25] 田玉江，廖延彪，简水生. PZT 作传感头的光纤 Fabry-Perrot 干涉型电压传感器. 传感技术学报，1992，5(2)：7

[26] Bohnert K，Brandle H，Frosido G. Field test of interferometric optical fiber high-voltage and current sensors. Proc. of SPIE，1994，2360：16

[27] Bohnert K，Dewit G C，Nethring J. Fiber optic voltage sensor for SF6 gas 2 insulated high voltage switch gear. Appl. Opt.，1999，38：1926 ～1933

[28] Kim B Y，Blakee J N. Use of highly elliptical 2 core fibers for two mode fiber devices. Opt.

Lett. ,1987,12：729～731

[29] Blake J N,Huang S Y. Strain effects on highly elliptical core two mode fibers. Opt. ,Lett,1987,12：732～734

[30] 史东军,史战军,史永基. 高压电力系统中的光纤电压传感器,传感器世界,2002(7)：17～23

[31] Kemp I J. Partial Discharge Plant 2 monitoring Technology：Present and Future Developments. IEE Proc. Sci. Meas. Technol. ,1995,142(1)：4～10

[32] Guangwu Wang,Wenjun Zhou. Optical Character of Partial Discharge in Transformer Oil [A]. 10th ISH,August 1997：25～29

[33] 魏念荣,李杭,段前传等. 利用光纤技术监测高压电器设备局部放电的初步研究,内蒙古电力技术,2000,18(3)：1～3

[34] Mangeret R,et al. Optical Detection of Partial Discharges Using Fluorescent Fiber. IEEE Trans. on Elect. Insul. ,1991,26(4)：783～789

[35] 王国利,郝艳捧,李彦明. 光纤技术在电力变压器绝缘监测中的应用. 高压电器,2001,37(2)：32～35

[36] 刘延冰等编著. 电子式互感器——原理,技术及应用, 北京：科学出版社,2009

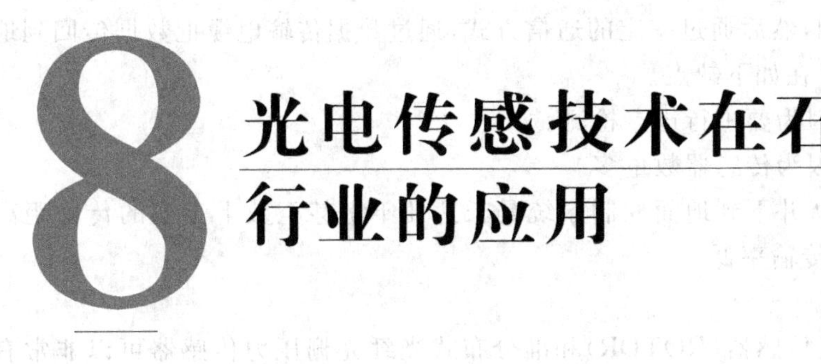

8 光电传感技术在石油与化工行业的应用

8.1 概　述

石油和化工行业对传感器的需求非常庞大，在石油的勘探和开发过程中要用到大量的传感器或者传感系统，如用于物探的各种地震波采集系统，用于测井的各种温度传感器和压力传感器等。在石油产品的再加工过程中也需要大量的传感器和分析仪器，用于生产过程控制和产品质量监控，如用于化学品分析的各类红外光谱仪、用于流量控制的各种流量计和温度、压力传感器等。虽然这些具体应用的要求和指标各不相同，但大部分传感器都要面对一个恶劣的工作环境：或者要经受高温高压的考验，或者要适应在易燃易爆和强腐蚀的环境下安全工作，或者要二十四小时连续工作，或者要适应日晒雨淋等全天候的气候环境。恶劣的应用环境既对传感器提出了苛刻的要求，也给光电传感器创造了一个广阔的应用空间。光电传感器可以充分发挥其可实现远程实时监测和易于网络化的优点，保证传感系统的良好运行。

在石油石化行业应用的光电传感器根据具体应用对象的不同，有多种形式。在此主要介绍几种典型的传感器及其系统：分布式温度和压力传感器；井下光谱分析仪器和地震勘探用光电传感器等。

8.2 分布式光纤温度和压力传感器

在石油生产过程中，需要定期地对油井下的温度和压力分布情况进行检测，用于分析井下油气的压力状况和温度状况；对油井的持续生产能力进行分析判断和采取相应的措施，如注水，注气等。常规的作业方法是采用电子式温度和压力传感器，利用数据电缆把传感器逐步放入井中进行逐点检测，然后通过一定的通信方式，通过数据传输电缆把数据传回到地面仪器。这种检测方式存在如下缺点。

① 作业效率低——因为要进行逐点检测。

② 控制难度大——因为传感器数量多。

③ 数据传输难——从井下到地面控制系统是长达几千米甚至数十千米的传输距离时，长距离用电缆的数据传输率低。

④ 测井成本高。

利用分布式光纤温度传感器(ROTDR)和准分布式光纤光栅压力传感器可以非常有效地解决这个技术难题，提高测井的效率和可靠性，降低测井的整体成本。

8.2.1 基于拉曼散射的光时域反射计与分布式光纤温度传感器

当光入射到光纤芯后，光与光纤介质相互作用将引起光的散射。当光子与 SiO_2 分子相互作用时，两者没有能量交换的弹性碰撞部分称为瑞利散射；两者有能量交换的部分，即入射光子与介质产生非弹性碰撞，吸收或发射1个声子时，产生自发布里渊散射和拉曼散射。在频域里，Raman 散射光子分为斯托克斯(Stokes)和反 Stokes Raman 散射光子。Stokes Raman 散射光子频率为：$\nu_s=\nu_0-\Delta\nu$、反斯托克斯散射光子频率为 $\nu_{as}=\nu_0+\Delta\nu$。其中 ν_0 是光纤分子的振动频率；$\Delta\nu$ 为光纤声子频率，$\Delta\nu=1.32\times10^{13}$ Hz，如图 8-2-1 所示。图 8-2-2 是 ROTDR 传感系统的原理图。详情可参考 1.7 节。

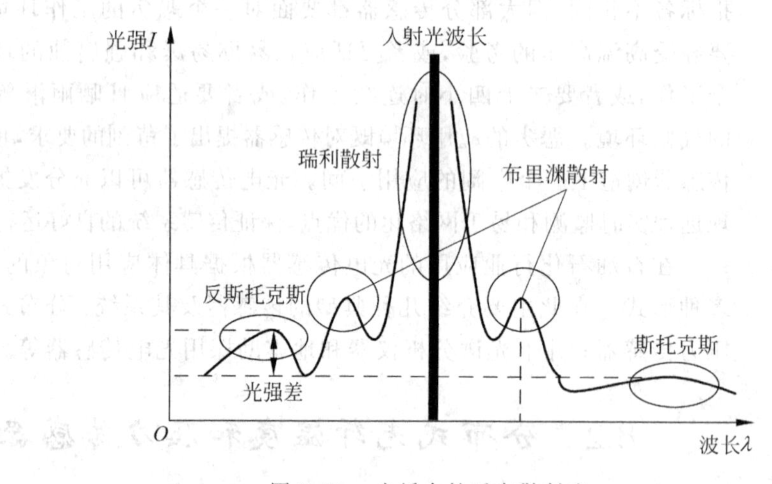

图 8-2-1 光纤中的后向散射光

由于拉曼散射光中斯托克斯光的光强与温度无关，而反斯托克斯光的光强会随温度变化。利用光时域反射计技术检测光纤中某处的反斯托克斯光光强 I_{as} 与斯托克斯光光强 I_s 之比，就可以得到它与温度 T 之间的关系，从而计算得到该处的温度值。由于

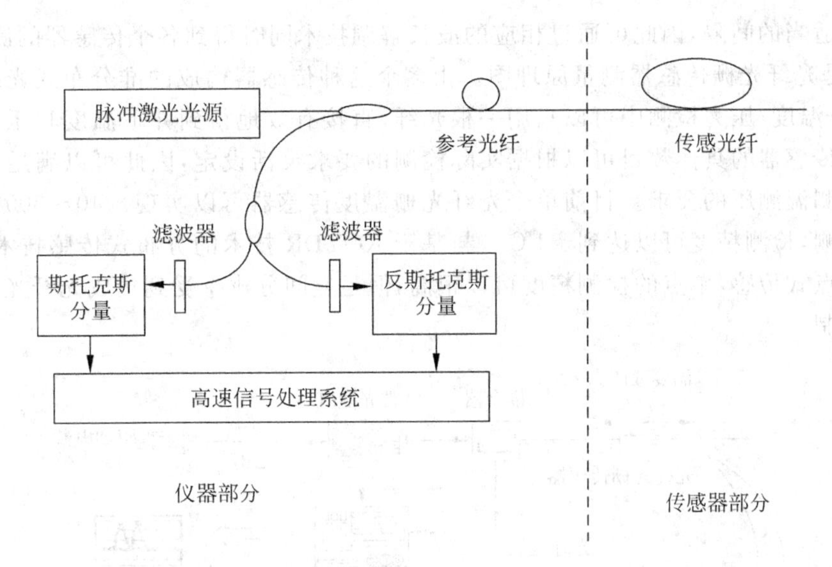

图 8-2-2　ROTDR 传感系统原理图

ROTDR 直接测量的是拉曼反射光中斯托克斯光与反斯托克斯光的光强之比，与其光强的绝对值无关，因此即使光纤随时间老化，光损耗增加，仍可保证测温精度。

利用 ROTDR 技术可以用一根几千米长的光纤测量出光纤沿线的温度分布情况，因此在井下温度测量中可以很好地反映井下温度梯度的变化。目前成熟的 ROTDR 系统的温度检测精度可以达到±1℃，在 2～4km 的分布式传感系统中，空间分辨率可以达到 1m 左右，基本能够满足测井的要求。一种把光纤安放到井下的方法是利用无缝毛细钢管，把钢管放置到井下，然后利用高压气体把光纤送入到钢管中实现光纤的布放。由于这种方法可以把光纤永久地放置在井下而不影响生产，数据具有长期累积效应，通过对长时间测量数据的分析，可进一步提高井下温度和温度变化趋势的检测精度，因此其实际效果将远高于常规作业方式。但是在分布式温度传感中，由于不同的光纤产生的拉曼效应不一致，因此系统采用的光缆必须有严格的规范，以保证性能一致。而且光缆的设计必须结合实际作业环境中井下仪器的常规作业方式，在施工中应尽量减小因为弯曲等局部应力对测量的影响。

8.2.2　基于光纤布拉格光栅的准分布式温度/压力传感

光纤布拉格光栅(FBG)的反射光波长是光栅周期 Λ 和光纤芯折射率 n_{co} 的函数 $\lambda_B=2n_{co}\Lambda$，并随温度和应力作用而变化。因此对光纤光栅进行一定的封装，并根据可测量的光栅反射光波长 λ_B 及其变化量 $\Delta\lambda_B$，即可求解出光栅周围的温度和压力的大小。参看 1.5 节。同时，在同一根光纤上可集成多达几十个光栅。合理设计使得相邻 FBG 的中心波长具有适当的间隔,因此可通过相应的波长解调技术同时得到各个传感器的测量信号。图 8-2-3 是光纤光栅传感器测量原理图。由多个这种传感器构成的准分布式光纤传感系统,在井下温度/压力检测中可以只用一根光纤,直接有效地得到井下温度和压力的准分布情况。传感器的具体数目可以根据实际检测的要求灵活设定,因此可以满足大部分油井的井下测温测压的要求。目前单个光纤光栅温度传感器可以实现−40～300℃范围内的温度检测,检测精度可以达到±1℃。与基于 ROTDR 技术的分布式传感技术不同,光纤光栅是点式传感,单点的检测精度可以很高,但是空间分辨率受到集成光纤光栅数量和密度的限制。

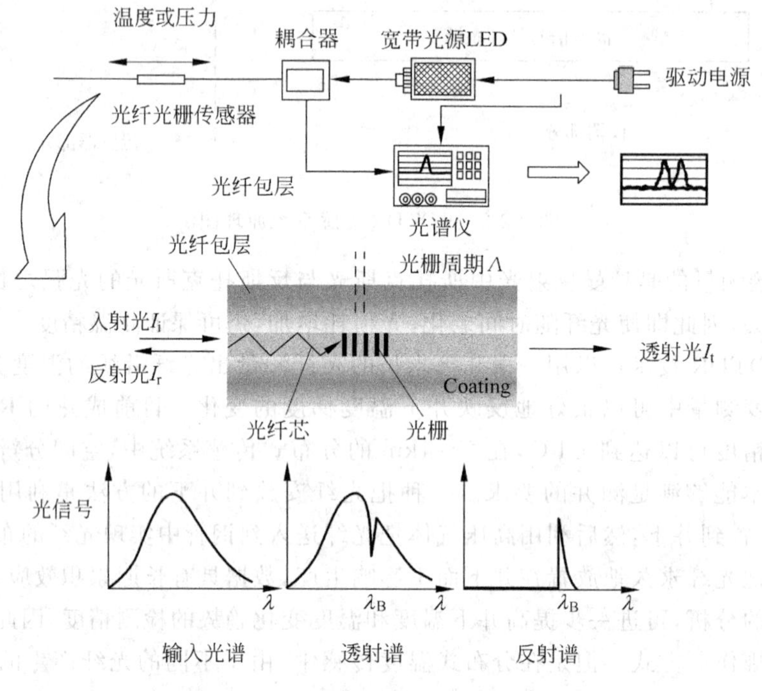

图 8-2-3 光纤光栅(FBG)传感器测量

光纤光栅用于井下温度压力检测的难点有二:一是传感器的封装;二是传感器线阵的井下安装。由于光纤光栅本身对温度和应力同时敏感,因此需要通过不同的封装实现传感器的不同功能,但是封装后的传感器的井下安装的难度也随之增加,通常需要在安放井下套管的时候同时安装,这在一定程度上限制了光纤光栅在井下温度压力检测中的实际使用。

把光纤传感技术应用于油井井下的分布式温度和压力检测是一个高效的方式,国外已经开始研究把这种传感器永久放置在油井中,以进行长期的实时监测。虽然实际应用中还有一些技术难题或者工艺难题需要进一步解决,如其中最主要的一个问题是长缆垂直放置过程中光纤光缆的伸缩量的控制。光纤本身质量虽然很轻，但非常脆弱，需要通过铠装或者金属管封装的方法才能安置到井下，但是金属的伸缩系数和光纤的伸缩系数不一致，因此需要通过合理地设计光缆结构来解决。

8.3　井下油气水光谱分析仪

8.3.1　概述

石油生产过程中对井下设备和环境的监测是多种多样的。根据油井开发和生产的不同时期，需要对多种参数进行检测，其中一项重要的检测参数就是井下开采中油气水的比例或者分布情况。尤其是到油井的生产后期，由于原油成分减少，水和泥浆的比例提高，测电导率和电容的方法将受到限制。此时采用光谱分析方法就可更有效地获得准确数据，用于判断该油井是否值得继续开采。

虽然通过光谱的测量可获得井下油气水的比例和油成分的信息。但是不可能把一台通常的光谱仪直接放到井下进行检测，为此需要设计专用的井下小型光谱分析仪。已报道的井下光谱分析仪是采用白光光源、专用的匹配光滤波片和探测器构成。图 8-3-1 是斯伦贝谢公司开发的井下流体光谱分析仪原理图，它由反射式气体分析和吸收式光谱分析两个检测单元组成。

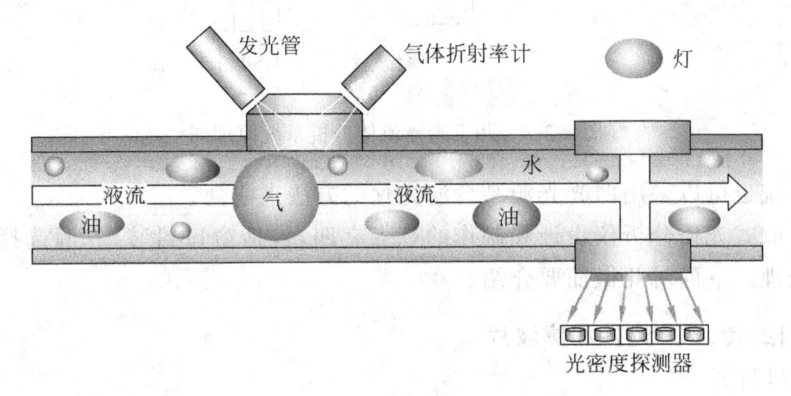

图 8-3-1　斯伦贝谢的井下流体光谱分析短节示意图

(1) 反射式气体分析单元

气体的分析采用光全反射的原理。如图 8-3-1 左侧所示，当气泡经过光学窗口时，由于气体和原油的折射率不同，引起反射光强和折射光强的变化。通过检测到达光探测器的光强的变化，即可获得在一定时间内通过该窗口的气泡的比例，从而可以计算出气体的含量。该方法比较适用于油井生产后期的成分检测，可以为提高油井的采收率提供有效的数据和判断依据。

(2) 吸收式光谱分析单元

由于原油、水、气和泥浆具有不同的吸收光谱，因此根据其特征吸收谱线选择相匹配的滤光片，并采用白光照明，再结合专用的成分分析方法，就可有效地检测井下原油的油气水比例。图 8-3-1 右侧是吸收式光谱分析单元的原理示意图。图中白光光源透过一个耐压耐高温的光学窗口，由光纤束均匀传输到不同的滤光片上，最后由光探测器转换为电信号进行处理。

8.3.2 吸收式光谱分析仪的设计

图 8-3-2 所示是一实际用于井下油气水成分分析的光学测量系统原理示意图。由发光管 LD 阵列发出的不同波长的光经过耐高温光纤传输，透过耐高温和高压的蓝宝石窗口，再经过待分析的井下流体后，耦合到另一端对应的光纤束中，最后进入探测器阵列。探测器阵列将光信号转换为电信号，经放大和数模转换后，由 DSP 处理器进行数据处理。再将得到的光谱测量数据通过数据处理单元，利用预先建立的校正模型，通过计算即可得到相应的井下流体成分的含量。微处理器将处理结果以总线形式传给地面控制系统。

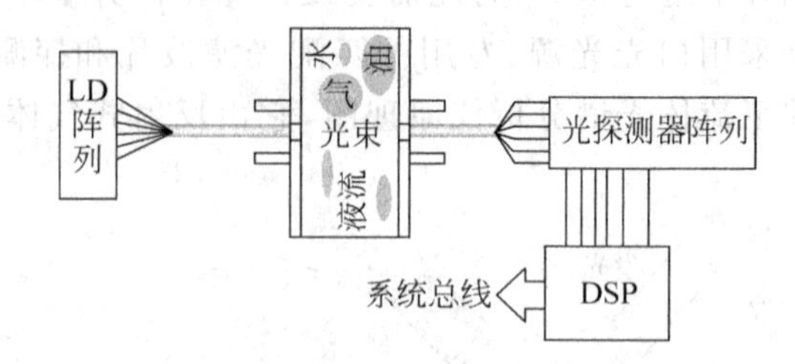

图 8-3-2 井下光谱流体分析系统原理图

上述系统也可以采用白光光源结合滤光片的方法来实现。

井下吸收式光谱分析仪设计和制作的难点有四，包括窗口封装、光源选择、滤波片设计和数据处理。下面对此做简要介绍。

1. 窗口封装、光源选择和滤波片

(1) 窗口封装

用于井下测量的系统必须具有耐高温、高压特性，需要适应井下 200℃左右的环境温度和 100MPa 左右的大气压力，以及原油对光学窗口的污染，因此光学窗口的设计要求非常苛刻。所以，光学窗口的封装是首先要解决的难题。通过特殊的蓝宝石窗口和高温光纤光路设计可以满足这一要求。

(2) 光源选择

上述难题对光源也同样存在，所以要选择耐高温、高压的特制的白光光源或者特殊的 LD 阵列。此外，由于是吸收式测量，所以对光源的光谱和输出功率稳定性也提出了一定

的要求。

(3) 滤波片选择

如果采用白光光源，为满足用少数滤波片测出吸收光谱的要求，应对滤波片的数目和每个滤波片的中心波长进行设计和加工。

(4) 光探测器和光纤束的要求

此外，井下高温、高压的难题对光探测器和光纤束也应考虑。为此，系统中的光探测器可用保温瓶进行保护。光纤束本身以及光纤束与外界装置的连接都应专门设计和制作。

2. 数据处理

如图 8-3-2 所示，此光谱分析系统采用并行通道方案，每个波长占用一个光纤通道，在有限的通道数条件下光学系统设计可大大简化。由不同波长的 LD 发出的光，经高温光纤束合成一束“白光”。由于光纤束和测量池的具体耦合结构，可以认为通过样品的光纤束为多波长重合，即在测量油水混合物时可认为各波长光穿过液体光路是重合的，而且各个通道之间由于采用分离的物理连接从而没有光学串扰。同时系统采用高速 DSP 芯片作为数据处理单元，可以实现实时分析测量。此系统中采用分离光谱代替全光谱检测的方法具有仪器结构简单、容易实现的特点，尤其适合在井下在线检测中应用。分离光谱的选择通常采用化学分析中的主元回归法和建立校正模型来进行分析计算。

对于透射系统，建立校正模型的基本理论依据是朗伯-比尔定律：通过某溶液的光的吸收强度 A 与该溶液浓度 c 和液层厚度 b 之间有如下关系：

$$A = \lg \frac{I_0}{I} = \varepsilon bc \tag{8-3-1}$$

式中，A 为吸收强度；I_0 为入射光强；I 为透过光强；ε 为溶液中的组分的吸收系数。在溶液中有多种组分时，体系的总吸收强度为

$$\begin{aligned} A_{总} &= A_1 + A_2 + \cdots + A_p \\ A_{总} &= \varepsilon_1 bc_1 + \varepsilon_2 bc_2 + \cdots + \varepsilon_n bc_p \end{aligned} \tag{8-3-2}$$

其中 p 为溶液中的组分数，$c_i(i=1,2,\cdots,p)$ 为各组分的浓度；$\varepsilon_i(i=1,2,\cdots,n)$ 为各组分的吸收系数。在油水测量中，$p=2$。对于由含有 p 个组分且浓度不同的 n 个标准样品集，依据选定的 m 个波长，则有吸收强度矩阵 $\boldsymbol{A}(n\times m$ 阶) 与浓度矩阵 $\boldsymbol{C}(n\times p$ 阶)，它们之间的关系可表示如下：

$$\boldsymbol{A}_{n\times m} = \boldsymbol{C}_{n\times p}\boldsymbol{E}_{p\times m} \tag{8-3-3}$$

因此浓度矩阵可表示为

$$\boldsymbol{C}_{n\times p} = \boldsymbol{A}_{n\times m}\boldsymbol{B}_{m\times p} \tag{8-3-4}$$

即浓度矩阵 $\boldsymbol{C}$ 与光谱吸收强度矩阵 $\boldsymbol{A}$ 之间存在线性关系，系数矩阵 $\boldsymbol{B}$ 为式(8-3-3)中的吸收系数矩阵 $\boldsymbol{E}$ 的广义逆矩阵。

通过测量成分含量已知的标准样品集(即浓度矩阵 $\boldsymbol{C}$ 已知)的近红外光谱数据,可以得到该标准样品集的吸收强度矩阵 $\boldsymbol{A}$。根据样品集的大小、所测得的近红外光谱的分辨率以及模型所需精度等,采用不同的多元回归方法(如 MLR、PCA、PLS 等),可计算得到表征浓度矩阵吸收强度矩阵之间线性关系矩阵。主元分析法 PCA 是一种较为常用的建立回归模型的方法。

回归算法以及模型检验法解决了对于既定的光谱数据得到最优校正模型的问题。在实际系统设计中还需要结合波长选择算法,有效地提取特征波长,以简化系统结构,满足井下作业系统对体积、温度、压强的要求。

波长选择算法的基本思想是:根据某个波长处光谱值所包含信息量的不同,选出包含信息量最多的几个波长。然后利用这几个波长建立标定模型,并和全谱建立的标定模型作比较。图 8-3-3 是实现波长选择算法的框图。

波长选择算法大体分为两个部分:一是波长排序,即把波长以含有信息量多少依次排列;二是建立模型,即逐渐增加波长数,建立校正模型并进行线性度检验。

1. 波长排序

波长排序的基本思想为:将实际测得光谱数据中的波长数看成自变量,从而分析各个自变量对校正模型的影响大小,并将其按照对模型影响大小将波长进行排列。如框图 8-3-3 所示,其实现步骤如下:

(1) 对测得的全光谱数据利用主元分析法建立校正模型。

(2) 对模型中变量(波长数)进行回归平方和计算(即对校正模型的贡献大小)。

(3) 按照贡献大小将波长按顺序排列。

2. 建立模型

建立模型实际上是利用主元算法建立校正模型,并计算该模型的剩余标准差 S,再与用全谱数据建立的回归模型的剩余标准差 $\overline{S}$ 进行比较。

可定义相对精确度

$$\eta = \overline{S}/S \tag{8-3-5}$$

η 表征利用少数波长建立的模型和全谱数据建立的模型的相对精度。随着被纳入回归模型的波长数增加,相对精度 η 就逐渐接近 1(因为全光谱回归模型也是利用主元回归法建立,当所有波长都被纳入回归模型,相对精度 η 便接近于 1)。

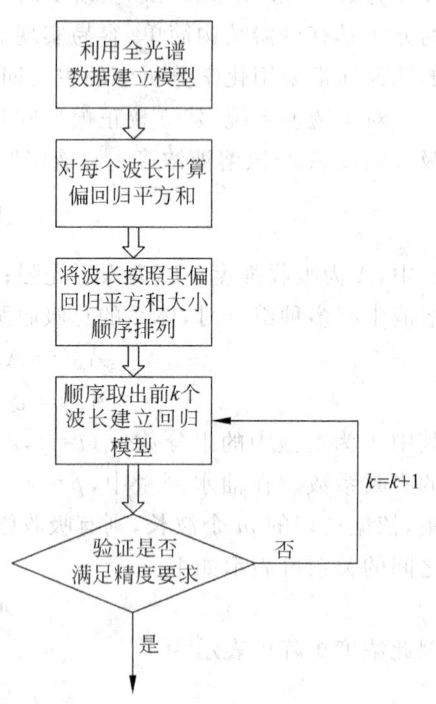

图 8-3-3　波长选择算法实现框图

可以用计算模拟和实测来验证算法正确性。例如：将原油和水以不同比例混合制备成不同样本，使用 PE 公司的 FTNIR 光谱仪测量以获得原始光谱数据。部分样品的典型光谱图如图 8-3-4 所示。图中五条曲线分别代表水含量不同的油水混合液体的吸收光谱。纵坐标 A 为吸收强度，横坐标为近红外光的波长，测量范围为 1000～2000nm。

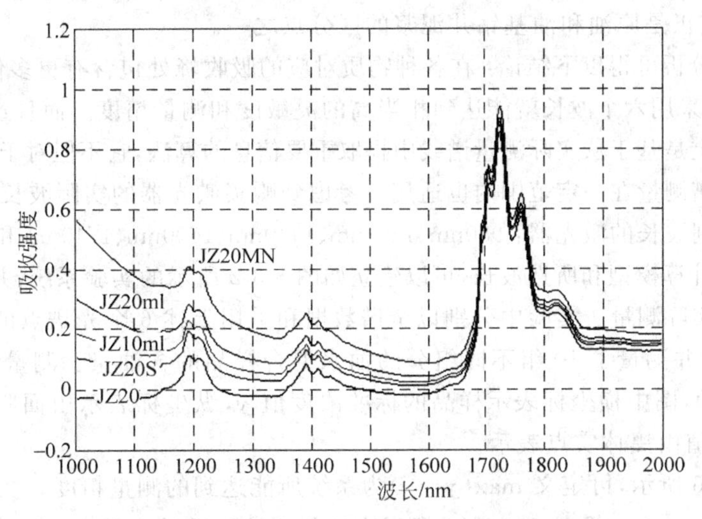

图 8-3-4　原油和水混合物的光谱数据图

利用上述测得光谱数据和相应的标准值代入波长选择算法，得到结果如图 8-3-5 所示。图中横坐标表示采用的光谱点个数，纵坐标表示系统相对精度 η。从图中可以看到，当波长数越多，相对精度越高，但是当波长数大于 6 时系统性能改善比较缓慢。

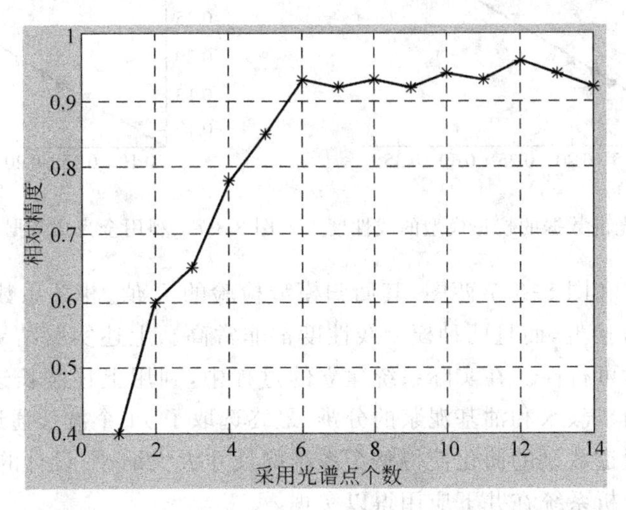

图 8-3-5　采用的光谱数据点个数和模型准确度之间关系

上述波长选择算法同时可以确定哪些具体波长是被选用的。在上例中，当选用六个波长时，算法自动选择具体波长数值为 1000nm、1200nm、1442nm、1600nm、1720nm 和 1930nm。上述波长中除了 1000nm 波长，其他的数据正对应于原油和水在 1000～2000nm 的各个较强的吸收峰。选择 1000nm 波长是因为原油中沥青在短波长处吸收非常明显，这一点正是原油和油基钻井泥浆的区分点之一。

从上面的分析可得以下结论：在各种物质对应的吸收峰处包含有更多信息；对于区分原油和水，系统采用六个波长就能达到相当高的灵敏度和测量精度。而且这种离散光谱的选择算法实际上是基于从实际测量谱线中提取重要信息的算法，它不但对于油水测量适用，对于其他的光谱测量在一定范围内也适用。考虑到购买激光器的实际波长情况，上例的实际系统采用下列波长的激光器：980nm、1200nm、1440nm、1600nm、1740nm 和 1930nm。

利用上述计算模型和所选波长，可以建立如图 8-3-2 所示的实验系统，并对多种油水比例的样品进行实际测量。实验中分别以全谱数据和采用上述 6 个光谱点的主元分析法重建了校正模型，并测量了 10 组不同组分的油水混合样品的含油量。测量结果如图 8-3-6 及图 8-3-7 所示，图中横坐标表示样品的标准浓度值 y，纵坐标表示由回归模型计算得到的预测值 $\hat{y}$，其值由黑体实点表示。

如图 8-3-6 所示，可定义 $\max(y-\hat{y})$ 为系统所能达到的测量精度。在图 8-3-6 中 10 组测量数据的 $\max(y-\hat{y})=1.96\%$；所以本测量系统在原油含量在 1% 到 25% 的测量范围内测量的绝对精度可达 2%。

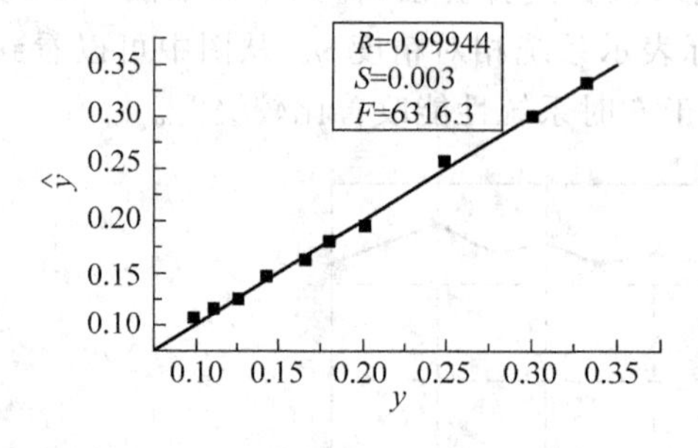

图 8-3-6 利用 6 个光谱数据的校正模型的线性度

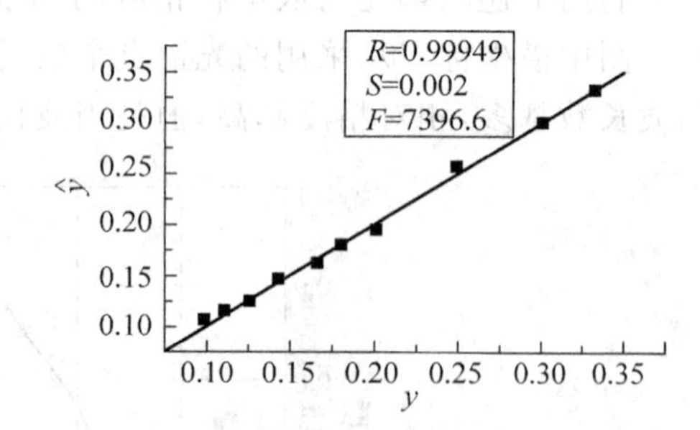

图 8-3-7 利用全光谱数据的校正模型的线性度

比较图 8-3-6 和图 8-3-7 两图，其回归模型检验的 F 值、相关系数 R 以及该模型的剩余标准差 S 非常接近，而且两种模型线性度都非常高。上述实验结果验证了采用所选波长和计算模型的可行性。在实际系统建立的过程中，利用上述波长选择算法并综合考虑对井下流体中油、气、水和油基泥浆的分辨，最终选取了 11 个波长通道作为系统的工作波长。这种波长通道数量的简化使得整个系统的尺寸大大缩小，设计的灵活性大大提高，从而使光纤流体分析系统在井下应用得以实现。

本系统以 11 个波长通道来代替井下流体全光谱测量，并采用波长匹配的激光二极管为光源,使得不仅系统的光谱性能大大提高,而且井下光谱流体分析系统的精度和测量稳定性也大大改善。实验证明此系统可用于测量油基泥浆和原油的混合流体。初步实验表明本系统的测量精度可达到2%。

8.4 地震勘探中的光纤传感器

8.4.1 概述

地震勘探是石油行业中地球物理勘探和油田工程勘探的最重要的手段之一。在陆地地震勘探和海洋地震勘探中都会大量用到地震检波器。陆地使用的地震检波器主要采用动圈式速度传感器或者压电式的加速度传感器。在海洋地震勘探中,主要采用压电陶瓷检波器来进行地震信号的采集。随着光电子技术和光纤传感技术的飞速发展,光纤传感器在地震勘探中开始得到应用,并引起了越来越多的关注。图8-4-1是光纤传感器阵列用于海洋地震勘探的示意图。在地震勘探中,声源发出的脉冲声波通过地层或者水域的传播后,被不同的地质层面反射,再通过检波器采集和记录反射回来的声信号,并通过一定的信号处理手段,就可以描绘出所探测地层的构造剖面,从而为判断地层下的油藏分布情况提供可靠的依据。

图8-4-1 海洋地震勘探

在油田的开发勘探和工程勘探中,尤其是对海上油田,由于分布区域广大,通常在几十至几百平方千米左右,对于物探作业的效率和可靠性要求极高。光纤传感技术由于具有可远程在线传感、易于组网以及灵敏度高、动态范围大等显著优点,在地震勘探应用中具有重要的应用价值。目前用于地震勘探的光纤传感技术主要采用光纤干涉仪的原理构成声传感器或者振动传感器以及加速度传感器来进行。在具体应用上可以分为两类,一类是用于拖曳阵列的无指向性声传感器,另一类是用于井下垂直地震剖面技术的加速度传感器。

8.4.2 无指向性光纤声传感器

无指向性光纤声传感器主要基于光纤干涉仪的原理设计制作而成。光纤干涉仪的结构和干涉信号的解调方式很多。详情可参考有关资料,例如,本书1.3.4小节和第4章。在石油物探领域,目前国际上报道的最新的声探测技术是采用光纤光栅的地震检波器阵列,该技术采用光纤光栅来设计制作传感器,结合时分、波分等复用技术构建传感阵列,利用干涉仪系统实现光栅信号的解调和解复用。光纤光栅是近年发展起来的最重要的光纤传感器件之一。它采用紫外曝光结合相位模板的方法或者采用干涉法,可以很方便地在一根单模光纤中按顺序要求写入多个光纤布拉格光栅(FBG)传感单元。再利用波分复用技术、时分复用技术和/或空分复用技术,依据一定的网络拓扑结构,即可构成组成所需的传感器阵列。把光纤光栅用做声探测阵列的最成功的是 Sabeus 公司。图 8-4-2 是该公司的光纤光栅声探测阵列示意图。图 8-4-3 是该公司的光纤光缆的照片及其结构:图(a)是光纤光缆的结构;图(b)是光纤光缆及其截面的照片。此传感阵列装备在船上可用于海上拖缆,把传感器阵列部分埋置在海底,则可用做岸基阵。在 Sabeus 公司的光纤光栅阵列中,光纤光栅缠绕在声敏材料外围,再在外面加上保护层,可以在海底工作五年以上。这种缆的系统结构实现了全光湿端(即水下部分全部是光器件构成的单元;电子器件构成的单元全部在水上,通过光纤把水下的检测信号传输到水上),并且降低了系统成本,其成本是传统的压电缆的一半。

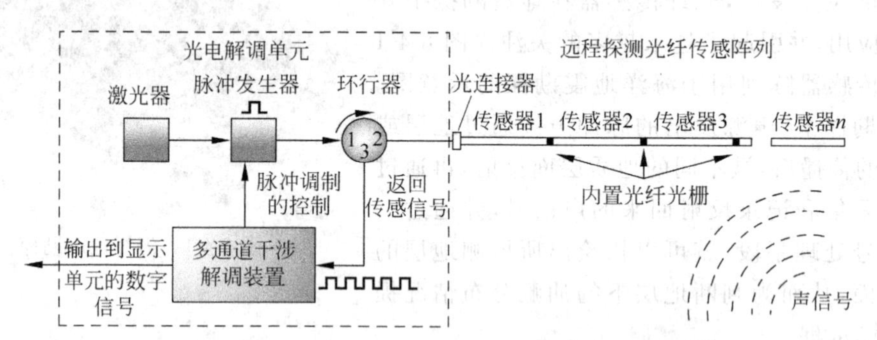

图 8-4-2　Sabeus 公司的光纤声探测阵列示意图

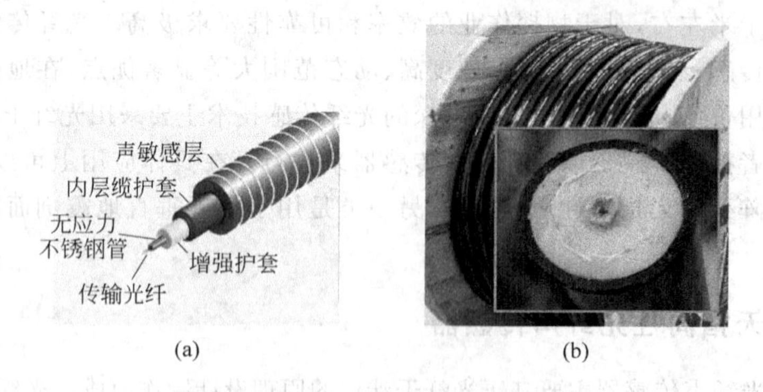

图 8-4-3　Sabeus 公司的光纤缆及结构

8.4.3 光纤加速度传感器

井下垂直地震剖面技术(vertical seismic profile,VSP)是近年来发展起来的一类重要的地震勘探技术。由于其传感阵列直接放置在井下,可以深入地层,而且传感器阵列位置相对稳定,因此可以实现更高精度的地震勘探。

目前国际上开发最成功的光纤 VSP 传感系统是 Weatherford 公司的井下 VSP 系统。此系统的传感单元是光纤光栅传感器,但是在结构设计上进行了创新:用双光纤光栅构成的 Fabry-Perot 干涉仪制作成加速度传感器,实现高灵敏度、大动态范围的信号检测,并采用特殊设计的机械结构实现三维地震波采集。这种检波器可以用一根光纤按波分复用技术串联起来,实现多级阵列。其信号处理单元、控制和数据采集单元均设置在地面的控制室中。采集到的数据通过光纤传输到控制室中的信号处理单元,因而大大降低了信号处理的难度,并解决了数据传输的瓶颈问题。此光纤加速度传感器与油井套管固定,可永久安装在井下。这种固定方法有如下突出优点:

(1) 在线、实时监测

此光纤传感系统可长期固定在井下,进行在线实时监测。

(2) 大大降低成本

传统的井下检测方法,在采集数据时需停止生产,因而大大增加了数据采集的成本。

(3) 优质检测结果

由于每次采集检波器的位置不变,因此地震数据可以逐次累加,所以由此采集到的地震数据,进行处理后的结果要比其他地面地震采集方法的结果更加清晰。

图 8-4-4 是上述光纤井下 VSP 传感系统的性能参数。图 8-4-5 是光纤井下 VSP 传感系统应用示意图。图 8-4-6 是光纤井下 VSP 传感系统采集的地震波数据(左)与地面地震波采集数据(右)的比较。由此可见光纤传感器在石油勘探和生产领域应用的美好前景和潜在的巨大市场。

光纤式钻井地震系统(初样)	
仪器/光纤传感网	
带宽	3 Hz～1.4 kHz
动态范围	up to 133 dB
通道数	8(1 光纤);16(2光纤);24 (3光纤);32(最多)
光学地震加速度计	
噪声等价加速度	$<0.1\mu G_{mas}/\sqrt{Hz}$ 10 Hz to max BW
带宽	3～800Hz
轴串扰灵敏度	<0.1%(−40 dB)
直径	25mm
最大工作温度	175℃
最大工作压力	1,000 bar

图 8-4-4 光纤井下 VSP 传感系统性能参数

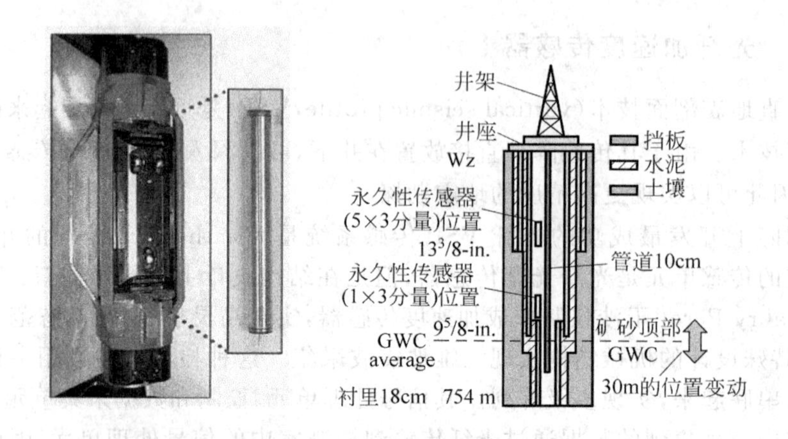

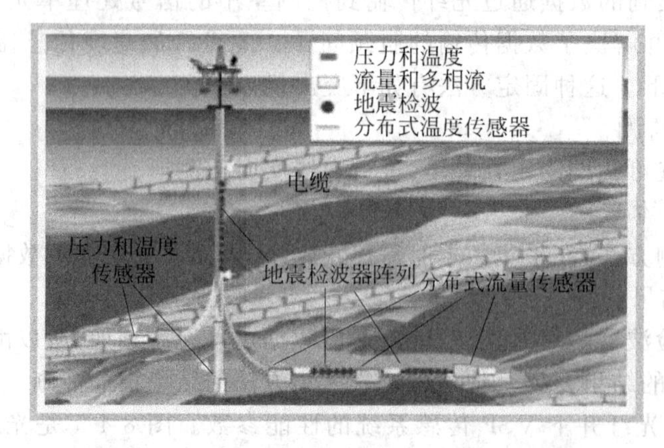

图 8-4-5　光纤井下 VSP 传感系统应用示意图

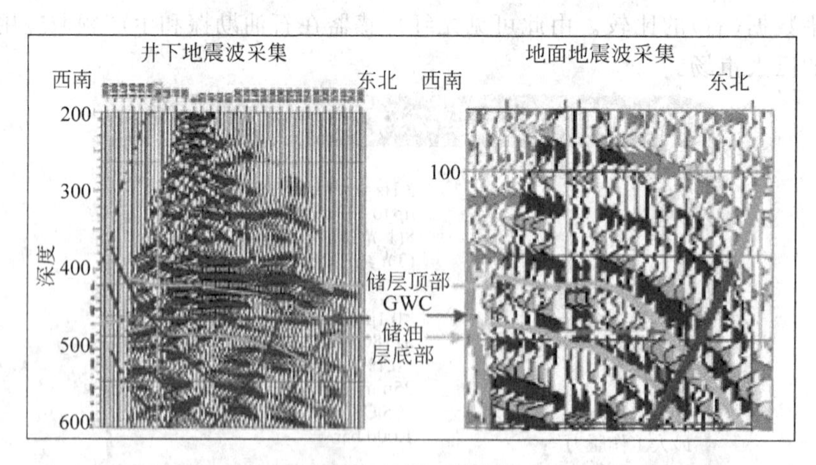

图 8-4-6　光纤井下 VSP 传感系统采集的地震波数据(左)与地面地震波采集数据(右)的比较

8.5 小 结

光传感器由于有一系列的突出优点，在石油与化工行业中愈来愈受到重视。光传感器在石油与化工行业中主要用于以下三方面：石油地震勘探中地震波的探测；石油采集过程中温度、压力、油水含量、油的剩余储量等参量的检测；石油和化工产品生产过程中温度、压力、流量等参量的监测。为此本章简要介绍了光传感器在石油与化工行业中的应用。主要是分布式光纤传感器、光纤 FBG 传感器、井下油气水光谱分析仪及光纤地震检波器等。

思考题与习题

8.1 试说明石油与化工行业中应用光纤传感器的主要要求。

8.2 试分析说明光纤传感器用于石油与化工行业的主要困难。

8.3 试分析说明井下油气水光谱分析仪的特点和用途；井下油气水光谱分析仪和一般的光谱仪主要差别何在。

8.4 试分析说明由光纤 FBG 传感器和光纤干涉型传感器构成光纤地震检波器的差别。

8.5 试分析说明由光纤干涉型传感器构成光纤地震检波器拖缆的优点和困难(参看第 4 章)。

8.6 通过调研，撰写一篇目前石油与化工行业中应用光纤传感器的综述报告。

8.7 通过调研，举例说明我国目前石油与化工行业中应用光纤传感技术的现状、在国际上的水平，并探讨在我国用于石油与化工行业的光纤传感技术的发展方向。

参考文献

[1] 靳伟，廖延彪，张志鹏等. 导波光学传感器：原理与技术. 北京：科学出版社，1998

[2] 张在宣. 光纤分子背向散射的温度效应及其在分布光纤温度传感网络上应用研究的进展. 原子与分子物理学报，2000，117(3)：559～565

[3] 倪玉婷，吕辰刚，葛春风，武星. 基于 OTDR 的分布式光纤传感器原理及其应用. 光纤与电缆及其应用技术，2006，1：1～4

[4] 廖延彪，宣海锋等. 光纤在近红外光谱分析技术中的应用.《全国第一届近红外光谱学术会议论文集》，2006 年 10 月，北京，170～179

[5] Haifeng Xuan，Yanbiao Liao，Ming Zhang，etc. An in-line optical fiber analysis for well crude oil，Proc. Of SPIE Vol. 5998，2005，5998OR，1～9

[6] 谢晓明,廖延彪等. 井下流体成分的近红外光谱实时检测技术. 激光与红外,2003,33(4):265～271

[7] Oliver C Mullins, Tim Daigle, Chris Crowell, Henning Groenzin, Nikhil B Joshi. Gas-Oil Ratio of Live Crude Oils Determined by Near-Infrared Spectroscopy. Appl. Spectrosc. 2001,55,197

[8] Narve aske. Characterisation of Crude Oil Components, Asphaltene Aggregation and Emulsion Stability by means of Near Infrared Spectroscopy and Multivariate Analysis. Department of Chemical Engineering Norwegian University of Science and Technology Trondheim, June 2002

[9] 陆婉珍,袁洪福,徐广通,强东梅等. 现代近红外光谱分析技术. 北京:中国石化出版社,2000

光电传感技术在生物、生医生化领域的应用

9.1 概　　述

生化传感器是指能感应(或响应)生物、化学量,并按一定规律将其转换成可用信号(包括电信号、光信号等)输出的器件或装置。它一般由两部分组成,其一是生化分子识别元件(感受器),由具有对生化分子识别能力的敏感材料(如由电活性物质、半导体材料等构成的化学敏感膜和由酶、微生物、DNA 等形成的生物敏感膜)组成;其二是信号转换器(换能器),主要是由电化学或光学检测元件(如电流、电位测量电极,离子敏场效应晶体管,压电晶体等)。

医用传感器是一种十分有效的医学诊断和辅助治疗器件。根据传感器在活体内测量的信息不同可以分为物理传感器和化学传感器。物理传感器用于测量物理变量,如流量、压力、温度等,并通过对这些变量的分析进行辅助诊断和治疗。化学传感器可用于测量氧饱和度,提供有关病人供氧能力的信息;测量组织及药物代谢,即在活体内对多种化学活性代谢媒介物进行光学测量;还可以测量血气、酸碱度(pH)、氧分压(P_{O_2})、二氧化碳分压(P_{CO_2})、血糖等。

9.2　光生物传感器

9.2.1　概述

生物传感器(biosensor)是由固定化生物物质与匹配的换能器组成的生物传感系统。它具有特异识别生物分子的能力,并且能够检测生物分子与分析物之间的相互作用,可用于微量物质的检测。近年来,生物传感器在微电子、生物医学、生命科学等领域的应用研究得越来越多。表 9-2-1 列出了主要的生物传感器类型。

表 9-2-1　生物传感器的类型

敏感材料	分子识别部分	信号转换部分	敏感材料	分子识别部分	信号转换部分
酶传感器	酶	电化学装置	细胞器传感器	细胞器	热敏电阻
微生物传感器	微生物	场效应晶体管	组织传感器	动、植物组织	相应装置
免疫传感器	抗体与抗原	光纤或 PD			

9.2.2　光生物传感器的主要类型、原理与结构

由于光学方法具有非破坏性和灵敏度高的优点，因此在生物传感器中获得广泛应用。其中以光学 DNA 生物传感器为典型代表，也是本节介绍的主要内容。另外，本节还将简要地介绍光学免疫传感器的基本原理与应用。

DNA 生物传感器的原理是以 DNA 杂交为基础，即 DNA 碱基配对和系列互补原理。DNA 生物传感器是由传感探头和换能器两部分组成。探头是固定有已知的核苷酸序列的单链 DNA，或称为 ssDNA 探针。探测或传感的过程是：固定在生物传感器电极上的 ssDNA 探针与待测样品的靶 DNA 杂交，在 DNA 生物传感器的探头上完成双链 DNA (dsDNA) 杂交反应，杂交反应所产生的变化包括电、光学和其他物理变化由换能器进行转换。但是杂交反应属于亲和反应，所要求的检测灵敏度很高，达到 pg（皮克）量级。同时要求很短的测量时间，所以光学方法最为合适。

光学 DNA 生物传感器基于光波导及渐逝波技术。当光被反射镜底部完全反射时，产生的渐逝波可以渗透溶液介质中达 300nm，此时光吸收最大，测量的灵敏度也最高。

在生物传感器技术中，生物活性单元的固定化技术是传感器制作的核心，既要保持生物活性单元的固有特性，又要避免自由活性单元应用上的缺陷。固定化技术决定了生物传感器的稳定性、灵敏度和选择性等主要性能。

9.2.3　DNA 传感器

1. 定义

DNA 生物传感器包含两部分，即分子识别器件（DNA）和换能器。DNA 传感器的形式有三类，即电极型、芯片型和晶体型。根据所选光学和检测材料的不同，光学 DNA 生物传感器又可分为许多种类：DNA 光纤传感器、光纤渐逝波 DNA 传感器和瞬波光纤 DNA 传感器、表面等离子体共振 DNA 传感器、分子灯光学传感器和荧光生物配对纳米粒子传感器等。

DNA 传感器的核心原理为核酸杂交。核酸杂交是从核酸分子混合液中检测特定大小的核酸分子的传统方法。其原理是核酸变性和复性理论，即双链的核酸分子在某些理化因素作用下双链解开，而在条件恢复后又可依碱基配对规律形成双边结构。图 9-2-1

描绘了两种截然不同的杂交情况：图中(a)和图(b)为强杂交；图(c)和图(d)为弱杂交。

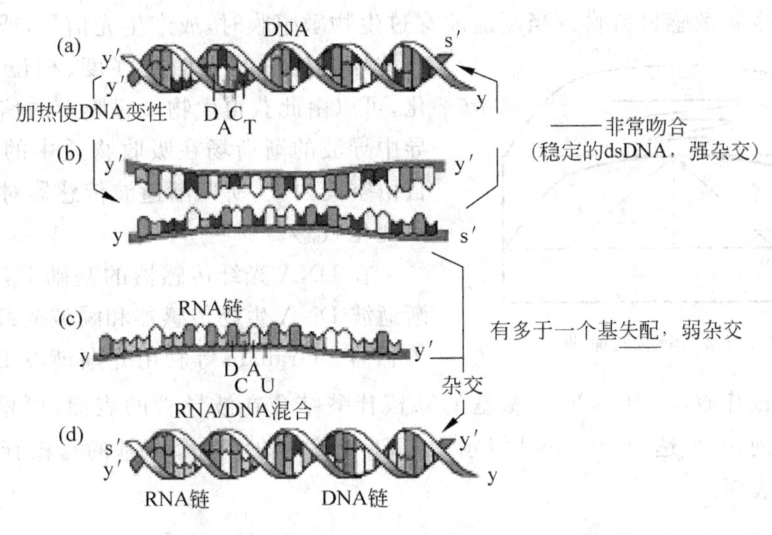

图 9-2-1　核酸杂交

杂交通常在一支持膜上进行，因此又称为核酸印迹杂交。根据检测样品的不同又被分为 DNA 印迹杂交(southern blot hybridization)和 RNA 印迹杂交(northern blot hybridization)，其基本过程包括下列几个步骤：

① 制备样品——首先从待检测组织样品提取 DNA 或 RNA。

② 制备探针——探针是指一段能和待检测核酸分子依碱基配对原则而结合的核酸片段，它可以是一段 DNA、RNA 或合成的寡核苷酸。

③ 进行杂交——首先要进行预杂交，即用非特异的核酸溶液封闭膜上的非特异性结合位点。

④ 检测——检测的方法依标记探针的方法而异。用放射性同位素标记的探针需要用放射自显影来检测其在膜上的位置；如果是用生物素等非同位素方法标记的探针，则需要用相应的免疫组织化学的方法进行检测。

2. DNA 光纤传感器

DNA 光纤传感器的传光部分为石英光纤，它是利用石英表面特性通过 DNA 探针连在光纤端面上，然后与目的基因进行杂交，最后检测杂交后的 DNA 经杂交指示剂产生的光效应的变化。DNA 光纤传感器是 DNA 生物传感器中发展最晚、技术最新的一类，测定准确。因不采用放射性同位素标记探针而安全性好。不足之处在于选择的发光反应信号较弱，需要加入嵌和剂来提高灵敏度。

3. 光渐逝波 DNA 传感器和瞬波光纤 DNA 传感器

结构最简单的渐逝波传感器就是一个两层的平面波导，如图 9-2-2 所示。光从光密介质进入光疏介质时，在界面处发生全反射而产生渐逝波。利用波导的这一性质，在其表面涂敷各种生物敏感材料膜。当渐逝波穿过生物敏感膜时，或产生光信号，或导致渐逝波与波导内传输的光信号强度、相位和频率的变化，可以由此获得生物敏感膜上的信息。由于波导中导波的渐逝场在吸收物质中的浸入深度比自由空间内大，所以渐逝波传感器对涂敷层折射率变化敏感。

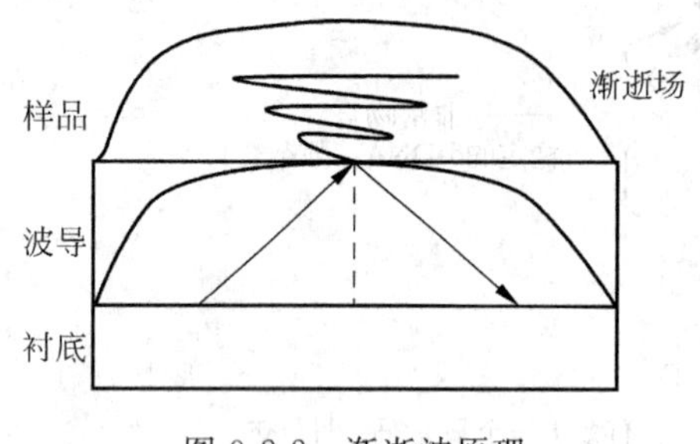

图 9-2-2　渐逝波原理

在 DNA 光纤传感器的基础上，可以制作光渐逝波 DNA 生物传感器和瞬波光纤 DNA 光纤传感器。Graham 等利用光渐逝波 DNA 生物传感器检测寡核苷酸，将 16～20 个碱基的寡核苷酸结合在波导管的表面，可检测 DNA 片段的互补序列，并可达到 10^{-9} mol 级水平。PCR 扩增的 204 个碱基的寡核苷酸也可以固化在波导管表面。

4. 表面等离子体共振 SPR(surface plasma resonator)DNA 传感器

自 1983 年 Liedberg 提出将表面等离子体技术应用于气体监测和生物传感器，至今已经有多种基于表面等离子体技术的传感器问世。波导耦合 SPR 的理论灵敏度可达 $\Delta n=20\times10^{-6}$。已有报道的一种基于表面等离子体技术的免疫传感器，可探测到的分子浓度范围最低为 $10^{-9}\sim10^{-13}$ mol/L。而目前广泛应用于检测生物分子间相互作用的 BIA(biomolecular interaction analysis)技术也是基于表面等离子体技术。BIA 可以实时跟踪生物分子间的相互作用，而不用任何标记物。操作时先将一种生物分子固定在传感器芯片表面，将与之相互作用的分子溶于溶液。

表面等离子体技术就是在透明的介质上镀一层金属(如金或银)，其结构如图 9-2-3 所示。当一定波长的 p 极化偏振光(TM 波)入射于玻璃衬底表面并且入射角大于全内反

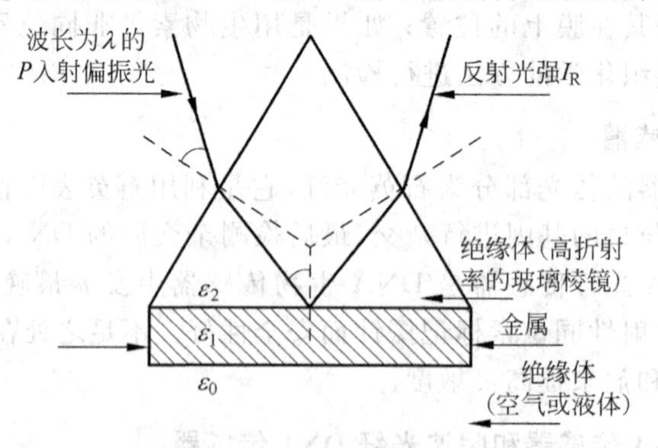

图 9-2-3　表面等离子体测量原理图

射角时，光在衬底表面发生全内反射，就会在金属膜层中形成一个 θ_{SPR} 渐逝波场。在某个特定的入射角度，上述渐逝波就会在金属膜与待测样品界面上激发一个表面等离子体波，并把此波耦合进入该场，形成沿界面传播的表面等离子谐振波 SPW(surface plasma wave)。

金属薄膜夹在介电系数分别为 ε_2 和 ε_0($\varepsilon_2 < \varepsilon_0$) 的绝缘体之间，$\varepsilon_1$ 为金属的介电系数。在测试过程中，由于被测的生物分子吸附在金属薄膜表面干扰了共振条件，导致光波在金属薄膜表面液体的折射率发生变化，折射率的变化与金属薄膜表面吸附的被测分子数量相关，这个关系可用一个函数表示。因此，只要测出折射率的变化就可得出待测物的量。利用这一技术可对蛋白质、多肽、核酸、多糖、磷脂及小分子，如信号传导物、药物等进行测定。目前，该项技术已发展得比较成熟，1990 年，BIAcore 公司已将该项技术推向市场。9.3 节中将列举 BIAcore 的产品实例。

SPR 技术的 DNA 传感器主要用于基因突变的检测、PCR 产物的测定、病毒和其他微生物检测等方面的研究。大约每平方毫米传感器表面可以检测到 263pg 核酸，且可以重复使用。图 9-2-4 描绘了制备 DNA 传感器及其检测过程。

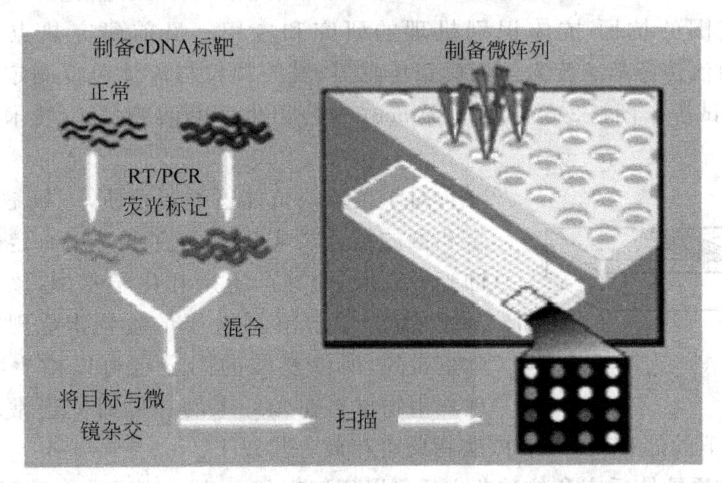

图 9-2-4　DNA 微阵列传感器

光学传感器除了以上几种外，还包括有生物(化学)发光 DNA 传感器、荧光 DNA 传感器、拉曼光谱式 DNA 传感器和光寻址电位式 DNA 传感器。

5. 分子灯光学传感器

图 9-2-5 是基于分子灯的光学 DNA 传感器原理图。图中说明为 Ligate & Light(络合与点亮)的过程。图中给出了实时监测采用分子灯标(molecular beacon)进行核酸捆绑的过程。

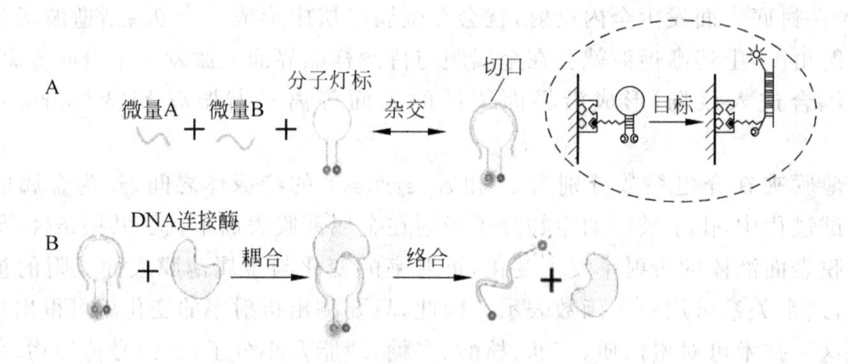

图 9-2-5　基于分子灯的光学 DNA 传感器

9.2.4　光学免疫传感器

光学和光电子技术应用于免疫传感器不仅可以提高传感器的精度，而且可显著提高生化传感和诊断的速度。新型光学探针、光学平台、光学转染、小型化和自动化等新技术推动了更广范围的抗原-抗体识别机理的研究和应用。目前研究热点主要是：生物 MEMS 和微射流传感器、荧光与无标记传感器、乳胶颗粒与流体免疫测定传感器以及活检和特殊点测试等。图 9-2-6 为 MicroVacuum 公司生产的溶胶-凝胶技术光波导传感芯片原理图。

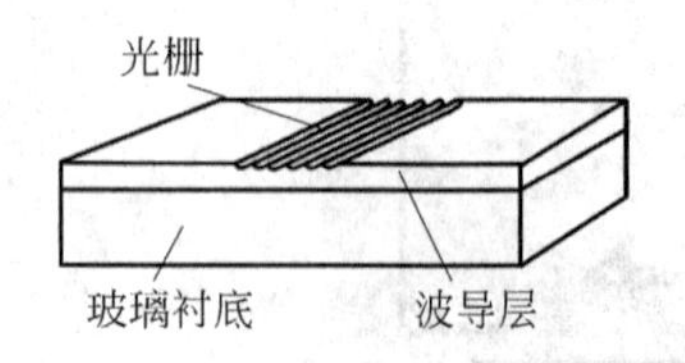

图 9-2-6　溶胶-凝胶芯片 OWL2400

对于抗原或抗体这种蛋白质，一般是通过生物素和亲和素的结合来实现。也有事先用一定的化学试剂修饰光纤表面，使其产生亲和化学基团，该基团与蛋白质基团结合。由于核酸分子的生物素化现在已经成为实验室常规，所以核酸的固定也可以由生物素亲和素实现。生物材料在光纤上的存储时间通常取决于生物材料在干燥情况下的储存期，一般核酸物质可存放一年以上。

原则上，抗原抗体反应和核酸杂交后可以用解离的方法去掉反应物质而使传感器得到再生，但实际上由于处理过程的损耗，传感器的再生能力较差，制作较好的传感器仔细处理，其再生能力最多有 5 次。考虑到结果的均一性和成本，光纤传感器应该是一次性的。

光纤传感器的响应时间取决于生物活性物质的反应时间。如抗原抗体的反应时间，核酸杂交的动力学时间等。一般抗原抗体反应时间需要 30min 左右，核酸杂交在较高的温度下需要 1～1.5h。敏感性和特异性都与所制备的生物活性材料和所检测标本的复杂程度有关。由于抗原抗体检测和核酸杂交特异性较好，所以特异性问题一般不大。但是传感器检测的敏感性一般不高。

例如，Tempelman 等人使用一种便携式光纤传感器来检测可引起食物中毒的葡萄球菌肠毒素B(SEB)，在缓冲液中检测灵敏度为0.5ng/ml。同时还可用于检测其他样品如人血清、尿液和火腿肉提取液，检测灵敏度为5～200ng/ml。定量免疫夹心试验需要45min，定性的结果只需要15～20min。使用一个搅拌器和台式离心机，可用于检测火腿肉中混合的SEB。100g火腿肉中分别注射5μg和40μgSEB，光纤传感器检测结果表明有11%和69%的回收率。在特异性试验中，5000ng/ml SEA和SED给出的信号只有1000ng/ml，是SEB信号的2%～3%。这种特异性强、灵敏度高、便携式光纤传感器可以用于临床标本监测和可疑食品标本的现场分析。

图9-2-7是光免疫传感器原理图：图(a)是免疫传感芯片，图(b)是化学传感芯片。光免疫传感器的核心为单分子化学响应涂覆层，它由免疫抗体分子组成(典型厚度为0.1～1mm)，以与相应的抗原分子结合；并且其折射率随所结合的分析分子而改变。显然，这是利用波导中折射率的变化进行传感。

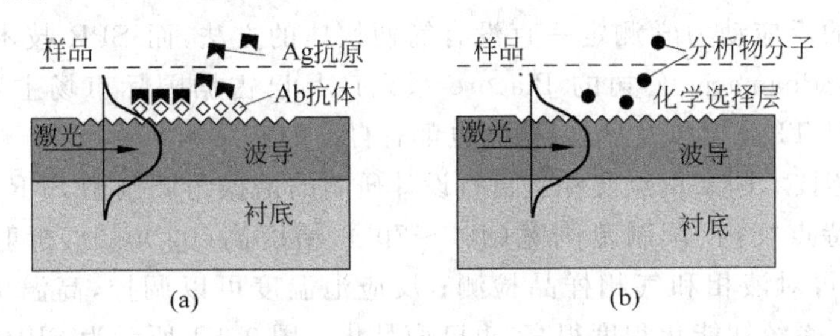

图9-2-7　光免疫传感器原理图

9.2.5　无标记测试传感器

无标记检测方法是直接利用抗原与抗体反应的生成物所引起的物理、化学参数变化来检测被测量。这种无标记检测不仅使操作简化，而且可以实时、在线检测，光、声、电、热等多种敏感元件都可以作为这种生物传感器的转换元件，如表面等离子体谐振SPR(surface plasmon resonance)、椭圆偏振光EPL(ellipsometry and polarized light)、光寻址电位传感器LAPS(light addressable potentionmetric sensor)、离子敏场效应晶体管ISFET(ion sensitive field effect transistor)、表面声波SAW(surface acoustic wave)和石英晶振微天平QCM(quartz crystal microbalance)等。这里特别要指出的是，近些年表面等离子体谐振(SPR)生物传感器发展迅速，且已有实际应用。

9.3　生物传感器的典型应用例

生物传感器在发酵工艺、环境监测、食品工程、临床医学、军事及军事医学等方面得到重视和应用。近年来，随着微生物固定化技术的不断发展，产生了微生物电极。微生物电极以微生物活体作为分子识别元件，可以同时利用微生物体内的辅酶处理复杂反应。目前，光纤生物传感器的应用也越来越广泛，而且随着聚合酶链式反应技术（PCR）的发展，应用 PCR 的 DNA 生物传感器也越来越多。

9.3.1 表面等离子体谐振生物传感器与 SPR 分析技术

1. 表面等离子体谐振生物传感器

表面等离子体谐振生物传感器是利用固态表面上生物敏感膜的亲和反应检测光学参数变化，是一种具有高灵敏、快速、稳定的生物传感器。检测时，样品不需要标记，可以直接、实时、原位检测，且需要量少。它可以监测吸附过程的连续反应，监测可逆性程度，也可以详尽地检测生物分子相互作用的动力学过程。

SPR 分析技术的出现，大大加快和优化了免疫测定过程。几十年来，DNA 和蛋白质之间相互作用的反应动力学测定一直没有简便快捷的方法，而 SPR 技术解决了这一难题。现今，瑞典 Phamacia 公司的 Biacore 系列产品已占据国际市场主导地位，英国的 Iasys 公司、美国 TI 公司以及日本、德国也都有自己的产品。

中科院传感技术国家重点实验室自行设计研制的谐振角调制型 SPR-2000 生物传感器，性能稳定、特点突出、调制范围宽（40°～70°）、精度高（0.001°）、折射率测试范围宽（1.04～1.47），可对液相和气相样品检测；反应池温度可以调控，高温可达 95℃，满足 DNA 扩增要求，系统智能化程度很高，也已商品化。图 9-3-1 所示为 SPR-2000 型表面等离子体谐振生物传感器及分析仪照片。

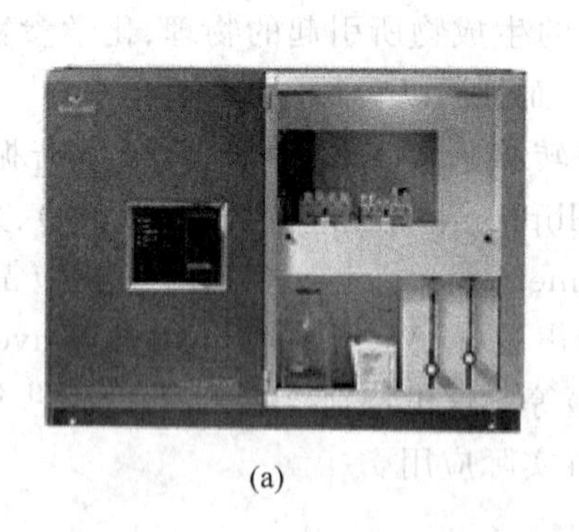

(a)

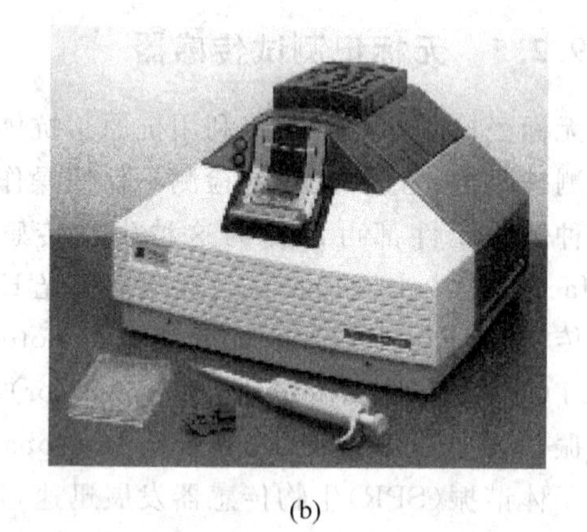

(b)

图 9-3-1 BIAcore 的主要产品

2. CA-2000 全自动酶标分析仪

CA-2000 全自动酶标分析仪是桂林市优利特医疗电子（集团）有限公司产品，具有全自动单、双波长测量、直接由本机打印患者乙肝 2 对半或 3 对检验报告及自检系统。多种计算模式、吸光度、单点校准、阈值、阴性对照、阳性对照、线性回归及多元性回归。图 9-3-2 是 CA-2000 全自动酶标分析仪照片。表 9-3-1 是 CA-2000 全自动酶标分析仪的技术参数。

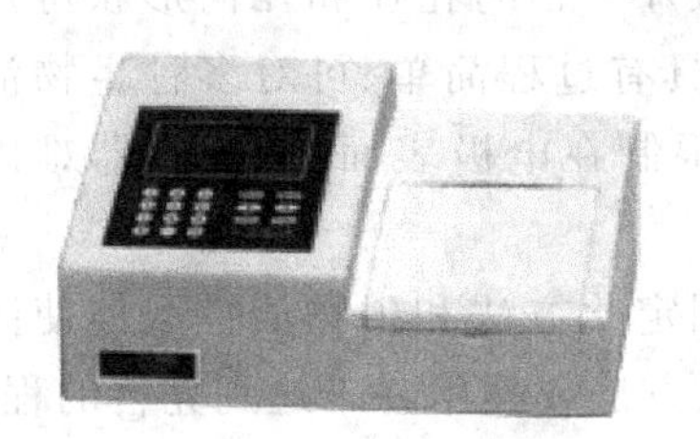

图 9-3-2　CA-2000 全自动酶标分析仪

表 9-3-1　CA-2000 全自动酶标分析仪的技术参数

光源	12V. DC 钨灯
体积/mm	380×290×160
功率/W	65
波长范围/nm	400-700
标准配置/nm	405、450、490、630
波长精度/mm	±1
光谱带宽/nm	6
测光范围/ABS	0～3
分辨率/ABS	0.001
线性度	1ABS≤0.5%
稳定度	≤2mABS/h
测量重复性	≤2mABS

9.3.2　生物传感器的固定化技术

生物活性单元的固定化技术是生物传感器制作的核心。早期的生物活性物质的测量，如酶分析法，是在水溶液状态下进行的。由于酶在水溶液中一般不太稳定，而且酶只能与底物作用一次，因此使用很不方便。如果将酶作为生物敏感膜使用，必须研究如何将酶固定在各种载体上，这一技术称为酶的固定化技术。该技术的主要特点是：固定化酶可以很快从反应混合物中分离，并能重复使用；通过适当控制固定化酶的微环境，可以获得高稳定性、高灵敏度、高速响应等；选择电极尺寸和形状具有较大的灵活性，易于微型化。目前生物传感器的固定化技术主要包括吸附法、共价键合法、物理包埋法等。

1. 吸附法

生物活性单元在电极表面的物理吸附是一种较为简单的固定化技术。酶在电极上的吸附一般是通过含酶缓冲液的挥发来进行。通常温度为 4℃，酶不会发生热降解，对酶分子活性影响较小。但是对溶液的 pH 值变化、温度、离子强度和电极基底较为敏感，需要对实验条件进行相当程度的优化。该方法的吸附过程具有可逆性，生物活性单元易于从电极表面脱离，因此寿命较短。

2. 共价键合法

共价键合法是指将生物活性单元通过共价键与电极表面结合而固定的方法，通常在低温(0℃)、低离子强度和生理 pH 条件下进行，并加入酶的底物以防止酶分活性部位与电极表面发生键合作用而失活。电极表面的共价键合较困难，但是酶稳定性较好。

3. 物理包埋法

物理包埋法是采用凝胶/聚合物包埋，将酶分子活细胞包埋并固定在高分子聚合物的空间网状结构中，常用的聚合物是聚丙烯酰胺。物理包埋法是应用最普遍的固定化技术。该技术的特点是：可以采用温和的实验条件及多种凝胶/聚合物；大多数酶很容易掺入聚合物膜中，一般不产生化学反应；对酶的活性影响较小；膜的孔径和几何形状可任意控制；包埋的酶不易泄漏，稳定性好。此外，包埋法还具有过程简单、可对多种生物活性单元进行包埋的优点。采用物理方法将凝胶/聚合物限制在电极表面，使传感器难以微型化。

生物传感器的固定化技术十分重要，不断更新的固定化方法和生物活性载体使固定化技术得到不断发展和完善。目前使用的固定化载体、方法或技术并未达到完善的程度，因此更简单、实用的新型固定化技术仍然是该领域今后研究的重要方向之一。

9.4 光医学传感器

9.4.1 概述

利用光可以传递多种信息，在医学应用中，光纤广泛用于传输各种医学影像的图像，以及观测体内组织器官的内窥镜等。由于光纤具有良好的电气绝缘性能、不受电磁场干扰、耐高温、耐腐蚀、体积小、可挠曲等优点，所以在许多场合可以实现现有传感器所无法实现的功能。目前，主要的生医传感器有光纤血压传感器、光纤温度传感器、医用光纤内窥镜以及应用于组织和细胞的光谱分析、激光干涉分析等激光传感器。

血糖传感器是医学传感器中最先实现商品化和实用化的一种，用于糖尿病人自我检测血糖浓度。这种传感器在制造中采用了丝网印刷技术印制电极和酶层，已实现了大批量生产。此外，能快速分析葡萄糖、谷氨酸、乳酸、乳糖、半乳糖的多功能生物传感器以及测定生物肌体内三磷酸腺苷(ATP)变化的新鲜度传感器也都已达到实用。

近年来，由于光纤技术的不断提高，国际上研制医用光纤传感器方面发展迅速。尤其是日本、美国、意大利、德国、澳大利亚等国研制出种类繁多的医用光纤传感器，有些已经取得了临床应用。例如，美国加利福尼亚大学劳伦斯非莫尔实验室等单位利用远距离纤维荧光测定法在活体内、外实现测量；美国艾博特实验室索伦森研究组研制出可以测量温度、压力、血气、血液流动、氧饱和、pH 值、氧分压、二氧化碳分压、血糖参数的传感器；日本大阪大学工程系、川琦医学院医学工程系统心脏病学系等单位联合研制出激光多普勒流速计；德国哥丁根中心生理学及病理学院心脏病学实验室用双光纤系统在活体内测量冠状动脉血流量等。

本小节将主要介绍光纤体压计、血流计、温度传感器以及医用内窥镜。

9.4.2　光纤体压计

医用压力测量作为一种描述人们不同器官、系统功能的信息源，无论是对临床诊断、治疗，还是医学研究，都有极为重要的意义。例如心血管、肠胃、泌尿系统、脑脊髓以及生殖系统的压力测量等。

利用光纤测量生理压力的传感器已经比较成熟。它克服了导管装置的局限性，可以用于测量膀胱、尿道和直肠等部位的压力，也可用于颅内和心血管压力测量。特别是用于测量动脉和左心室的体压计也在研制中。目前，实现颅内压力测量的光纤探头已经商品化，这将有助于诊断由外伤或其他原因引起的颅内高压，而使用时只需将探头放在脑硬膜上面，或者婴儿脑门前方，非常方便。

现以薄膜型光纤血压传感器为例，介绍光纤体压计的基本原理和结构。薄膜型光纤血压计的结构如图 9-4-1 所示。血压的压力使光纤端面的薄膜变形，光纤只是承担着传输光信号到薄膜表面以及将薄膜表面的反射信号传输回光电探测器的作用。在光纤端面处，接收光信号的强度受薄膜表面的形变调制；在小的压力变化范围内，通过精确设计，反射光的强度近似正比于薄膜两侧血压的差值。如果设入射光纤的芯、包层折射率为 n_1 和 n_2，输入、输出信号光强分别为 I_{in} 和 I_{out}，则利用光的反射定律，经推导可得膜片均匀受力时，出射和入射光的光强比为

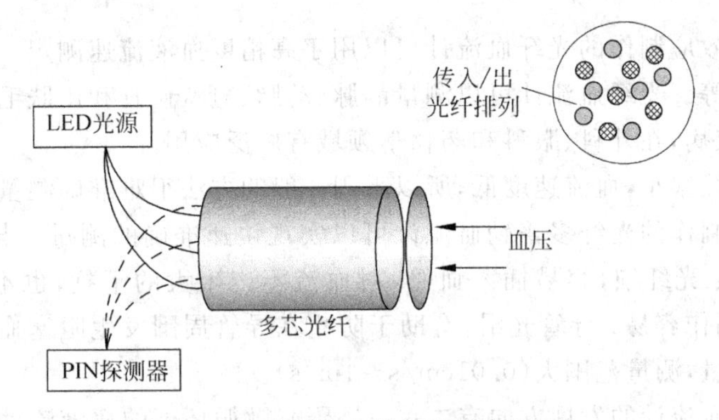

图 9-4-1　薄膜式光纤血压传感器结构

$$\frac{I_{in}}{I_{out}}=\frac{1+\dfrac{dy}{dx}\tan\theta_c/n_1}{1-\dfrac{dy}{dx}\tan\theta_c/n_1} \tag{9-4-1}$$

其中，dy/dx 为膜片的斜率；$\sin\theta_c=n_1/n_2$，上式说明输出信号的强度只与入射光纤芯和包层的折射率以及膜片的斜率相关。对于边缘夹紧的圆形膜片，其倾斜 y 与压力的关系为

$$y(x) = -3(r^2 - x^2)(1 - \mu^2)p/(16Et^3) \tag{9-4-2}$$

其中,x 是光线距离膜片中心的距离；t 是膜片厚度；r 是膜片半径；E 和 μ 分别是膜片的杨氏模量和泊松比。对上式求 x 的微分,有

$$\frac{I_{\text{in}}}{I_{\text{out}}} = \frac{1 + Ap}{1 - Ap} \tag{9-4-3}$$

其关系为

$$A = \frac{3x(r^2 - x^2)}{4n_1 Et^3}\tan\theta_c$$

于是可得待测压力 p 的表达式

$$p = \ln\left(\frac{I_{\text{out}}}{I_{\text{in}}}\right)/2A \tag{9-4-4}$$

其中,A 为一个与膜片性质和入射光纤相关的常数。

当输入光源功率一定,并选用 $(Ap)^2 \ll 1$ 的膜片,根据反射光的强度即可确定压力的大小。由于光纤薄膜式压力传感器非常细小、可以自由弯曲,因此很适合人体内测量。更详细的推导过程可参阅文献。此外,还有光弹效应光纤体压计等。

9.4.3 光纤血流计

1. 基本原理

利用多普勒效应制作的光纤血流计可以用于高精度血液流速测定、了解血流状况、判定血流量的大小等。光纤血流计可以测量静脉、动脉、冠状血管和皮肤毛细血管的血流速度,诊断心血管疾病,在外科、眼科和药物学领域有广泛应用。

因为血管直径很小,血流速度低,所以采用一般的方法很难准确测量血液流速。用光纤与光混频技术制作的光纤多普勒血流计可以实现快速准确的测量。与常规方法相比,它具有如下优点：光纤细,容易插入血管,对血流不产生大的干扰,也不需要裸露血管；探头结构简单,制作容易；导管光滑,有助于防止在导管周围发生阻塞血流的凝固；可实现连续和重复测量,测量范围大(0.01cm/s～1m/s)。

光纤多普勒血流计的发展方向有二：一是研究微循环下的血液流动；二是研究主动脉、静脉、冠状血管等主要血管的血液流动。从这两个方向出发,根据光纤探头的不同形式,光纤血流计分为非插入皮肤血流计和插入式血流计。前者用于测量皮肤表面的毛细血管微循环及视网膜血管血流情况,后者用来测主血管血流,也用于测量体内组织的血流,其差别仅仅在于探头的形式和测量范围。

下面以皮肤光纤血流计为例介绍光纤血流计的结构与测量方法。

2. 皮肤光纤血流计

微血管循环遍布整个皮肤和体内组织,直接反映人体的健康状态。常规的血流计采

用热电偶传感器、同位素冲击、光学照相等测量方法，对血流有一定的干扰，而且不能进行连续测量。非插入式光纤皮肤血流计对皮肤血管没有伤害、容易操作、用途广、灵敏度高。系统采用四根采集光纤和差分运算方法，使模间干扰可以忽略。

皮肤多普勒血流计的结构如图 9-4-2 所示。激光器发出的光照射在皮肤上，四根采集光纤分为两组，分别与两个光探测器相连，用于收集后向散射光。四根光纤所收集到的信号相同，每一个光探测器的输出信号经过高通滤波器滤除直流分量后，得到与血流流速相关的交流信号。信号再经过放大，并被没有经过滤波的探测器输出信号相除，进行归一化。两路输出信号同时送往差分放大器，差分放大器使两路中存在的噪声减小到可忽略的水平。对差分放大器的输出信号进一步处理，得到的直流信号与血流平均速度成正比关系。系统光源采用 5mW He-Ne 激光器(波长 632.8nm)，多模激光输出；再用塑料光纤，其直径为 1500nm；四根采集光纤选用直径较大的塑料光纤或玻璃多模光纤。光探测器用 PIN-PD。

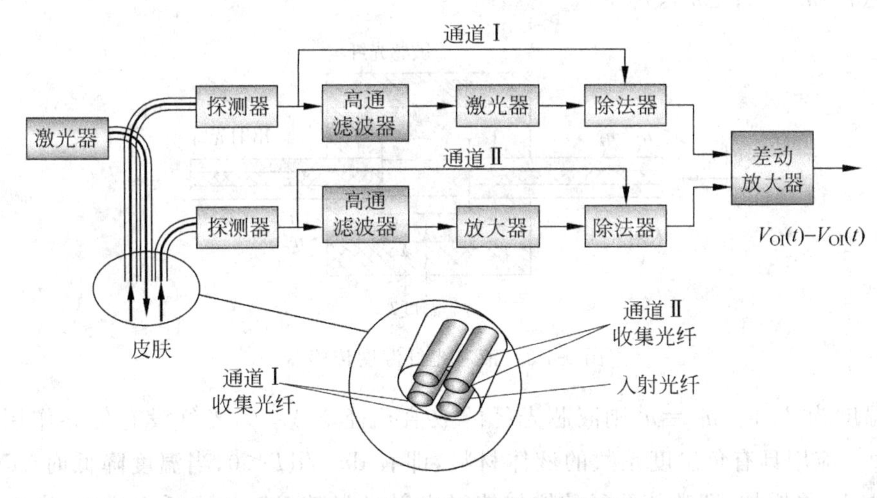

图 9-4-2　差动型皮肤血流计框图

光纤探头的几何结构对信号有很大的影响，为了获得最佳的信号，探头的设计至关重要。已有的实验报道表明，光纤端面应尽可能靠近被测皮肤，但不允许超过皮肤的接触压力，这样才能保证得到高质量的信号和测量结果的准确性。因此，光纤探头的设计要点是：

(1) 光纤在同一平面。光纤排列均匀，保证所有光纤的端面在同一个水平面内。

(2) 探头和皮肤接触良好。探头在测量中与皮肤自然接触，并减小光纤的移动。

(3) 探头稳定。光纤束要由探头托座固定，以保证探头的稳定。托座的材料可选用塑料，托座有一层粘层，使探头便于固定在皮肤表面。

9.4.4 液芯光纤温度传感器

光纤温度传感器的类型很多，一种利用透明液体折射率随温度而改变的原理而设计的光纤温度传感器结构如图 9-4-3 所示。其中，入射、出射光纤芯材料均为 SiO_2；包层为硅酮树脂，其折射率分别为 n_1、n_2；中间的一段敏感光纤的纤芯采用对温度依赖性强的透明液体，其折射率为 n_{liq}；包层折射率为 n。除 n_{liq} 外，其他材料的折射率与温度基本无关。则入射和出射光纤的数值孔径(设空气的折射率为 $n_0=1$)均为

$$NA=\sqrt{n_1^2-n_2^2}\approx\sqrt{2n_1\Delta n}$$

式中，$\Delta n=n_1-n_2$；$\Delta n\ll n_1$，由于在一定温度范围内，n_1、n_2 不随温度而变化，所以光纤的数值孔径 NA 也不变。对于液芯光纤，其数值孔径 NA 为

$$NA_{liq}=\sqrt{n_{liq}^2-n^2}\approx\sqrt{2n_{liq}\Delta n'}$$

其中有 $\Delta n=n_{liq}-n$；$\Delta n'\ll n_{liq}$。

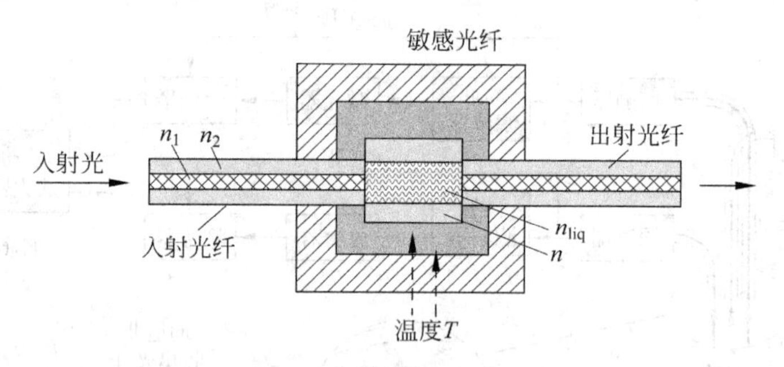

图 9-4-3 液芯光纤温度传感器

设温度为 T_1 时，$n_{liq}=n$，则液芯光纤的数值孔径 $NA=0$，光纤没有传导作用。出射光强为 0。应用具有负温度系数的液体材料，即有 $dn_{liq}/dT<0$，当温度降低时($T<T_1$)，$n_{liq}>n$，NA_{liq}将增加，即数值孔径的增加使得出射光强随温度的降低而增大，实现温度传感。此类型传感器的优点是抗电磁干扰能力强，能在临床应用中准确地指示温度，达到医学诊断和治疗的要求。

9.4.5 医用内窥镜

医用内窥镜是用于人体内组织器官成像探测的工具，其结构如图 9-4-4 所示。医用内窥镜主干部分由双层光纤组成，内层是接收用光纤，外层为照明用光纤。内窥镜的末端有物镜，顶端有目镜和聚焦装置。图像可以提供为现场观测及输入计算机进行分析处理。

由于光纤柔软、自由度大，顶端可以通过手柄调节，图像失真小；而且光纤探头可以做得非常细，便于体内使用，是检查和诊断病人各个部位和进行手术的重要仪器。

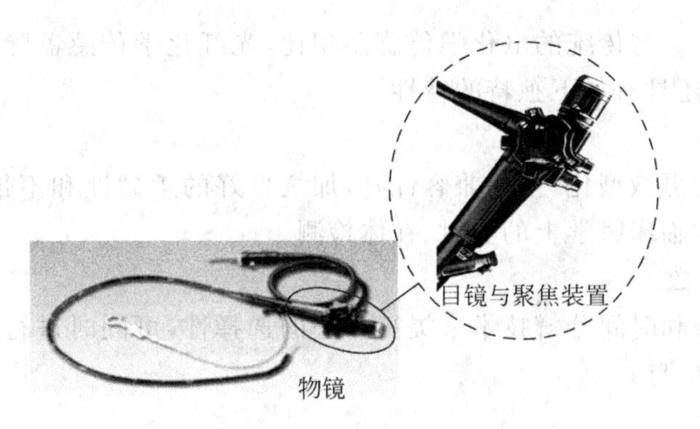

图 9-4-4 医用内窥镜的结构

9.5 光生化传感器

9.5.1 概述

光生化传感器主要的应用范围是与人们生活息息相关的临床医学、环境检测等领域，这给生化传感器提出了更高的要求：准确度高、可靠性高、稳定性好，而且要具备一定的数据处理能力，并能够自检、自校、自补偿。传统意义上的传感器已不能满足这样的要求。

光纤化学传感器(fiber optic chemical sensor)是20世纪70年代末期发展起来的一项重要技术，特别是液芯光纤的出现极大地促进了化学传感器的发展。液芯光纤有两个重要特性——气体选择性渗透和低折射率。某些气体，如CO_2、H_2、N_2、O_2能透过光纤包层进入或逸出纤芯，而液体则不能。理论上光能量的传递损耗只取决于液芯和包层材料的光学特性。由于光纤具有抗干扰、耐高温与腐蚀、反应灵敏和功耗小等特点，使得光纤化学传感器得到迅速地发展，成为化学传感器研究的新方向。表9-5-1列出了光纤化学传感器探测的主要化学参量。

表 9-5-1 光纤化学传感器探测的化学参量

光学特征	所探测化学参量
透射、吸收	pH、二氧化碳分压、氨、氰化氢(蒸气)、磷酸酯、水分、免疫分析等
荧光发光	pH、二氧化碳分压、氧分压、葡萄糖、UO_2^{++}(铀酰)、铍、钠、金属阳离子、卤化物离子、H_2O_2、免疫分析等
荧光淬灭	氧分压、钚(Ⅲ)、卤化物离子、碘、卤族等

也有将光纤化学传感器称为光极(optrode)，这名称是由“optical”和“electrode”两词合成，是从“电极”(电化学传感器的一种)一词演化而来。它强调传感器在使用方法上与离子选择性电极的相似性，然而在原理上它们又极为不同。从电极的概念类推，光极就是

与样品接触的光纤。与传统的电化学传感器相比，光纤化学传感器除了具有光纤传感器所共同的优点外，还具有如下独特的特性：

(1) 探头微型

光纤及探头均可微型化，生物兼容性好，加之良好的柔韧性和不带电的安全性，使之尤其适用于生物和临床医学上的实时、在体检测。

(2) 多点多参数

可采用多波长和时间分辨技术来提高方法的选择性，可同时进行多参数或连续多点检测，以获得大量信息。

(3) 对象广泛

适当选择化学试剂及其固定方法，可检测多种物质，灵活性很大。

(4) 成本低廉

不需电位法的参比电极，用廉价光源照射样品时，成本可大大降低。

(5) 非破坏检测

在大多数情况下，光纤探头不改变样品的组成，是非破坏性分析。

正因为 FOCS 具有上述优点，因此，它一出现就受到世界各国学术界和研究机构的高度重视。近年来，光纤化学和生物传感器(fiber optical biological sensor) 的研究非常活跃，已成功用于生产过程和化学反应过程的自动控制、遥测分析、新型环境污染物自动监测网络系统的建立、食品分析、药物分析、生物医学和临床化学中各种无机和有机物分析以及免疫分析等。

9.5.2 原理与结构

1. 工作原理

光源发出的光经过光纤传输至调制单元(固定有敏感试剂)，被测物质与试剂相作用，引起光的强度、波长、频率、相位、偏振态等光学特性发生变化，经过调制的光信号由光纤传输到光探测器及信号处理单元，最终获得待分析物的信息。

根据被分析物与试剂作用后所表现不同的光学特性，光纤化学传感器所采用的检测方法有多种，例如：波长扫描法、光吸收法、反射法、化学发光法、荧光强度检测、荧光淬灭检测、荧光时间分辨检测、损耗波谱检测以及拉曼散射光谱检测等。其中渐逝波型光纤化学传感器是重要的一种。此类光纤化学传感器是将光纤的部分包层除去，代以其他化学物质。当被测物与包层作用时，其产生的变化将导致光从包层中泄漏，引起光波传输损失，由于反应产生变化在光纤的渐逝场，故亦称渐逝场光纤传感器。使用该类型传感器可解决一些无色的、非吸光或非荧光物质的检测问题。由于传感原理各异，结构和检测方法也不同。下面仅举几例加以说明。

2. 仪器结构

对于不同的分析目的，FOCS 的仪器装置有所不同，但基本组成大致相同，如图 9-5-1 所示。主要包括：光源部分，由光源、波长选择和光调制器等构成；光传感部分，由传输光纤、光传感探头和光耦合器件等构成；信号处理和显示部分，由波长选择、光电转换、信号解调、A/D 转换和信号显示等构成。下面介绍其主要器件的要求。

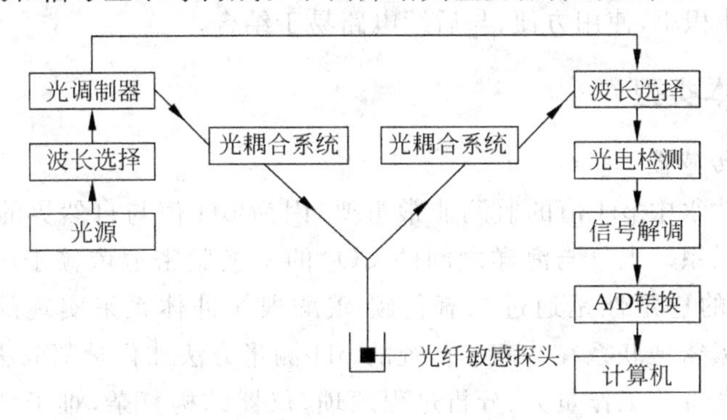

图 9-5-1　FOCS 仪器结构

(1) 光源

可用的光源主要有激光光源、白炽光源、LED、LD 等光源。

激光光源。能提供稳定的高能辐射，单色性好，适于远距离传感及构成单光纤传感器。但其特定的波长使它在使用上有一定的局限性，而且价格昂贵。

白炽光源。如钨灯和石英卤素灯。其特点是波段范围宽，波长可从近紫外一直连续延伸到近红外，给波长选择带来极大方便，且光能量高(分光后的能量较低)，但存在着与光纤的连接、和光器件的耦合、光波的调制和滤波等诸多困难。

发光二极管(LED)。结构简单、价格便宜、发射光谱带宽较窄(通常为 20～30nm)，可选择的波长范围为 550～1800nm。目前尚无紫外或近紫外的光的 LED 光源，且输出功率较低，使 LED 的使用受到一定的限制。

光源老化或其他辐射能量波动会造成仪器检测结果的漂移，可采用内部参考光方式将这种影响予以消除。

(2) 滤色装置

由于被测物质具有波长选择性，因此在光源发出的光进入探测器之前，需要利用干涉滤光片、棱镜单色仪、光栅单色仪等滤光设备将其他波长的光隔离掉；并同时对光源光信号进行调制，以滤除杂散光的干扰。

(3) 光纤材料

根据工作波长的范围，可选用不同材料的光纤。例如，在紫外区用石英材料；可见光区用普通玻璃光纤或石英光纤；当波长大于 450nm 时，可选用更为廉价的塑料光纤(或称聚合物光纤)；传输距离太长时，则应用石英光纤。光纤可以是单根，也可以是多根或成束的。

(4) 光电检测器件

可采用光电倍增管(PMT)、PIN光电二极管(PIN-FET组件)、雪崩光电二极管、光电三极管等。PMT灵敏度高，是微弱信号检测所必不可少的，但其体积大，且需高压供电；光电二极管体积小，使用方便，与后续电路易于结合。

9.5.3 基本类型

1. 光纤pH传感器

海水以及天然水中pH值的监测非常重要，因为pH值与自然界的生物和化学过程有着极为密切的联系。大气与海洋之间的CO_2的交换紧密地依赖于海水中pH值的大小，而海水中pH的稳定性是通过二氧化碳-碳酸根缓冲体系来实现的。所以pH值和CO_2的浓度测量紧密地联系在一起。传统的pH测量方法如化学萃取法、试剂分析法、光谱分析法和电化学方法工作量大、分析过程烦琐、仪器结构复杂，难于满足对海水和其他天然水的现场或远距离连续监测的需要。

1) 吸收型光纤pH传感器

最早出现、最典型的光纤pH传感器是比色分析技术与光纤技术的直接结合，酸碱指示剂苯酚红共价键合到聚丙烯酰胺微球上，后将其固定于光纤端部。苯酚红的颜色随pH值的变化而变化，引起对光的吸收的变化。通过检测光强的变化，感知溶液的pH值。

研究最多的是酚红和82羟基芘21,3,62三磺酸钠(HPTS)，指示剂和颜色随pH值的变化而变化，引起对光吸收的变化，通过检测光强的变化，感知溶液的pH值。染料指示剂具有两种形态，表现出不同的光吸收：

$$\mathrm{pKa}=\mathrm{pH}+\log([HA]/[A^-])；\ \mathrm{pKa}=\mathrm{pH}+\log(A_{\max}-A)/A$$

式中，$A_{\max}$为使指示剂完全解离的pH环境中的吸收度；A为任何给定pH值下指示剂两种形态的比例常数[①]。在实际运用中，为提高灵敏度、消除误差，应采用双波长；取解离形式的蓝绿色光($\lambda_1=560\mathrm{nm}$)作为调制检测光，未解离形式的红色光($\lambda_2=630\mathrm{nm}$)作参考光；探测器接收到的两种强度的吸收比值为

$$R=10K[C/L+10-\Delta]$$

其中K、C为常数；L为试剂长度，$\Delta=\mathrm{pH}-\mathrm{pK}$；在一定范围内，pH值与$R$值基本呈线性关系。

基于吸收原理的光纤pH传感器是基于溶液的酸碱平衡理论。由于存在离子的动态

---

① pKa是弱酸或弱碱性物质在50%解离时溶液的pH值。pKa定义为pKa=－lgKa，所以pKa值正值越大，对应的酸越弱。

传输、平衡的过程，因而响应时间较长（数分钟到数十分钟）；受试剂性能的限制，动态检测范围小（一般仅 2～3 个 pH 单位），但这类传感器探头结构简单，抗干扰性强，因此一直受到重视。近年来，在探头的结构制作、试剂和载体的选择及固定方法、仪器结构设计等方面取得新的进展。

(1) 试剂选择。越来越多的酸-碱指示剂被用于 FOCS。通过适当选择，可测定不同的 pH 区间。为了解决现有试剂使用上的局限性，而合成带有偶氮发光团的试剂，将其共价键合到赛璐玢玻璃纸上，在 625nm 波长处的吸收光谱在 pH(6.8～8)范围内呈线性变化。传感器准确度为±0.01pH，能耐 γ 射线灭菌，可用于生物体内 pH 值的测试。

(2) 载体选择。其方法有二：一是采用具有交联结构的聚合物微球作载体，可将试剂直接吸附于其上，避免了复杂的共聚过程。二是用经过化学处理的多孔高聚物薄膜作试剂载体，缩短传感器的响应时间。

(3) 载体固定。其方法有三：一是以多孔玻璃球作载体，试剂通过硅烷化作用固定于其上，可增加有效表面积，改善信号响应，它解决了渐逝场吸收型 pH 传感器检测灵敏度低的问题。但采用多孔玻璃球作试剂载体的探头制作要求精细，不像聚合物微球那样容易固定；另一方面，玻璃球在水中易膨胀，其内部的荧光也会干扰测定。二是溶胶-凝胶法制作硅胶薄膜技术。这项技术通过对一烃烷基金属进行水解、缩合、聚合、浓缩一系列过程把敏感染料包埋在所形成的薄片玻璃聚合物中。溶胶-凝胶过程制作硅胶薄膜技术，制作过程简单，可在低温完成，制成的玻璃薄膜纯度高、均匀性好、坚固、惰性并且比塑料膜更耐磨，可使用于磨损性环境中。溶胶-凝胶制作过程还可以调整优化玻璃薄膜的孔径(＜50nm)，使之具有很大的表面积(400～1200)m^2/g，特别适合作为 pH 传感探头。溶胶-凝胶法制作硅胶薄膜技术是制备 pH 光纤化学传感器的一大进步。三是通过化学交换或键合将试剂固定在阴离子交换膜或玻璃纸上，试剂也可直接置于溶液中，将光纤插入其中，可用于酸碱滴定反应的监控。

(4) 探头结构。有三种结构形式：一是单光纤(束)结构；二是双光纤结构；三是多光纤结构。单光纤(束)结构是用耦合分束器将入射光与检测光分开。流动池结构将流动注射分析与光纤技术相结合，注射池尺寸很小，可用于 pH 值、NH_3 及尿液的检测。双光纤结构是将试剂固定于可控孔径的多孔玻璃载体上，经过适当的过程将其吸附在两根芯径 500μm 光纤的末端，制成用于胃液中 pH 值检测的光纤探头，精度 0.05pH；将苯酚红直接吸附于孔径经过适当选择的聚合物微球 XAD-2 上，然后将其固定在开有微槽的不锈钢毛细管中，两根剥去涂层的光纤插入不锈钢毛细管中，试剂所占空间可调，探头直径 1.14mm，响应时间不到 1 min，适于血液中 pH 值的检测。多光纤探头-探头结构及仪器设计灵活、多样。为提高传输光信号的能量，还可采用光纤束。

(5) 仪器结构。紧凑、便携、便宜实用的仪器成为光纤传感器一个重要的发展方向，如采用 LED-PIN 低成本集成电路结构。基于吸收原理的光纤 pH 传感器，主要是根据试剂的颜色变化进行测定，所用的检测波长多集中在可见光区，很适合采用LED作光源。

2）荧光型光纤 pH 传感器

早期典型的光纤荧光 pH 传感器采用荧光素胺作指示剂，将其共价键合到赛璐玢玻璃纸上，固定在分叉光纤的末端（直径 4.15mm），激发光波长 480nm，在 520nm 处检测荧光强度，单波长测定。

新的荧光指示剂及其固定方法：在测定方法上采用双波长测定，这时荧光检测所用探测光与激发光不是同一波长，故可采用单根光纤，因而探头可以做得很小，用于生物体内测试。另一发展是采用不同指示剂和方法同时测量 pH 值和离子强度。

与吸收型光纤 pH 传感器相比，光纤荧光 pH 传感器的响应时间短、灵敏度高，但需高强度的激发光，且易受杂散光干扰。荧光传感器所用的激发光波长比较短，一般小于 500nm，目前尚无合适的 LED 光源用于此类传感器。

3）其他原理的光纤 pH 传感器

新的光学检测技术不断用于 FOCS，如利用耗损波检测的光纤 pH 传感器，在近红外区检测，可采用傅里叶变换；基于表面增强型拉曼光谱的光纤 pH 传感器，采用单模光纤作探头；使用自参比染料作指示剂制作光纤 pH 传感器等。近场光学纳米技术的发展，使由最小的商品单模光纤拉制出更小的针尖或探头成为可能，通过近场光聚合的方法可以共价键合更细的超针尖探头，如亚微米级光纤 pH 传感器已问世，探针大小 0.1μm，能测定聚碳酸酯膜孔隙内缓冲液的 pH 值，响应时间为毫秒级。这一技术可用于活体和细胞的无损失分析，使生物传感进入一个新阶段。

4）产品实例——TP300 探针

光纤 pH 传感器系统由一个光纤探针（用于固定色度指示染色体材料），外加一个光源、光谱仪和 OOIS 传感器软件构成，如图 9-5-2 所示。

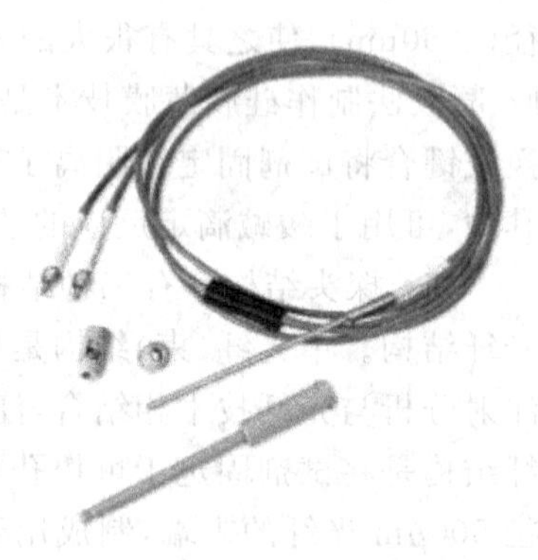
图 9-5-2　光纤 pH 传感器

TP300-UV-VIS 探针是一种化学不敏感的 PEEK 透射型探针，可以加装一个 RT-pH 附件端子用以在光路中固定透射膜。光线经由一根传输光纤，通过薄膜到达一个反射镜被反射后，再次经过薄膜进入接收光纤传输至光谱仪。被测样品可以自由地在薄膜表面流动。RTP-2-10（可调范围 2～10mm）透射端，TP300-UV-VIS 可用于常规透射检测，其主要性能指标见表 9-5-2。

2. 光纤气敏传感器

自 David 首先报道了将茚三酮涂在波导管臂制成基于光吸收的光纤氨气气敏传感器以来，已有三十多种光纤气敏传感器见诸于报道，用于 NH_3、H_2S、SO_2、O_2、H_2O、NH_4、

HCN、HCl、NO_2、CO 等气体的测定。配有光纤用以检测 pH 值以及 CO_2,O_2 分压的血气分析仪亦有商品问世,并已成功地用于心肺外科手术；另外,还实现了对一些恶劣环境(如易燃、剧毒、放射性)中的气体的远距离检测。

1) 主要类型与工作原理

光纤气敏传感器主要有三类,其工作原理如下。

(1) 基于酸碱平衡

这是基于内电解质溶液的酸碱平衡理论。气体进入电解质溶液,使溶液的 pH 值发生变化,通过检测 pH 值的变化实现对气体的检测。一些酸性或碱性气体,如 NH_3、H_2S、SO_2、CO_2 等,可用这种方法测量。

表 9-5-2 TP300-UV-VIS 探针的主要技术参数

特性	参数
光纤类型	芯径 300μm,外径 3.175mm
长度	探针 107.9mm,光纤长 2m
材料	内部石英,外-铝
压力	100psi
光程长度	16mm(包括 RT-pH 端)
外层	PVC 涂敷层,PEEK 聚酯材料套
接头	SMA 905
工作温度	达 220(带 PEEK 套)

(2) 基于反应特性

这是基于被测气体与固定化试剂直接发生的反应特性。

(3) 基于离子交换

这是基于膜上离子交换原理。敏感膜可采用中性载体(PVC) 膜,这类光纤气敏传感器是近年来才发展起来的。由于采用了中性载体,提高了传感器的选择性。

2) 光纤 NH_3 气敏传感器

光纤 NH_3 气敏传感器的研究在光纤化学传感器研究领域中非常活跃。主要类型包括以下三种：

(1) 光波导型

最早研制的光波导 NH_3 气敏传感器是不可逆的；采用流动池型结构,将敏感试剂恶嗪高氯酸盐涂敷在玻璃毛细管的外表面,构成的传感器具有可逆性；而采用 LED 作光源,光电晶体管作为探测器,NH_3 的检测灵敏度为 60μL/L。但是,这种传感结构需将气体导入/出,不能用于在线检测。光波导传感器以溴甲酚紫作指示剂,采用多相交联聚合方法,将其固化到具有较大表面积的多孔玻璃基体上,实现了光波导在线检测。同时具有防水、透气的特性,可直接置于空气中,也可用于液体样品中气体的测量。

(2) 敏感膜型

将指示剂固定在聚四氟乙烯(PTFE)微孔膜上,以双 LED 作光源,光电二极管作为探测器,实现了水中 NH_4^+ 的检测,灵敏度为(3×10^{-6})mol/L,相当于 80nmolNH_3。另采用中性载体 PVC 膜的 NH_3 气敏传感器,它具有高选择性,不受其他气体如 SO_2、NO_2、CO 的干扰,检测灵敏度范围在(0.002～100)μL/L,甚至亚 nL/L 级。由于没有内充液,因而敏感膜型探头稳定,重现性好。

(3) 指示剂+内充液型

试剂可直接溶于内充液中，光纤末端用透气膜封闭，采用光吸收或荧光方法测定，可测水中 NH_4^+ 及 NH_3。这种探头结构简单，响应速度快，但稳定性较差。

3) 光纤氧(O_2)传感器

绝大多数氧气的测定是利用荧光物质的淬灭效应——测量荧光强度的衰减或荧光的衰变时间。血液中氧气压的测量在临床诊断中十分重要。下面介绍几个例子。

(1) 将双丁基芘荧光染料吸附于苯乙烯/二乙烯基苯共聚物上，通过憎水性高透氧率的多孔聚丙烯膜固定在光纤末端，采用氙灯作激发光源(波长 480nm)，得到 500nm 处的荧光强度随 O_2 浓度增加而衰减，可测定血液中氧分压。

(2) 同时测量 pH、值、氧和二氧化碳分压的光极，探头由三根 125μm 的光纤、一个测温热电偶构成。光极总直径为 0.165mm。可插入动脉血管测量氧分压的试剂是一种特殊合成的荧光物质，测量范围(2166～2616)kPa((20 ～200)mmHg)。

(3) 一种基于光吸收原理的非荧光法光纤氧传感器，其工作原理——无色透明指示剂经短暂的紫外辐射后具有很强的吸收性，而且该指示剂返回透明状态的时间与氧的浓度成正比。检测系统中光源为一个红色 LED，探头小巧，可用于生物体内测量。

除上述几种气体传感器外，光纤 SO_2 气敏传感器的检测方法与 NH_3 基本相同，有染料吸收法、荧光法、荧光淬灭法、反射光波导检测，关于这方面的文献报道还不多；CO_2 与水结合后，生成的碳酸酸性很弱，因此 CO_2 的检测多采用灵敏度较高的荧光法。近年来，出现了采用比色法测定 CO_2 的光纤传感器；光纤用于井下瓦斯(甲烷) 气体的遥感分析，这方面的研究很多。此外还有用于井下的小型光纤 CO 报警器；可检测空气中 H_2S、SO_2、Cl_2 的光纤气敏传感器；可连续监测如醇、、醚、酯和酮的蒸气浓度，并可对大气中的芳香烃进行检测的光纤气敏传感器。

3. 其他光纤化学传感器

除了检测 H^+ 的 pH 光纤传感器外，FOCS 还可检测其他各种阳离子和阴离子，而且可进行多组分测定。例如，利用各种离子的荧光效应，可测定 CO^{2+}、Cr^{3+}、Fe^{2+}、Fe^{3+}、Cu^{2+}、Ni^{2+} 和 NH_4^+ 等离子浓度。将两种荧光物质 guinine 和 harmane 固化在纤维素基质上，基于荧光淬灭效应，能同时测 I^- 和 Br^-，测定相对误差小于 5%。水样及人体血清中 Ca^{2+} 的检测很重要，这方面的研究也很多。利用钙调节蛋白因 Ca^{2+} 浓度变化而引起的构形变化所致的荧光变化来测定 Ca^{2+}，检测限达 5×10^{-8} mol。另一新发展是采用离子选择性中性载体 PVC 膜的 Ca^{2+} 光极，但其具体应用尚有待进一步探索。

FOCS 还可用于比色分析、水的浊度测定及有机污染物的检测，如水中氯化烃、碳氢化合物、乙醇及地下污水中酚类污染物等。光纤化学传感器的发展方向集中于以下几方面：

(1) 开发廉价、实用的新型现代光学器件，如以 LED-PIN 为代表的紧凑、价廉的检测仪器。

(2) 研制高灵敏度、高选择性、稳定可逆的指示剂或染料，探索新的染料载体及试剂固定方法，如基于离子选择性中性载体的 PVC 液膜光极是近年来发展起来的一个新领域。

(3) 传感器的多功能复用与遥感。

(4) 新的光学检测技术，如拉曼光谱测量技术、损耗波光谱测定法等的应用。

光纤化学传感器可广泛应用于环境监测、生物及临床医学、工业生产等领域。尽管光纤化学传感器在近十年来得到飞速发展，但国内外都仍未达到规模工业化生产和商业化应用的终极目标。随着社会经济的不断发展，各行各业对简单、价廉、高精度、快速响应的光纤化学传感器的需求将会日益增加，市场前景十分广阔。

9.6　小　结

光纤生物、医学和化学传感器虽然有各自的特征，但是随着多学科相互之间的不断渗透和共同发展，生医、生化传感器已经很难一一归类。例如，化学传感器中的光纤 NH_3 气敏传感器的一个重要发展方向——生物传感(如用于尿液与血液的分析)将构成光纤气敏传感器的一个重要分支；而光纤氧(O_2)传感器是医学诊断中极为有力的工具。

思考题与习题

9.1　试说明光生物、化学、医学传感器的基本原理和用途。

9.2　通过调研，撰写一篇目前 DNA 检测领域中应用光传感器的综述报告。

9.3　通过调研，撰写一篇目前关于 SPR 光传感器研究现状的综述报告。

9.4　通过调研，撰写一篇目前关于光免疫传感器研究现状的综述报告。

9.5　通过调研，撰写一篇目前关于光医学传感器研究现状的综述报告。

9.6　通过调研，撰写一篇目前关于光生物传感器研究现状的综述报告。

9.7　通过调研，举例说明我国目前生物、化学、医学领域中应用光纤传感技术的现状、及其在国际上的水平，并探讨在我国用于生物、化学、医学领域的光纤传感技术的发展方向。

参考文献

[1]　杨玉星. 生物医学传感器与检测技术. 北京：化学工业出版社，2005

[2]　Liedberg B, Nylander C. Surfac plasmon resonance for gas detection and biosensing. Sens.

Actuators. 1983,4：299～304

[3] Huber W Barner R. Direct optical immunosensing (sensitivity and selectiving). Sensors and Actuators B,1992,6：122～126

[4] Malmborg A C, Borrebaeck C A. BIAcore as a tool in antibody engineering. J. Immunological methods,1995,183：7～13

[5] Liu X,Tan W. A fiber Ooptic evanescent wave DNA biosensor based on novel molecular beacons. Anal Chem,1999,71：5054～5059

[6] 成娟娟,谢康.光波导生物化学传感器研究进展.激光与光电子学进展,2005,42(11)：17～21

[7] 王琛琪,闫玉华.光纤生物传感器换能技术进展及商品化展望.传感器技术,2000,19(3)：5～7

[8] Tempelman L A, King K D, Anderson G P, et al. Quantitating Staphylo coccal enterotoxin B in diverse media using a portable fiber optic biosensor. Anal Biochem,1996,233：50～61

[9] 崔大付等.发展中的生化传感器.传感器世界,2004(3)：6～11

[10] 孙圣和,王廷云等.《光纤测量与传感技术》.哈尔滨：哈尔滨工业大学出版社,2002

[11] Otto S,et al. Analytical chemistry with optical sensors. Anal. Chem. ,1986；387：325～328

[12] Seitz W R. Two phase flow cell for chemiluminescence and bioluminescence measurement. Anal. Chem. ,1984,56：1046～1050

[13] John,O W. Current Status and Prospects for the Use of Optical Fibres in Chemical analysis. Norris. Analyst,1989,114：1359～1165

[14] 范世福.光纤在分析技术中的应用和进展.分析仪器,1991(2)：1～5

[15] John L G, et al. Optical Fluorescence and Its Application to an Intravascular Blood Gas Monitoring System. IEEE Trans BME,1986；33(2)：117～132

[16] 范世福.光导纤维化学传感器.分析仪器,1995(1)：9～11

[17] Peterson J I,et al. Fiber optic pH probe for physiological use. Anal Chem,1980,52(6)：864～869

[18] Bacci M,Baldini F,Bracci S. Spectroscopic behavior of acid-base indicators after immobilization on glass supports Appl. Spectr. ,1991,45(9)：1508～1515

[19] Roger A W, et al. Development of a medical fiber-optic pH sensor based on optical absorption. IEEE Trans BME 1992；39(5)：531～537

[20] Kirkbrigh t G F. Determination of nitrazepam and flunitrazepam by flow injection analysis using a voltammetric detector. Analyst 1984,109：15～21

[21] 任麒.具有快速响应的 pH 光纤传感器.传感器技术,1993,(增刊)：15～18

[22] Baldini F, et al. Controlled-Pore Glasses Embedded in Plastic Optical Fibers for Gastric pH Sensing Purposes. Applied Spectroscopy,1994；48(5)：549～552

[23] Benaim N,et al. Fibre optic pH sensor for use in liquid titrations. Analyst,1986,111：1095～1097

[24] Grattan K T V, et al. Fiber optic pressure sensor using white-light interferometry. SPIE Fiber Optic Sensors,1987,798：230～241

[25] Ruzicka J, et al. Optosensing at active surfaces—a new detection principle in flow injection analysis. Anal Chim Acta 1985,173：3～21

[26] BacciM, et al. Novel Techniques and Materiais for fiber Optics Chemical Sensing. Springer Proceedings in Physics Optical fiber Sensors 1989,44：425～427

[27] SaariL A. pH sensor based on immobilized fluoresanemine,et al. Anal Chem 1982,54(4):821～823

[28] Otto S Wolfbeis,Posch H E,et al. Fiber optical fluorosensor for determination of halothane and or oxygen. Anal Chem 1985,57(13):2556～2561

[29] Zhujun Z,et al. Optical sensor for sodium based on ion-pair extraction and fluorescence. Anal Chim Acta 1986,184:251～258

[30] Ming- Ren S F,et al. Single Fiber Optic Fluorescence pH Probe. Analyst 1987,112:1159～1168

[31] Wolfbeis O S,et al. Fluorescence sensor for monitoring ionic strength and physiological pH values. Sensors and Actuators,1986,9:85～91

[32] Zhengfang G,et al. Fiber-optic pH sensor based on evanescent wave absorption spectroscopy. Anal Chem 1993,65(17):2335～2338

[33] Ken IM,et al. Determination of pH with surface-enhanced Raman fiber optic probes. Anal Chem 1992,64(8):930～936

[34] Jenifer W P,et al. Fiber-optic sensors for pH and carbon dioxide using a self-referencing dye. Anal Chem,1993,65(17):2329～2334

[35] W eihong T,et al. Development of submicron chemical fiber optic sensors. Anal Chem,1992,64(23):2985～2990

[36] 徐远金.光纤气敏传感器.化学传感器,1995,15(2):87～90

[37] Giuliani J F,et al. Reversible optical waveguide sensor for ammonia vapors. Optics Letters,1983,8(1):54～56

[38] Quan Z,et al. Porous plastic optical fiber sensor for ammonia measurement. Applied Optics 1989,28(11):2022～2025

[39] Reichert J,et al. Development of a fiber-optic sensor for the detection of ammonium. Sensors Actuators,1991,14:481～482

[40] Steven J W,et al. Selective ionophore-based optical sensors for ammonia measurement in air. Anal Chem 1992,64(5):533～540

[41] Timothy D R,et al. Simplex optimization of a fiber-optic ammonia sensor based on multiple indicators. Anal Chem 1988;60(1):76～81

[42] Hirschfeld T,et al. Laser-fiber-optic optrode for real time in vivo blood carbon dioxide level monitoring. J Light Wave Technology,1987,LT-5(7):1027～1033

[43] Woflbeis O S,et al. Fiber-optic fluorosensor for oxygen and carbon dioxide. Anal Chem,1988,60(19):2028～2030

[44] Peterson J I,et al. Fiber-optic probe for invivo measurement of oxygen patial pressure. Anal Chem,1984,56(1):62～67

[45] Wolthuis R A,et al. Development of a medical fiber-optic oxygen sensor based on optical absorption change. IEEE Trans BME,1992,38(2):185～193

[46] Bright F V,et al. Talanta,A New Ion Sensor Based on Fiber Optics. 1988,35(2):113～118

[47] Chu Z,et al. Simultaneous determination of Brand I-with a multiple fiber-optic fluorescence sensor. Applied Spectroscopy,1990,44(1):59～63

[48] B lair T L,et al. Fiber optic sensor for calcium(2^+)based on induced change in the conformation of

the protein calmodulin. Anal Chem, 1994, 66(2): 300～302

[49] 李伟. 免疫分析中的光纤生物传感器. 化学传感器, 1995, 15(1): 22～26

[50] Gupta B D, Sharma S. A long-range fiber optic pH sensor prepared by dye doped sol-gel immobilization technique. Optics Communications, 1998, 154: 282～284

[51] Lobnik A, Oehme I, et al. pH optical sensors based on sol-gels: Chemical doping versus covalent immobilization. Anal Chim Acta, 1998, 367: 159～165

[52] Makote R, Collinson M M. Organically modified silicate films for stable pH sensors. Analytica Chimica Acta, 1999, 394: 195～200

[53] 陈西明, 张以谟等. 光纤化学传感器技术与应用. 光电子技术与信息, 2001, 14(4): 13～16

10 光电传感技术在航空航天领域的应用

10.1 概 述

1. 研究内容

光纤传感器在航空航天领域的主要应用有二：一是航天器的健康诊断；二是航天器的智能导航。其中结构的健康诊断和智能材料与结构的研究和发展是一大主线，这不仅仅意味着飞行器结构功能的增强、结构使用效率的提高和结构的优化，更重要的是飞行器设计、制造、维护和飞行控制等观念的更新，尤其是针对目前采用传统传感技术尚无法解决的问题，如航天器的烧蚀、区域内局部应变和应力的实时监测，以及结合特种材料（如形状记忆合金等）实现自修复，满足现代测试技术的区域化、多点、多参量和高分辨率测量，以及网络化的发展。

2. 特点和主要类型

光纤技术与电技术相比所具有的优点是：较宽的传输带宽，低功耗、小尺寸和轻质量；抗电磁干扰（electromagnetic interference，EMI）、电磁脉冲（electromagnetic pulse，EMP）和高强度射频（high intensity radio frequency，HIRF）干扰。现代战争是在高强度、多频谱电磁环境下作战，因此光纤具有极强吸引力，已应用于所有高要求的信息场合。如美军运输机采用光传操纵（fly by light，FBL）取代电传操纵（fly by wire，FBW），仅屏蔽材料的重量就减轻 108～1800kg，这还不包括金属线大于光纤的重量。

目前已报道的用于航空航天领域的光纤传感器主要有以下几个类型：①激光与光纤陀螺；②航天飞行器姿态控制技术；③自主定位导航技术；④航空航天飞行器 GNC 系统集成技术和信息集成技术；

⑤智能材料与结构等。

10.2 光纤陀螺仪

无论是精密制导武器，还是航天导航都离不开陀螺。光纤陀螺仪(fiber optic gyro，FOG)是一种新型的陀螺，目前已经成为航空航天领域应用中最早成熟的光纤传感器产品。光纤陀螺仪是下一代主要的惯性传感器。它基于Sagnac效应，光波在闭环光路中传播，若闭环绕垂直其平面轴旋转，正反向光路出现光程差。光纤陀螺仪分为干涉和谐振腔两大类。其 $\Delta\varphi = 4\pi RL\Omega/c\lambda$，光纤长度可达1km。其优点是：使用方便，没有复杂的电路和电源；可靠性高，环境适应性强，没有机械零件，抗冲击振动；寿命长，可达20 000h；动态范围宽，瞬时启动，不受干扰；检测精度高，比激光陀螺仪高一个数量级，目前精度在0.001～0.5°/h。如美国和日本已形成高、中、低三个精度档次。

干涉型光纤陀螺仪有开环和闭环两个类型。开环光纤陀螺技术已成功地用于姿态航向参考系统(attitute and heading reference system，AHRS)的生产；而用于高性能航天和导航级航空应用的闭环光纤陀螺技术目前也进入实用阶段。用于导航级航空的光纤陀螺仪是改进的消偏型光纤陀螺仪，这可大大降低导航级传感器的生产成本。美国已将光纤陀螺仪用于民航机、日本已用于无人机、法国已用于PIVAIR潜望镜，英国已用于CM010光电桅杆，实现瞄准线稳定。

光纤陀螺仪作为全固态器件，除具有寿命长、可靠性高、批量生产成本低等诸多优点外，更重要的是，它的性能可以按照需要进行设计，适应于多种应用等优势。

10.2.1 开环光纤陀螺仪

如图10-2-1所示的开环干涉型光纤陀螺仪，其中图(a)是原理图，(b)是Honneywell公司第一批研制的光纤陀螺产品的照片。这种设计采用了标准的全光纤型最简配置的光路，光路中压电陶瓷相位调制器(PZT MOD)用来拉伸光纤环以获得所需的偏值调制量。解调后的输出是一个代表转速的开环数值。这个陀螺的首次应用是道尼尔328和33座客机上的姿态航向参考系统。在这以后，还用于几个类似的姿态航向参考系统。

开环设计的第二个应用是波音777飞机的姿态和空气数据系统(SAARU)。在1995年上半年，SAARU系统进行了注册，1995年中期开始投入商务空运。现在，这种产品已符合预期的性能标准，并且可靠性很高。

10.2.2 闭环光纤陀螺仪

闭环光纤陀螺仪的原理示意图如图10-2-2所示。比较图10-2-1(a)和图10-2-2可见，开环光纤陀螺仪和闭环光纤陀螺仪的差别是：开环光纤陀螺仪是直接测量光纤圈转

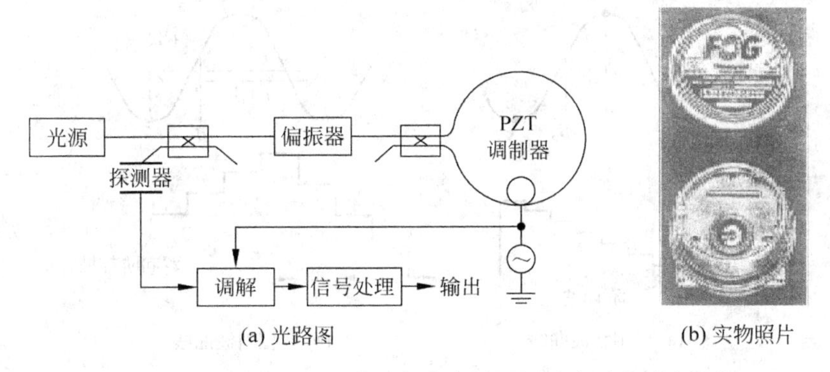

(a) 光路图　　(b) 实物照片

图 10-2-1　Honneywell 公司的全光纤开环干涉型光纤陀螺仪

动引起的相位差；而闭环光纤陀螺仪则是对由光纤圈转动引起的相位差进行补偿。所以闭环光纤陀螺仪的结构比较复杂，优点是性能较优越。

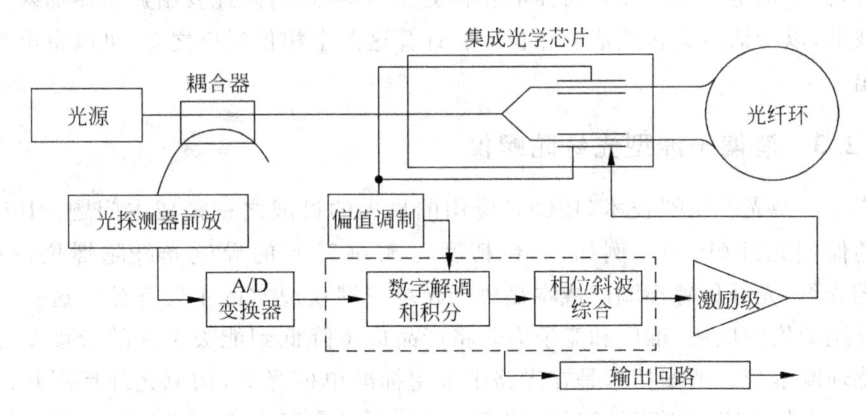

图 10-2-2　闭环光纤陀螺仪原理框图

图 10-2-2 的闭环光纤陀螺仪设计采用了多功能集成光学芯片。它把光分成沿顺时针方向和沿逆时针方向传输的光波，并用光电控制对环路中的光波进行相位调制。信号处理设计的基础是把光探测器信号转换成数字式表达的光强信号，然后进行数字式解调和积分。闭环时采用电压斜波函数驱动集成的光学相位调制器，电压斜波函数与转速成正比。这里采用了两种斜波方法，见图 10-2-3。

第一种相位斜波技术是所谓的线性调频调制，它的基础是给光波加上一个高为 2π 的锯齿波调制，它的频率与速率大小成正比，极性代表旋转方向，测量锯齿波周期可以测出速率。

第二种相位斜波技术是在光探测器处锁定反向最小光强，如图 10-2-3(b)所示。在这种双斜波系统中，相位调制器把包含向上和向下跃变的相移加到光波中。在无转速时，锁

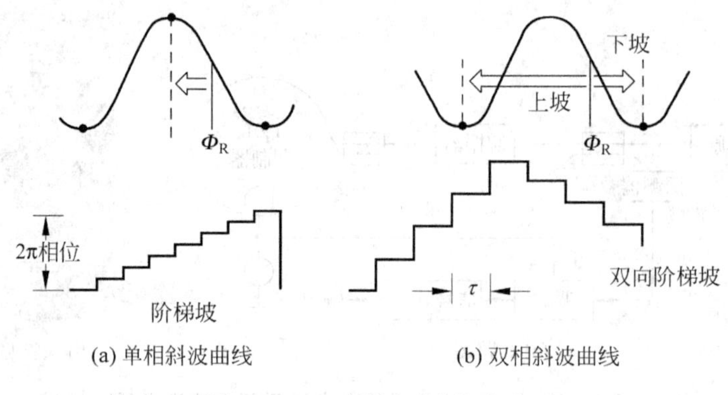

图 10-2-3 两种闭环表的波形

定$+\pi$和$-\pi$点时的输出光强要有相等的相移，因此向上和向下的斜率相等。如果存在惯性旋转，由于锁定一点的光强所需的相移会比另一点大，因此要给调制器加入上下斜率不等的波形，以抵消由旋转造成的相位差。计算这两个相位斜率之差，可以得出光纤陀螺仪的输出。

10.2.3 消偏干涉型光纤陀螺仪

推广干涉型光纤陀螺技术(IFOG)应用的最大的挑战之一是成本问题。IFOG 中用了大量的保偏光纤(PM)。例如，一台精度为 0.005°/h 的导航光纤陀螺仪，一般要用 1000m 的光纤，光纤传感环圈的成本是整个光纤陀螺仪成本的主要部分。这一点会严重影响光纤陀螺仪的应用、推广和竞争力。将产品成本降低到能吸引人的最重要的一个方面是传感环圈本身。消偏技术是在光路中采用标准单模光纤，构成光纤环圈并结合消偏振的方法。消偏技术对更高性能的 IFOG 来说，更具有吸引力。为了使消偏陀螺技术达到导航级的性能，必须解决一些技术关键。

消偏陀螺仪中最重要的一个性能问题是由消偏造成的误差，这种误差会降低偏值稳定性。在消偏陀螺仪中，这是一个难题，因为光纤消偏器包含有一个 45°角的接头，这一点是特意在传感环中将不同偏振态间的光交叉耦合最大化。该问题的解决，使消偏陀螺达到了相当于保偏光纤陀螺仪的导航级性能。采用光纤消偏器，由宽波段光源发出的光，通过偏振器进行线性偏振后传输到环路，然后对顺时针传输的光波进行消偏，即在传输到环路后，由消偏器将光变成全消偏状态。

10.2.4 高精度光纤陀螺仪

图 10-2-4 是 Honneywell 公司研制的精密干涉型光纤陀螺仪的原理简图。光纤传感环圈由平均直径为 14cm、长为 2km 的保偏光纤组成。用一个超发光掺铒光纤光源产生

1.53～1.56nm 波长的宽带光源。这种光源的特点是波长稳定，光强超过 5mW。这种陀螺仪是为超高精度的应用开发，例如用于精确的航天器和潜艇(此时需长时间的导航)。这些应用都对精度有非常严格的要求(优于 0.001°/h)。

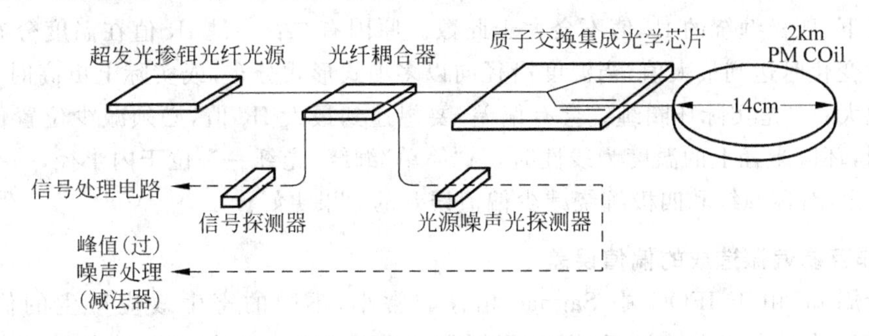

图 10-2-4 Honneywell 公司精密 IFOG 的原理图

虽然高光功率对降低随机噪声中的散射噪声是必要的，但它还不足以达到超低值的角游走系数(angle random walk，ARW)。采用高光功率、宽带光源的光纤陀螺的信噪比不再受散射噪声的限制，而是受由宽带光谱光源内振荡器间差频产生的噪声限制。但是此噪声可以被测出并从主陀螺仪信号探测器中消去，见图 10-2-4。在图中，使用了参照光探测器(光源噪声探测器)来连续测量光功率。在调节此参照输出信号后，再从主陀螺光信号探测结果减去它，以补偿过噪声。实验得到的偏值稳定性为 0.000 38°/h，角随机游走为 $0.0002°/\sqrt{H_2} \cdot h$。

10.2.5 影响 IFOG 性能的主要误差源

1. 由于随时间变化的温度扰动而造成的偏值误差

由于传感环圈内因温度变化分布不对称将造成旋转角误差。目前已提出的解决办法有以下几种：

(1) 选光纤材料

选择热膨胀和折射率温度系数低的材料制作光导纤维。

(2) 用特殊绕法

采用特殊的环圈缠绕方法，即让光纤与相邻的环圈中的点保持同样的距离。

(3) 绝热和良导

用绝热方法保护环圈不受外界温度变化的影响；在环圈中放入导热率高的材料，形成良好的导热性，减少热梯度。

(4) 简单的不对称准则

三种可能的缠绕方法是，简单缠绕、对称缠绕(环圈交变层从光纤的交变端开始缠绕)和四极缠绕(环圈的交变双层从光纤的交变端开始缠绕)。通过计算对称缠绕和四极缠绕方式在径向温度变化下的IR[①]值,发现IR值与层数M有关——对称缠绕与层数M有关;四极缠绕与层数M的平方有关。由于光纤直径在165～250μm之间,所以达100层(环圈半径约20mm)是可行的。这时对称缠绕的IR值为102;四极缠绕的IR值为104。一般情况下,四极缠绕的IR值不会大于此数。原因有二:一是IR值在温度分布随环圈半径线性变化时达到最大值,当温度沿径向以多项式形式分布,或实际上更高时,IR值不可能如此大;二是实际环圈缠绕会有偏差,要想达到最大IR值,必须减少位置偏差。有结果表明,环圈半径上的温度为线性时,与"简单"缠绕(光纤一头位于内半径,一头位于外半径)相比,对称缠绕和四极缠绕减少偏值误差的效果更好。

2. 非互易偏振造成的偏值误差

众所周知,由于IFOG中Sagnac相移非常小,不同的寄生效应产生的假相移比Sagnce相移本身大多个数量级,因此用倒数有助于消除这种假相移或偏值误差。实际上,只要干涉的反向传输波在传感环圈中,经过同样的光路,这种相移就会消失。由于单模(低双折射)光纤实际上支持两种正交偏振形式(两个简并偏振模式),但小的双折射扰动(横向力、扭曲等)会把功率耦合到正交偏振形式中。因此,不能保证反向传输的波将经过同样的光路,于是产生非互易偏振(PNR)偏值误差。在采用标准反向配置的IFOG公共输入/输出端插入高质量的偏振滤波器(偏振器),就可以完全消除PNR偏值误差。而实际上偏振器并不完美,PNR偏值与它的消光比方根成正比,这是对I-FOG的严重限制,因为1km长光纤的IFOG需要130dB的消光比以达到导航级性能,而目前尚无法达到如此高的消光比。实际上,PNR偏值误差密度与消光比成正比,把保偏(PM)光纤与宽带或低相干性光源结合使用可大大降低对偏振器消光比的要求。保偏光纤使入射光的偏振态可以在光纤内保持很长一段距离(1km以上)不受外部双折射扰动的影响。此外,保偏光纤中两种偏振模的速度差足够大,由它们干涉产生的偏值误差可以忽略不计。

3. 减少偏值磁灵敏度

在纵向磁场中,椭圆偏振光的法拉第相移是非互易效应,它会增加IFOG偏值误差。这种对磁场的灵敏度可从两个途径改善:一个是光纤中用线偏振,另一个是光纤圈中心没有电流通过。用保偏光纤有助于保持线偏振。但由于光纤的扭曲,偏振模略带椭圆并有空间变化,致使出现残余法拉第相位偏值误差

$$\Phi_{\mathrm{F}} = \frac{VD_{\mathrm{eff}}L_{B}}{\pi}\sqrt{2NpW}$$

式中,D_{eff}是环圈等效直径;L_{B}是光纤的拍长;N是光纤匝数;W是对应于环圈周长的环境频率下光纤扭曲的PSD;V是Verdet常数(它随$1/\lambda_2$变化)。在1.5μm光的光纤环圈

① IR,Improved Ratio改进比,定义为一简单缠绕的Shupe偏值与改进的缠绕的偏值的比。

里，磁灵敏度的数量级为 $1\sim10\mu rad/gauss/\sqrt{km}$。在导航级应用中，必须用磁屏蔽，以衰减周围磁场。

磁屏蔽设计已经很成熟。许多对简单几何形状屏蔽的标准分析最近已被用于更复杂实际情况的有限元分析(FEA)，导航级 IFOG 的磁屏蔽设计已经采用了二维和三维的有限元分析方法。IFOG 采用磁屏蔽的结果是已经使偏值磁灵度达到优良结果。

10.3 航天飞行器姿态控制

飞行器的蒙皮可以实时探测来自敌方的各种威胁，飞机机翼可以根据飞行条件的不同弯曲变形以便始终保持最佳巡航效率。固定翼飞机在起飞和降落时需要升降副翼；在遇有阵风等情况时，飞机翼片的受力分布将发生变化，不能始终保持最佳升力/阻力比。这些事实都说明飞机在不同的飞行状态和飞行条件下需要不同的机型和翼型。智能结构与空气动力学控制技术相结合制造出的自适应结构，可根据不同的飞行条件，驱动机翼弯曲、扭转，从而改变翼形和攻角，以获得最佳气动特性，降低机翼阻力系数，延长机翼结构的疲劳寿命。

根据美国的研究，使用自适应材料可使固定翼飞机在长期疲劳状态下，降低 6%的阻力系数，同时保持高效巡航性能。预计在战斗机机翼上使用由叫做“Terfenol”的最新智能材料制作的磁致伸缩制动器，可使机翼阻力降低 85%。美国陆军研究局经过多年的基础性研究，于 1998 年 3 月开始开发直升机主动控制技术，将用于 RAH-66 武装直升机及未来的联合运输旋翼机。美国国防部和航空航天局也在研究形状自适应结构和空气动力载荷控制，研究内容包括翼片弯曲、弯曲造型/控制面造型和可变刚性结构。这些自适应结构不仅可使机翼扭曲，还可以使机翼的前缘和后缘变形，通过形状记忆合金致动器提高飞行器的机动性和升力。此项技术将会提高飞机的生存能力并降低阻力。

为完成上述功能，就需要一系列传感器进行数据的采集，再结合相应的执行器完成闭环控制，达到预期目的。前述许多光传感器均可用于此目的，例如光纤压力，光纤应力/应变和光纤温度传感器等。

10.4 自主定位导航技术

10.4.1 组合导航系统

组合导航系统(包括精确制导)通常由两个主要部分构成：惯性检测单元(IMU)和 GPS 接收器。其中前者用于定向，而后者用于定位。惯性检测单元(IMU)是一个刚性连接于底盘之上的捷联结构(即传感器沿三个正交轴方向固定在一个基底盘之上，如图 10-4-1 所示),它由三个光纤陀螺(精度视需要而定)、一个微机械三轴加速度计组,以及相关电路、软件共同构成。

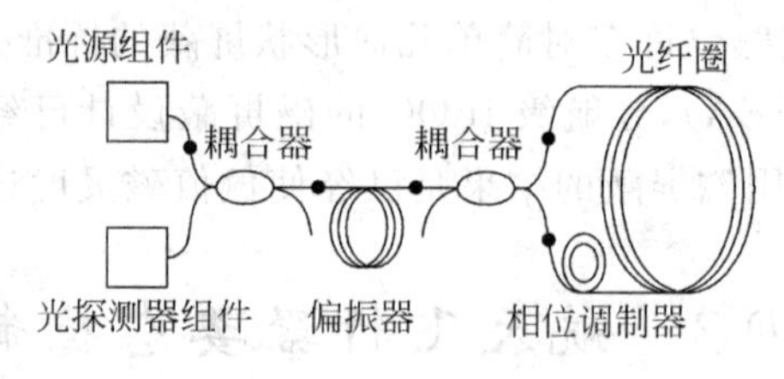

图 10-4-1 光纤陀螺的基本结构

10.4.2 机载惯性导航系统

20 世纪 70 年代初,机载惯性导航装置采用以机电陀螺为基础的框架式平台结构,基本可以满足军用和民用飞机的导航要求,但可靠性不高,因此飞机导航仍需以无线电导航为主。为了提高机载惯性导航装置的可靠性,减少体积、重量和成本,降低维修费用,从而减少寿命周期成本,人们开始了对捷联式惯性导航(捷联惯导)系统的研究。捷联惯导系统是将惯性敏感元件(陀螺、加速度计)直接安装在运载体上。陀螺和加速度计直接检测运载体的姿态和加速度变化,以"数字平台"替代框架式平台,利用计算机实时解算出姿态、位置、速度信息,供导航和控制使用,是一种新型的惯性导航系统。在捷联系统中,由于平台对惯性器件的隔离作用已不复存在,惯性器件将不得不在相当恶劣的环境下工作。若要求陀螺仪能测量小至 0.01°/h、大到 400°/h 的转动角速度,其动态量程达 10^8,则陀螺仪应有很高的灵敏度和相当宽的测量范围以及足够的抗冲击和耐旋转能力。显然,传统的机电陀螺已很难满足这方面的要求,而光纤陀螺在应用于构造捷联式惯性测量单元具有优于其他陀螺的特性,例如,与挠性陀螺相比具有抗冲击及可靠性高等特性,与激光陀螺相比具有体积小、成本低及无闭锁等特点,因此特别适合于构造惯性测量单元。用光纤陀螺构造的惯性测量单元,可以根据应用对象的不同设计要求,在精度、成本、重量、体积等方面进行灵活及容错的综合设计。

机载惯性导航系统通常需要采用导航级的陀螺仪,对精度要求较高,目前光纤陀螺达到这个要求尚有困难。但随着 GPS 导航技术的发展并与惯性导航装置组成机载综合导航系统,对惯导中陀螺精度的要求也已经降低。在这种系统中,要求陀螺具有 0.1~1°/h 的精度,而不是纯惯性导航系统所要求的小于 10^{-2}°/h 的导航级精度,精度要求不及纯惯性导航系统的传感器就能够完成这种任务。因此比环形激光陀螺廉价得多的光纤陀螺非常适合这种任务。德国利特夫有限股份公司(Litef GmbH) 通过引入全球定位系统(GPS),以及从大气数据计算机获取真实空速,把最初用来替代旋转式姿态与航向传感器的光纤陀螺系统用于导航领域。产品包括导弹的光纤陀螺惯性测量单元和"旋风"式战斗机与电子战飞机的 GPS 惯性导航系统。系统也可以将速度矢量提供给平视显示器，用在没有先进惯性导航系统的军用教练机上。

光纤陀螺捷联惯导系统采用光纤陀螺为主要惯性元件，可以提供三维角度、角速度、速度、位置以及攻角、侧滑角，供驾驶仪解耦控制等使用，用来改变参数以及控制红外侧窗。

光纤陀螺在航空武器的应用中适合于结构小型化（直径为 30～50mm）、中等精度 10～0.1°/h 的设计要求，其应用领域有：雷达无人控制直升机的姿态控制、稳定机载摄像机、稳定机载雷达天线、机载合成孔径雷达的运动补偿等。

10.5　精确制导武器

精确制导武器（PGMs）是机动部队指挥官在未来战场上快速完成部队部署，获取成功的关键。所有的 PGMs 都需要带有惯导测量传感器的 IMU 系统。首先，高性能 IMU 适用于军需装备、导弹和个人导航系统，而军事领域中高精度的角度传感器仍然是光学传感器的天地。其次，未来武器平台的作战要求武器结构不仅具有承载功能，还能感知和处理内外部环境信息，并通过改变结构的物理性质使结构形变，对环境作出响应，实现自诊断、自适应、自修复等多种功能。

精确制导系统的基本结构与组合导航系统很类似，由于应用场合的需要不同，其精度要求大大低于导航系统。精确制导武器的应用主要集中在三个方面：机载武器、短距离战术武器和地面车辆。美国波音公司研制的全球卫星定位系统（GPS）制导的全天候、自动寻的常规炸弹（联合直接攻击弹药），是在现役普通炸弹上加装惯性/卫星定位（INS/GPS）制导装置而成。其中有的已安装光传感器。图 10-5-1 是光纤陀螺在精确制导武器中的应用实例。

图 10-5-1　美国的 JMDA 精确制导弹药

10.5.1　机载战术导弹的惯性制导

从 20 世纪 50 年代美国第一个空空导弹 Sidewender21A 问世至今，机载战术导弹的制导系统从最初的近距红外被动制导及半主动雷达制导，经过中距拦射红外制导、半主动雷达制导，发展到目前第四代的中、远距结合的红外成像/惯性复合制导。第四代机载战术导弹制导系统的突出特点就是采用了惯性制导，构成复合制导系统。战术导弹引入惯性制导，可以扩大导弹制导系统的作用距离，并使其功能增强，制导精度提高，大大提高导弹的作战效能。战术导弹的惯性制导系统也分平台式和捷联式，目前应用较多的是捷联式制导系统，如俄制 R277、美制 AIM2120 和法制 MICA 等。

光纤陀螺在战术导弹上的应用较为成熟，其中漂移率为 10°/h 中等精度的光纤陀螺已可满足战术导弹控制的需要。采用光纤陀螺构成的惯性测量组件显著的特点是，组件中无转动部件、成本低、可靠性高、重量轻、尺寸小、功耗低、快速反应能力强。例如 LN2200 光纤陀螺惯性测量组件，它是美国 Litton 公司（目前为 North Group Garman 公司）为新一代战术导弹研制的惯性制导设备。美国的 AIM2120B 及 C 型中距空空导弹，AGM2142 空地导弹都采用该惯性测量组件。LN2200 采用的光纤陀螺漂移重复性可达 1～10°/h，角随机游走 0.01～0.04°/h，测量范围 1000°/s。它与微硅加速度计一起构成的整个惯性测量组合的尺寸为 89×85(mm)，重 700g，稳态功耗仅 10W。

战术导弹采用光纤陀螺构成惯性测量组件，主要用于测量导弹运动过程中的俯仰角、偏航角和横滚角，引导导弹命中目标。其最大的优点就是提高了在作战中的快速反应能力。一个明显的例子如下，俄罗斯的 R-77E 被认为是与美国的 AIM-120 并列的第四代中距空空导弹，尽管 R-77E 在机动性和射程上占有优势，但由于它采用传统的机械式陀螺而不是光纤陀螺，使得其作战准备时间相对较长，载机在空中作战时容易陷入被动地位。目前，俄罗斯已将新近开发的光纤陀螺技术用于其最新主动雷达导引头的研制，以加快战术导弹的启动速度。

10.5.2 航空火力控制系统

陀螺组件是航空火力控制系统的重要组成部分，用于测量载机机轴体系的方位角速度和俯仰角速度，提供给火力控制计算机作为瞄准计算的主要信息。战斗机的火控测量陀螺大体上经历了框架式陀螺、液浮陀螺和挠性陀螺三代，分别用于机电式瞄准具、电子模拟计算机瞄准具和数字式（即平视显示）系统三代火力控制系统。在大多数国家，这三代火控系统都同时在役，因此可以考虑用光纤陀螺替代现役的惯性陀螺，对现有的火力控制系统进行改装。特别是光纤陀螺可以数字输出，便于与计算机接口连接的特点，在数字计算机式的火力控制系统中替代挠性陀螺，将会使设备的构造大大简化，并可延长寿命，提高可靠性和降低成本。另外在头盔瞄准具中，应研究如何利用光纤陀螺技术等新式敏感元件来提高投放火箭等非制导武器的瞄准线探测精度。

10.5.3 航空弹药的制导

近年来美国在科索沃、阿富汗以及伊拉克战争中所使用的精确制导弹药，特别是精确制导炸弹所取得的辉煌战果，使世界各国普遍认识到弹药制导化是实施精确打击的重要技术措施。当前许多国家正在大力开展这方面的研究，如果在研究过程中考虑使用光纤陀螺，势必会取得较好的效果。例如在激光制导航弹中若采用机械式角度陀螺仪，用于系统控制回路的阻尼，则功耗较大，且响应时间有严格要求；如果采用光纤陀螺仪，不但可以大大降低功耗，还可提高系统的响应时间，其陀螺仪精度为 10～100°/h 时，即可满足要求。

10.6　智能材料与智能结构

10.6.1　概述

在武器平台的蒙皮中植入智能结构，包括探测元件、微处理控制系统和驱动元件，就成为智能蒙皮，可用于监视、预警、隐身和通信等。

美国弹道导弹防御局目前正在为其未来的弹道导弹监视和预警卫星研究在复合材料蒙皮中植入核爆光纤传感器、X 射线光纤探测器、激光传感器、射频天线等多种传感器的智能蒙皮，可安装在天基防御系统空间平台的表面，对来自敌方的多种威胁进行实时监视和预警，预计在 2010 年左右获得初步应用。美空军莱特实验室正在把一个承载天线结合到表层结构中，这种一体化结构的天线与传统外部嵌置的天线相比，能够有效提高飞行器的空气动力性能、减轻飞行器结构重量和体积、提高天线性能、降低生产成本和维修费用，该计划将于 2013 年进行模型样机的试飞。美海军则重点研究军用舰船智能表层的电磁隐身问题。美国国家航空航天局军用飞机部也在从智能蒙皮原理、结构、材料等方面的研究。图 10-6-1 是飞机上的光纤智能结构示意图。

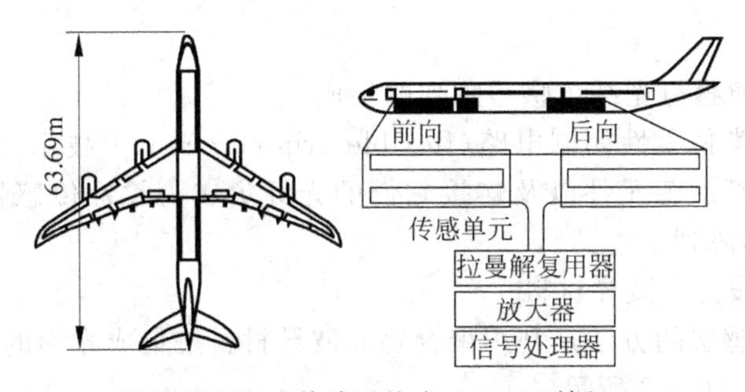

拉曼型分布式传感系统在 A340 运输机上

图 10-6-1　飞机上的光纤智能结构

10.6.2　智能材料中的光纤传感器

智能复合材料的自诊断功能是十分重要的，它是自适应、自修复功能的基础。目前，可以制作智能复合材料结构中传感网络的元件很多，常用的有压电陶瓷、电阻应变丝、光纤等。其中光纤具有柔软、可挠曲、电绝缘、耐腐蚀、不发热、无辐射，能在强电磁、易燃易爆、毒性气体环境下工作，并和复合材料有着良好的耦合性等独特的优点。因此光纤传感器一直是智能复合材料结构中自诊断系统的首选对象和发展方向。

光纤自诊断系统是由激光器、传感系统、光电转换系统、数据采集和处理系统等组成。其中用于智能复合材料的传感系统通常是多个光纤传感器连接在一起的光纤传感器阵列。如何将光纤传感器阵列埋入复合材料中，是目前制约光纤传感器在智能复合材料中应用的一个重要因素，是实现光纤自诊断系统的关键。这是因为把光纤埋入复合材料所要考虑的问题较为复杂，许多问题还有待于解决，主要有以下几个方面：

(1) 光纤传感器和连接这些传感器的光纤布局；

(2) 光纤传感器埋入复合材料工艺的可行性；

(3) 制作智能复合材料的工艺对光纤传感器和连接光纤性能的影响以及光纤完好性；

(4) 光纤传感系统与激光器和光电转换系统之间的耦合问题；

(5) 埋入的光纤传感器与连接光纤对复合材料性能的影响。

设计和制作标准化、模块化的光纤传感层是解决上述问题的途径之一。这种光纤传感层便于存储、运输和埋置，并且可以在埋入复合材料结构之前对光纤传感系统进行标定。这种模块化集成化的传感子系统，可以促进光纤自诊断系统的应用。

目前，智能复合材料光纤自诊断系统中的激光器、光电转换系统、数据采集和处理子系统的硬件技术和软件技术都较为成熟，容易集成化和模块化，而有关光纤传感系统的模块化、集成化方面研究较少。

1. 集成方式

(1) 聚酰亚胺薄膜与光纤传感器阵列的集成

该技术是采用类似柔性印刷电路(flexible printed circuit) 技术，将准分布式光纤传感器中的点测量光纤敏感元件以及连接它们的光纤集成为柔性传感器层。图 10-6-2 是分布式 FBG 传感器阵列示意图。

(2) 以聚酰亚胺为光波导材料

另一种制作传感层的方法是利用聚合物光波导材料按集成光学的方法制作掩埋式三维矩形光波导，如图 10-6-3 所示。

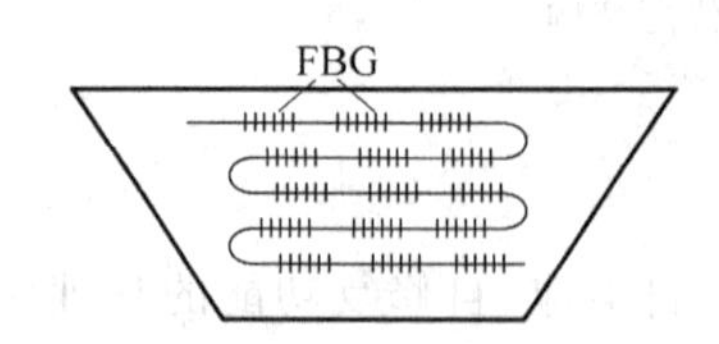

图 10-6-2　分布式 FBG 传感器阵列

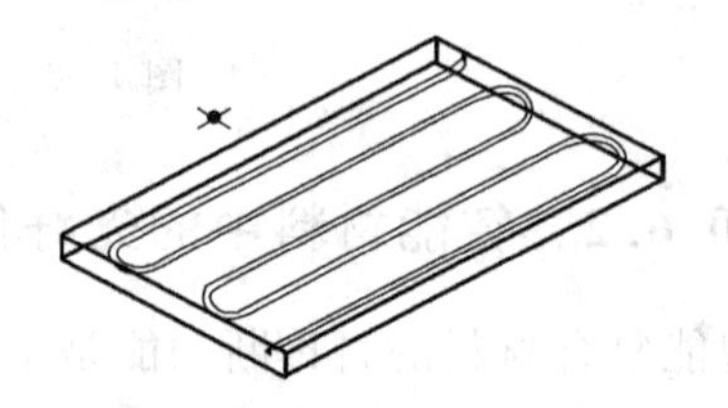

图 10-6-3　掩埋式三维矩形光波导

2. 埋入传感层对复合材料的影响

传感层按模块化方式预先制作、标定后，根据需要既可以埋入复合材料内部，也可以粘贴于复合材料表面。传感层埋入复合材料内部时，应采用真空叠压或热压方式压实，以减少层间气隙。用聚酰亚胺薄膜与光纤集成的传感层，不但聚酰亚胺薄膜与光纤结合良好，而且聚酰亚胺与多种复合材料结合也很好，可以埋入多种复合材料中。

传感层中的传感器阵列必须按一定的几何形状排列。例如，作为状态监测（如形状、位置、损伤等）的光纤传感器要求对外部应力造成的结构变化极为敏感，而作为温度监测和通信用的光纤应对结构变化不敏感。据报道：当光纤铺设方向与材料纤维方向一致时，光纤对结构变化最敏感，而且光纤与复合材料树脂基体的结合性良好，并对复合材料结构没有明显的附加微观缺陷；当光纤铺设方向与增强纤维垂直时，由于光纤尺寸的影响而使光纤周围产生富树脂区导致气体排出困难，增大了气孔形成倾向，将可能带来复合材料的组织缺陷。富树脂区的尺寸与埋入光纤的直径有关，约为光纤直径的 7 倍，对其力学性能产生不利影响。在实际应用中不可避免会出现光纤铺设方向与纤维方向不平行的情况。虽然光纤埋在聚酰亚胺薄膜中，但是仍然会造成传感层的表面隆起，使复合材料产生组织缺陷。普遍认为埋入少量的光纤不会对复合材料性能有太大的影响。

3. 制作传感器铺层的工艺对光纤性能的影响

由于把传感器铺层埋入复合材料的过程还要使用热加工和热处理技术，因此光纤传感器与外部设施的连接光纤保护问题变得十分突出。现在常用的措施是在材料结构的边缘插入金属套管、硅钢管、特氟隆管等，一方面在后加工中对光纤起保护作用，另一方面可作为光纤与外设施的桥梁。但是这种方法可靠性不高，对复合材料有损伤，因此特意延伸出一段聚酰亚胺薄膜，对光纤引出部分加以覆盖，以保护光纤接口。

埋入聚酰亚胺薄膜的光纤弯曲最好为自然弯曲，集成技术对光纤弯曲造成的损伤不大，但弯曲会造成光纤的微弯损耗。试验中对弯曲半径为 10mm 下集成的光纤进行测试发现所有光纤全部完好。光纤经过高温高压后，它的截止波长将产生较大的变化，这将对光纤智能复合材料结构中光纤自诊断网络的性能产生极大的影响，另外光纤纤芯的脆性也加大。这种现象的产生可能是高温、高压导致光纤纤芯中 GeO_2 杂质的分布发生变化所致，但是由于集成技术使得光纤受到聚酰亚胺薄膜的保护，所以光纤的不会出现断裂现象。

光纤布拉格光栅（FBG）是做在光纤波导中的光折变光栅，即光纤纤芯折射率沿光纤方向呈周期性或近周期性变化，参看 1.5 节。采用紫外光曝光诱导折射率改变所制成的光纤光栅性能稳定，它在大约 500℃以下温度稳定不退化，加热到 800℃以上高温或用紫外光照射才能擦除，所以集成工艺对光栅性能影响不大。

采用聚合物光学材料（如含氟聚酰亚胺），按集成光学的方法来制作传感层，把光路和敏感元件集成在一起，从而实现传感系统高度模块化和集成化。产品性能一致性好，便于在埋入前统一标定，这样事先设计好的计算机程序以及标定的数据不需要重新修改，方便用户的使用。用这种方法制作的传感层还可以是三维形式，以便于和三维形状的复合材料复合。这种传感层内没有光纤，有着含氟聚酰亚胺的平坦表面，不但解决了光纤埋入造成复合材料微观损伤的问题，而且聚酰亚胺本身就是制作复合材料的原料，有着高强度和耐高温以及和环氧树脂等结合良好等性能，埋入这种传感层对复合材料的性能影响不大。不使用光纤不仅便于生产，而且在存储和运输过程也不需要刻意保护光纤，不但不会因为光纤的损坏造成整个复合材料工件报废，还可以在传感层内制作复杂图案的光波导。因而可更合理地布置传感器，并更好地获得复合材料损伤信息。

10.6.3 光纤智能材料结构工艺

虽然光纤传感器在智能复合材料中得到了广泛的应用，但在实际工程中光纤智能材料和结构工艺仍然不够成熟。目前，新型复合材料智能结构主要采用埋入工艺把光纤传感器植于复合材料内部。此时需认真考虑埋入光纤对材料力学性能的影响和埋入后材料对光纤传感信号的影响，主要包括以下几个问题。

1. 树脂集中区的影响

普通单模光纤的芯/包层直径为 9/125μm，多模光纤为 50/125μm，加上外保护涂层后的直径为 250μm。上述光纤的尺寸明显大于先进复合材料中增强纤维的直径(约为10μm)，因此埋入复合材料后会在光纤周围形成树脂集中区。树脂集中区的大小与光纤直径及光纤与加强纤维相对取向都有直接关系。在其他条件不变的情况下，当光纤与加强纤维垂直时，树脂集中区最大。随着两种纤维的走向逐渐平行，树脂集中区将随之减小。树脂集中区随光纤直径的变化列入表 10-6-1。从表中数据变化可以看出，随光纤直径的减小，树脂集中区的面积也在减小。

表 10-6-1 光纤直径对形成树脂集中区的影响

光纤外径/μm	树脂富集区/mm^2	光纤外径/μm	树脂富集区/mm^2
140	9.86	60	3.14
90	4.26	40	2.29

2. 光纤与增强纤维的相对位置对复合材料的影响

除了由于光纤直径原因而形成的树脂集中区外，光纤在复合材料中相对于增强纤维(如碳纤维)的取向及埋入深度(埋在第几层之间)对复合材料强度及检测灵敏度也有显著影响。从大量的研究结果可得出如下结论：①光纤夹在加强纤维的两直排间并与加强纤维平行。这种结构对复合材料沿此方向的拉伸强度的影响可以忽略不计，适用于测量复合材料的温度和应变。②用于检测断裂临界负载造成的损伤时，光纤应埋在靠近最大应变的表层，并与上、下直排增强纤维正交，这样可获得最大灵敏度。③光纤外径小于复合材料层间厚度（120～140μm）时，材料的拉伸强度下降较小，不影响大多数情况下的使用。

3. 光纤在复合材料结构中的接入/出的影响

光纤埋入工艺中光纤传感器在复合材料结构中的出入口安装也是难点。近年来，这方面的研究取得了一定的进展。光纤出入口处的连接设计倾向于尾纤连接方式和光连接方式。前者是最容易实现的连接方式。由于尾纤与埋置光纤是一体，从而避免了因连接而造成的光损耗。尾纤的自由端与其他部件的连接可以采用光通信中的各种标准连接方式，因而降低了成本。尾纤在复合材料中出口方式主要有两种：边缘（侧向）出口方式，如图 10-6-4 所示；和厚度方向出口方式，如图 10-6-5 所示。

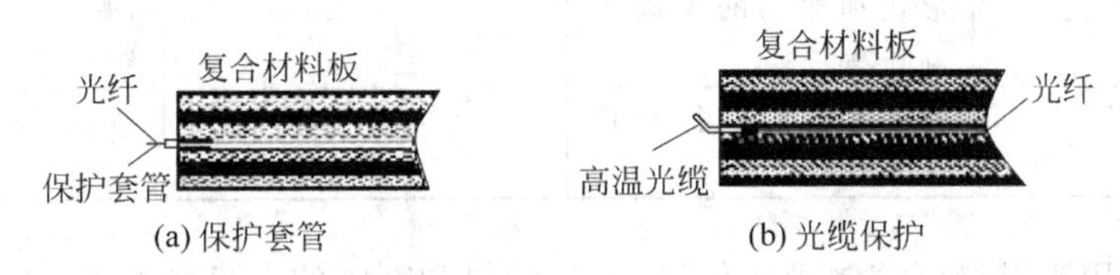

图 10-6-4 尾纤边缘出入口方式

尾纤连接方式的缺点在于全部结构的有效性取决于单根尾纤，一旦尾纤的位置、长度等不适合与外部设备相连，就会造成光纤植入失败，而且无论怎样在出入口处加以保护，在实际应用中也难以保证决不会折断。现在开发的插拔式出入口方式的光连接方式，能较好地解决以上难题，其基本结构设计大致如图 10-6-6 所示。设计原则应保证尽量减小光衰减，连接器可重复插拔，适用于多种光纤，结构简单，部件数量尽量少。

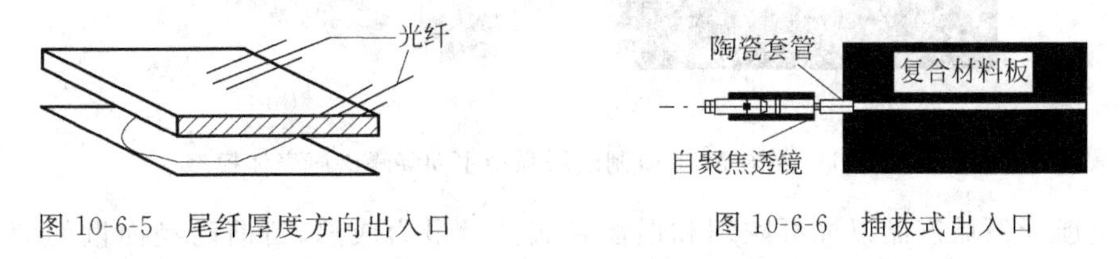

图 10-6-5 尾纤厚度方向出入口

图 10-6-6 插拔式出入口

10.7 典型应用实例

10.7.1 减振降噪

在航空航天系统中采用智能结构可以降低由不稳定引发的主结构振荡以及减弱声能在结构中的传播，从而减轻对电子系统的干扰，提高系统的疲劳寿命和稳定性。此领域的主要研究方向和国家已列于表 10-7-1 中。

表 10-7-1 主要研究方向及国家

主要研究国家	研发项目	原理	成果
美国	使用压电致动器的主动控制系统； 在结构中埋入形状记忆合金实现振动和噪声的主动控制	将致动器连接到飞机表层和子结构中，可振动响应降至最低，以及消除音频振动引起的干扰振动力	麦道公司：用主动结构声控装置，采用声误差传感，通过隔板装置可把 110dB 声源的声压水平降低 29dB，声强和声功率降低 7～ 8.5dB； 波音公司：正在研制的直升机智能结构旋翼叶片
日本航空航天学会	形状和振动的主动控制问题		
加拿大 Aastra 公司	发展柔性结构振动自适应控制技术		

智能结构用于潜艇可抑制噪声传播，提高潜艇和军舰的声隐身性能；用于地面车辆，可以提高军用车辆的性能和乘坐舒适度。图 10-7-1 为美国 MIT 研制的主动降噪潜艇壳体模型。

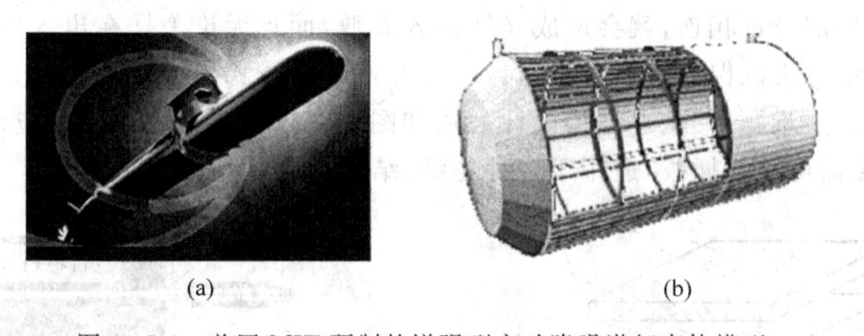

(a) (b)

图 10-7-1 美国 MIT 研制的增强型主动降噪潜艇壳体模型

航空航天领域产品以光纤陀螺和惯性导航技术最为成熟，目前已经面世的商业化产品包括从航天导航级高精度系统到战术级的灵巧炸弹，以及民用车载定位系统用低端系统，形成完整的产品系列。

10.7.2 LN-100M 先进模式定位系统

LN-100M 先进模式定位系统 AMAPS 是美国 Northrop Grumman 公司开发的一个军用定位单元，其目的是面向陆基自主火力定位、测绘、空中防御和其他类型的军事系统的应用。这些系统要求连续及高的方向和位置精度。这是一种小体积、轻质的集成测量及定位产品。AMAPS 提供连续而精确的方向、仰角和位置信息，可同时完成自推进枪支、导弹或火箭发射器的定位和瞄准。AMAPS 还可以与 MIL-D-70789A(MAPS)匹配，实现系统升级。表 10-7-2 中为 LN-100M 的性能/特性参数。

表 10-7-2　LN-100M 的性能/特性参数

角度精度	方位角：＜0.67mil(PE) 倾斜角/滚动角：＜0.34mil(PE)
导航精度 LN-100M 外观	• 带里程表惯性模式(无 GPS)： 水平位置：＜10m(CEP)for DT＊＜4km 或＜0.25% of DT(CEP)for DT＞4km 高度：＜10m(CEP)for DT＜10km or＜0.1% of DT(CEP)for DT＞10km • 高级惯性模式(ZUPT/4 分钟)： 水平位置：＜18m(CEP)(DT＜27km) 高度：＜10m(PE)(DT＜35km) • 惯性模式(带 PPS GPS) 水平位置：＜10m(CEP) 高度：＜10m(PE)
典型系统结构	可　选　项
• 动态参照单元(DRU)； • 精密轻质 GPS 接收机(PLGR)； • 车载运动传感器(VMS)或远距离转发单元(DTU)； • 控制与显示单元(CDU)及可选显示单元(DU)； • DRU 的惯性传感器及其电子系统基于 Northrop Grumman 的 ZLG^{TM} 惯性导航系统的 LN-100M 系列； • GPS 为标准的美国军用 PLGR 操作模式：精确定位服务(PPS 模式)或标准定位服务(SPS 模式)； • 与 DRU 的通信采用 RS-422A 全双工异步数据通信； ＊(DT＝distance traveled since last update)	• 嵌入式 GPS； • 接口： 双冗余 MIL-STD 1553B MUX 总线。三个双半双工串行数据总线与 RS-422A 匹配。一条双向半双工串行数据总线与 RS-232C 匹配，分离输入和输出
尺寸	长：15.1 inches(包括固定附件) 宽：7.4 inches 高：7.1 inches
重量	27 lb

续表

功耗(MIL-STD-1275)	电压：24Vdc 功耗：<40W
工作环境温度	工作温度：－46～＋60℃(无须加热) 储存温度：－51～＋71℃
高度(工作)	－500～＋10 000m
射击震动	M-109howitzer
运输震动	40g(6～9ms)
振动	可承受路途振动 M-109

10.7.3 LN-195

Northrop Grumman 公司的 LN-195 是由美国空军研制的先进星惯导系统，作为 Minuteman Ⅲ导航系统中陀螺稳定平台的未来替身。LN-195 采用了现有和新的传感器及系统技术，具有更高的精度、多种休眠状态下的极短的响应时间以及更低的寿命周期成本，使得在具备先进战略性能的同时极小化潜在的风险。

表 10-7-3 列出了 LN-195 的主要特性。图 10-7-2 是 LN-195 外观照片。

表 10-7-3 LN-195 的主要特性

精度	满足 Peacekeeper ICBM 导航系统的精度要求
工作模式	在接收到发射命令时可以在多种休眠状态水平下，在极短时间内实现现场发射
尺寸	适宜于 Minuteman Ⅲ导航晶片上陀螺稳定平台的空间
重量	满足设计重量
功耗	功耗低于 Minuteman Ⅲ导弹导航系统
环境适应性	在紧急发射和放射性环境中保持原精度

图 10-7-2 LN-195 外观

10.7.4　惯性检测单元 LN-200S

LN-200S 惯性检测单元采用全固态光纤陀螺(FOG)技术与硅加速度计、电子系统组合集成于一个重量不足 2lb 的微小封装中。LN-200S 的额外优点在于其核心系统可以大量生产,因而大大降低了系统的成本,非常适宜于用做空中姿态参照。表 10-7-4 是 LN-200S 主要特征参数。图 10-7-3 是 LN-200S 惯性检测单元的照片。

表 10-7-4　LN-200S 主要特征参数

特性	
• Northrop Grumman200m 光纤陀螺(FOG) 速率级传感器; • Northrop Grumman 独特的硅加速度计(SiAc); • 结构继承于已经证明的导弹制导系统; • 全固态技术封装于一个小而轻、低功耗、低成本系统; • 大的动态范围,非常适宜与姿态确定和高速率的要求; • 完全密封设计,只有金属-金属和金属-玻璃密封	
物理特征	
尺寸	3.5×3.4(in)
重量	1.65lb
功率要求	12W(标称),限 5V 和 15V 直流电
电接口	RS-485 串行数据
封装	密封封装
环境条件	
保存温度范围	−62～ +85℃
工作温度范围	−54～ +71℃
振动(存在)	15g rms 随机
冲击	400g/100Hz; 1500g/1000Hz

图 10-7-3　LN-200S 惯性检测单元

10.8 小　结

光电传感器由于反应速度快，能实现非接触测量，而且精度高、分辨力高、可靠性好，加之半导体光敏器件具有体积小、重量轻、功耗低、便于集成等优点，因而广泛应用于军事、宇航、通信、检测与工业自动化控制等多种领域中。当前，世界上光电传感领域的发展可分为两大方向：原理性研究与应用开发。随着光电技术的日趋成熟，对光电传感器实用化的开发成为整个领域发展的热点和关键。

空用光电系统发展趋势是：大离轴、高加速度、大视场、多传感器图像集合、高精度、远距离。光纤传感器的研究主要关注航天器的安全监测、导航、智能化等功能的实现。目前智能材料与结构的研究和发展正在成为一条主线，这不仅仅意味着飞行器结构功能的增强、结构使用效率的提高和结构的优化，更重要的是飞行器设计、制造、维护和飞行控制等观念的更新。尤其是针对目前采用传统传感技术尚无法解决的问题——如烧蚀、区域内局部应变和应力的实时监测，以及结合特种材料（如形状记忆合金等）实现自修复，满足现代测试技术的区域化、多点、多参量和高分辨率测量，以及网络化的发展。

思考题与习题

10.1　试扼要总结光纤陀螺的原理及其类型。

10.2　通过调研，撰写一篇论述目前光纤陀螺的主要代表产品及其发展方向的综述报告。

10.3　通过调研，举例说明当前我国光纤陀螺技术的发展状况、在国际上的水平，并探讨我国光纤陀螺的发展方向。

10.4　试论述你对于我国发展智能材料关键技术的认识，以及可行途径。

参考文献

[1]　赵显超、董卫华. 光电信息在武器装备中的应用及发展. 控制与制导，2005(7)：30～33

[2]　潘晓文，梁大开，李东升. 智能复合材料光纤传感层的研究. 应用激光，2004，24(3)，155～158

[3]　Jardine A P, et al. Manufacturing studies of fiber optic embedment in polymer-matrix composites. SPIE, 1993, 1918：60～72

[4]　David G, et al. Shape memory alloys and fiber optics for flexible structure control. SPIE, 1990, 1370：286～295

[5]　刘晶元等. 采用光纤作为传感神经的复合材料机敏结构微观组织研究. 航空学报，1998，1：121～126

[6] 梁大开等. 智能复合材料结构中偏振式光纤传感器系统的研究，航空学报，1998，11：8～13

[7] 刘颂豪等. 光纤光栅及其应用. 激光与红外，1996，26：240～243

[8] I. Bennion，et al. Un-written in-fibre Bragg gratings. Optical and Quantum Electronics，1996，28：93～135

[9] 李鹏，郭裕强等. 光纤传感器在智能复合材料中的应用. 玻璃钢/复合材料，2005(3)：49～52

[10] 杨大智. 智能材料与智能系统. 天津：天津大学出版社，2000

[11] Stephen H Poland，et al. Methods for integrating optical fibers with advanced aerospace materials 2 smart sensing，processing，and instrumentation. SPIE，1993，918：122～135

[12] Spillman W B J r，et al. Method of fiber op tic ingress/ egress for smart structures. Fiber Optic Smart Structures(Eric Udd ed)，JohnWiley & Sons Inc，1994

[13] 杜善义，冷劲松，王殿富. 智能材料系统和结构. 科学出版社，2001

[14] 姜德生，舒云星，郁可等. 智能材料与结构中的缠绕式光纤传感阵列及其神经网络处理，激光杂志，1999，20(1)：26～30

[15] Jardine A P，et al. Manufacturing studies of fiber optic embedment in polymer matrix composite 2 smart sensing processing and instrumentation. SPIE，1993，1918：60～65

[16] 黄民双，梁大开，袁慎芳等. 应用于智能结构的光纤传感新技术研究. 航空学报，2001，22(4)：326～329

[17] 周世勤. 光纤陀螺仪在航天、航海和航空上的应用. 飞弹导航，1997，8：42～50

[18] 黄威等. 光纤陀螺在航空武器装备中的应用及前景. 航空兵器，2004，11(2)：49～52

[19] 宋凝芳，张春熹，马迎建等. 光纤陀螺惯性单元的设计与实现. 中国惯性技术学报，1999，3(7)：282～311

[20] 杜毅民. 空空导弹惯性制导系统设计的几个问题. 制导与引信，2003，1(24)：125～136

[21] 曾桂林. 光纤陀螺技术发展及军需分析. 应用光学，2001，1(22)：124～131

[22] 周世勤，鲁政. 导航级干涉型光纤陀螺仪的性能进展. 飞弹导航，1998，1：51～57

[23] 张桂才，王巍译. 光纤陀螺仪. 北京：国防工业出版社，2002

[24] 张桂才编著. 光纤陀螺原理与技术，北京：国防工业出版社，2008

11 光电传感技术在国防领域的应用

11.1 概　　述

由于光纤传感器所具有的独特优越性,它在国防领域的应用越来越广,主要用于导航和安全防卫等方面。例如:光纤陀螺和光纤水听器是众所周知的发展最早,也是发展最快的两种光纤传感器,它们的发展是基于国防的需要。

目前,光纤陀螺已开始用于飞机、导弹等的导航系统中(详见第10章和其他有关文献),是一种新型的陀螺仪;光纤水听器是一种新型的声呐器件,由于它的高灵敏度,宽频带范围等特点,在有些应用领域有可能取代由压电陶瓷构成的水听器,是海防不可或缺的传感器;用光纤构成的安全防卫系统,则是目前正在开发的一种新型防卫系统,可用于边境、重要军事地区等的安全警戒;光纤辐射传感器则是对核辐射安全监测和报警的先进系统;分布式光纤温度传感系统则是重要场所火灾报警的先进监测手段;而多点气体光纤传感系统则可用于有害气体的监测。现在,正在开发用于船艇的变形、腐蚀和有害气体监测的光纤传感系统。

上述各种用于安全监测的光纤传感系统,其原理已在本书的第1章有介绍。本章将简要介绍光纤水听器和光纤安全防卫系统在国防中的应用,而光纤陀螺已在第10章介绍,光纤气体传感系统将在第12章介绍。

11.2 光纤水听器

11.2.1 概述

光纤水听器及其阵列的研究与开发始于20世纪70年代末。目前,至少有英、美、法、意、韩、日等多个国家在致力于这方面的研究。近年来随着技术的进步,光电器件的造价越来越低,以及光纤水听器及其阵列所具有的独特优越性,它已受到各国军方的高度重视。光纤水听器及其阵列已成为被动声纳水下部分的发展方向,是未来海洋探测、监听微弱声场信号最有生命力的反潜战武器,其中最具代表性的是美国的工作。美国海军实验室于1976年发表了第一篇有关光纤水听器的论文,这是首次对光纤水听器的探索性研究。1980年美国就成功进行了Glassboard(玻璃板)塑料芯轴型光纤水听器的试验。光纤水听器的第一次海上试验是为海军流动噪声驳船(MONOB)系统的噪声监测装置开发的塑料芯轴型光纤水听器,于1982年7月部署于巴哈马群岛。1986年美国国防部计划局开始主持了一项反潜战计划,其核心就是研究光纤水听器及其测声系统。1990年初,Litton公司与海军海洋系统司令部(NAVSEA)联合在美海军试验船上成功地演示了全光学拖曳线阵声纳系统。1991年底,该公司研制的光纤水听器阵列装备了海狼级潜艇上的反潜艇战斗系统。1993年,美国成功地完成56基元宽孔径阵试验。1999年,DEAR公司与美国海军实验室(nave research laboratory,NRL)联合研制96基元用于水下100～3000m的光纤水听器阵列,该阵列采用了TDM/FDM(时分/频分多路复用)技术。美国军方对单元及阵列光纤水听器技术极其重视。从这些试验的种类看,美国实际上已经对全光纤水听器及其阵列的各种应用场合都进行了试验,而且试验结果都很成功,达到了可以部署这些反潜装备的水平。

1979年,英国的马可尼水下系统有限公司成功地进行了光纤水听器及阵列波束形成的试验。1986～1988年,Plessey国防研究分公司和海军系统分公司成功地进行了海底监视阵列试验(6单元和8单元光纤水听器)。1990年,性能更好且能抑制背景噪声的新型监视阵列在英吉利海峡上使用(15单元的光纤水听器),并提出了三种海底监视系统的方案。1991年,由10个单元构成的声纳拖曳线列阵样品交付国防部试用。

自1986年起,法国汤姆逊·辛特拉公司开展了一系列有关潜艇应用的光纤水听器阵列的研究和试验。1990年,该公司接受了DCN'S潜艇研究中心的一项合同,研究设计新型全光学系统的样机,1991年中期交付试用。该样机用于全光阵列,用单根光纤做多路传输、远距离光纤数据传输方面的试验。2001年挪威等国进行了32单元时分复用式光纤水听器海底声阵海洋静态试验,并正在考虑进行海洋动态试验。

在岸基声纳方面,加拿大的新一代海洋监视系统“海面下北极监视系统”也采用了光纤水听器的光学阵列。

11.2.2 干涉型光纤水听器工作原理

基于光纤干涉仪的光纤水听器的工作原理如图11-2-1所示。由LD激光器发出的光经耦合器后一分为二,两路光分别通过参考臂光纤和信号臂光纤传输,再经反射镜反射回耦合器，在耦合器输出端两束光干涉。干涉光由光电接收器 PD 转换为电信号。转换所得的电信号的强度与干涉光的幅度以及相位同时相关。图 11-2-2 是基于 Michelson 光纤干涉仪的光纤水听器实物的照片。

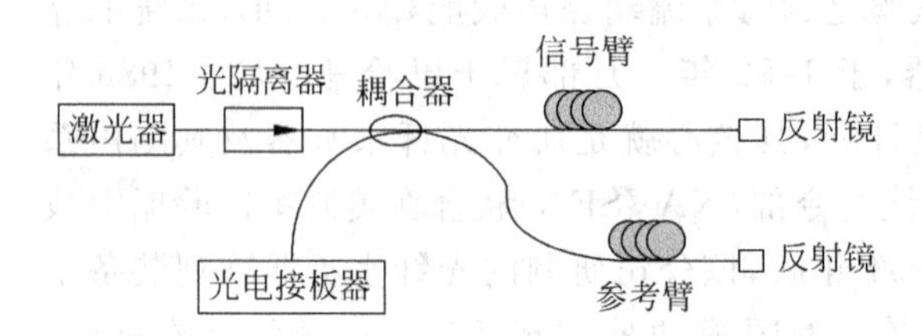

图 11-2-1　Michelson 光纤干涉仪原理示意图

图 11-2-2　光纤水听器实物照片

由 Michelson 光纤干涉仪原理可知，干涉光强的表达式为(参考第 1 章)

$$I = I_1 + I_2 + 2\sqrt{I_1 I_2}\cos(\Delta\varphi) \tag{11-2-1}$$

$$\Delta\varphi = \frac{2\pi n l v}{c}\left(\frac{\Delta n}{n} + \frac{\Delta l}{l} + \frac{\Delta v}{v}\right) \tag{11-2-2}$$

其中 I 为干涉输出光强；$\Delta\varphi$ 为干涉仪两臂光相位差，它与信号臂光纤的折射率 n、长度 l 和光源频率 v 的变化有关。从式(11-2-2)可见，通过改变光纤的长度，可以很灵活地按实际使用要求调整传感器的灵敏度；通过调制光源频率，可以引入相位调制解调技术。当信号臂光的光程改变，而参考臂保持不变的时候，干涉光的相位改变，从而影响输出电信号的强度变化。通过检测干涉信号的相位变化，就可得到所要检测的声信号。

光纤水听器的特点有三：高灵敏；抗干扰；小尺寸。

(1) 高灵敏

由于光纤水听器是基于激光干涉测量的原理，这种方法的测量尺度是光波长(微米量级)，因此其测量的灵敏度极高。以目前常用的 1.5μm 波长的光纤水听器探头为例，当外界声信号的作用引起干涉仪的光程差变化一个波长(如 1.5μm)时，输出光信号的相位变化已经达到 2π。这种相位变化的信号检测技术有许多种(参看第 4 章)，检测精度也很高。国外已经报道的相位检测精度最高可达 10^{-6} 弧度，国内也可以达到 10^{-5} 弧度。因此结合传统电信号处理技术中的相位检测技术，光纤水听器可以实现大动态范围和宽频带响应，其最小可检测信号已接近理论极限。在小信号检测中(如探测鱼雷、潜艇和地震信号采集)，由于其他检测方法难于达到如此高的灵敏度，因此这种技术具有重要的应用前景。

(2) 抗干扰

由于传感器和信号处理电路之间可以用光纤连接,可使检测电路集中,避免传统电路中因为导线过长而引入的噪声和供电问题,并减少采集电路在电缆内的分布,可以实现全光缆,此全光缆的长度可达数千米。目前国外正研究 20～30km 长的全光缆光纤水听器阵。

(3) 小尺寸

目前干涉型光纤水听器主要采用 Michelson 型干涉仪结构,这种结构的优点在于简单紧凑,易于做成小体积的光纤水听器探头。

11.2.3 光纤水听器的种类

原理上只要对振动敏感的光传感器都可构成光电水听器,而利用各种光纤振动传感器则可构成不同结构和性能的光纤水听器。目前已在使用和正在开发和研制的光水听器主要有以下几种。

(1) 微型光水听器

这是基于 MEMS 技术构成的一种微型振动传感器。如果利用光纤将振动信号引出,就构成一个光振动传感器。这种传感器的特点是:尺寸小,重量轻,便于大规模生产。在需要小尺寸的场合(例如水雷)是可选用的传感器之一。

(2) 光纤光栅水听器

这是基于光纤光栅技术构成的一种小型振动传感器。这种传感器的特点是:尺寸小(它比微型光水听器尺寸大,但比干涉型水纤听器尺寸小很多。直径为毫米量级)、重量轻、便于大规模生产。在需要小尺寸的场合(例如水雷)是可选用的传感器之一。这种传感器的不足之处是其性能指标目前尚不能满足高灵敏度、大动态范围的水声监测的要求。目前正在研制开发中。

(3) 干涉型光纤水听器

这是基于光纤干涉技术构成的一种光电水声传感器(参看第 1 章和第 4 章),根据光纤干涉仪的结构不同,又有 Micelson 干涉仪型,Mach-Zhender 干涉仪型和 Fabry-Perot 干涉仪型等不同类型的光纤水听器。目前较成熟的是前两种,并已用于构成光纤水听器阵列,在海防领域得到应用。在海上石油地震勘探中,由这类传感器构成的光纤地震检波器拖缆(即光纤水听器阵列)也正在开发中。本书第 4 章和 8.4.2 小节已有简单介绍。关于干涉型光纤水听器的信号解调问题(这是这类水听器的关键问题之一)和成阵的类型,可参看第 4 章。

(4) 强度型光纤水听器

这是基于光纤微弯调制(参看 1.2 节)构成的强度型水听器。这类传感器的优点是结构比较简单,相应的成本也比较低。不足之处是长期稳定性和多个探头的一致性较差。

目前这种水听器也在研制和开发中。

(5) 交叉光栅型地震检波器

这是利用交叉光栅(MOIRE 光栅)构成的振动传感器。目前有人正在研究如何利用它构成地震检波器,但尚未见用于水听器的研究报道。

11.2.4 光纤水听器中应考虑的问题

研究和选用光纤水听器时应考虑的主要问题如下。

(1) 使用环境

研究和选用光纤水听器时应考虑其使用的环境,例如:水上或水下、深水或浅水、岸基(光纤水听器阵固定在海岸区域的水下)或拖曳(光纤水听器阵由船拖动)等。不同的使用环境对水听器的要求也不同。

(2) 探头设计

研究和设计光纤水听器探头时应根据其使用环境和使用要求来考虑选用何种类型的传感器,再考虑其结构的设计和参数的确定,最后还要考虑关键器件的选用及制造工艺等问题。

(3) 封装工艺

应根据光纤水听器的使用环境和使用要求慎重考虑探头的封装工艺,它直接影响水听器的性能(灵敏度、稳定性和使用寿命等),甚至成败。

(4) 成阵设计

水听器一般均需构成阵列。为此应根据光纤水听器的使用环境和使用要求,选用和设计光纤水听器阵列。

(5) 成缆工艺

应根据光纤水听器阵列的使用环境和使用要求慎重考虑探头的成缆工艺,它直接影响水听器阵列的性能(灵敏度、稳定性和使用寿命等),甚至成败。

11.3 光学传感器在安全防范中的应用

11.3.1 概述

光学传感器在安全防范中有着广泛的应用。例如,现代的基于图像技术的监视或者夜视仪器都与通信技术紧密结合,可以实现大范围的监视,并且可以在最短的时间内把监视到的情况传输到监控中心或者作战指挥部。图 11-3-1 是一个网络化的微光夜视系统在海岸警戒中的应用实例。由海洋环境监视、非法渔船监视、海上走私监视等监视系统获得的信息,通过海警远程接收系统发送到海警中心或海军司令部等,即可实时地了解前沿的情况。除了人们所熟悉的摄像监视系统、微光夜视仪、红外夜视仪、红外激光报警系统等外，近年发展起来的基于光纤传感技术（包括光纤干涉仪、光纤微弯传感器、光纤多摸传感器等）的光纤周界安全警戒系统也开始在边防以及重点区域防范中得到了重要应用。

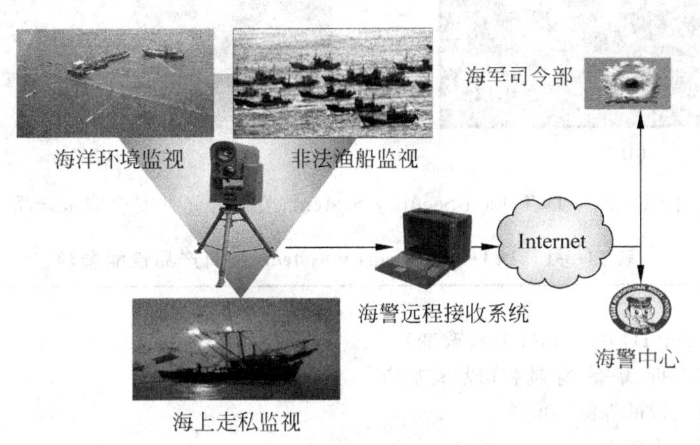

图 11-3-1　网络化的微光夜视系统

现代反恐斗争中高技术的应用彻底改变了传统安全警戒的许多概念，并进一步导致了安全防范系统的重大变革。现代反恐斗争要求在提高警察战斗技能的同时，要提前发现意外情况的发生部位，及时投入力量。因此要求警察能够对威胁安全的事件进行实时监测和精确定位，迅速地控制威胁事件的发生。在这些技术措施中，光纤安全防范系统将起非常重要的作用。光纤周界安全警戒系统是一典型例。光纤周界安全警戒系统是基于分布式光纤传感网络技术的安全防范技术。它利用激光、光纤传感和光通信等高科技技术构建成警戒网络或者安全报警系统，对威胁公众安全的突发事件进行监控和警报的现代防御体系。这一技术的发展适应了现代反恐战争的需要。

光纤安全防范系统随着光电子技术和光纤传感技术的发展，越来越受到世界各国的重视，并已得到成功的应用。澳大利亚、韩国、美国和以色列等国都已经拥有此类技术。澳大利亚的 FFT 公司研制的光纤传感和安全保障系统利用激光干涉原理和光纤传感网络，实现了移动、震动感应、微应变检测和定位等功能。其电子围栏安全保障系统可以检测到现场被破坏或入侵的信息，采用独立的同步分析系统，能够区分紧急和非紧急警报。并且其系统的控制软件可以根据操作环境来调节系统参数，区分无威胁干扰与真正故意干扰，系统除了光缆之外不需要其他任何硬件就可以保证在几十千米以上距离内进行检测的一致性。韩国 DeTekion Security Systems 公司的光纤安全防范产品也具有相似的功能，产品的照片见图 11-3-2，产品的性能参数列于表 11-3-1 中。美国的 CompuDyne 公司和以色列的 SECOTEC 公司也正逐步向中国推广其光纤安全防范产品。可以认为，智能光纤安全防范系统代表着未来安全防范系统的发展方向。

(a) (b)

图 11-3-2　DeTekion Security Systems 公司的光纤安全防范产品

表 11-3-1　DeTekion Security Systems 公司产品性能参数

FEATURE
• 外形尺寸：3.5m(H)×100m(L)(可改变)
• 敏感性能：对弯折、攀登、穿越和切割有响应
• 检测性能：对入侵的探测 100%
• 简易维修时间：小于 10min
• 耐久性：使用有阻燃添加剂的聚氨酯为外套，具有很强的抗水抗热，抗紫外光，抗气体和酸入侵，抗灰尘等性能
• 使用温度：−40～+85℃
• 可能的应用范围：沙漠地区、季风带、山区、海滨、城市等
• 寿命：10 年

11.3.2　全光纤的智能安全防范系统的设计

构建全光纤的智能安全防范系统可以利用目前已有的光纤传感器件和技术，如光纤光栅(FBG)等传感元件、光纤激光干涉技术和光时域反射计(OTDR)技术，其中基于光纤激光干涉技术的安全警戒系统为主要发展方向。

基于光纤激光干涉技术的安全警戒系统的基本原理是采用光纤激光干涉技术和高速数字信号处理技术。其主要结构框图如图 11-3-3 所示，激光器发出的激光经过光耦合器分别进入两根光纤，再被光反射器 1 和 2 反射，通过光耦合器进入探测器 1 得到干涉信号。通过对此干涉信号的快速傅里叶变换得到相应的频谱，该频谱与存在于数据库的典型事件的频谱特征模型进行比较，以识别所发生事件的类型，并确定是否报警。此外，根据所识别事件的类型，对紧急事件和威胁事件再进一步确定其发生的位置，即进行定位操作。该操作由特殊设计的光反射器 1 和所经过的另一段光纤来完成。在某事件发生过程中，测量该事件反映到探测器 1 的时间与反映到探测器 2 的时间之和为系统常数，即光通过两倍光纤长度 L 所需的时间。因此通过测量事件反映到探测器 1、2 的时间差即可判断事件发生的位置。

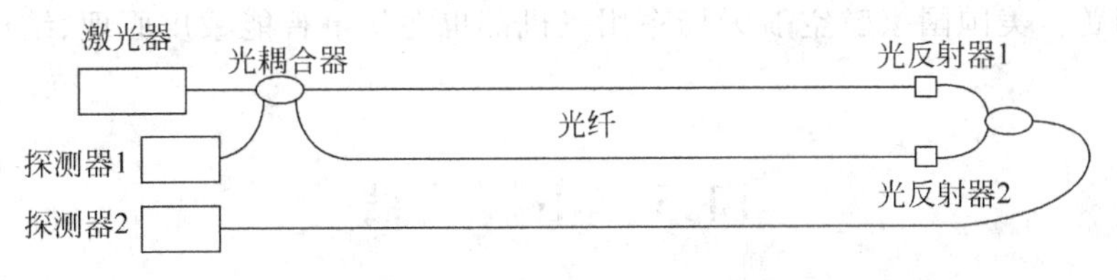

图 11-3-3 基于光纤干涉仪的安全警戒系统原理图

该系统的关键技术包括两个部分：光传感部分；信号处理和判断部分。光传感部分是光纤传感网络，它要求该网络具有隐蔽性和抗环境干扰的能力。信号处理和判断部分则是专家判断软件系统，它需要应用神经网络技术和模式识别理论对传感网络建立有效的事件识别模型库，并通过对系统的训练，使系统整体对威胁事件的识别能力达到最优，并具备自学习功能。

目前，我国现有的安全防范系统和周界防范手段存在一定的缺点，主要是种类少、性能差、误报率高，并且容易遭受雷击，不能真正满足我国对安全技术防范系统的需求。光纤周界防范系统可以克服以上缺点，是未来周界防范技术主要的发展方向。

11.4 其他光学传感技术的应用

现代战争对武器装备提出了越来越高的要求，各种精确制导武器、导航系统、导弹防御系统得到广泛的应用，这些武器装备已经成为高精度高稳定性的光电传感器的重要应用领域。精确制导武器(PGMs)是机动部队指挥官在未来战场上快速完成部队部署，获取成功的关键。所有的 PGMs 都需要带有惯导测量传感器，用于精确测量武器的运动角度。军事领域中高精度的角度传感器目前仍然是光学传感器的天地，其中主要是激光陀螺和光纤陀螺，详见第 10 章。

未来武器平台的作战要求武器结构不仅具有承载功能，还能感知和处理内外部环境信息，并通过改变结构的物理性质使结构形变，对环境作出响应，实现自诊断、自适应、自修复等多种功能，即智能蒙皮技术。在武器平台的蒙皮中植入智能结构，包括探测元件、微处理控制系统和驱动元件，就成为智能蒙皮，可用于监视、预警、隐身和通信等。

美国弹道导弹防御局目前正在为其未来的弹道导弹监视和预警卫星研究在复合材料蒙皮中植入核爆光纤传感器、X 射线光纤探测器、激光传感器、射频天线等多种传感器的智能蒙皮，可安装在天基防御系统空间平台的表面，对来自敌方的多种威胁进行实时监视和预警，预计在 2010 年左右获得初步应用。美空军莱特实验室正在把一个承载天线结合到表层结构中。这种一体化结构的天线与传统外部嵌置的天线相比，能够有效提高飞行器的空气动力性能、减轻飞行器结构重量和体积、提高天线性能、降低生产成本和维修费用。该计划将于2013年进行模型样机的试飞。美海军则重点研究军用舰船智能表层的电磁隐身问题。美国国家航空航天局军用飞机部也在从事智能蒙皮原理、结构、材料等方面的研究。

11.5 小　　结

本章简要介绍了光纤水听器和光纤安全防卫系统在国防中的应用，包括光纤水听器的工作原理、主要类型和主要技术指标，光纤安全防卫系统的主要类型、典型应用和设计举例以及其他光传感技术在国防中的应用举例。本章的目的是简要介绍光纤传感技术在国防中应用的概况。

思考题与习题

11.1　说明国防领域中应用光纤传感器的主要要求。

11.2　试分析说明光纤传感器用于国防领域的主要困难。

11.3　撰写一份关于光纤水听器发展的综述报告。

11.4　撰写一份关于光纤安全防卫系统发展的综述报告。

11.5　试分析说明光纤安全防卫系统的特点和在国防领域可能的应用及其困难所在。

11.6　通过调研，撰写一篇目前国防护领域中应用光纤传感器的综述报告。

11.7　通过调研，举例说明我国目前国防领域中应用光纤传感技术的现状及在国际上的水平，并探讨在我国用于环境保护领域的光纤传感技术的发展方向。

参考文献

[1]　杨家德，鲍络群，廖先炳. 纤维光学技术在军事中德应用. 北京：科学技术文献出版社，1998

[2]　Clay K Kirkendall and Anthony Dandridge. Overview of high performance fibre-optic sensing. J. Phys. D: Appl. Phys. 37(2004) R197-R216

[3]　靳伟，廖延彪，张志鹏等. 导波光学传感器：原理与技术. 北京：科学出版社，1998

[4]　靳伟等. 光纤技术新进展. 北京：科学出版社，2005

12 光电传感器在环境保护与监测中的应用

12.1 概　　述

环保传感器是指用于保护环境和生态平衡的传感器，例如对江河湖海的水质进行检测，对污水的流量、自动比例采样、pH、电导、浊度、COD、BOD、TP、TN、矿物油、氰化物、氨氮、总氮、总磷以及金属离子浓度特别是重金属离子浓度等进行检测。

目前，环境检测领域的传感器侧重于开发水质监测、大气污染和工业排污测控的传感器。在该领域得到实际广泛应用的光电检测技术目前主要是传统的光谱检测仪器。它采用在野外采集，在实验室进行分析检测。基于光纤传感技术的分布式化学传感器和新的结合生物传感技术的光传感器是国际上的研究热点，但尚未有成熟的产品。相对而言，开发较成熟的主要是用于大气污染监测和危险、易燃、易爆气体监测的气体传感技术。本章主要介绍气体传感技术。

12.2 气体传感技术及其应用

大气污染是环境污染的一个重要方面。许多与大气污染相关的现象，如温室效应、酸雨、大气层臭氧层空洞等不仅受到科学家的关注，而且因为它直接关系到人类健康生活，更是为民众所关心。各大城市每天都通过媒体向市民发布大气污染指数情报，各种法律法规不断出台以求控制污染源，改善大气质量，并对大气环境的监测以及为大气污染的治理方案提供最基本的数据。大气污染的有效监测与控制，需要一系列的新型气体传感及测量技术，这造就了一个不断扩大的气体传感器市场。在另一方面，工业界对新型气体传感器也有相当迫切的要求。燃料气体的大规模使用，石油、化工和煤矿等行业的安全生产，都对气体的监测，特别是对可燃性气体(甲烷、乙炔、一氧化碳、氢气等)、有毒气体的实时远距离监测技术提出了巨大的需求。它们不仅要求能够对气体进行识别，而且要求对气体的浓度作出高精度的测量。这种需求同样也成为新型气体传感及测量技术的一个巨大推动力。目前，欧洲、美国已投资数千万美元开发新型气体传感器，以用于识别污染源气体，检测污染气体的泄漏，连续监测已知污染气体浓度的变化。

基于光电传感技术的光纤气体传感器用于环境监测、工业气体过程控制，尤其是在恶劣环境下的在线、连续监测方面发挥着重要的作用，有着不可代替的优势。

光纤气体传感器一般是用于气体浓度的测量。在本质上，所有与气体物理或化学特性相关的光学现象或特性，都可以直接或间接地用于光纤气体浓度测量。因此，用于气体传感测量的光纤技术相当丰富，各种光纤气体测量装置种类繁多。对于光纤气体传感器，传感信息可以调制于光的强度、波长、相位以及偏振态上。依照传感器对光的不同参量的利用，表 12-2-1 给出了光纤气体传感原理的简单分类。

表 12-2-1　光纤气体传感分类

测量参量	工作原理	检测技术
光强	气体吸收谱调制光强	吸收型的光谱检测技术
	气体吸收谱影响渐逝场	渐逝场光纤传感技术
	荧光发射光谱	荧光光谱检测技术
波长	染料指示剂颜色变化	波长及其强度变化测量
	拉曼散射	拉曼光谱检测
相位/偏振态	气体浓度引起折射率或光程变化	强度或干涉测量技术
时间特性	荧光辐射的“动态熄灭”	荧光寿命检测技术
	Ringdown 腔时间衰减	Ringdown 时间检测

以下将对几种主要的光纤气体传感原理作简要介绍。

12.2.1　染料指示剂型光纤气体传感

染料指示剂型光纤气体传感是利用染料指示剂作为中间物来实现间接的传感测量。其检测原理是：染料与被测的气体发生化学反应，使得染料的光学性质发生变化，再利用光纤传感器测量这种变化，就可以得到被测气体的浓度信息。

最常用的染料指示剂型光纤气体传感器是 pH 值传感器。通常是利用染料指示剂(如石蕊或酚红指示剂)颜色随着环境 pH 值的变化而变化的原理，通过测量某些气体的浓度的变化带来的 pH 值变化，分析气体信息。它对气体的识别通常是依赖于中间物——染料指示剂。目前，这类 pH 值传感器已经在市场上有商业产品出售。它的优点是体积小，结构简单。缺点就是指示性弱，难以作为气体鉴别的唯一依据。作为成本低廉的一类传感器，近年来它的发展主要集中在选择新的染料指示剂，研究新的传感探头。目前已经有多种不同类型光纤探头适合于对多种气体进行测量。

12.2.2 光纤荧光气体传感

光纤荧光气体传感器是一类用途广泛的气体传感器。它是通过测量与其相应的荧光辐射来得到气体浓度信息。荧光的产生既可以来自被测气体本身，也可以来自与其相互作用的荧光染料。荧光物质由于吸收特定波长的光能量，产生电子受激跃迁，然后受激电子释放能量，产生荧光，一般受激电子的寿命很短，为 1～20ns。被测气体的浓度既可以改变荧光辐射的强度，也可以改变荧光辐射的寿命，因而测量荧光辐射的强度或寿命，均可以得到气体浓度数据。详情可参看第 1 章。其特点是：荧光寿命的测量不会受到光源光强波动的影响，而且不会受到染料浓度变化的影响，因而稳定性好，精度高。但是荧光寿命测量方法比较复杂，成本也较高。

荧光的辐射波长直接反映了荧光材料的物质结构，因而荧光传感器对不同的被测气体有很好的鉴别性。与吸收型光纤传感器相比，因为荧光型传感器传感所用的波长(荧光波长)大于激励光波长，可以用波长滤波器使其分离，这样可以大大提高系统的测量精度。限制荧光气体传感的主要因素是信号微弱，致使检测系统复杂，系统成本较高。

12.2.3 光纤折射率变化型气体传感

利用某些材料的体积或折射率对气体的敏感性，将它代替光纤包层或者涂敷于光纤端面，通过测量折射率变化引起的光纤波导参数，如有效折射率、双折射和损耗的变化，可获得气体浓度的信息。一般可用光强检测或光干涉测量手段直接测量光纤波导参数的变化，以得到气体浓度的信息。

例如，1992 年 M. Archenault 利用杂聚硅氧烷(HPS)类材料采用溶胶-凝胶(Sol-Gel)镀膜技术涂于光纤表面测量甲苯等碳氢化合物。1994 年 S. Mcculloch 和 G. Stewart 将 TiO_2-SiO_2 用溶胶-凝胶(Sol-Gel)镀膜技术结合 D 型光纤，测量甲烷气体浓度。氢气的测量一般也可采用这种方法。具体做法是：将钯膜沉积于光纤端面，光纤-膜及膜-空气二界面形成一个光纤 Fabry-Perot 腔。钯膜遇到氢气时会发生膨胀，使得 Fabry-Perot 腔发生变化，通过测量输出干涉光的变化，即可获得氢气浓度数据。

这类光纤气体传感器结构简单，成本低廉，但是如何解决大批量生产的镀膜技术，以及防止膜层的污染始终是一个难题。

12.2.4 光谱吸收型气体传感

光谱吸收型气体传感器的原理是：利用气体在石英光纤透射窗口内的吸收峰，测量由于气体吸收产生的光强衰减，以得到气体的浓度值。通过标定吸收峰的位置，可进一步对气体的种类进行识别。常见的气体（如 CO、CH_4、C_2H_2、NO_2、CO_2）在石英光纤的透射窗口（1～1.7μm）都有的泛频吸收峰。用这种方法可以对大多数的气体浓度进行较高精度的测量。

假设气体吸收谱线在输入光光谱范围内，则光波通过气体后，在气体的特征谱线处将发生光强衰减。其输出光光强 I 可以表示为

$$I = I_0 \exp(-\alpha_m l C) \tag{12-2-1}$$

式中 α_m 为该吸收峰的吸收系数；C 为待测气体浓度；I_0 为输入光强；l 表示传感的作用距离（传感长度）。在一标准大气压下，α_m 是一个很小的数值，因而吸收信号非常微弱，需要用高强度的光源以及探测灵敏度足够高的检测系统来测量。

利用吸收型的气体传感器的一大优点是具有最简单可靠的气体吸收盒结构，而且只需要改变光源波长，对准另外的吸收谱线，即可用同样的系统来检测不同的气体。

12.3 光谱吸收技术用于气体测量的发展状况

光谱吸收型气体传感器是应用最广泛的一类气体传感器，依据信号检测的方法不同，可以分成许多种类型。下面对此做进一步介绍。光谱吸收型光纤气体传感技术脱胎于激光光谱分析技术。它结合现代光纤技术，将以前主要用于实验室气体分析的激光光谱分析技术用于工程实际。同时，由于利用了光纤的特点，使激光光谱分析技术在探测灵敏度、远程遥测、多点网络化测量方面有一个飞跃。

与其他的气体传感技术相比，基于气体吸收谱测量的吸收型传感技术的特点是具有高测量灵敏度，极高的气体鉴别率，快速的响应能力，对温度、湿度等因素的高抗干扰能力。此外，还具有简单可靠的气体传感探头（气体吸收盒）结构，以及易于形成网络等优点。因而是目前最有应用前景的一种气体传感技术。

12.3.1 气体在近红外波段的吸收

由于气体吸收谱线反映了气体分子或原子的各种可能的能级之间的跃迁，因而它直接给出了气体分子结构的信息，并由此可鉴别不同的气体种类。常见的气体（如 CO，CH_4，C_2H_2，NO_2，CO_2）的标准特征吸收谱线一般是出现在中红外区（2～10μm）的振动谱。这个波段远远超出了石英光纤的透射窗口（1～1.7μm），因此在光谱吸收型光纤气体传感中，均改用气体在石英光纤透射窗口内的泛频谐波谱。尽管这类泛频谐波谱的吸收远小于标准特征的吸收，但是由于光纤对这些波长的衰减极低，探测系统的灵敏度又相当高，所以也可以得到很好的检测结果。表 12-3-1 给出了重要的气体在近红外波段的吸收谱的波长，以及可能的应用。

表 12-3-1 重要的气体在近红外波段的吸收谱

气体种类	气体吸收峰波长(近红外波段)	可能的污染来源
臭氧(O_3)	无(280nm)	
二氧化碳(CO_2)	1.57μm,1.538μm	发动机废气,发电厂废气
甲烷(CH_4)	1.65μm	煤矿煤层气体
水蒸气(H_2O)	1.36～1.40μm,1.50μm,1.58μm	
二氧化硫(SO_2)	无(299nm,4μm)	发电厂废气
二氧化氮(NO_2)	0.79μm(450nm)	
一氧化碳(CO)	1.57μm	发动机废气,发电厂废气
一氧化氮(NO)	无(226nm)	发动机废气,发电厂废气
乙炔(C_2H_2)	1.53μm	发动机废气,可燃易爆气体
硫化氢(H_2S)	1.58μm	工业废气
氨气(NH_3)	1.515μm	工业废气
盐酸(HCl)	1.76μm	工业废气

12.3.2 光谱吸收型光纤传感技术的发展概况

最早用光谱吸收型光纤传感技术进行气体浓度测试研究的是日本 Tohoku 大学电子通信研究所的 H. Inaba 和 K. Chan 等人。他们在光纤透射窗口波段范围,做了一些气体传感的基本研究。1979 年,他们提出利用长距离光纤进行大气污染的遥测。1981 年,报道了光纤二氧化氮(NO_2)的检测实验。利用二氧化氮气体在 400nm 和 800nm 处的较宽的吸收峰,用 LED 作光源进行二氧化氮的直接吸收测量。与此同时,还进行了光纤化的甲烷(CH_4)气体浓度测量实验研究。1983 年,他们用 InGaAsP 的 LED 作为宽带光源,配合窄带干涉滤光片,对甲烷在 1331.2nm 附近的 Q 线进行检测。这一系统用 0.5m 长的气室为传感单元,10km 长的多模光纤为传输光纤,干冰和甲醇混合物制冷的锗探测器为接收单元,系统最小可探测灵敏度为 25%LEL(最低爆炸限)。其后,1985 年,H. Inaba 和 K. Chan 及 H. Ito 等人又用 InGaAs 材料 LED 作为光源以对准甲烷在 1665.4nm 处的谐波吸收峰,采用同样的系统,由于 1665.4nm 处的谐波吸收峰吸收强度较 1331.2nm 处大一倍,因此系统最小可探测灵敏度提高了一倍。另外,该研究所也对一些可燃易爆的有机分子气体如 C_3H_8,C_2H_4,C_2H_2,C_2H_6 和 C_4H_{10} 的光纤远程测量进行了实验。

1987 年,J. P. Dakin 和 C. A. Wade 等人报道了一种利用梳状滤波器和宽带光源(LED)测量甲烷气体浓度的方法。这种方法适合于甲烷和乙炔等具有梳状吸收峰的气体。宽带入射光可覆盖一族气体吸收峰,通过气体吸收后,光谱被调制为梳状。由于气体吸收引起的输出光功率变化的大小决定了系统的测量灵敏度,而一般气体吸收峰窄,吸收强度小,所以相对光功率的变化也小,测量精度不高。如果利用一个和气体吸收峰相匹配的梳状滤波器,气体吸收引起的相对输出光功率变化将会大大提高,检测效率可得到改善，测量灵敏度也有近十倍的提高。

由于看到探测可燃气体如甲烷等的巨大的商业前景，许多公司也加入到光纤气体传感的研究行列。20 世纪 80 年代末到 90 年代初，一系列传感用的分布反馈式(DFB)激光器已研制成功，光纤气体传感的精度因此又有了提高。1988 年，A. Mohebati 和 T. A. King 用 1.33μm 的 InGaAsP 多模激光器测量甲烷气体浓度，采用波长差分吸收法，室温下测量最小灵敏度可达 1000μL/L/m。到了 1990 年，H. Tai 和 K. Yamamoto 等利用 1.66μm 的单模分布反馈式(DFB)激光器，采用波长(频率)调制的谐波检测法(FMS 或 WMS)，室温下测量甲烷气体浓度，用 10cm 的气体传感盒，最小可探测灵敏度可达 20μL/L。这一系统将可调谐激光光源(DFB 光源)，波长调制的谐波检测法和光纤技术结合，获得了很高的探测灵敏度。在以后的很长一段时间，沿着这种技术方向，又有一些光纤气体探测系统被报道。DFB 激光器可检测的气体种类也越来越多，如 CH_4(1.65μm)，CO_2(1.573μm)，CO(1.567μm)，NH_3(1.544μm)，H_2S(1.578μm)，O_2(761nm)等。

1992 年，H Tai 给出了利用两个 DFB 激光器组成一个复合光源，在同一个光纤传感系统中同时测量甲烷和乙炔的实验系统。这个系统传输光纤长 4km，气体盒长度为 10cm，检测系统采用波长调制的谐波检测技术，甲烷的最小可探测灵敏度为 5μL/L，乙炔的最小可探测灵敏度为 3μL/L，气体间的串扰很小，可以忽略。这是一种传感器的复用方法，类似于光纤通信中的波分复用技术——在一根光纤中传输几路波长不同的信号。与此类似，V. Weldon 在 1993 年和 1994 年分别报道了利用一个 1.64μm 可调谐 DFB 激光器同时测量甲烷和二氧化碳气体以及一个 1.57μm 可调谐 DFB 激光器同时测量硫化氢和二氧化碳气体的实验系统。系统最小可探测灵敏度均优于 10μL/L。

在窄带光源用于气体传感取得高灵敏度的同时，宽带光源系统也有一些突破。1993 年，靳伟博士和 G. Stewart 报道了用宽带光源结合可调梳状滤波器的波长调制谐波检测技术。通过对甲烷气体的检测，最小可探测灵敏度为 20μL/L，达到热光光源的理论极限。

此时，为了光纤气体传感技术的工程应用，人们更加关注气体传感的噪声分析。利用激光光谱中的谐波检测技术的分析，有人提出了优化谐波检测技术参数的方法。靳伟博士和 G. Stewart 对气体传感中相干噪声的来源及消除方法进行了深入的研究。其中 G. Stewart 建立了光纤气体传感盒反射噪声的模型，而靳伟博士则提出了光纤气体传感系统中反射相干信号的更普遍的模型，并且对单点光纤气体传感器做了比较全面的噪声误差分析，给出了理论极限。至此，有人提出光纤气体传感技术已经没有技术问题，而仅存在成本的问题了。

但是恰恰是过高的成本，使得光纤气体传感技术难以应用到工业实际。最方便可靠的光源是 DFB 激光器，在通信波段的 DFB 激光器由于市场需求大，可进行批量生产，成本下降很快。但在气体传感波段，不同的气体有不同的吸收峰。为此需要不同波长的DFB激光器或其他可调谐激光器，因而成本始终居高不下。例如，这种波长特殊的光源，仅单个激光器就需上万美元。对于单点光纤气体传感系统，如此高的成本将限制它与电类传感器的竞争。所以如何降低成本，已成为光纤气体传感技术实用化的当务之急。由此，人们开始研究如何利用光纤巨大的带宽和易于成网的特性进行多点光纤气体传感技术的研究。采用合适的光纤复用技术，使得多个光纤气体传感探头共用同一个激光光源或者同一套信号处理设备，成本可以大大降低。

1998年，英国Strathclyde大学的G Stewart报道了一套利用空分复用方式工作的多点光纤气体传感系统。原理比较简单，相当于多套光纤气体传感系统共用同一个光源。实验结果显示在复用数量不多的情况下，它的精度与单点系统相当。但是它要用多个光检测器和信号处理单元。因此成本降低空间有限，没有得到最佳性价比。1999年，靳伟博士对TDM技术用于光纤气体传感进行分析，给出了一个理论模型，对复用数量和灵敏度作出了理论预测。其后，他的学生Hoi，实现了一套TDM复用的多点光纤传感系统，实验结果与理论预测相符合。到2000年，Miha Zavrsnik报道了基于相干复用的串联的光纤气体传感复用系统。这可以说是目前多点关纤气体传感网络的最简单结构。但是由于串联系统本身固有结构的限制，这个系统的各传感单元间串扰复杂，测量数目以及测量灵敏度都不是特别高。

12.4 高灵敏度的光学气体测量方法

到目前为止，基于光谱吸收的气体测量技术的测量精度已经达到了相当高的水平。实现这种高精度的检测技术主要有两类，即调制型光谱检测技术和内腔型光谱检测技术。

(1) 调制型光谱检测技术。这是利用波长调制或频率调制的光谱检测技术(WMS或FMS)。它是利用调制结合二次谐波检测来获得高精度，一般可达10^{-6}的量级。这类传感技术随着各种光通信器件(诸如分布反馈式(DFB)激光器、可调谐窄带激光器和可调谐梳状滤波器等)的发展，已经在光纤化和实用化方面取得了长足的进步，并正向工程实用化阶段努力。

(2) 内腔型光谱检测技术。这是利用各种内腔(光在腔内的多次反射)的光谱检测技术。它是采用各种办法，使光多次通过被测气体，从而极大地增加了光与气体的有效作用距离，以得到高灵敏度，一般可达10^{-9}量级或更高。内腔的气体测量技术有两种基本类型：Ring-down腔光谱检测技术和有源内腔激光光谱检测技术。这是目前测量灵敏度最高的光谱吸收检测手段。现在这类技术尚处于实验室研究阶段，离实用化还有一段距离。这种内腔气体测量技术的光纤化对于实现更高灵敏度的气体检测具有很重要的意义，因此基于光纤激光器的内腔气体测量技术成为近来人们关注的研究热点之一。

12.5 基于光子晶体光纤的气体传感技术

用多孔光子晶体光纤构成光纤气体传感器是光纤传感器在气体检测领域的最新发展。参看1.9节。它利用一个可调谐激光器作为光源,多孔光子晶体光纤为传感单元。目前,已有利用多孔光子晶体光纤构成测量乙炔气体的光纤气体传感器的报道。在此光纤传感器中绝大多数的乙炔气体吸收线在7.5mmHg的低压状态就可以被探测到。图12-5-1是用于环保领域的光纤传感器产品。图12-5-1(a)是pH值光纤传感器;图12-5-1(b)上图是多孔光子晶体光纤的截面图,下图是多孔光子晶体光纤用于气体传感的实验结果。

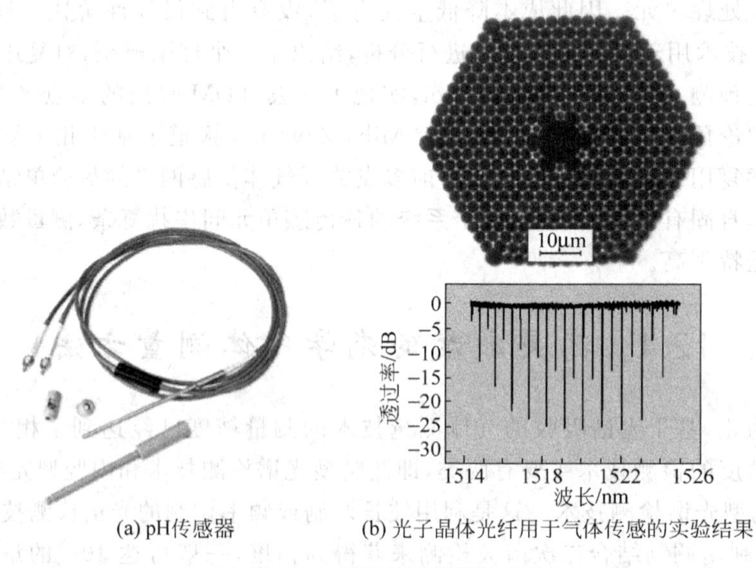

(a) pH传感器　　(b) 光子晶体光纤用于气体传感的实验结果

图12-5-1　环保光纤传感器产品

12.6 小　　结

光传感器由于有一系列的突出优点,在环境保护领域中愈来愈受到重视。光传感器在环境保护领域中主要用于以下三方面:江河湖海的水质监测,大气污染和工业排污的测控,土壤污染的测控。为此,需要对水、土和空气中的有害气体、有害化学物质、金属,特别是重金属离子浓度等的检测;主要是气体、液体和固体成分的品种和含量的监测,所以光谱法是其中的主要方法。本章简要介绍了光传感器在环境保护领域中的应用,并以基于光学原理的气体传感器为典型例进行介绍。

思考题与习题

12.1 说明环境保护领域中应用光纤传感器的主要要求。

12.2 试分析说明光纤传感器用于环境保护领域的主要困难。

12.3 撰写一份关于光学气体传感器发展的综述报告。

12.4 试分析说明表18-2-1所列光纤气体传感器的特点和环境保护领域可能的应用。

12.5 通过调研，撰写一篇目前环境保护领域中应用光纤传感器的综述报告。

12.6 通过调研，举例说明我国目前环境保护领域中应用光纤传感技术的现状及在国际上的水平，并探讨在我国用于环境保护领域的光纤传感技术的发展方向。

参考文献

[1] 靳伟，廖延彪，张志鹏等．导波光学传感器：原理与技术．北京：科学出版社，1998

[2] 喻洪波．多点光纤气体传感技术的研究：[博士学位论文]．清华大学，2001

[3] Jerome J Workman J R. Review of Process and Non-invasive Near-Infrared and Infrared Spectroscopy: 1993-1999 [J]. Applied spectroscopy Reviews, 1999, 34(1&2): 1～89

[4] Irwin Schneider, Gregory Nau, etc. Fiber-optic Near-Infrared Reflectance Sensor for Detection of Organics in Soils. IEEE Photonics Technology Letters. Vol. I, No. 1, January 1995

[5] Cassidy D T, Reid J. Atmospheric pressure monitoring of trace gases using tunable diode lasers. Applied Optics, 1982, 21(7): 1185～1190

[6] Jin W, et al. Source-noise limitation of fiber optic methane sensors. APPL OPTICS, 1995, 34(13): 2345～2349

[7] Chan K, Ito H, Inaba H. Remote sensing system for near-infrared differential absorption of CH4 gas using low 2loss optical fiber link. App l Op t, 1984, 23(19): 3415～3419

[8] Shimose Y, Okamoto T, Maruyama A. Remote sensing of methane gas by differential absorption measurement using a wavelength tunable DFB LD. IEEE Photon. Technol Lett. 1991, 3(1): 386～387

[9] Weldon V, Phelan P, Hegarty J. Methane and carbon dioxide sensing using a DFB laser diode operating at 1.64 Lm [J]. Electron Letter, 1993, 29: 560～561

[10] Gtoschni G, Lackner M, shau R, Ortsief M, etal. Highspeed vertical-cavity surface-emitting laser (VCSEL) absorption spectroscopy of ammonia(NH3) near 1.54μm. Appl. Physics B 76. 603 2003

[11] Unhara K, Tai H. Remote detect ion of methane using a1. 66 Lm diode laser. Apply Opt, 1992, 31(6): 809～814

[12] Silver J A. Frequency modulation spectroscopy for trace species detect ion: theory and comparison among experimental methods. App l. Op t., 1992, 31: 909～717

[13] Ho H L, Jin W, Demokan M S. Multipoint gas detection using TDM and wavelength modulation

spectroscopy. Electronics Letter，2000，36(14)：1191～1193

[14] Zhang Y，Zhang M，Jin W，et al. Multi-point fiber optic gas detection with intra-cavity spectroscopy. OPT COMMU 2003，May 15，220(4-6)：361～364

[15] Baev V M，Latz T，Toschek P E. Laser intra-cavity absorption spectroscopy. Applied Physics B，1999，69：171～202

[16] Zhang Y，Zhang M，Jin W. Sensitivity enhancement in erbium-doped fiber laser intra-cavity absorption sensor. Sensor & Actuator A-PHYS 2003，APR 15，104(1)：183～187

[17] Zhang M，Wang D N，Jin W，et al. Wavelength modulation technique for intra-cavity absorption gas sensor. IEEE T INSTRUM MEAS，2004，53(1)：136～139

[18] Zhang Y，Jin W，Yu H B，etc. Novel intra-cavity sensing network based on mode-locked fiber laser. IEEE Photonic Tech2002，Sep，14(9)：1336～1338

[19] 靳伟等. 光纤传感技术新进展. 北京：科学出版社，2005

教师反馈表

感谢您购买本书！清华大学出版社计算机与信息分社专心致力于为广大院校电子信息类及相关专业师生提供优质的教学用书及辅助教学资源。

我们十分重视对广大教师的服务，如果您确认将本书作为指定教材，请您务必填好以下表格并经系主任签字盖章后寄回我们的联系地址，我们将免费向您提供有关本书的其他教学资源。

<table>
<tr><td>您需要教辅的教材：</td><td colspan="3"></td></tr>
<tr><td>您的姓名：</td><td colspan="3"></td></tr>
<tr><td>院系：</td><td colspan="3"></td></tr>
<tr><td>院/校：</td><td colspan="3"></td></tr>
<tr><td>您所教的课程名称：</td><td colspan="3"></td></tr>
<tr><td>学生人数/所在年级：</td><td colspan="3">＿＿＿＿人/　1　2　3　4　硕士　博士</td></tr>
<tr><td>学时/学期</td><td colspan="3">＿＿＿＿学时/＿＿＿＿学期</td></tr>
<tr><td>您目前采用的教材：</td><td colspan="3">作者：＿＿＿＿＿＿
书名：＿＿＿＿＿＿
出版社：＿＿＿＿＿＿</td></tr>
<tr><td>您准备何时用此书授课：</td><td colspan="3"></td></tr>
<tr><td>通信地址：</td><td colspan="3"></td></tr>
<tr><td>邮政编码：</td><td></td><td>联系电话</td><td></td></tr>
<tr><td>E-mail：</td><td colspan="3"></td></tr>
<tr><td colspan="2">您对本书的意见/建议：</td><td colspan="2">系主任签字

盖章</td></tr>
</table>

我们的联系地址：

清华大学出版社　学研大厦 A602，A604 室

邮编：100084

Tel：010-62770175-4409，3208

Fax：010-62770278

E-mail：liuli@tup. tsinghua. edu. cn；hanbh@tup. tsinghua. edu. cn